ミニチュア作りで楽しくはじめる

10日でBlender4入門

M design 著

インプレス

はじめに

Blenderという言葉を聞いた時、多くの人が思い浮かべるのは、専門家や才能あふれるアーティストたちが作り出す複雑な3Dモデルやアニメーションかもしれません。

この本はBlenderをこれから学びたいと思う人はもちろん、絵を描くことやセンスに自信がないけれども、手を動かして可愛らしい作品を生み出してみたいと願う人たちのために書きました。

いきなり複雑な操作を覚える必要はありません。1日目から少しずつ取り組んで、達成感や創作の楽しさを体感してみましょう。2日目、3日目と進めていくと、自然とBlenderの基本的な操作が身につきます。9日目まで毎日、新しいアイテムを作成し、最終日にはそれらを組み合わせてオリジナルのミニチュア部屋を作り上げます。それぞれのアイテムは、少ない手数で作成できるので、もし失敗してしまっても、すぐにやり直すことができます。そして、何度も繰り返し作りながら、スキルを磨いたり、アレンジを加えたりしてみましょう。

日々の進捗を通じて、小さな成功体験を積み重ねることができるでしょう。最後には、あなた自身が一から作り上げたミニチュアの部屋を眺めながら、満足感と共に、さらなる創作への意欲を感じていただけることを願っています。

この本を手にしたあなたはもうアーティストです。Blenderの技術を学ぶということは、ただ操作を覚えるだけではなく、自分の内に秘めた創造性を解放することでもあります。ぜひBlenderを使って一緒に新たな創造の扉を開いていきましょう。

この本が、みなさんの創作活動に少しでも役に立ち、新しい世界との出会いのきっかけになればうれしいです。

2024年1月　M design

Blenderでできること

Blenderは誰でも無料で使用できる統合型の3DCGソフトウェアです。3Dオブジェクトの制作に必要なほとんどの機能を備えていて、アニメーション制作や動画編集、ゲーム制作ソフトとしても活用されています。使い方をマスターすれば、まるで本物のようなリアルな描写の作品から、ゲームやアニメーションに出てくるようなポップな質感の作品まで、様々な表現ができるようになります。

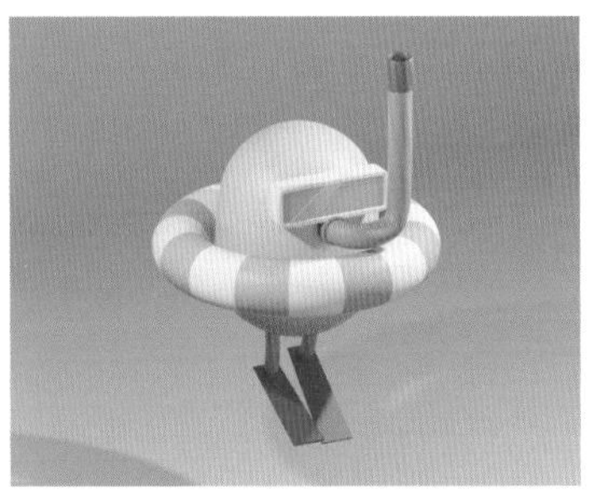

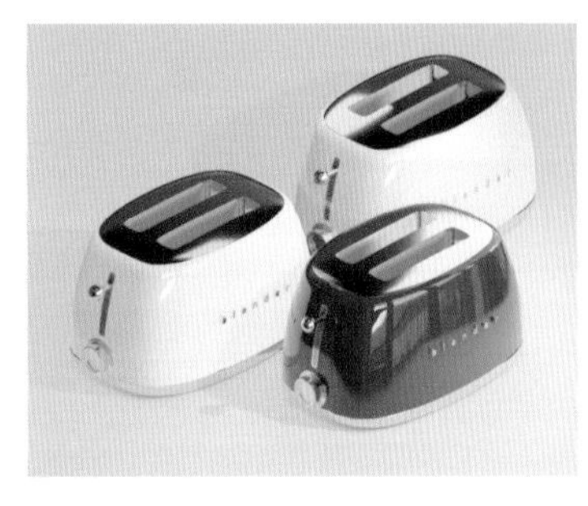

その第一歩として、本書では実際に作品を作りながらBlenderの基本的な機能や操作を学んでいきます。繰り返し手を動かしてスキルを身につけつつ、Blenderで作品を作る楽しさを感じてみましょう。

Blenderの制作の流れ

Blenderでは次のような流れで作品を作っていきます。3色団子を例に手順を確認していきましょう。

1 モデリング

3D空間でモデル（物体）の形状を作る作業です。粘土で形を作るように、立方体や円柱、球体などの基になるオブジェクトを変形させていきます。

球体と円柱で３色団子を作ります。３つ並べた球体に、細長く引き伸ばした円柱を合体させます。

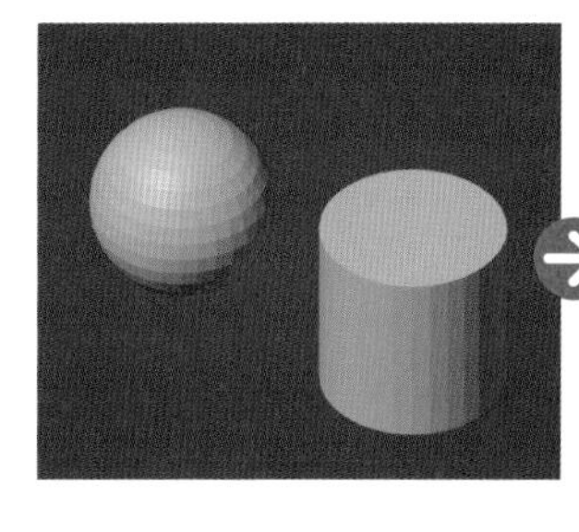

2 マテリアル設定

作ったモデルの表面に色を付けたり、質感を設定したりする作業です。

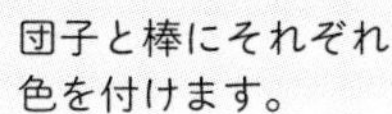

3 レンダリング

作った作品を静止画や動画として出力する作業です。背景を付けたり、照明や画角を調整したりすることができます。

背景を設定して画像として書き出します。

CONTENTS

導入編 Blenderをはじめよう

初級編 はじめのモデリング

column

CONTENTS

中級編 もっとモデリング

9日目 コンロを作ろう 169

総復習編 レベルアップモデリング

10日目 部屋を作ろう 198

column

本書の読み方

本書では初めてBlenderを使用する方に向けて、本当によく使う機能や基本的な操作方法をわかりやすく解説しています。1日1作品ずつ手順を真似しながら作品を作っていくと、10日間でミニチュアの部屋が完成するようになっています。導入編ではソフトのインストールから基本機能や操作を紹介し、初級編〜総復習編では実際に作品を作りながら操作方法を解説していきます。

ショートカットキーの表記について

本書ではショートカットキーを使用した操作を以下のように表記しています。

- Shift + A …Shiftキーを押しながらAキーを同時に押します
- S → Z …Sキーを押した後に続けてZキーを押します

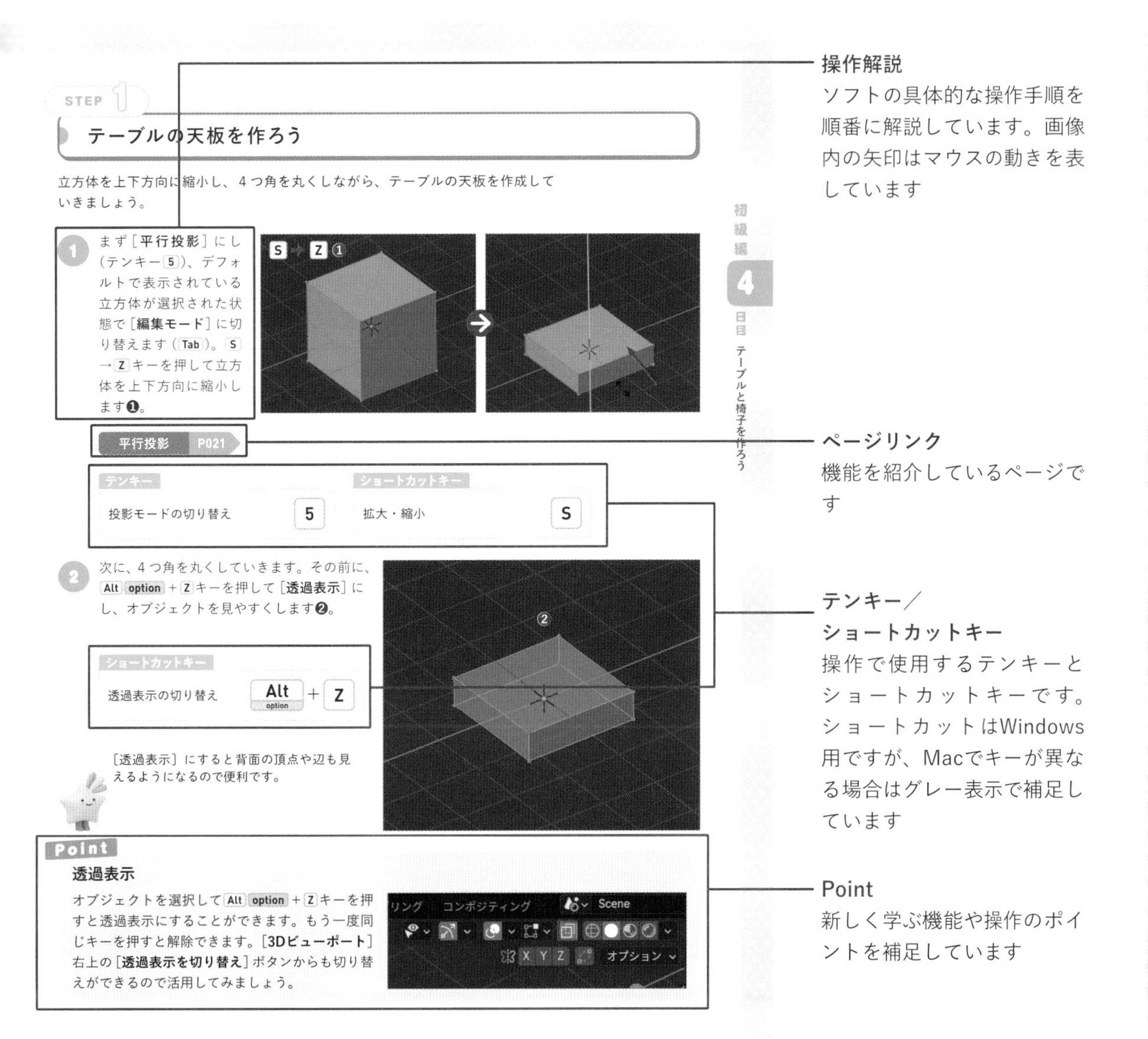

STEP 1

テーブルの天板を作ろう

立方体を上下方向に縮小し、4つ角を丸くしながら、テーブルの天板を作成していきましょう。

❶ まず［**平行投影**］にし（テンキー5）、デフォルトで表示されている立方体が選択された状態で［**編集モード**］に切り替えます（Tab）。S→Zキーを押して立方体を上下方向に縮小します❶。

平行投影 P021

テンキー		ショートカットキー	
投影モードの切り替え	5	拡大・縮小	S

❷ 次に、4つ角を丸くしていきます。その前に、Alt option + Zキーを押して［**透過表示**］にし、オブジェクトを見やすくします❷。

ショートカットキー	
透過表示の切り替え	Alt (option) + Z

［透過表示］にすると背面の頂点や辺も見えるようになるので便利です。

Point
透過表示
オブジェクトを選択してAlt option + Zキーを押すと透過表示にすることができます。もう一度同じキーを押すと解除できます。［3Dビューポート］右上の［**透過表示を切り替え**］ボタンからも切り替えができるので活用してみましょう。

初級編 4日目 テーブルと椅子を作ろう

079

操作解説
ソフトの具体的な操作手順を順番に解説しています。画像内の矢印はマウスの動きを表しています

ページリンク
機能を紹介しているページです

テンキー／ショートカットキー
操作で使用するテンキーとショートカットキーです。ショートカットはWindows用ですが、Macでキーが異なる場合はグレー表示で補足しています

Point
新しく学ぶ機能や操作のポイントを補足しています

Blenderをはじめる前に

▶ 本書の執筆環境

本書では、Blenderのバージョン4.0、パソコンのOSはWindows 11の環境下で検証して執筆しています。一部、旧バージョンの画面もありますが、操作に影響はございません。

▶ Blender 4.0の動作環境

対応OS

Windows 8.1、10、11 ／ Mac OS 10.15 Intel、11.0 Apple Silicon ／ Linux（glibc 2.28以降）

最小必要環境と推奨環境

最小必要環境	推奨環境
● SSE4.2をサポートする64bitクアッドコアCPU	● 64bit 8コアCPU
● 8GB RAM	● 32GB RAM
● 1920×1080 フルHDディスプレイ	● 2560×1440ディスプレイ
● マウス、トラックパッド、またはペン＋タブレット	● 3ボタンマウスまたはペン＋タブレット
● 2GB VRAM、OpenGL4.3を搭載したグラフィックカード	● 8GB VRAMを搭載したグラフィックカード
● 経過10年未満のハードウェア	

特典動画について

本書には購入者限定の動画特典が付いています。紙面で紹介している手順を動画でも確認することができます。視聴にはCLUB Impressの会員登録が必要です（無料）。会員でない方は登録をお願いいたします。

▶ 本書の商品情報ページ

https://book.impress.co.jp/books/1122101166

▶ 視聴方法

①上記URLか二次元コードから本書掲載ページにアクセスしたら、［**★特典**］＞［**特典を利用する**］をクリックします。

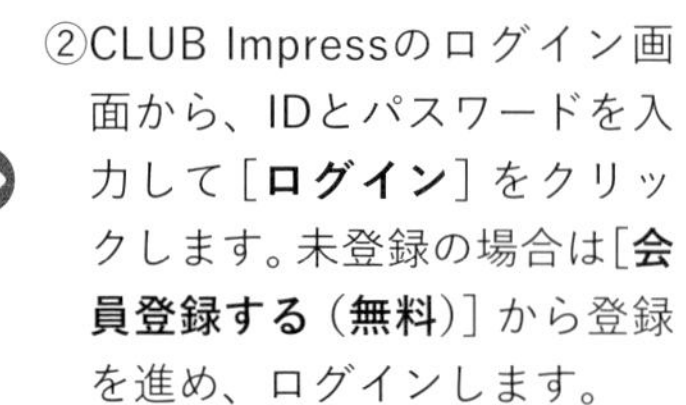

②CLUB Impressのログイン画面から、IDとパスワードを入力して［**ログイン**］をクリックします。未登録の場合は［**会員登録する（無料）**］から登録を進め、ログインします。

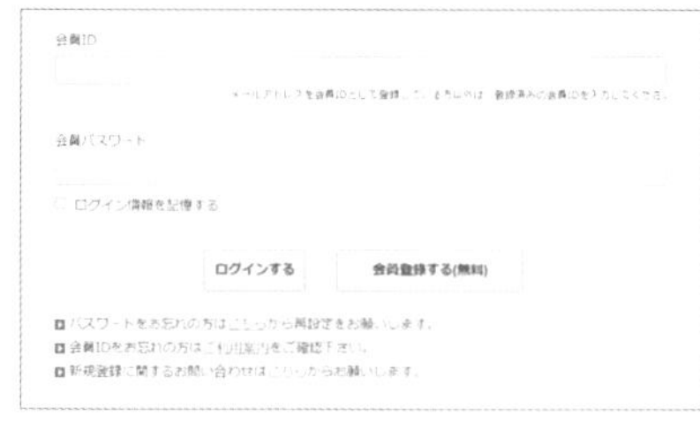

③［**読者限定特典へすすむ**］をクリックしたら、クイズの回答欄に答えを入力し、［**回答する**］をクリックします。

④クイズに正解すると表示されるページから動画を選択し、［**読者限定特典へすすむ**］をクリックして動画ページから視聴します。

- 各ページ記載のURLからも視聴ページにアクセスすることができます。
- 初回視聴時は手順②～③の操作が必要です。

導入編

Blenderをはじめよう

導入編

Blenderをインストールしよう

さっそくBlenderをパソコンにインストールして、準備を整えましょう。

Blenderのインストールと初期設定

Blenderをダウンロードする

まずはBlender公式サイトにアクセスしてBlenderをダウンロードしましょう。

1. Blender公式サイト（https://www.blender.org/）にアクセスし❶、［Download］をクリックします。

2. ［Download Blender］をクリックしてダウンロードを開始します❷。OSを変更したい場合は下のタブからご使用の環境に合ったバージョンを選択しましょう❸。

Blenderをインストールする(Windows版)

Windowsの場合、表示される画面に従ってインストールを進めていきましょう。

1. ダウンロードしたファイルをクリックしてセットアップウィザードが起動したら、［Next］をクリックします❶。

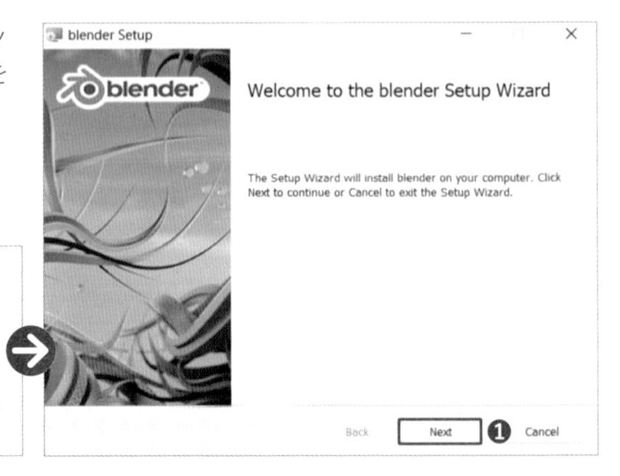

2 チェックボックスをチェックして❷、[Next]ボタンを押して次の画面に進みましょう❸。

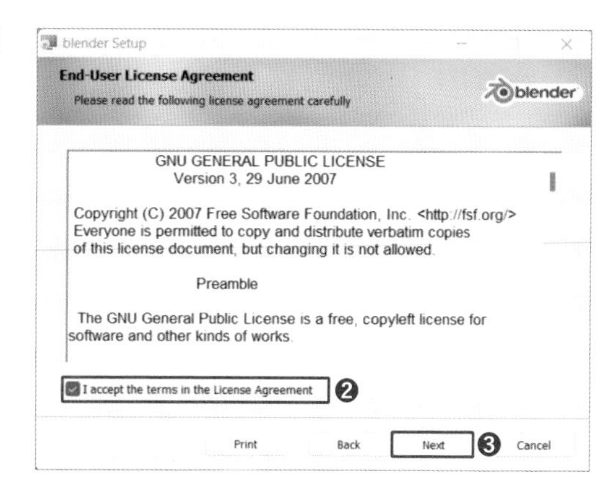

3 [Next]ボタンを押して次の画面に進みます❹。

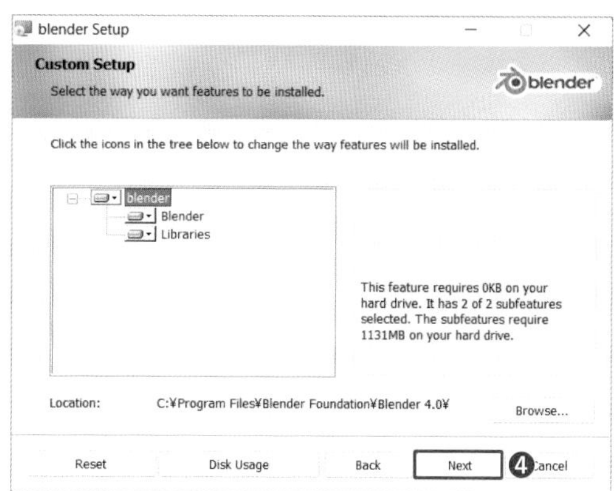

4 [Install] ボタンを押して次の画面に進みます❺。「ユーザーアカウント制御」が表示される場合は[**はい**]を選択してください。

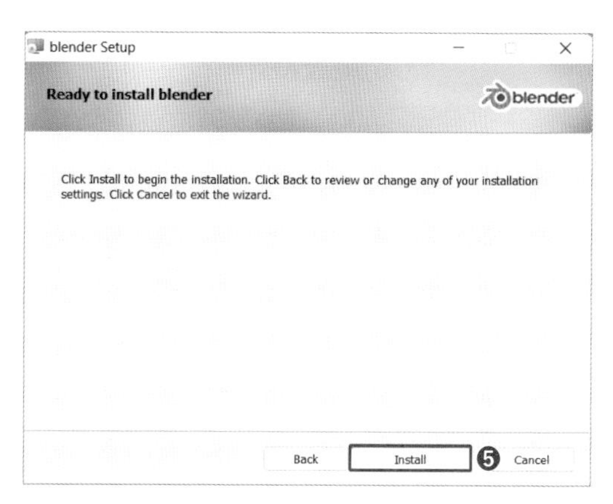

5 インストール作業が完了したら、[Finish] ボタンを押して終了します❻。

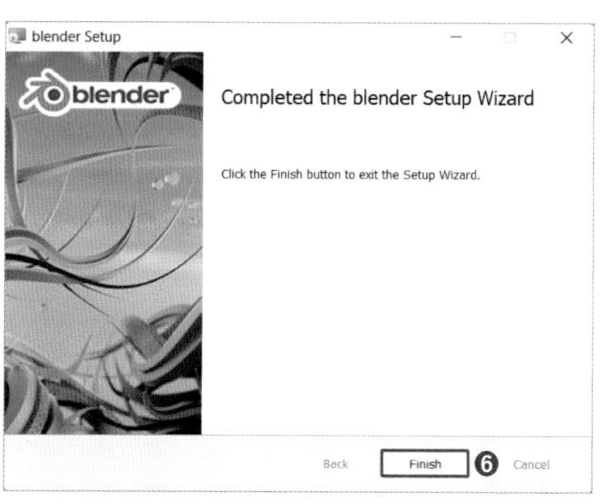

Blenderをインストールする(Mac版)

Macでのインストールはとても簡単です。

1 ダウンロードされたBlenderのファイルをダブルクリックして開くと、インストールが開始されます❶。

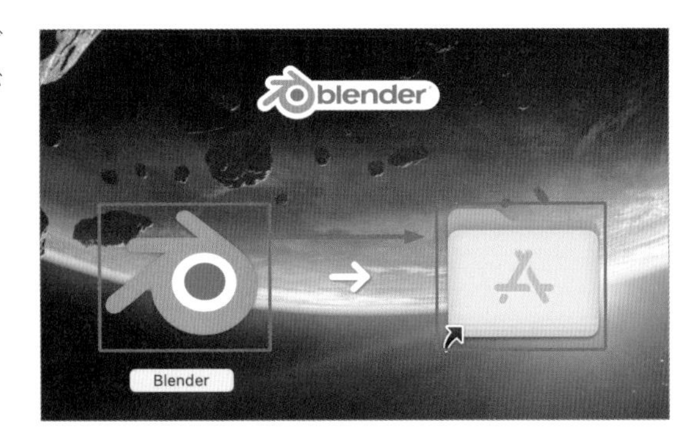

起動して日本語設定にする

Blenderのアイコンをダブルクリックして起動すると、最初の画面で初期設定を行うことができます。

1 初回起動時は[**クイックセットアップ**]画面が表示されます。[**Language**]のプルダウンをクリックし❶、「Japanese(日本語)」を選択したら❷、[**続ける**]ボタンをクリックします❸。[**スプラッシュ**]画面が表示されたら、画面外をクリックすると、Blenderで作業をはじめることができます❹。

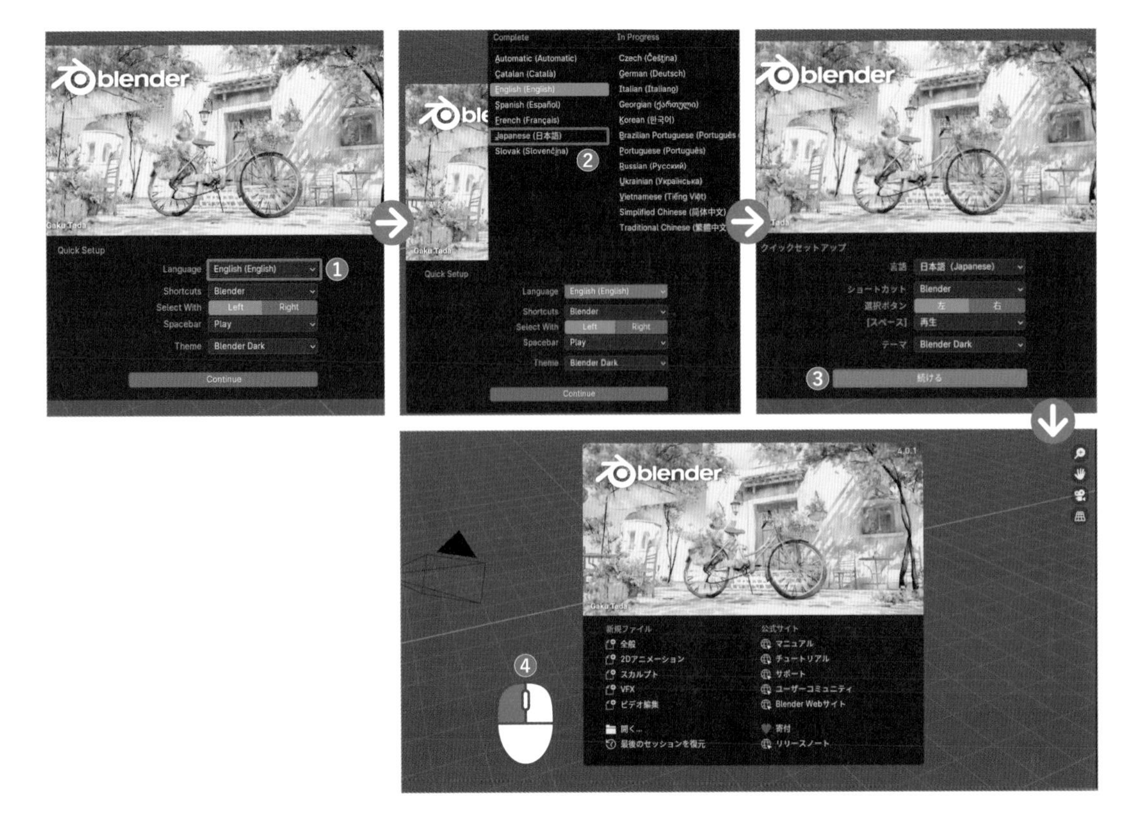

Blenderを終了する

Blenderを終了する方法も確認しましょう。

1 ［ファイル］>［終了］を選択します❶。

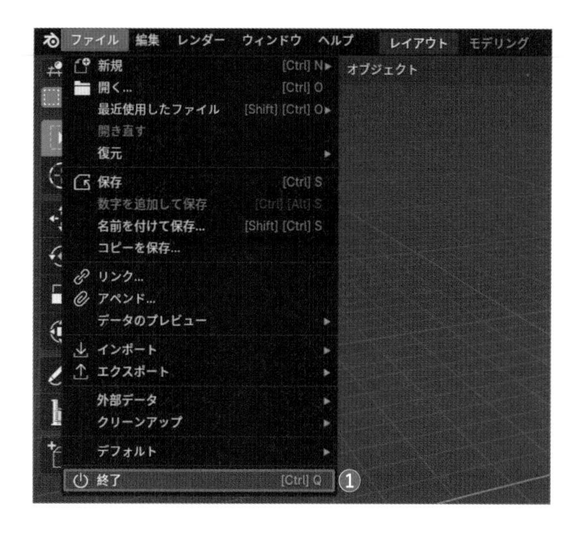

Point

後から言語設定をする場合

初回起動の後からでも言語の設定をすることができます。ヘッダーメニューの［Edit］>［Preferences］を開いて❶、［Interface］>［Translation］>［Language］のプルダウンを開き、［Japanese(日本語)］を選択したら❷、右上の［×］をクリックして閉じます❸。

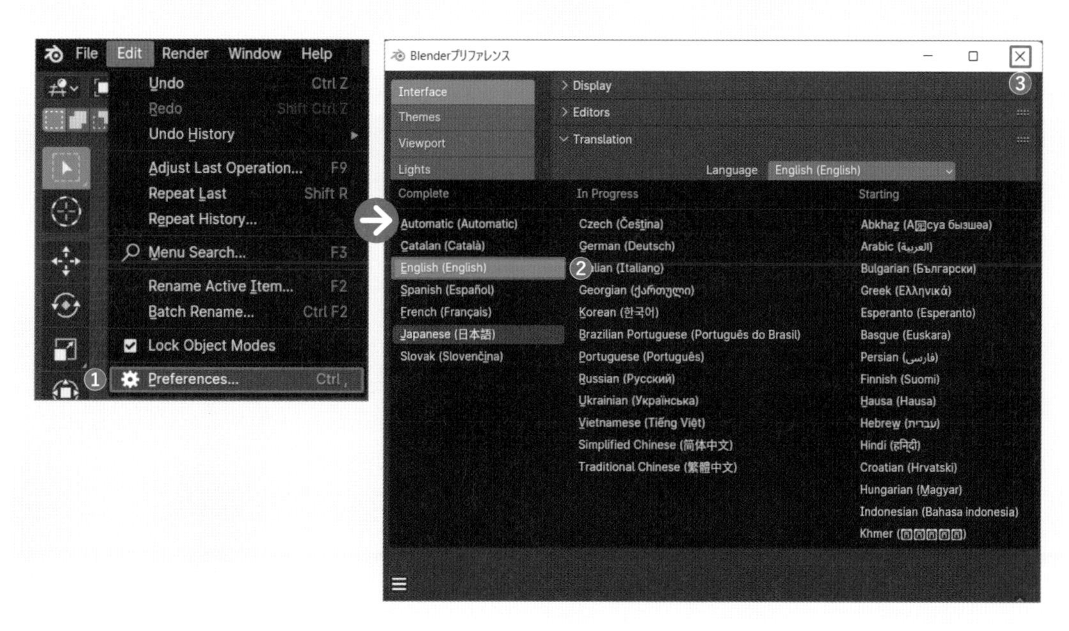

導入編

Blenderの基本機能と操作を覚えよう

画面の構成と基本操作さえ覚えてしまえば、とても簡単に作業を進められます。

画面編

画面の見方と名前

Blenderの画面は複数のウィンドウによって構成されています。上下に「トップバー」と「ステータスバー」があり、その間に「エディター」と呼ばれる作業スペースが複数配置されています。Blenderの起動時には、基本的に4つの「エディター」からなる[**レイアウト**]ワークスペースがメニューバーに表示されます。

トップバー
ファイルの保存や外部ファイルの読み込み、レンダリングの実行といった基本的なメニューが用意されています。

ワークスペース
実施したい作業に合わせてタブをクリックすると、「エディター」の種類と配置を切り替えることができます。

アウトライナー
ファイル内で配置・作成されたデータをリスト形式で表示しています。ここで表示・非表示をコントロールしたり、削除等の編集を行うこともできます。

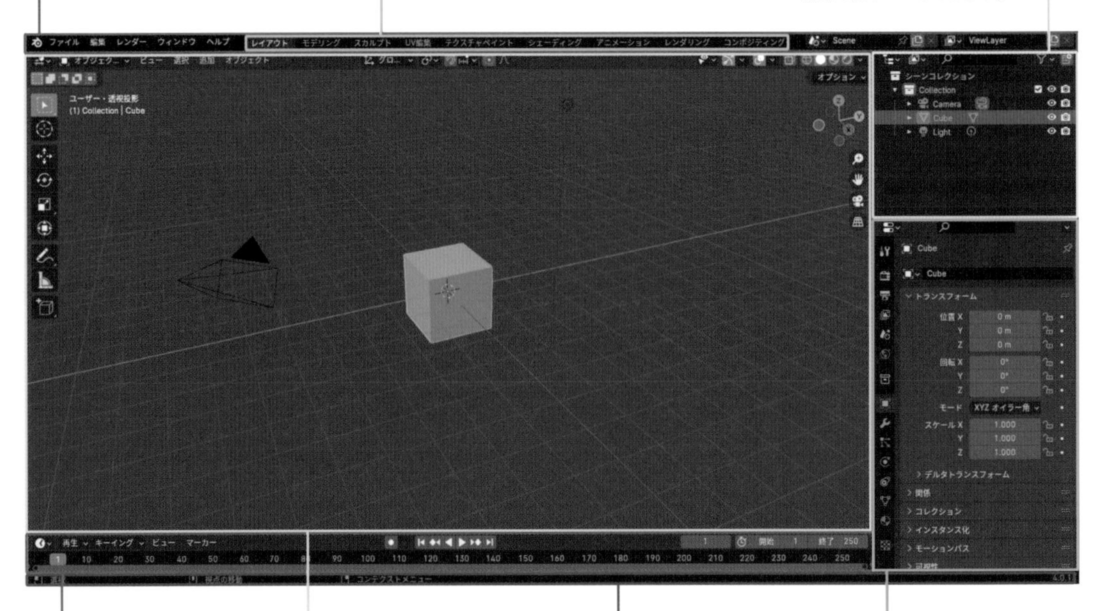

タイムライン
時間軸が表示されており3Dに動きをつけるアニメーションの設定をする際に使用します。

3Dビューポート
3Dのモデルやシーンを直接見たり操作したりするためのBlenderのメインの作業エリアです。XYZ座標で定義された3D空間上に3Dオブジェクト、カメラ、ライト等が配置されており、操作することができます。

ステータスバー
アプリケーションの状態、現在選択しているオブジェクトやツールの情報、およびシーンの統計情報をリアルタイムで表示する、画面の最下部に位置する情報表示エリアです。

プロパティ
選択されているオブジェクトの詳細な情報を表示し、編集を行います。

3Dビューポートのヘッダー
編集のモードやシェーディングを切り替える等、3Dビューポート内でのオブジェクトの表示や操作に関連するツールが集まっています。

ライト
シーン内のオブジェクトに光を投影し、明るさや影を生成します。

ナビゲーションギズモ
視点の回転、平行移動、ズームなどのビューポートのナビゲーションを直感的に行うための視覚的なツールです。

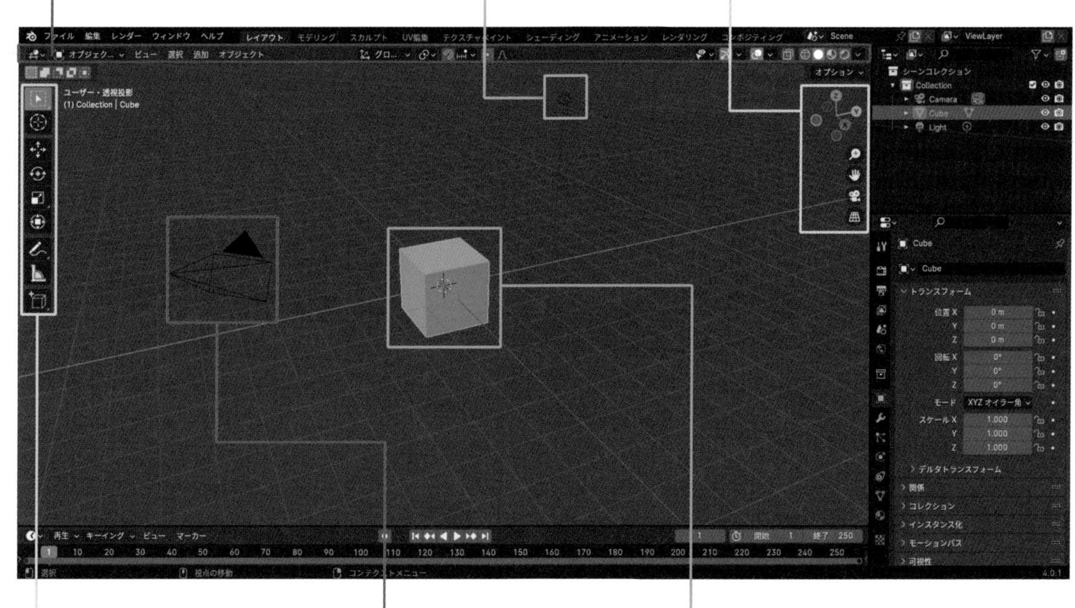

ツールバー
3Dモデルを編集するためのツールがモードに応じて並んでいるメニューで、Tキーで出したり隠したりすることができます。

カメラ
3Dの世界を「撮影」する位置や角度を決めるためのツールです。

3Dオブジェクト
デフォルトでは立方体が表示されています。オレンジ色の輪郭は選択されていることを示しており、中央のオレンジ色の点は中点で、オブジェクトの中心を表しています。

座標

3D＝3次元とは、私たちが普段生活している実際の世界と同じように、高さ、幅、奥行きの3つの方向を持つ空間のことを指します。Blenderでは、この3次元の空間の中で物体を作ったり動かしたりして、アニメーションやゲーム、映像などを制作することができます。簡単に言えば、Blenderの3D空間は、実際の世界を模倣した仮想の舞台のようなものです。
Blenderの画面では、3色の軸によって3次元を示しており、「赤」が「X軸」(左右)、「緑」が「Y軸」(前後)、「青」が「Z軸」(上下)を表しています。この座標と3次元の感覚が身につくと一気にモデリングしやすくなります。

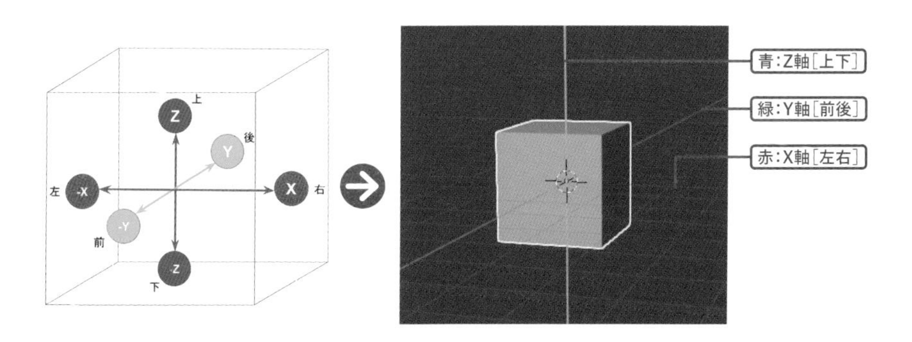

視点移動(マウス)

[3Dビューポート]内では、オブジェクトを3次元の様々な角度から見たり、拡大・縮小表示させたりすることができます。まずはマウスを使った基本の３つの視点移動の操作を覚えましょう。

▶ ズームイン／ズームアウトする

中ボタンをスクロールさせるとズームイン／ズームアウトします。

マウス

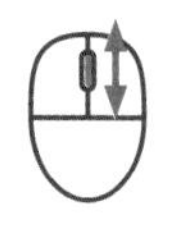

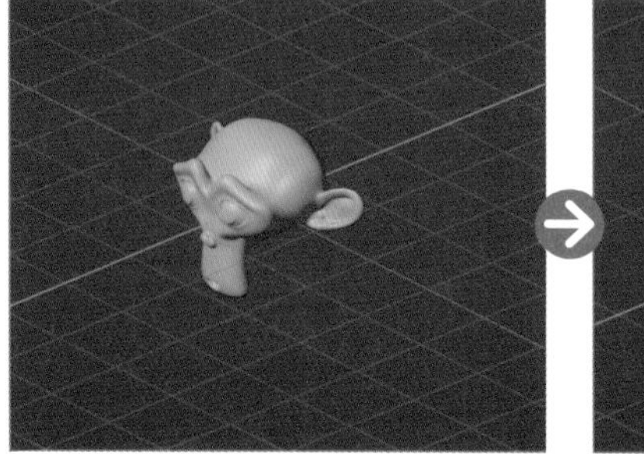

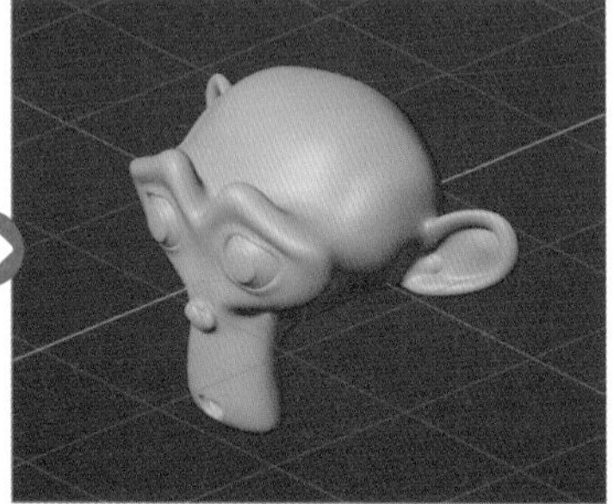

▶ 回転する

中ボタンを押しながらマウスをスライド(ドラッグ)させると視点が上下左右に回転します。

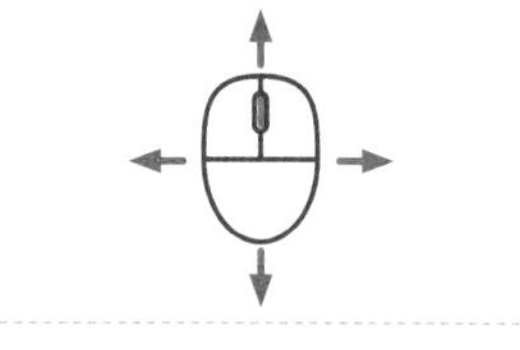

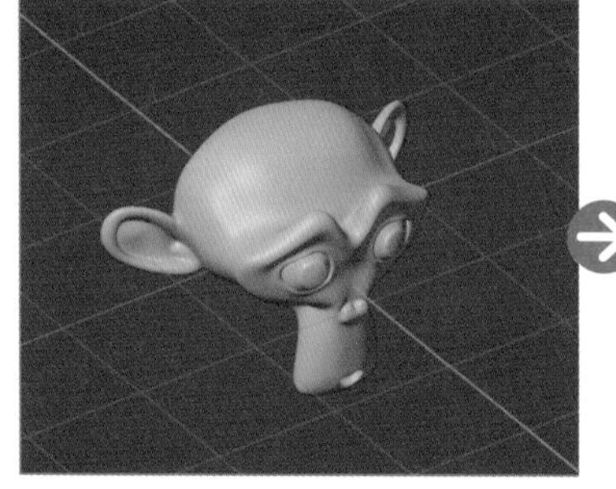

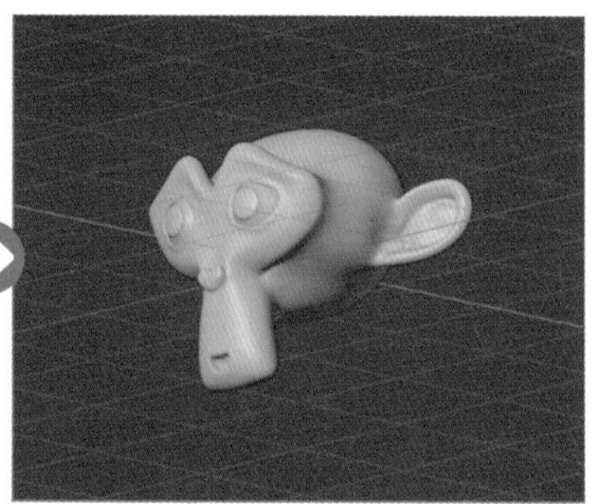

▶ スライドする

Shift キーを押しながら中ボタンを押してマウスをスライド（ドラッグ）させると視点を上下左右にスライドさせることができます。

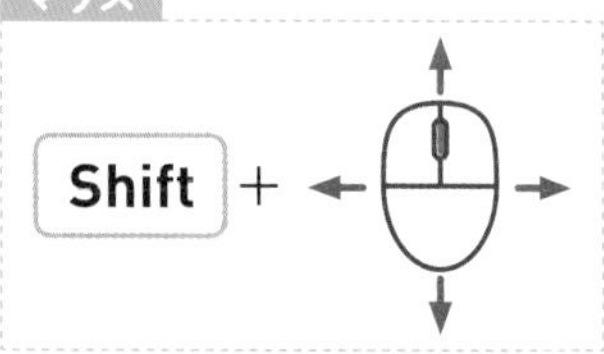

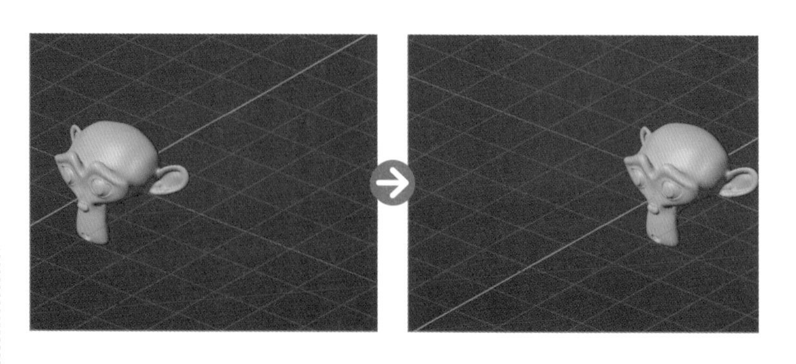

視点移動(テンキー)

キーボードのテンキーを使用して［**3Dビューポート**］の視点操作を迅速かつ効率的に行うことができます。これらのテンキーのショートカットを覚えておくと、［**3Dビューポート**］内での視点切り替えが格段にスムーズになります。
現在どの視点になっているかは、［**3Dビューポート**］の左上の［**ビューポートオーバーレイ**］と呼ばれるエリアに情報として表示されています。

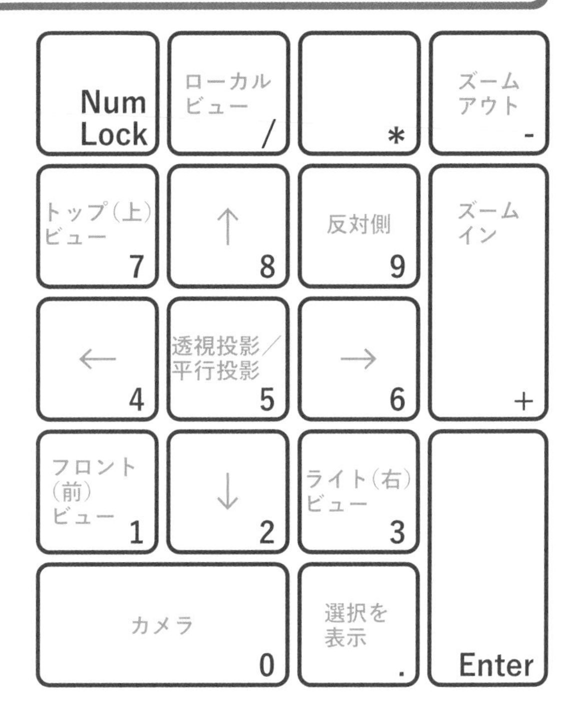

ビューの切り替え

正面や真上などの視点に切り替えることができます。

テンキー

フロント（前）ビュー	1
ライト（右）ビュー	3
トップ（上）ビュー	7

フロント（前）

ライト（右）

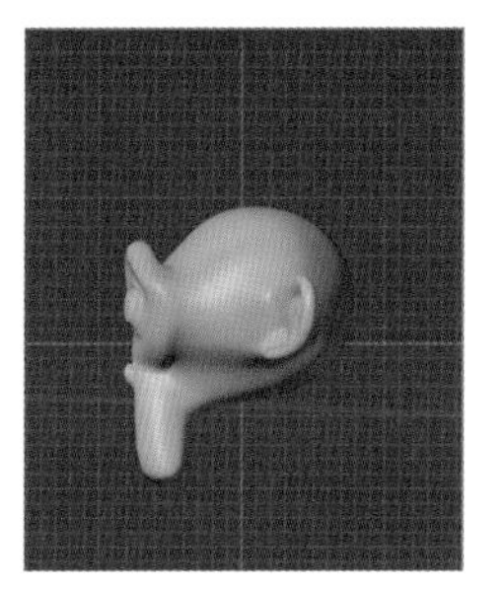

トップ（上）

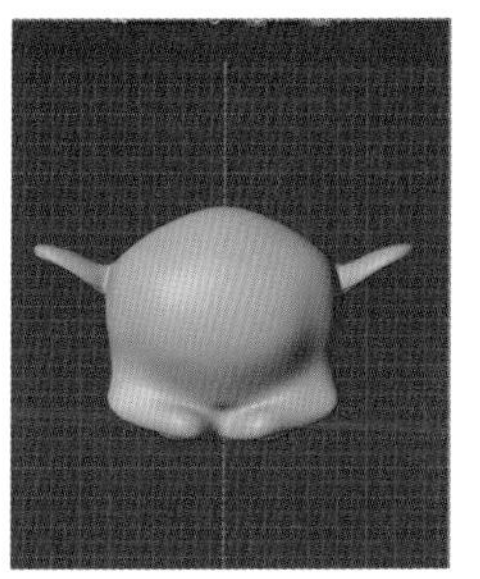

透視投影と平行投影

Blenderでは距離に関係なくオブジェクトが同じ大きさになる［**平行投影**］と、遠くの物体が小さく見える［**透視投影**］の2種類の投影法があり、用途や作業に合わせて切り替えることができます。モデリングは、遠近法が反映されない［**平行投影**］で図面的に行う方が、遠近に左右されないで調整できるため便利です。3D空間での見え方などを確認する際は［**透視投影**］を使うと良いでしょう。

テンキー

透視投影／平行投影	5

※以降では「投影モードの切り替え」と表記しています。

平行投影

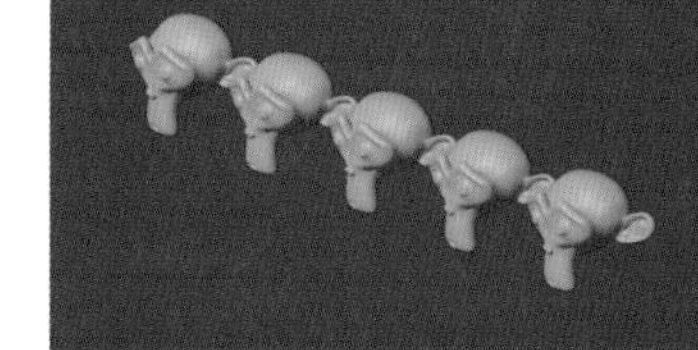

透視投影

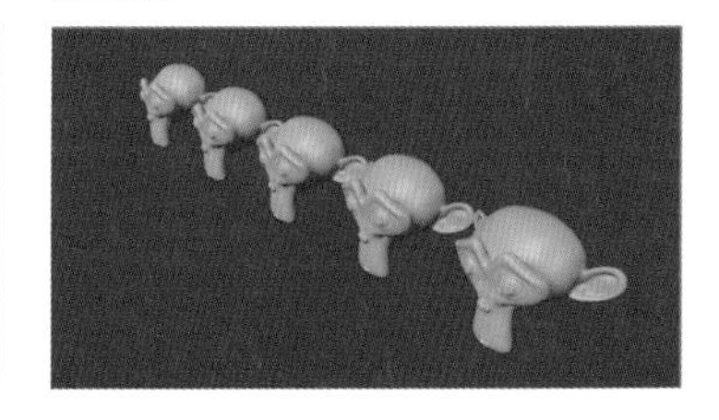

Point

テンキーが無い場合

ノートパソコンなど、テンキーがないキーボードを使用する場合は、[**3Dビューポート**]右上の[**ナビゲーションギズモ**]を活用したり、上部の数字キーにテンキーの機能を割り当てたりすることができます。

その1　ナビゲーションギズモを使う

画面上のアイコンで操作する場合は、[**3Dビューポート**] の右上の [**ナビゲーションギズモ**] を使います。上部の [**Orbit(周回)ギズモ**] を左クリックでドラッグすると、視点を中心にビューが回転します。軸ラベル [**XYZ**] をクリックすると、そのビューに切り替わります。同じ軸をもう一度クリックすると、同じ軸の反対側に切り替わります。下の4つのアイコンも視点操作を行うことができます。

その2　テンキーを模倣する

トップバーの [**編集**] > [**プリファレンス**] をクリックして [**Blender プリファレンス**] 画面を開き、[**入力**] > [**キーボード**]内の[**テンキーを模倣**] にチェックを入れると、P021で紹介したテンキーの操作を上部の数字キーで代わりに行うことができます。

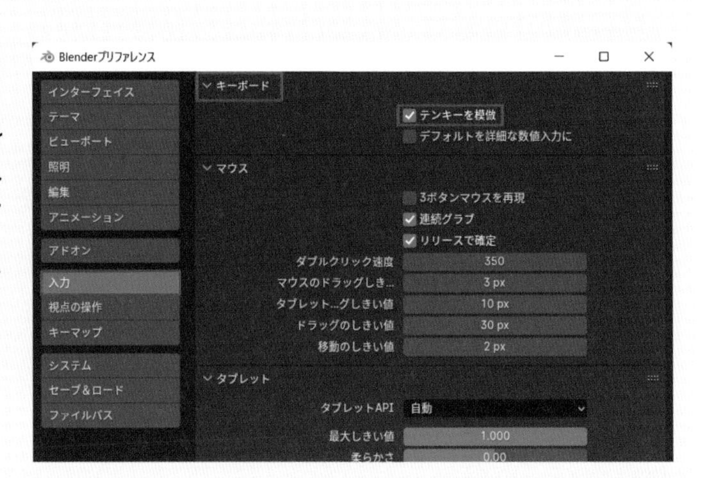

モードの切り替え

Blenderには主に2つの操作モードがあります。1つ目はオブジェクト全体を操作する［**オブジェクトモード**］で、オブジェクトの原型を留めたままで、拡大縮小したり、回転したり、移動したりすることができます。2つ目はオブジェクトの構成要素を直接編集する［**編集モード**］で、メッシュオブジェクトの頂点、辺、面を動かしたり、新たに追加したりして、原型を変えることができます。オブジェクトをどのように操作・編集したいかに合わせて、この2つのモードを切り替えながらモデリングを行っていきます。

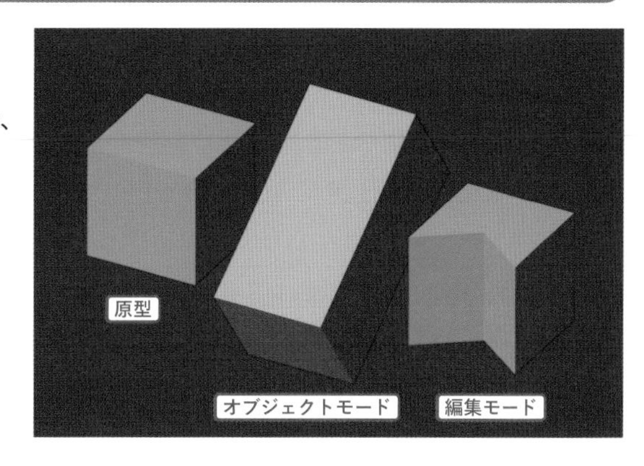

▶ オブジェクトモードと編集モードの切り替え

Tab キーを押してモードの切り替えを行います。ヘッダーメニューの［**モードセレクター**］をクリックしても切り替えることができ、現在どのモードになっているのかもここから確認することができます。

ショートカットキー

オブジェクトモード／編集モード	Tab

※以降では「モードの切り替え」と表記しています。

Point

メッシュ

頂点、辺、面という3Dオブジェクトを形作る要素の集合体を「メッシュ」といいます。

オブジェクトの選択

オブジェクトの選択は左クリックで行います。Shift キーを押しながらクリックすると、順番に複数選択することができます。最後に選択されたものは［**アクティブな要素**］として、［**オブジェクトモード**］では濃いオレンジ色のフチで表示され、［**編集モード**］では白いフチで表示されます。［**オブジェクトモード**］では、回転やスケールは、アクティブなオブジェクトの原点を中心に行われます。

オブジェクトモード

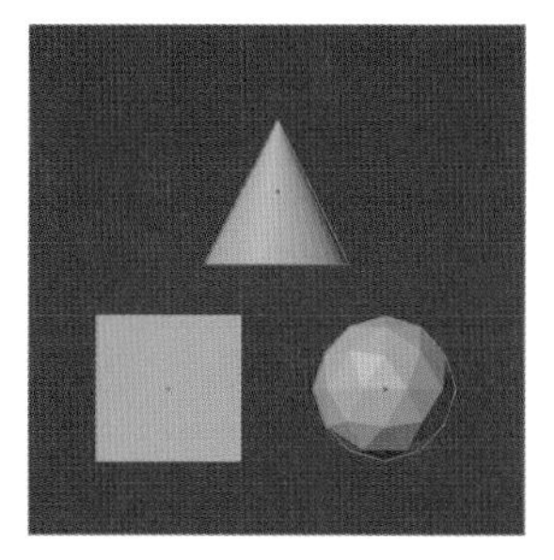

編集モード

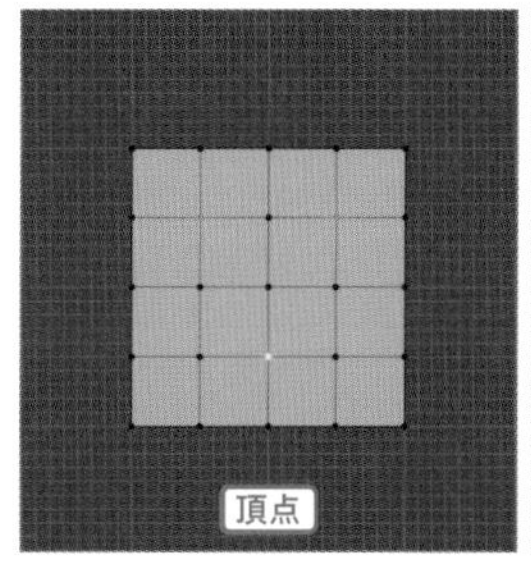

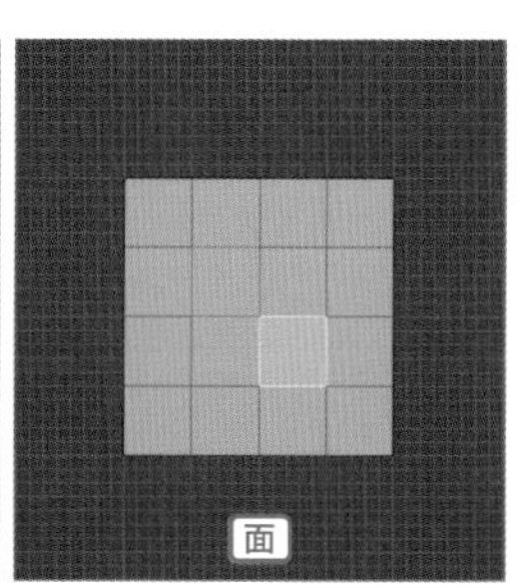

▶ 選択モードの切り替え

[**編集モード**]では、頂点・辺・面の3種類の選択モードがあります。キーボード上部の数字キー、またはヘッダーメニューのアイコンから切り替えることができます。[**テンキーを模倣**](P022)している場合は数字キーは使えないので注意しましょう。

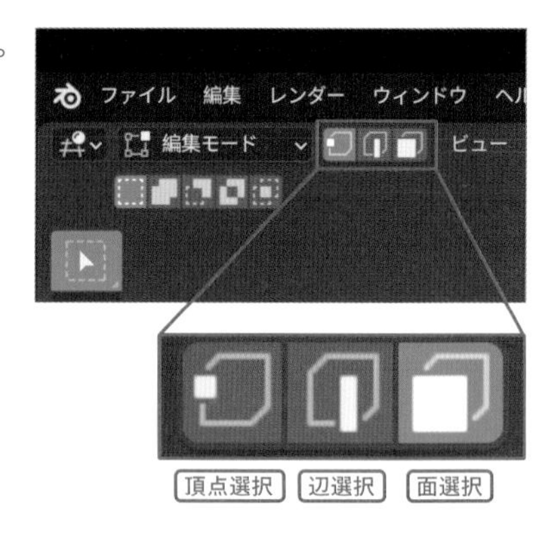

ショートカットキー

頂点選択モード	数字キー	1
辺選択モード	数字キー	2
面選択モード	数字キー	3

頂点選択モード

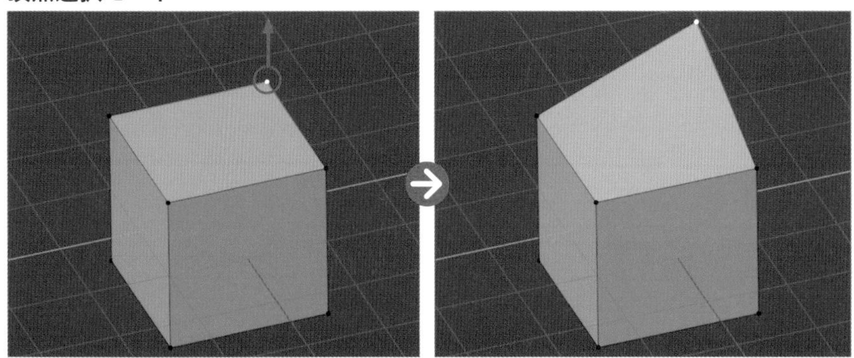

辺選択モード

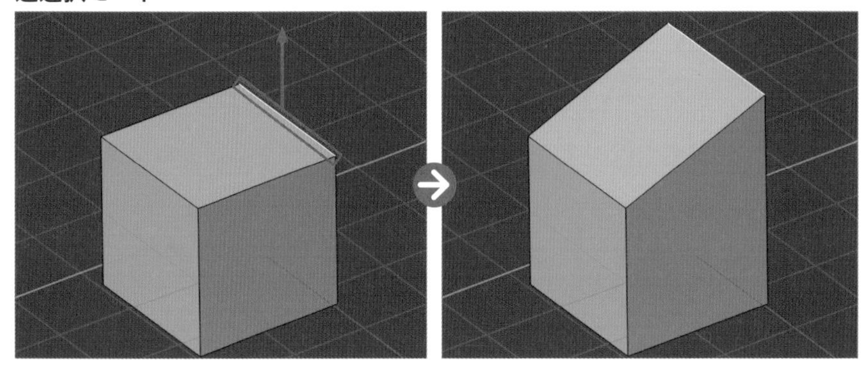

面選択モード

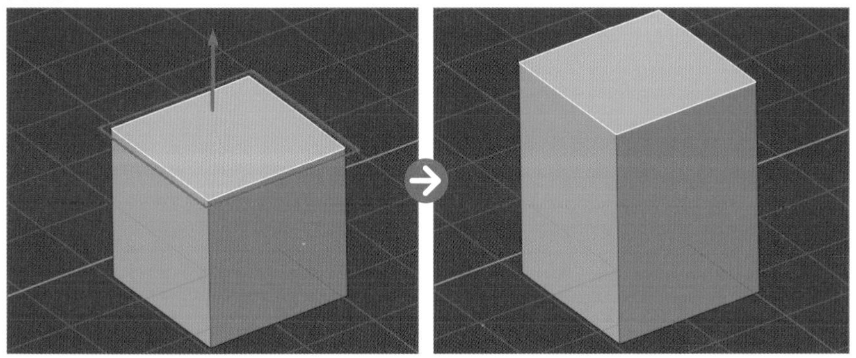

基本の機能編

［オブジェクトモード］と［編集モード］の機能

オブジェクト全体を移動・拡大したり、コピーや削除したりする時に使います。ショートカットキーを使って効率的に操作してみましょう。ツールバーやメニューを活用する場合はP221を参考にしましょう。

ショートカットキー一覧 P221

▶ オブジェクトの削除

オブジェクトを［**3Dビューポート**］から削除します。オブジェクトを選択したらXキーを押し、メニューから［**削除**］を選択します。Deleteキーでも削除することができます。

ショートカットキー

オブジェクトの削除	X

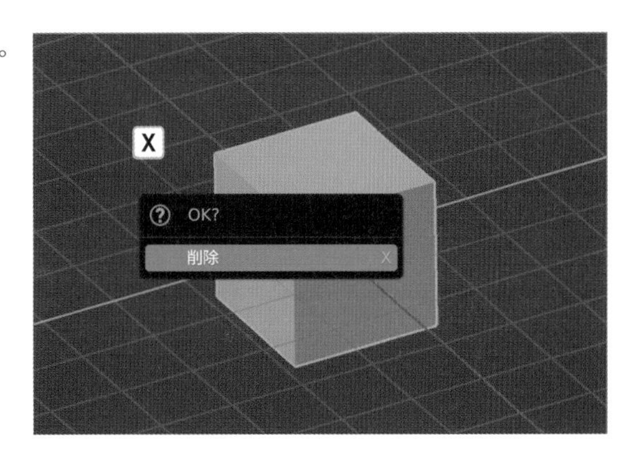

▶ オブジェクトの追加

［**3Dビューポート**］内に新しいオブジェクトを配置します。Shift＋Aキーを押して、表示されるメニューからオブジェクトを選択します。

ショートカットキー

オブジェクトの追加	Shift＋A

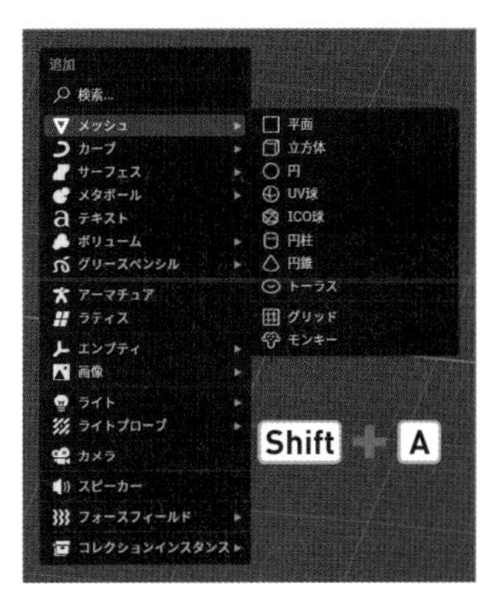

▶ 移動

オブジェクトの位置を変更します。オブジェクトを選択し、Gキーを押してからマウスを動かして移動させ、クリックで確定します。

ショートカットキー

移動	G

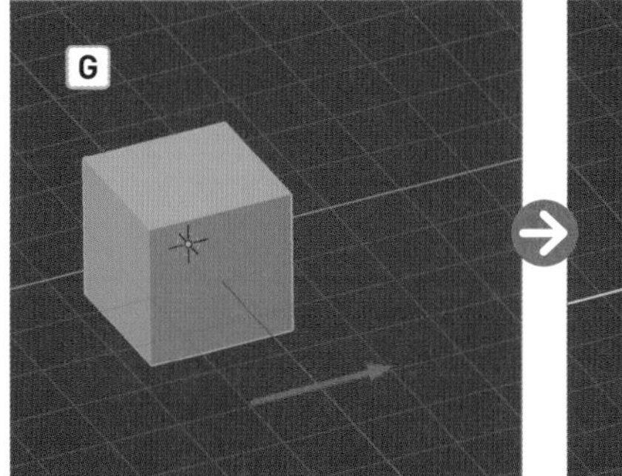

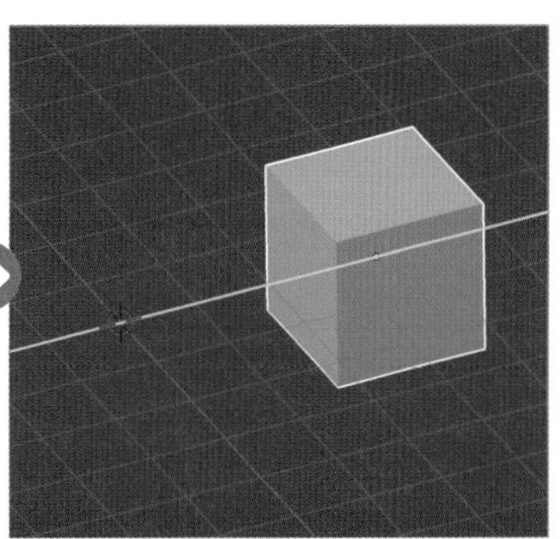

▶ 拡大・縮小（スケール）

オブジェクトの大きさを拡大・縮小します。オブジェクトを選択し、S キーを押してからマウスを外側に動かして拡大、内側に動かして縮小させ、クリックで確定します。

ショートカットキー

拡大・縮小	S

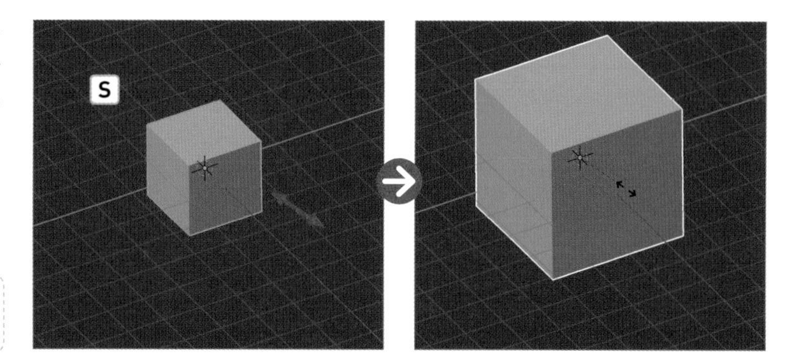

▶ 回転

オブジェクトを回転します。オブジェクトを選択し、R キーを押してからマウスを動かして回転させ、クリックで確定します。

ショートカットキー

回転	R

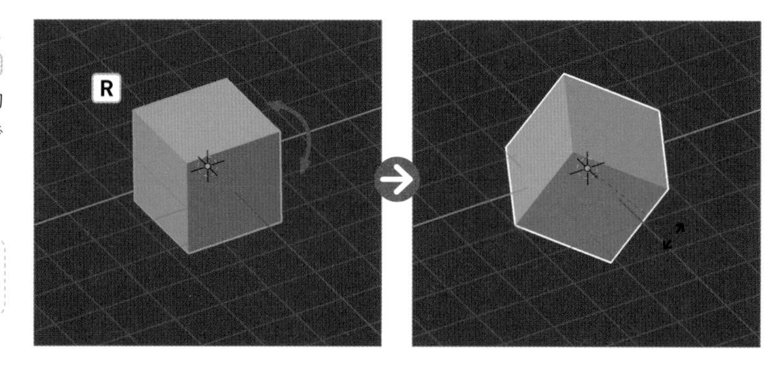

▶ 複製（コピー）

オブジェクトをコピーします。オブジェクトを選択し、Shift + D キーを押してコピーしたらクリックで確定します。キーを押した後にマウスを動かすとそのまま移動させることもできます。

ショートカットキー

複製	Shift + D

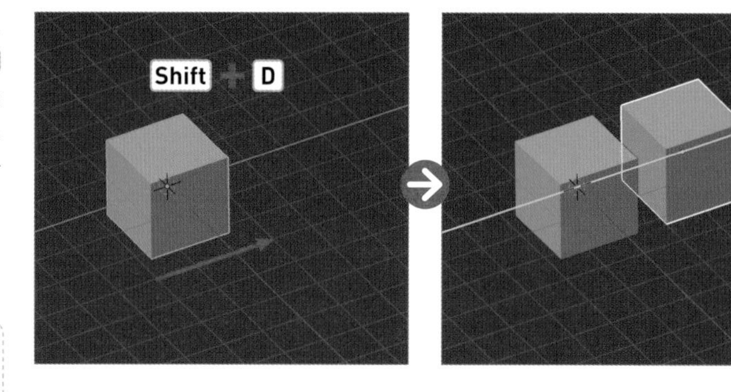

ここまでの機能は［オブジェクトモード］と［編集モード］の両方で使用する機能です。

Point

操作の取り消し方

キーを押した後に右クリックすると操作がキャンセルされます。編集後の操作を取り消したい時は、Ctrl command + Z キーを押すと元に戻すことができます。

［編集モード］の機能

［**編集モード**］でオブジェクトの形自体を変形させる時に使う機能です。こちらもショートカットキーを使って操作してみましょう。

▶ 押し出し

オブジェクトの頂点・辺・面を押し出します。頂点や辺、面を選択し、E キーを押してからマウスを動かして押し出し、クリックで確定します。

ショートカットキー

押し出し	E

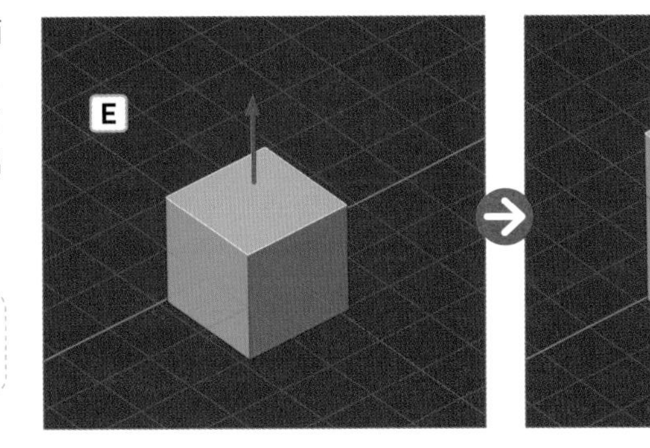

▶ インセット(面差し込み)

オブジェクトの面に新たな面を差し込みます。面を選択し、I キーを押してからマウスを内側に向かって動かして面を挿入し、クリックで確定します。

ショートカットキー

インセット	I

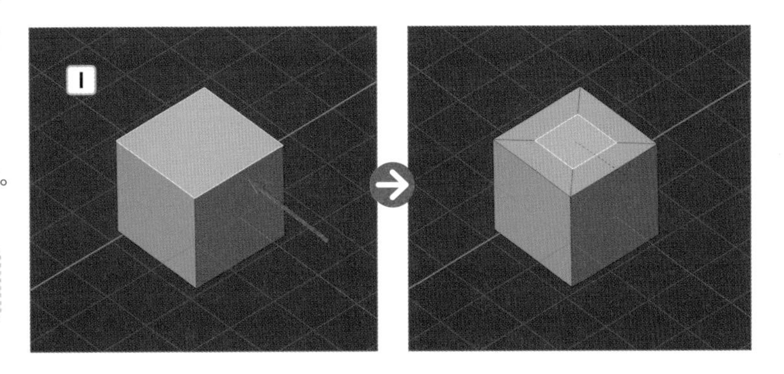

▶ ベベル(面取り)

オブジェクトの角を取って丸みをつけます。角や頂点を選択し、Ctrl command + B キーを押してからマウスを外側に動かして角を取り、クリックで確定します。

ショートカットキー

ベベル	Ctrl (command) + B

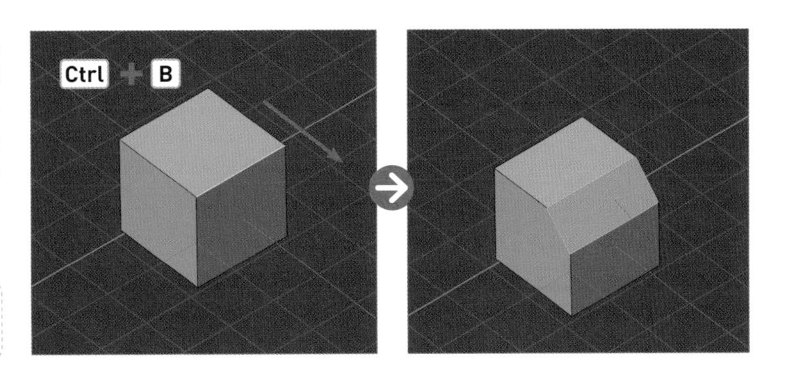

▶ ループカット(輪切り)

オブジェクトを輪切りします。Ctrl command + R キーを押して黄色い線が表示されたら、マウスを動かして輪切りする向きを調整し、クリックで確定します。線がオレンジ色に変わったら、マウスを動かして輪切りする位置を決め、クリックで確定させます。

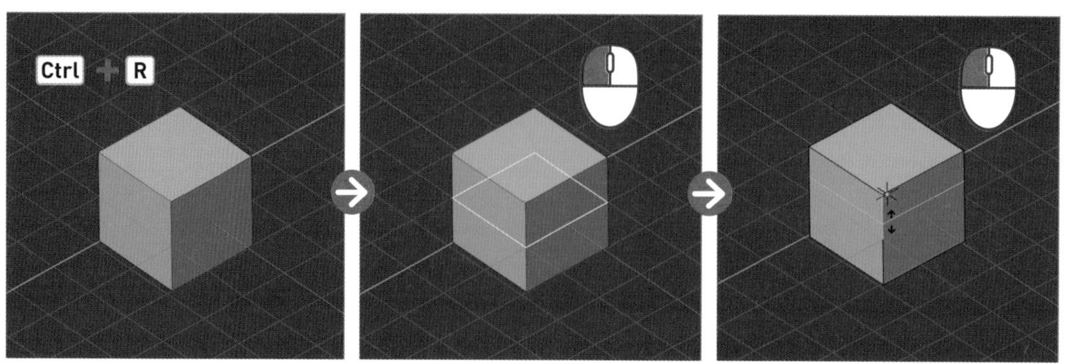

▶ フィル(面張り・頂点を繋ぐ)

オブジェクトの面を張ったり、頂点同士を繋いだりします。埋めたい面の間の角や頂点を選択し、F キーを押して面を張ります。

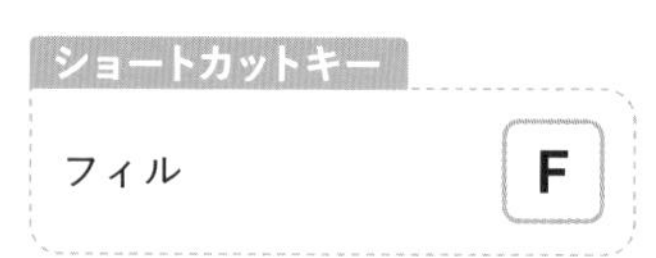

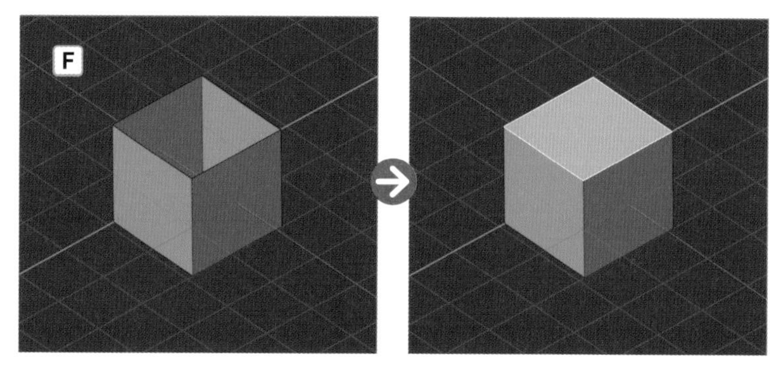

Point

ショートカットキーをおさらいしよう

ここまでに学んだショートカットキーの一覧です。モデリングで繰り返し使いながら操作を覚えていきましょう。

オブジェクトモード(Tab～X)
編集モード(G～F)

キー	機能
Tab	モードの切り替え
G	移動
S	拡大・縮小(スケール)
R	回転
Shift + D	複製(コピー)
X	削除
E	押し出し
I	インセット(面差し込み)
Ctrl command + B	ベベル(面取り)
Ctrl command + R	ループカット(輪切り)
F	フィル(面張り・頂点を繋ぐ)

初級編

はじめのモデリング

初級編

1日目

レベル ★☆☆

ここで学ぶ機能
インセット
押し出し
ベベルモディファイアー

フライパンと目玉焼きを作ろう

まずは制作の流れを知ってBlenderの操作に慣れていきましょう。

動画解説はこちら

https://book.impress.co.jp/closed/bld-vd/day1.html

使うのは円柱と球体だけです。ここから本格的にモデリングをはじめていきましょう。

はじめに
3STEPで制作の流れを確認しよう

STEP 1

円柱でフライパンを作ろう

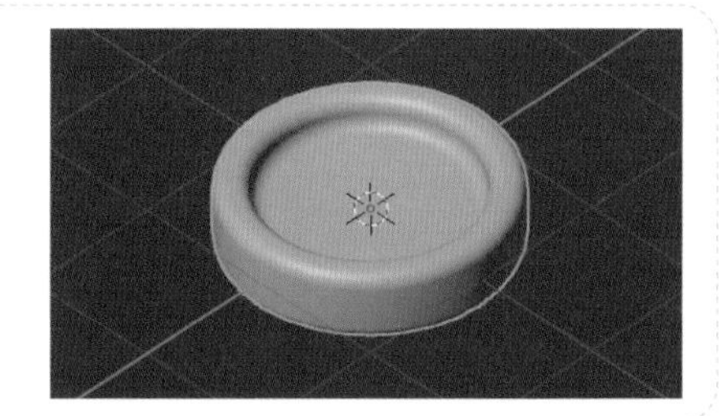

STEP 2

円柱を組み合わせて持ち手を作ろう

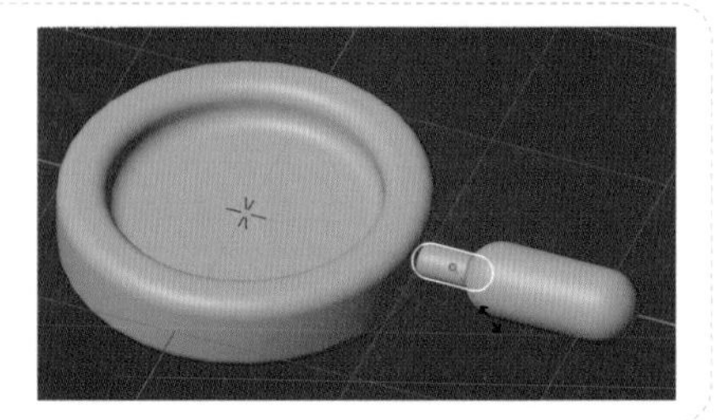

STEP 3

UV球で目玉焼きを作ろう

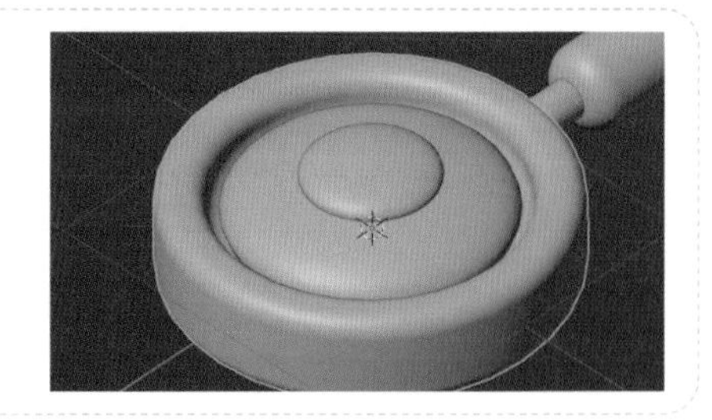

STEP 1

モデリングの準備をしよう

モデリングをはじめる前に、まずは画面の見え方から調整しましょう。2Dの画面上で3Dオブジェクトを作成する時は、遠近法が反映されない［**平行投影**］で行う方が形を作りやすくなります。

平行投影 P021

1 Blenderを開くと［**3Dビューポート**］は［**透視投影**］で表示されているので、テンキー5を押して［**平行投影**］にします❶。押す度にモードが切り替わるので、現在のモードを左上の表示で確認しましょう❷。

テンキー

投影モードの切り替え	5

2 モデリングを行う際はカメラとライトを非表示にしておくと、画面がすっきりして見やすくなります。右上の［**ビューポートで隠す**］ボタンをクリックして、それぞれ非表示にしておきましょう❸❹。

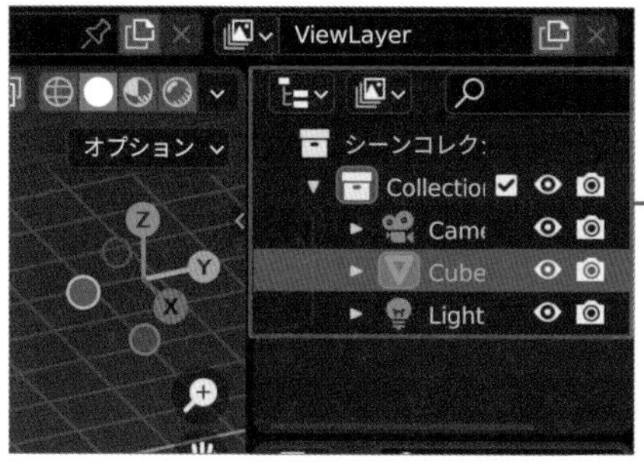

2日目以降もモデリングをはじめる前に非表示にしておきましょう。

フライパンの本体になる円柱を配置しよう

それでは実際にモデリングをはじめましょう。今回作るフライパンのように円形で厚みがある形状を作る時は、［**円柱**］のメッシュオブジェクトを活用します。

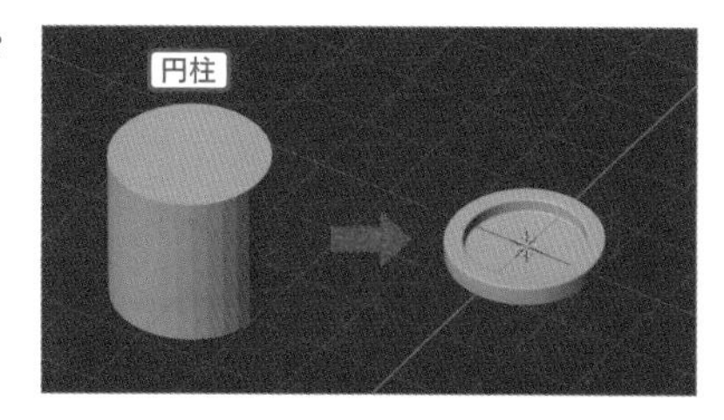

1 デフォルトで表示されている立方体を選択し❶、Xキーを押して削除します❷。

ショートカットキー

オブジェクトの削除	X

2 Shift+Aを押して、追加メニューから［**メッシュ**］❸＞［**円柱**］を選択すると❹、［**3Dビューポート**］上に円柱が配置されます。

ショートカットキー

オブジェクトの追加 Shift＋A

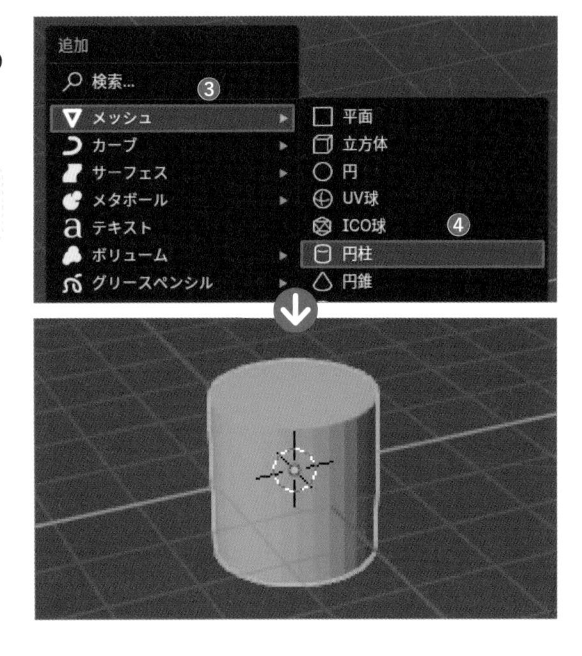

円柱をフライパンの形にしよう

円柱を薄くして、お皿のように中心を凹ませていきます。オブジェクト自体の形を編集する時は［**編集モード**］で作業します。

1 Tabキーを押して［**編集モード**］に切り替えます❶。現在のモードは左上のヘッダーから確認することができます。

ショートカットキー

モードの切り替え Tab

編集モード P023

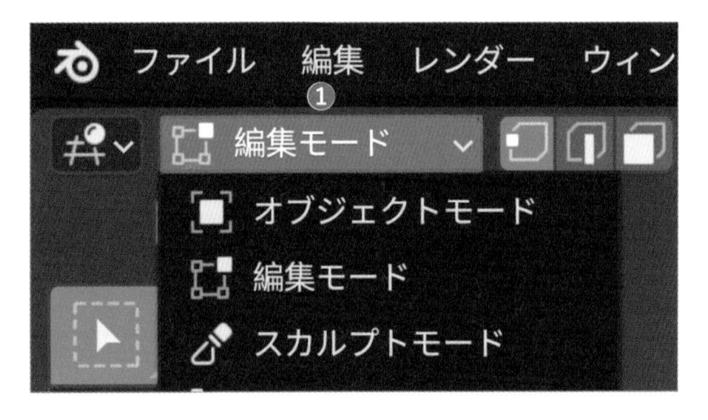

2 Sキーを押した後に、Z軸（上下）のキーZを押します❷。これで「拡大・縮小します」「Z軸（上下）だけ」という指示をすることができます。そのままマウスを外側から中心に動かして、円柱が薄くなったらクリックして確定させます❸。操作をキャンセルする場合は確定させる前に右クリックします。

ショートカットキー

拡大・縮小 S

拡大・縮小 P026

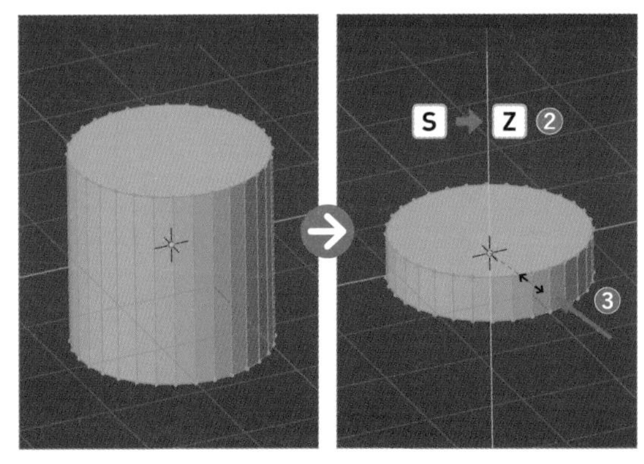

Point

軸のロック

拡大・縮小や移動など、オブジェクトの編集を行う際に、座標を表すXYZのキーを続けて押すと、その軸に限定して編集することができます。これを「軸のロック」といいます。例えば、X軸（左右）にだけ拡大・縮小したい場合はS→X、Z軸（上下）にだけ拡大・縮小したい場合はS→Zの順に押します。

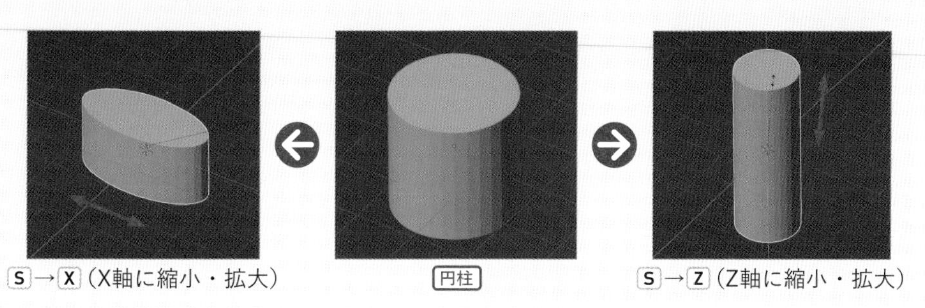

3 次に円柱の上部にもう1つ円形の面を追加して、凹ませていきます。数字キー3を押して［**面選択モード**］にし、上部の面を選択します❹。

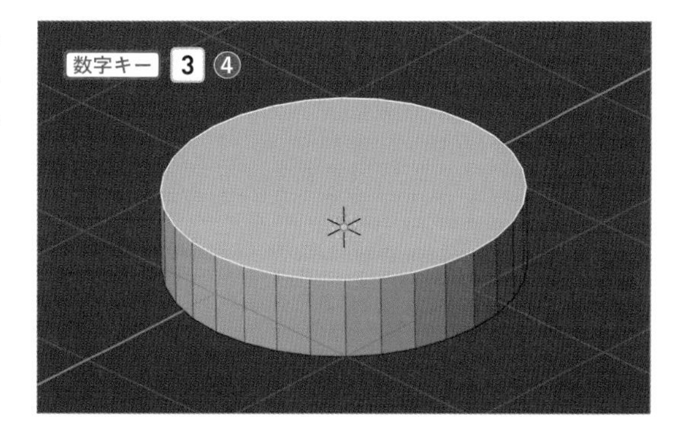

4 面のフチが白色になっていることを確認したら、Iキーを押し❺、マウスを外側から中心に動かして2/3程度の大きさになったらクリックして確定させます❻。

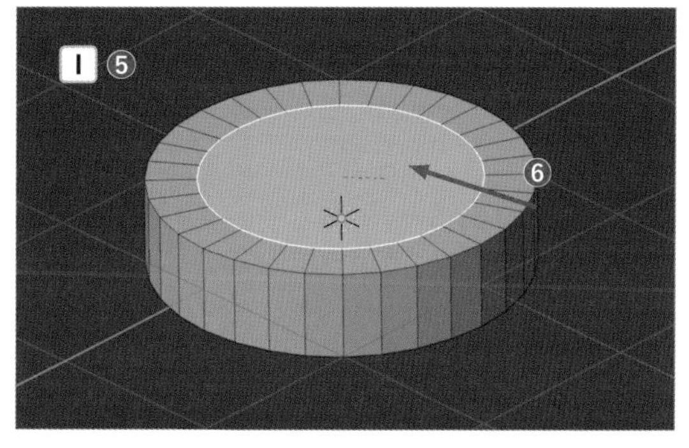

5 差し込んだ面を下に押し出して凹みを作ります。Eキーを押したら❼、マウスを下に動かして面を押し出しクリックして確定させます❽。

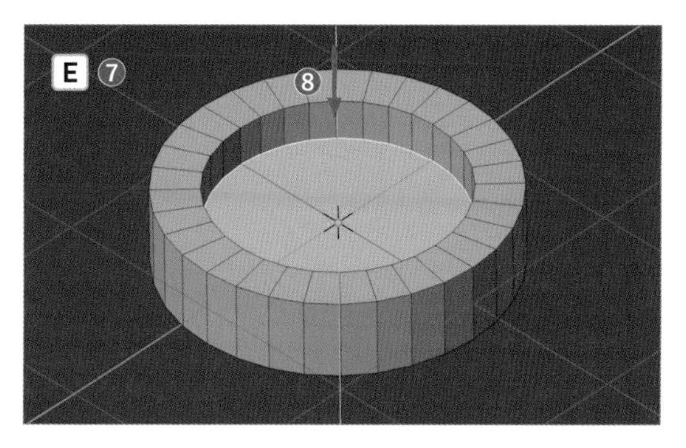

フライパンの角に丸みをつけよう

本体の形ができたら、角に丸みをつけていきます。今回はフライパン全体の角を滑らかにしたいので、[**オブジェクトモード**]で作業を行います。

1. Tab キーを押して[**編集モード**]から[**オブジェクトモード**]に切り替えます❶。

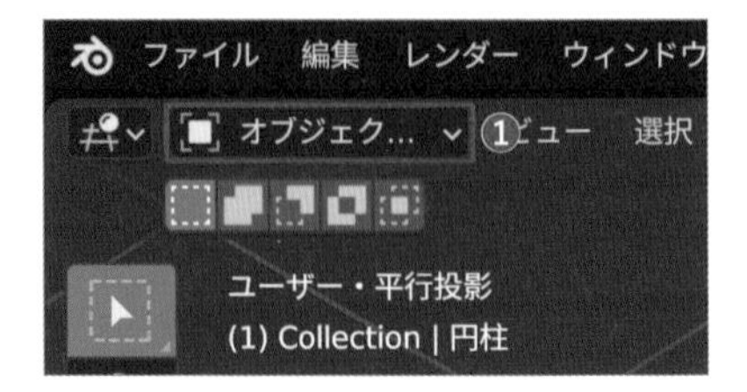

2. 円柱が選択された状態で、画面右側のプロパティからスパナマークの[**モディファイアープロパティ**]を開きます❷。

3. [**モディファイアーを追加**]のプルダウンを開き❸、[**生成**]>[**ベベル**]を選択します❹。

4. モディファイアーパネルの[**量**]の値を「0.1m」❺、[**セグメント**]の値を「10」❻にします。

[ベベルモディファイアー]を追加しても変化がない場合は頂点が重複している可能性があります。[編集モード]で頂点を A キーで全選択し、M >[距離で]を選択しましょう。

5 円柱の角が取れて滑らかになったら、[**3Dビューポート**] 上の何もない部分で右クリックし、メニューから [**スムーズシェード**] を選択すると❼、よりツルツルした表面に仕上げることができます。

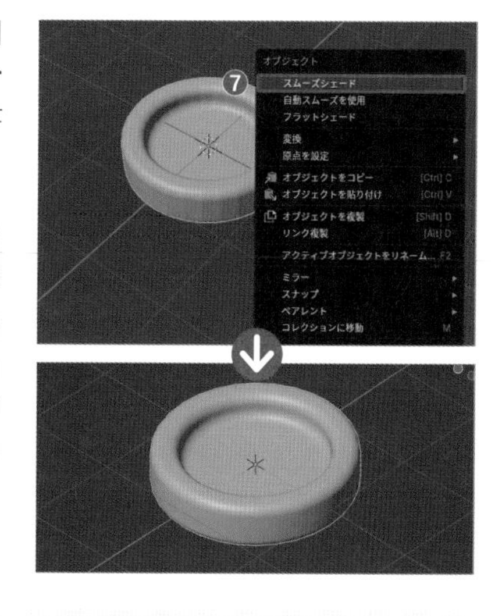

Point

スムーズシェード

メッシュの形を変えることなく、見た目を滑らかにすることができる機能を [**スムーズシェード**] といいます。面同士の境目の陰影を滑らかに繋げる機能で、カクカクした表面をツルっとした見た目に仕上げたい時に使います。

Point

ベベルモディファイアー

[**ベベルモディファイアー**] はオブジェクトの角や辺を取って滑らかにする機能です。モディファイアーパネルの [**量**] は「どれだけの幅を面取りするか」、[**セグメント**] は「面を何分割するか」を表していて、[**量**] の値が増えると面の幅が広がり、[**セグメント**] の値が増えるとより滑らかになります。

【量】

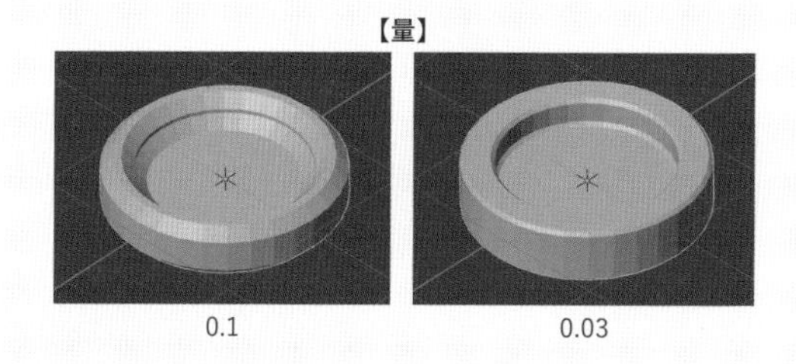

0.1　　0.03

【セグメント】

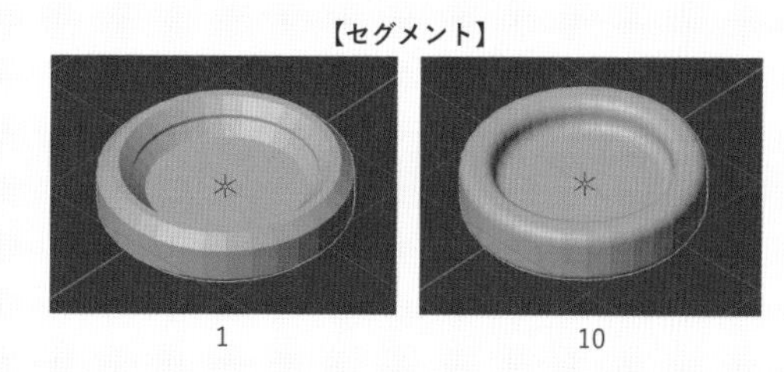

1　　10

モディファイアー機能 P069

STEP 2

円柱でフライパンの持ち手を作ろう

円柱を横にしてフライパンの持ち手を作っていきましょう。

1 Shift + A > [**メッシュ**] > [**円柱**] を選択し、新たに円柱を配置します❶。

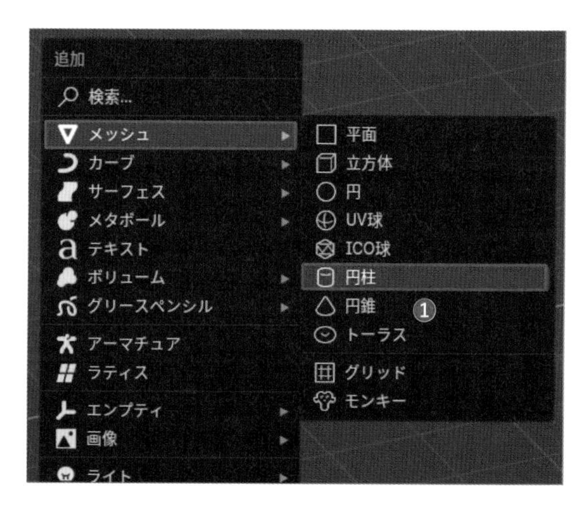

2 R→X→「90」の順に入力すると、「回転します」「X軸を中心に」「90度」と指示をすることができます❷。回転したらEnterキーまたはクリックで確定させましょう。

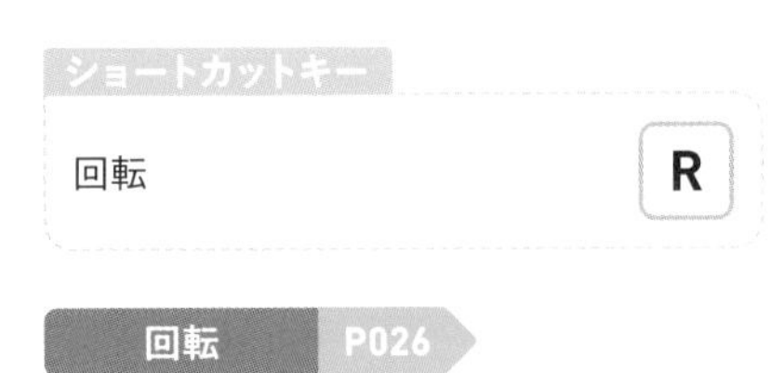

回転 P026

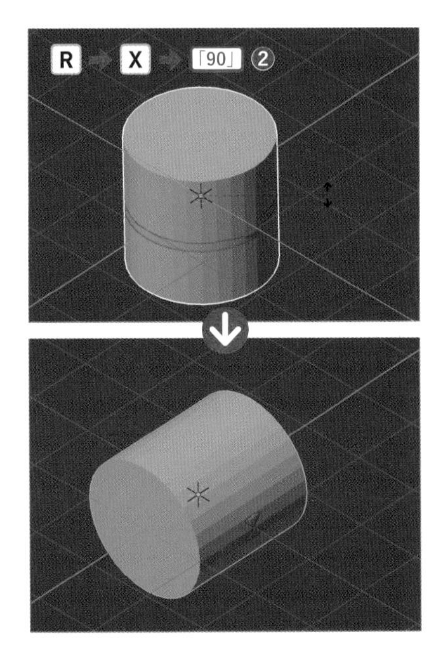

3 そのままフライパンの後方に移動させましょう。G→Yキーを押し❸、マウスで画面の右側に移動させます❹。

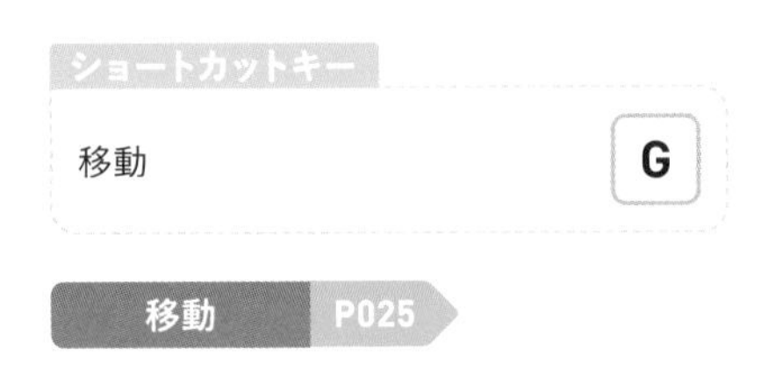

移動 P025

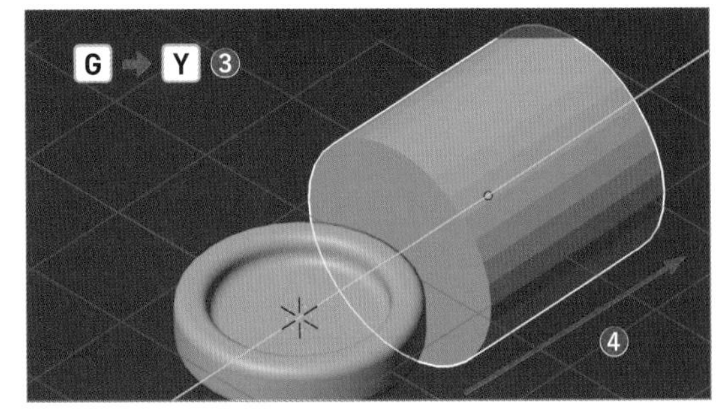

4 Tabキーを押して［**編集モード**］に切り替えます。Sキーを押して持ち手の太さを調整したら❺、S→Yキーを押して持ち手の長さを調整します❻。

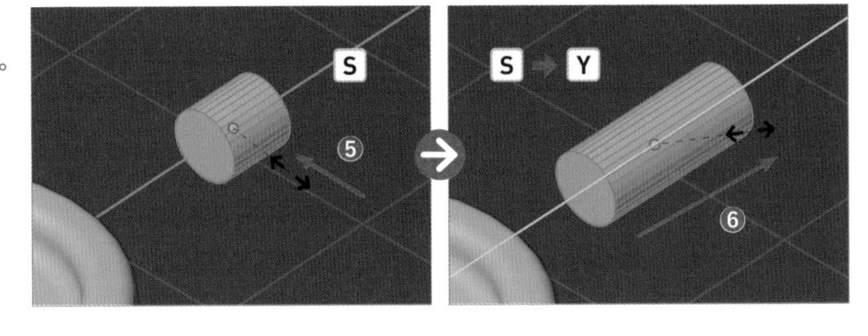

［オブジェクトモード］のままでも良いのですが、その後の工程（ベベル）がうまくかからないので、今回は［編集モード］で調整しています。詳しくはP207で解説しています。

5 フライパンと同様に持ち手の角も取って滑らかにしていきます。Tabキーを押して［**オブジェクトモード**］に戻り、>［**モディファイアーを追加**］>［**生成**］>［**ベベル**］を選択します❼。

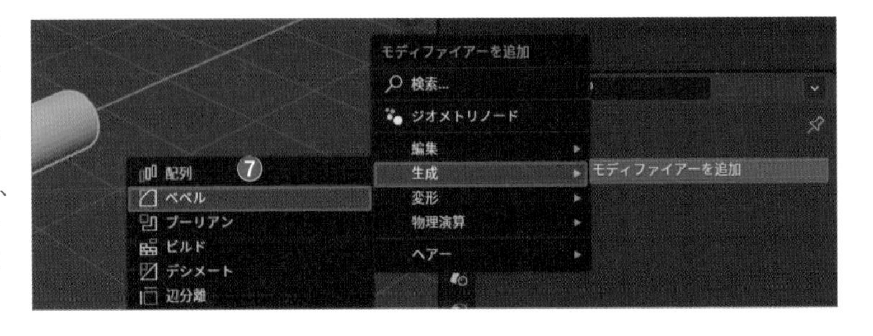

6 ［**量**］の値を「1」❽、［**セグメント**］の値を「10」❾に変更します。これで、先が丸い持ち手が完成しました。

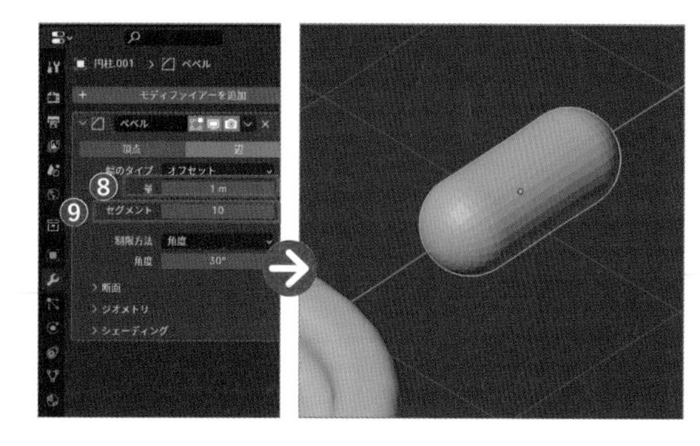

7 フライパンと同様に見た目を滑らかにするために、画面を右クリック＞［**スムーズシェード**］を適用しましょう❿。

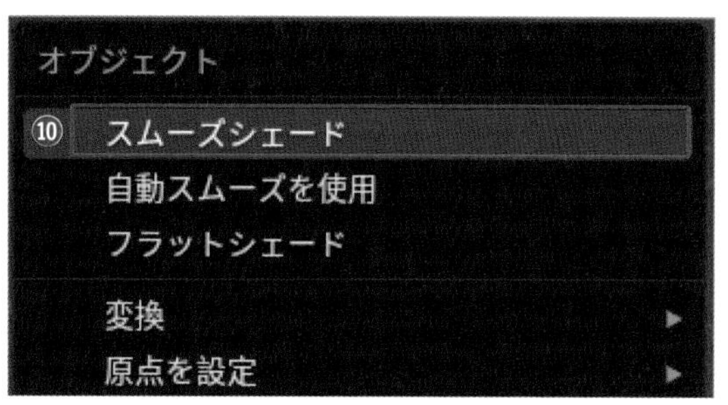

8 完成した持ち手をコピーして、フライパンとの接続部分をつくりましょう。Shift＋D→Yキーを押してY軸方向に移動させながらコピーしたら、フライパンにくっつくように配置します⓫。

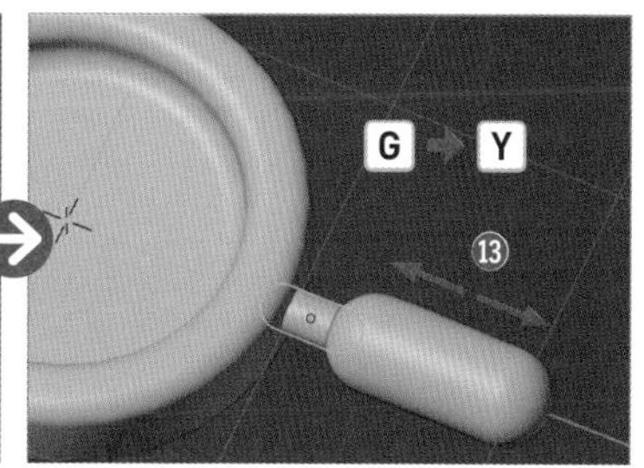

ショートカットキー

複製	Shift＋D

複製 P026

9 Sキーを押して縮小し⓬、先に作成した持ち手と共に、それぞれ必要に応じてG→Yキーを押して位置を調整します⓭。これでフライパンの本体と持ち手が完成しました。

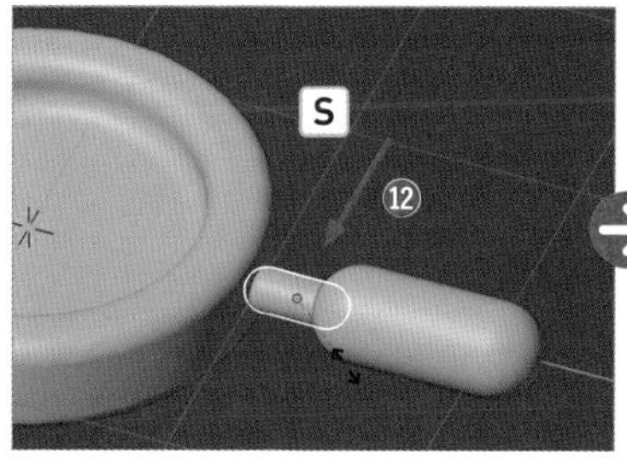

STEP 3

目玉焼きを作ろう

最後に、球体の［UV球］を2つ用いて目玉焼きを作ります。目玉焼きは上下に丸みがあるので、円柱ではなく球体をベースにして作成します。

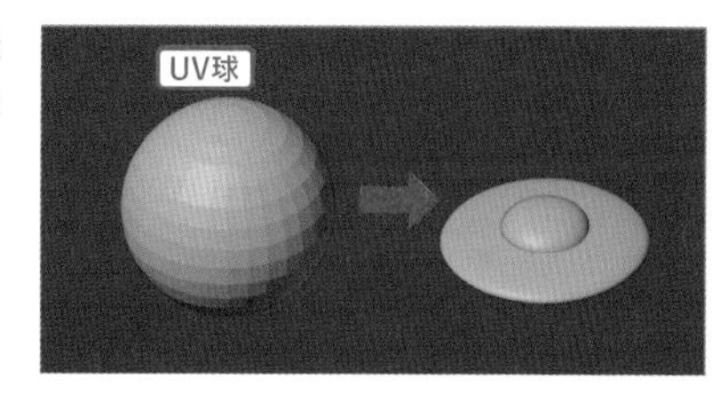

1. まず、白身の部分になるUV球を追加します（Shift＋A＞［**メッシュ**］＞［**UV球**］）❶。

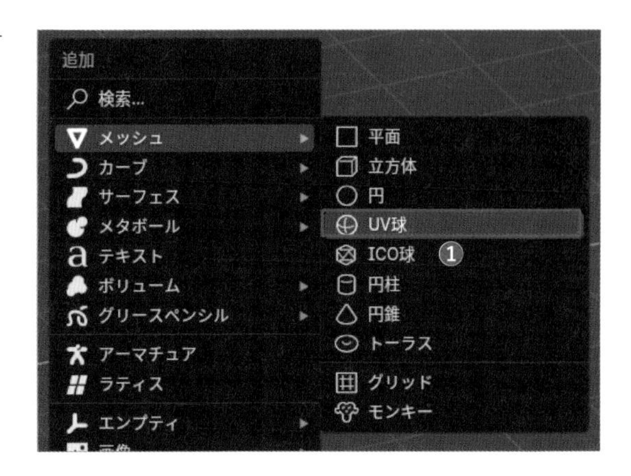

2. 全体を少し縮小し（S）❷、上下方向に更に縮小させて（S→Z）❸、白身らしい形になるように薄くしていきます。

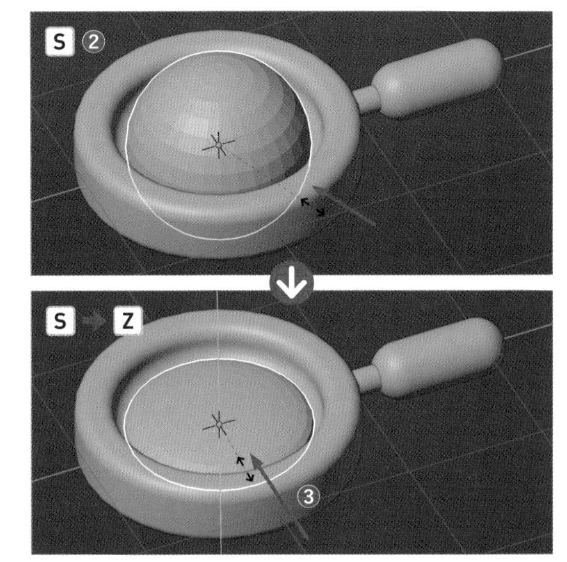

3. 形ができたら白身を少し上方に移動させます（G→Z）❹。

フライパンから少し目玉焼きが浮いていた方が、フライパンに影が落ちて立体的に見えるようになります。

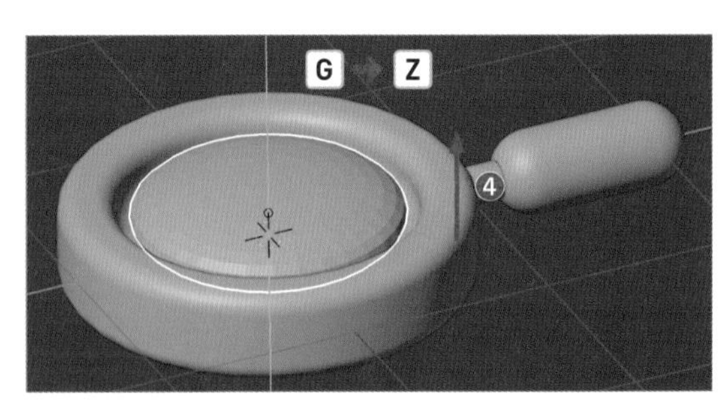

4. ［**スムーズシェード**］を適用させて、見た目を滑らかにします（右クリック＞［**スムーズシェード**］）❺。

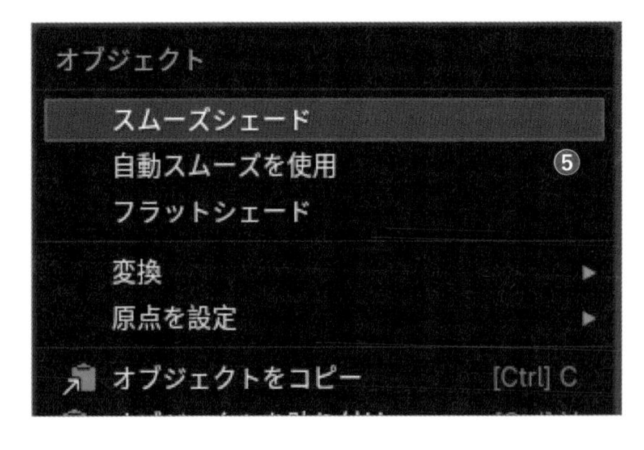

5 次に白身を上方向にコピーします（Shift +D→Z）❻。

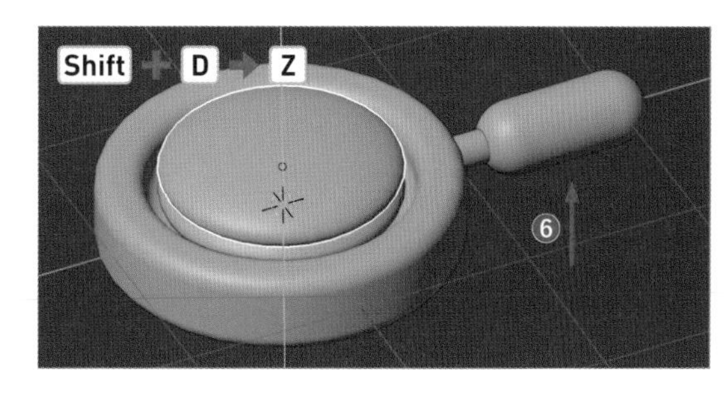

6 コピーした白身を縮小させ（S）❼、少し上方に移動させて（G→Z）❽、黄身を作ります。これでモデリングは終了です！

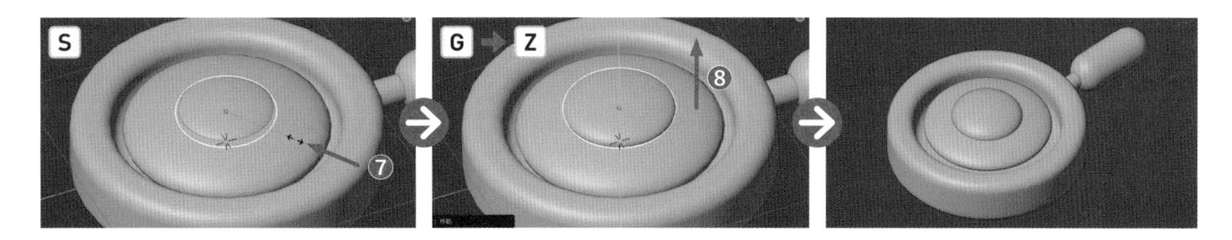

マテリアルを設定しよう

モデルが完成したら、マテリアルを設定してオブジェクトの色付けやテクスチャ作りをしましょう。マテリアルはオブジェクトの見た目を決める重要な要素です。ここでは、基本のマテリアル設定について解説します。マテリアル設定の様々なパラメーターを利用してより質感を高めていく手法についてはコラム（P122）で解説します。

1 まず、設定したマテリアルが確認できるモードに切り替えます。［**オブジェクトモード**］（Tab）で［**3Dビューポート**］右上のメニューから［**マテリアルプレビュー**］モードを選択します❶。

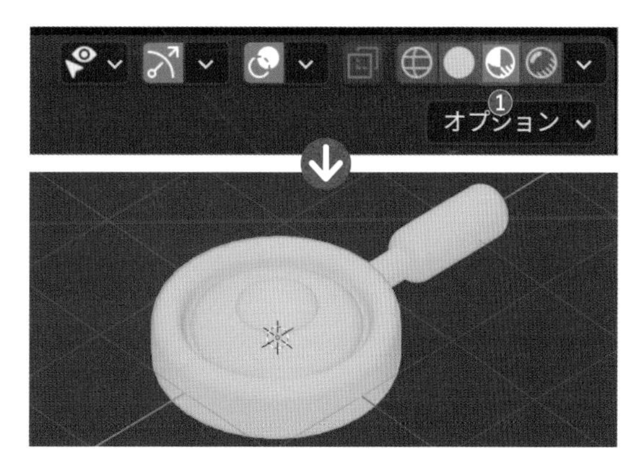

2 フライパンの本体のオブジェクトを選択し、画面右側のプロパティから［**マテリアルプロパティ**］を開き❷、［**新規**］ボタンをクリックします❸。

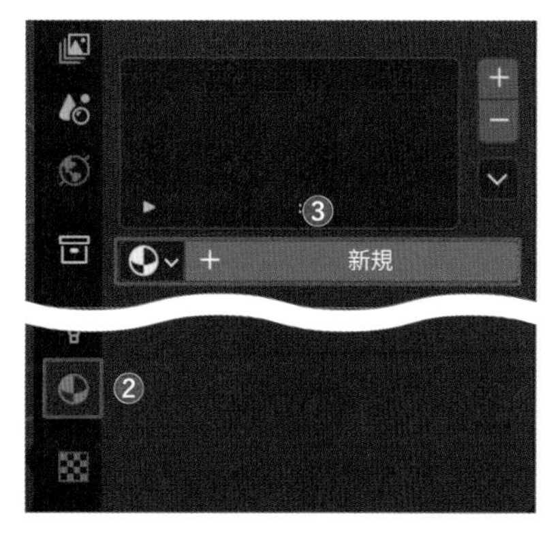

3 新規のマテリアルが［**マテリアルスロットパネル**］に作成されたらダブルクリックすると、名称を編集することができます。ここでは「緑」としてみましょう❹。

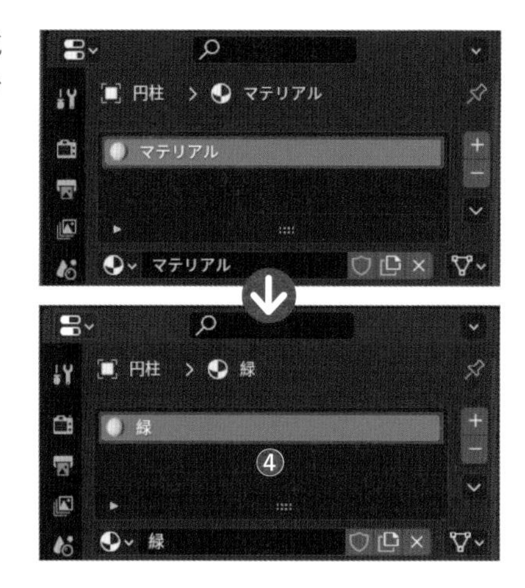

4 パネルの［**ベースカラー**］の白いスペースをクリックすると❺、カラーパレットが現れます。このパレット内をクリックして、自由に色を設定することができます。また、［**16進数**］をクリックしてカラーコードで指定することも可能です。今回は「275226」と入力しましょう。

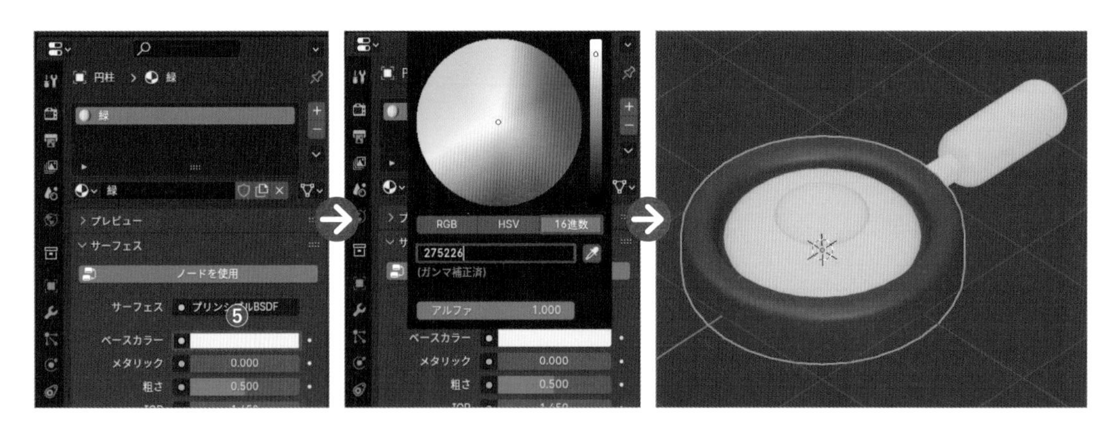

5 次に、フライパンの持ち手部分を順に色付けしていきましょう。接続部分を選択し、先ほどと同じ手順で「茶」のマテリアルを作成し、［**16進数**］の値を「341B1B」とします❻。

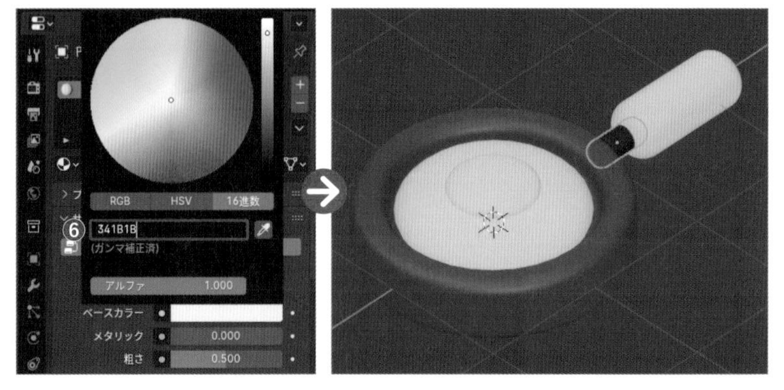

Point

一度追加したマテリアルの活用

追加したマテリアルは同じファイル内であれば別のオブジェクトにも設定することができます。割り当てたいオブジェクトを選択した状態で、［**マテリアルスロットパネル**］のプルダウンから作成済みのマテリアルを選択すると、同じマテリアルが適用されます。

6 続けて、持ち手を選択して「薄緑」のマテリアルを設定し、[**16進数**]の値を「838E75」とします❼。

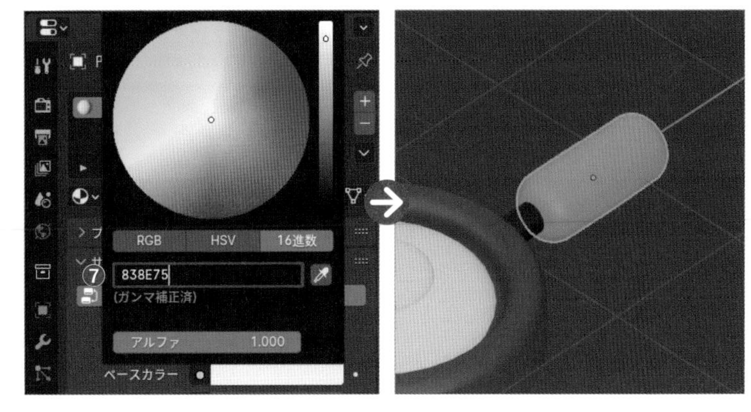

7 目玉焼きの白身・黄身の部分も、それぞれ新規でマテリアルを作成し（白身：「白」、黄身：「黄」）、[**ベースカラー**]から色を設定しましょう。[**16進数**]は白身が「E7E7E7」、黄身が「E77210」です❽。

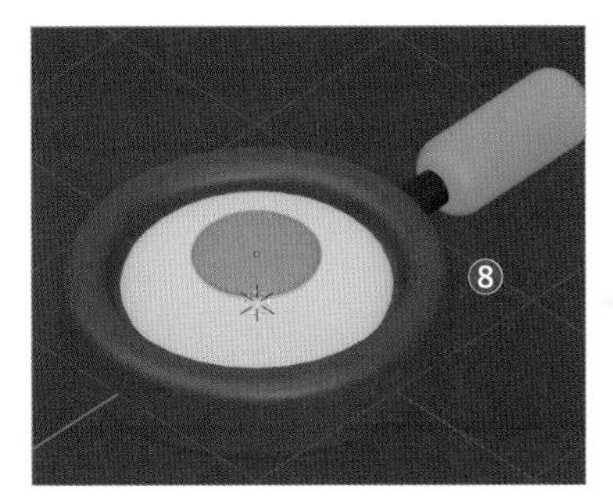

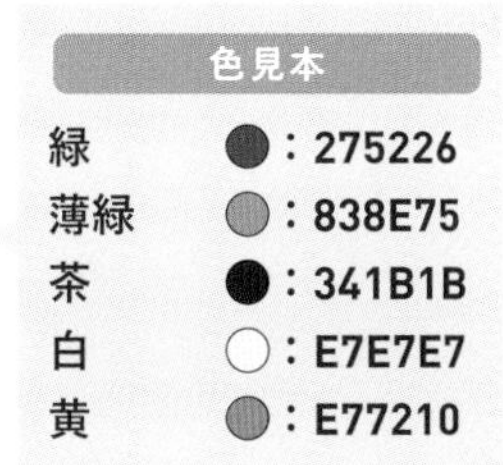

色見本

緑	●：275226
薄緑	●：838E75
茶	●：341B1B
白	○：E7E7E7
黄	●：E77210

8 最後に質感を表現します。白身のオブジェクトを選択し、[**マテリアルプロパティ**]の[**粗さ**]の値を「0.000」にすると、艶を表現することができます。黄身も同様に[**粗さ**]を「0.000」にしておきましょう❾。これで、マテリアル設定は完了しました。

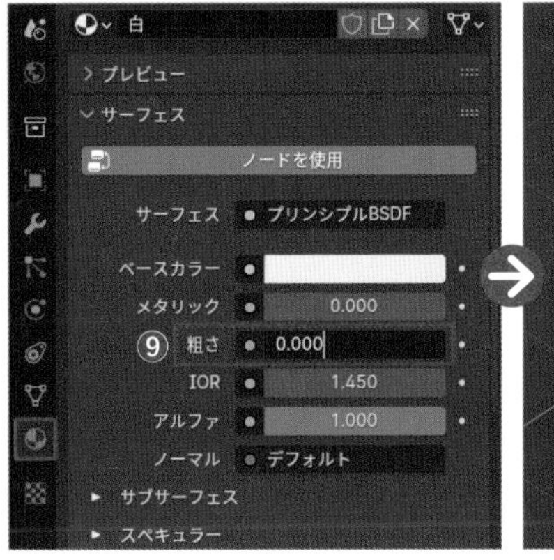

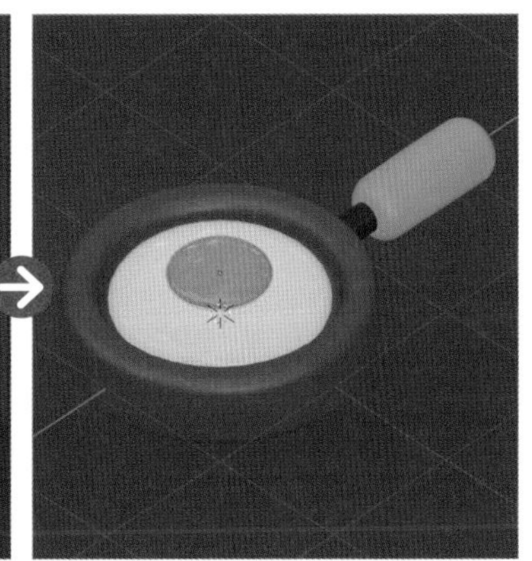

Point

カラーマネジメント

[**レンダープロパティ**]の[**カラーマネジメント**]では、レンダリング時の色や光の表現を調整できます。中でも「ビュー変換」の選択肢を変更することにより、異なる色調とコントラストで表現することができます。[**標準**]はマテリアル設定のままの色を再現し、[**Filmic**]ではよりソフトな色調を、[**AgX**]では明るくくっきりとした色調で表現することができます。Blender 4ではデフォルトで[**AgX**]になっていますが、本書では世界観を表現するために[**Filmic**]でカラーの設定とレンダリングを行っています。

完成した作品をレンダリングしよう

ここまでできたら、いよいよ画像として書き出してみましょう。

1 モデリングを行う前に非表示にしていたカメラとライトを表示させたら❶❷、［**レンダープレビュー**］モードに切り替えましょう❸。［**レンダープレビュー**］では、レンダリングされた時の環境や光が再現されます。

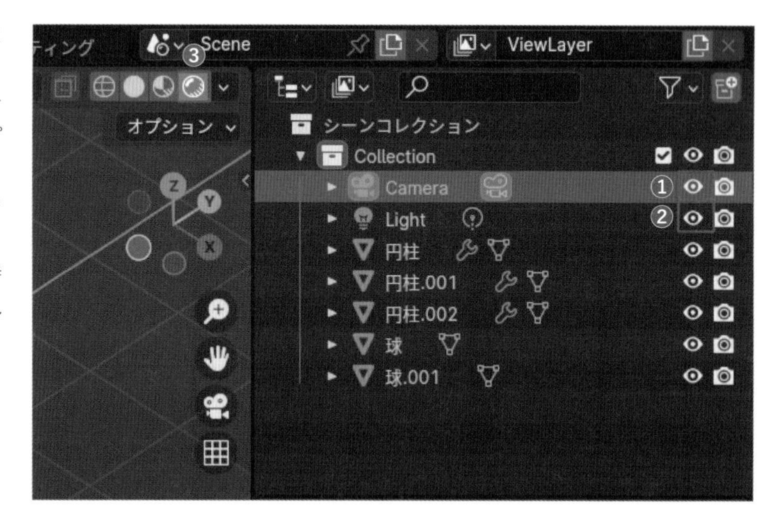

2 次に、［**3Dビューポート**］右側の［**カメラビュー**］のアイコンをクリックします❹。すると、画像のように「レンダリングした時にはこのように画像ができますよ」というビューに切り替わります。

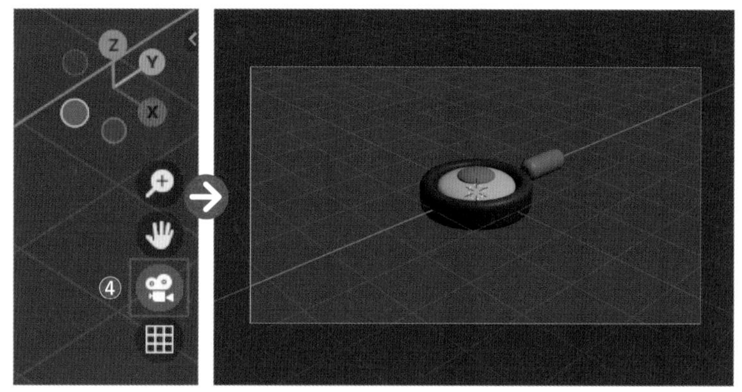

3 そのまま、トップバーの［**レンダー**］>［**画像をレンダリング**］をクリックすると新しいウィンドウが現れ、レンダリング画像ができます❺。

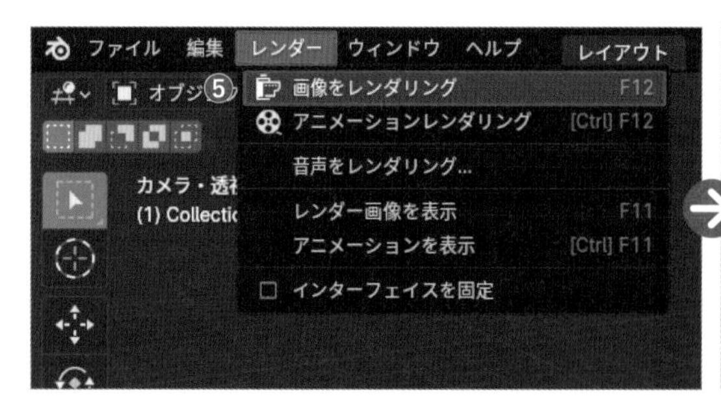

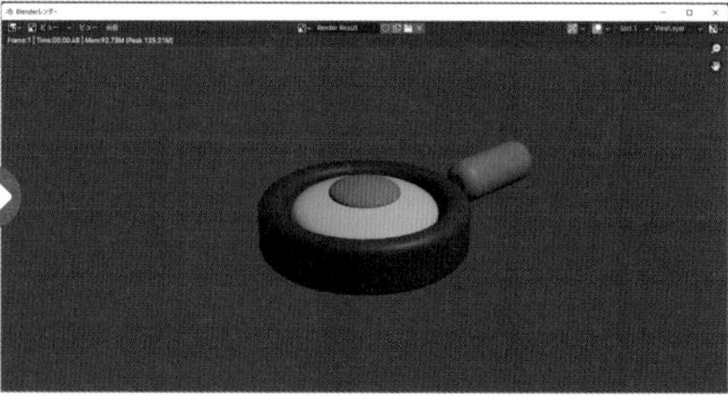

レンダリングの細かい設定はコラム（P050）を確認してみましょう。

4 新しいウィンドウのヘッダーメニューの［**画像**］>［**保存**］をクリックしたら、保存先を指定し、ファイル名を入力して［**画像を別名保存**］をクリックして保存します❻。保存形式を指定したい場合は、保存画面の右側のメニューから選びましょう。保存が終わったら右上の［×］をクリックしてウィンドウを閉じます。

ファイルを保存しよう

作成した作品のファイルを保存してみましょう。今回は10日目（P198）の部屋に配置できるように、下準備をしてから保存しましょう。

1 まず、後ほど他のファイルで使いたいと思うオブジェクトは［**コレクション**］にひとまとめにしておきます。［**カメラビュー**］をオフにしたら、「目玉焼き」と「フライパン」を構成する5つのオブジェクトを、Shift キーを押しながら全て選択します❶。

［コレクション］はオブジェクトやカメラ、ライトなどをグループ化できる機能です。

2 M >［**新規コレクション**］を選択し❷、コレクション名に「01_フライパンと目玉焼き」と入力したら❸、［**OK**］をクリックします❹。すると、［**アウトライナー**］にコレクションが追加され、選択したオブジェクトが格納されます。

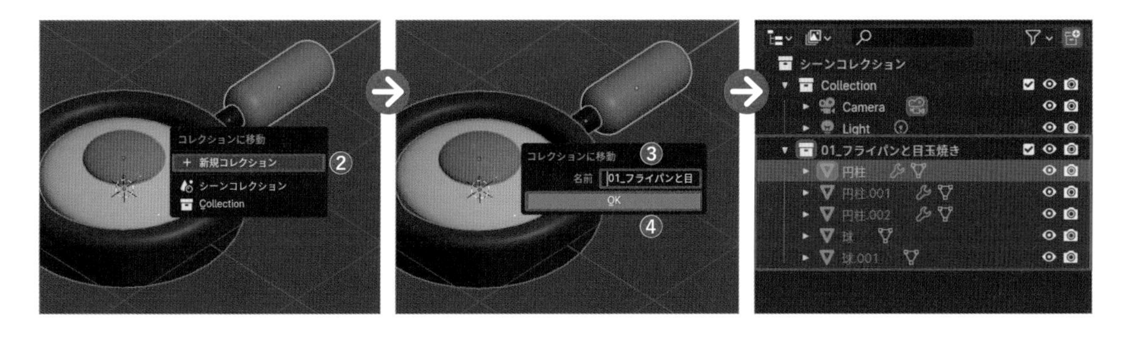

3 更に、[**アセットブラウザー**]という機能を用いて、リストからドラッグ&ドロップでオブジェクトを[**3Dビューポート**]に配置できるように設定します。先ほど作成したコレクションを選択して右クリックし❺、[**アセットとしてマーク**]を選択しましょう❻。[**アセットブラウザー**]についてはコラム(P194)で解説します。

アセットブラウザー P194

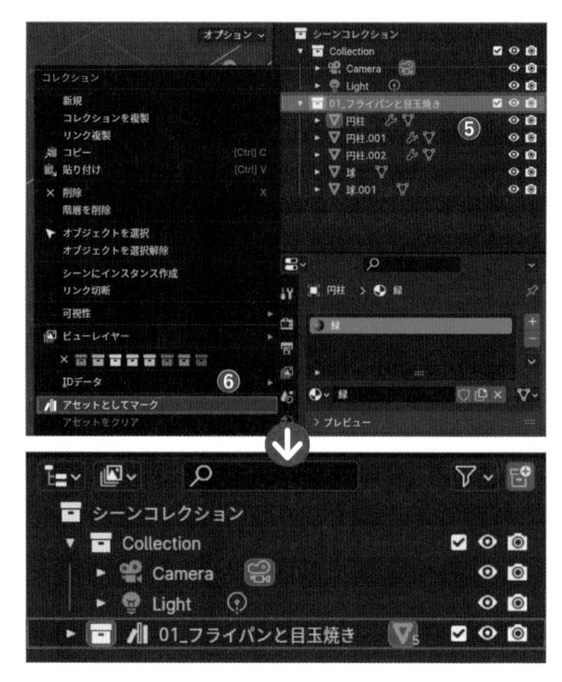

4 最後にファイルを保存しましょう。Ctrl command + S キーを押して[**Blenderファイルビュー**]を開き、保存先を指定したら任意の名前を付け、[**Blenderファイルを保存**]をクリックします❼。「01_フライパンと目玉焼き」のように、何日目の何の題材かがわかるようにしておくと、後から[**アセットブラウザー**]で選びやすくなります。

Point

背景を透過して書き出す

背景を透過させて書き出したい場合は、[**レンダープロパティ**]の[**フィルム**]>[**透過**]にチェックを入れてからレンダリングしましょう。

column

仮想のフォトスタジオを作ってみよう

「レンダリング（画像の書き出し）」とは、現実世界の写真撮影のようなものです。現実世界でも、良い写真を撮るためには、背景やライティング等のスタジオセッティングが欠かせないように、Blenderでも背景や照明を設定すると、より魅力的な画像として書き出すことができるようになります。ここでは、現実世界のフォトシューティングでも使用される背景（バックスクリーン）と3点照明を、仮想のフォトスタジオとして3D空間内で作ってレンダリングする方法をご紹介します。

動画解説 P030

バックスクリーンを作ろう

1日目で作った作品のファイルを開いたら、まずは［平面］を使って写真スタジオにあるようなスクリーンを作ってみましょう。

1 Shift＋A＞［メッシュ］＞［平面］を選択して配置します❶。Shiftキーを押しながらフライパンと目玉焼きのオブジェクトを全て選択したら、視点をライトビュー（テンキー3）に切り替え、G→Zキーを押して平面から少し浮かせます❷。

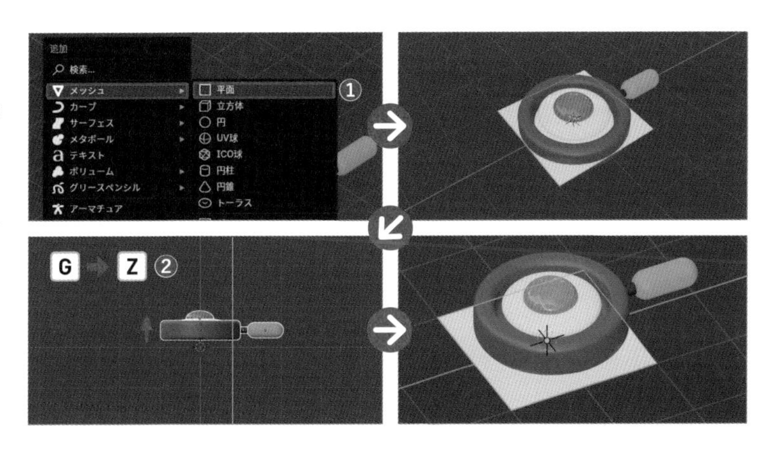

2 平面を選択したらS→「5」の順に入力して確定し、大きさを5倍に拡大します❸。

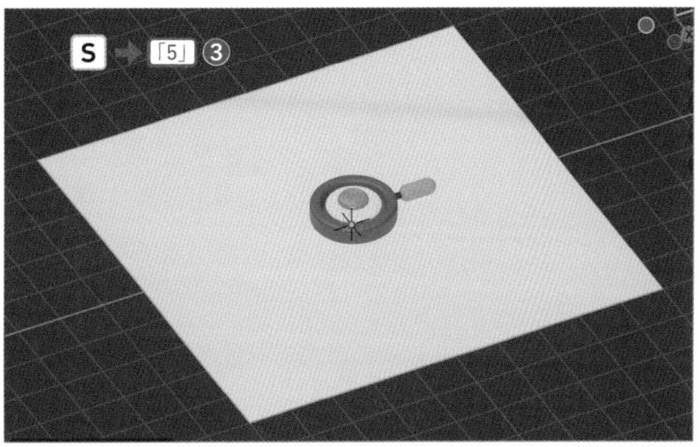

3 ［**編集モード**］に入り（Tab）、［**辺選択モード**］（数字キー 2 ）で奥の辺を選択したら❹、E → Z キーを押して上方に押し出します❺。

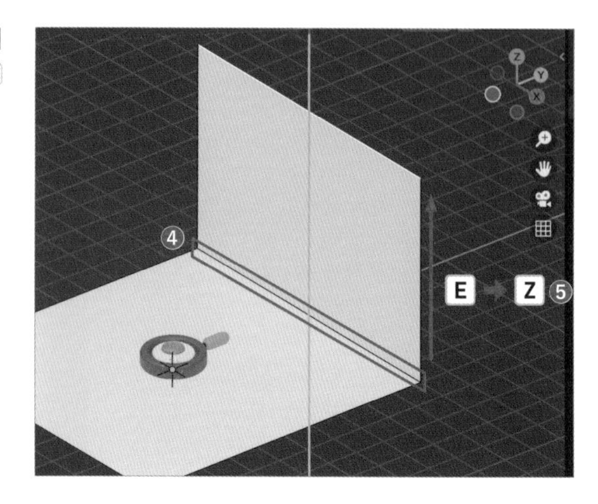

4 角を滑らかにしましょう。角の辺を選択し❻、Ctrl command + B キーを押してベベルし❼、左下に現れる［**オペレーターパネル**］の［**セグメント**］数を「1」から「10」に変更します❽。

ショートカットキー

ベベル	Ctrl (command) + B

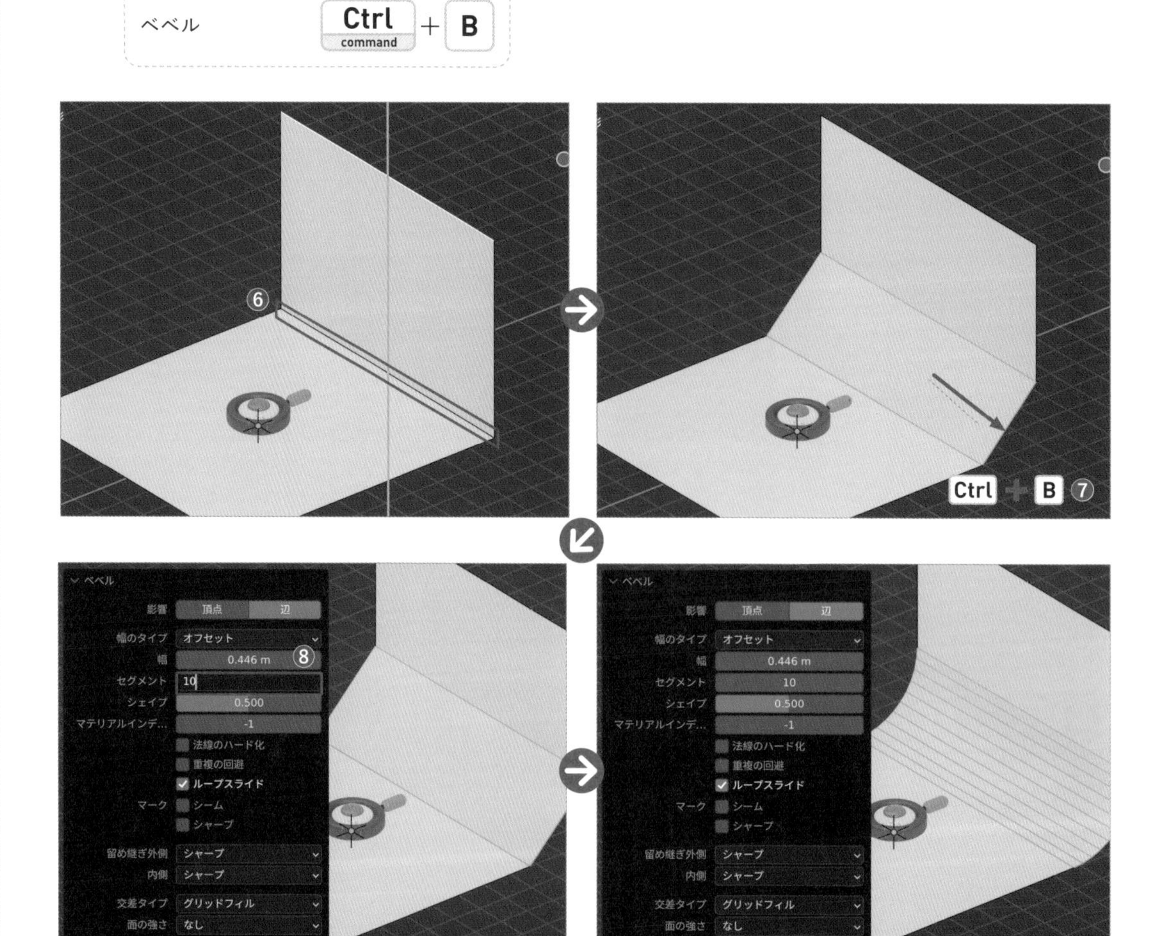

5 ［**オブジェクトモード**］に戻り（Tab）、右クリック＞［**自動スムーズを使用**］を適用します❾。

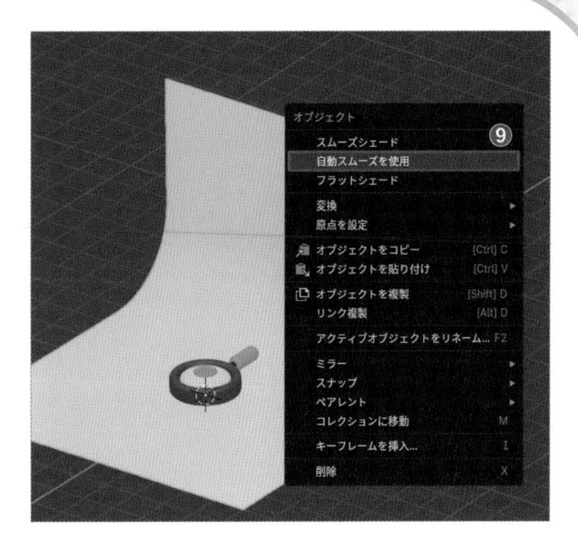

3点照明を作ろう

左手前から照らす「キーライト」、右手前から照らす「フィルライト」、後ろから照らす「バックライト」の3つから成る照明をセッティングしてみましょう。

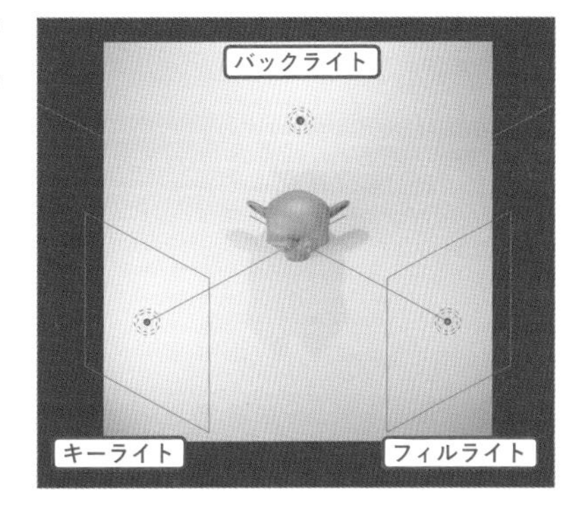

1 ［**レンダープレビュー**］モードに切り替え❶、デフォルトで設定されているライトとカメラを表示させます❷❸。

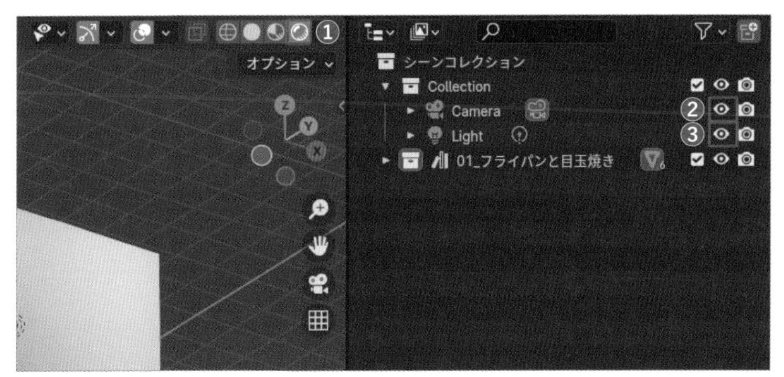

2 これを、バックライトとして活用しましょう。トップビューにして（テンキー7）ライトを選択し、Gキーを押してフライパンとスクリーンの間に来るように移動させます❹。

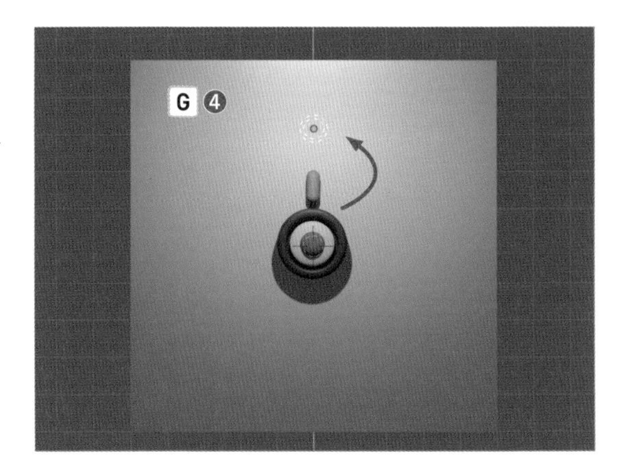

3 視点を戻したら、G→Zキーを押して下方に移動しておきます❺。

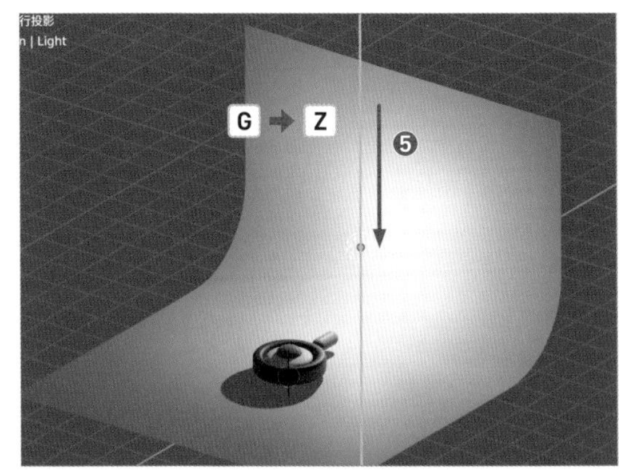

4 次に、キーライトを作成します。Shift+A>［**ライト**］>［**エリア**］を選択して配置します❻。

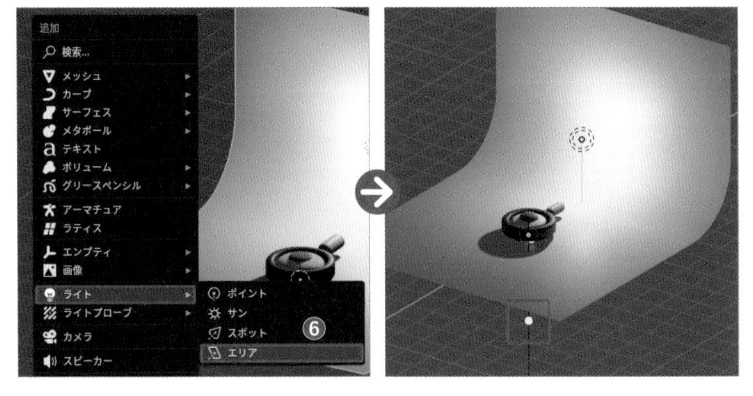

5 G→Zキーを押して上方に移動させ❼、Sキーを押して拡大します❽。

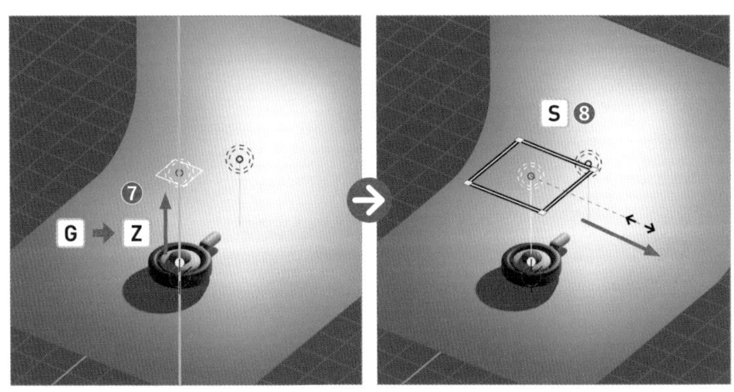

6 ライトのマークの[**オブジェクトデータプロパティ**]を開いて❾、[**パワー**]の値を「500W」にします❿。

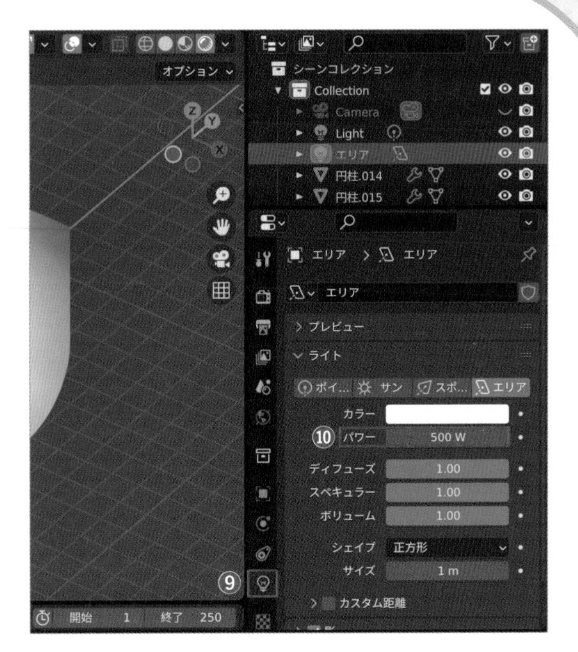

ライトのカラーを変更する場合は[カラー]の白いスペースをクリックして設定しましょう。

7 中央の3Dカーソルより左側からライトを当てたいので、.（ピリオド）キーを押して表示されるメニューから、[**3Dカーソル**]を選択します⓫。

ピボットポイント P129

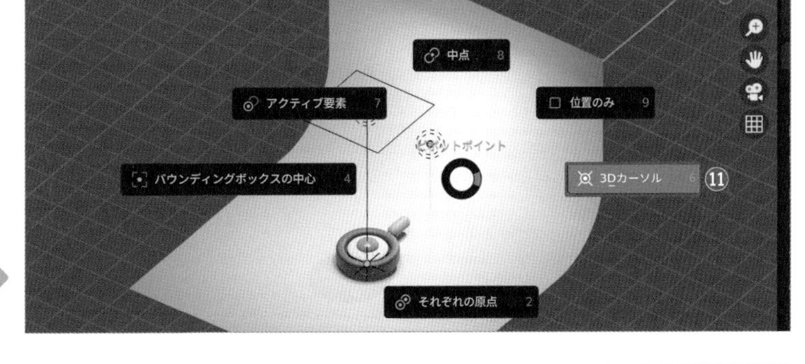

8 Rキーを押して左に45度ほど回転させます⓬。

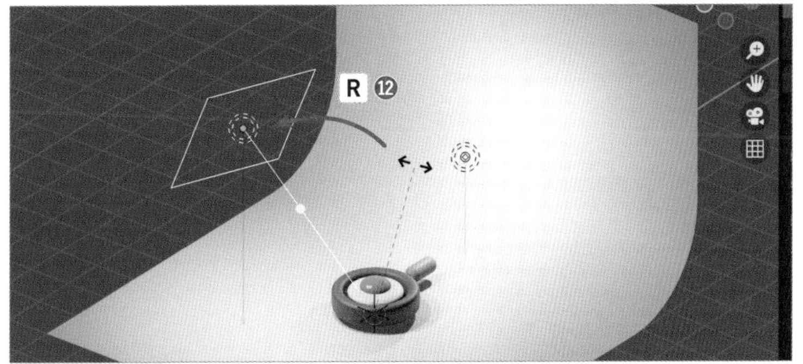

9 最後にフィルライトも配置しましょう。先に追加したエリアライトをShift+Dキーを押してコピーし⓭、Rキーを押して右側に回転させます⓮。

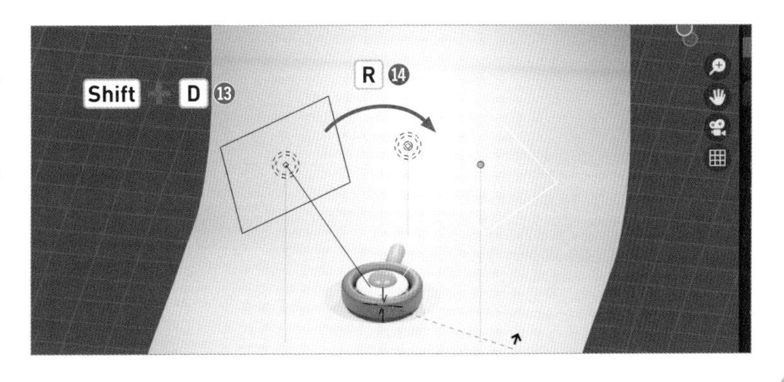

10 バックスクリーンも他のオブジェクトと同じようにマテリアルの設定を行うことができます。背景の色によって、レンダリングした画像の印象も大きく変わるので、P039の手順を参考に、お好みのカラーを設定してみましょう。ここでは［**16進数**］の値を「E7D8B1」としました⑮。

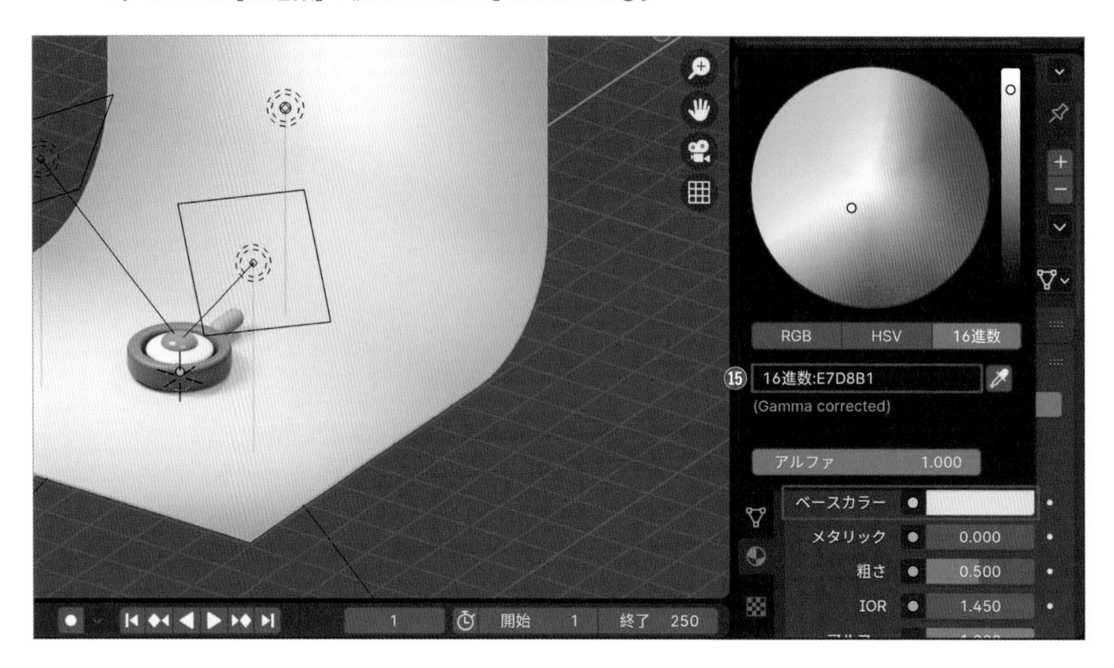

カメラを設定してレンダリングしよう

スクリーンと照明を設定したら、この空間のどこから、どんなカメラ設定でレンダリングを行うかを決めていきましょう。

1 ［**3Dビューポート**］の［**カメラビュー**］のアイコンをクリックして、［**カメラビュー**］に切り替えます❶。この時、カメラがオブジェクトの方を向くように位置を調整しておきましょう。

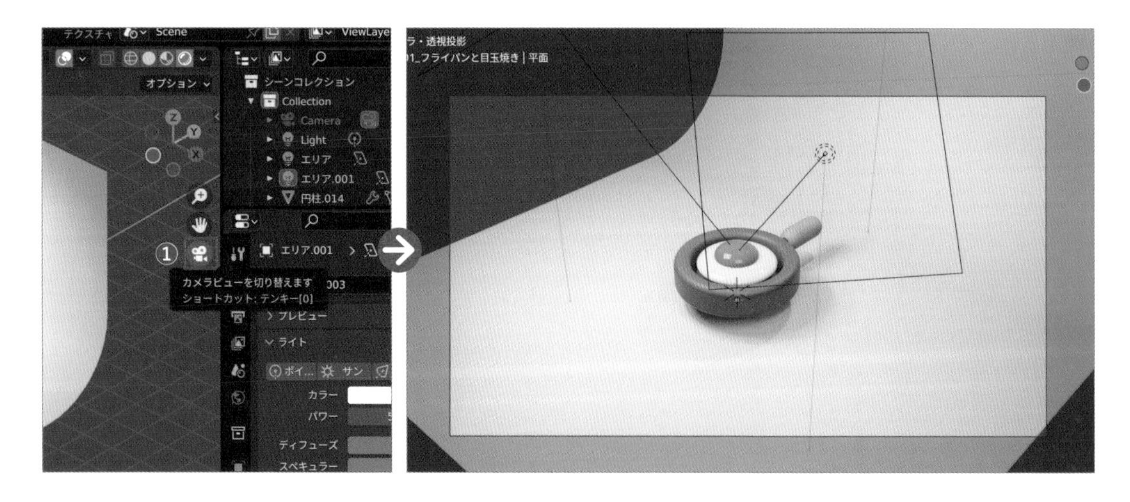

カメラ設定を行う際は、[**アウトライナー**]のカメラを選択します❷。[**オブジェクトデータプロパティ**]がカメラ設定になったら、[**レンズ**]の[**タイプ**]を[**平行投影**]にしましょう❸。

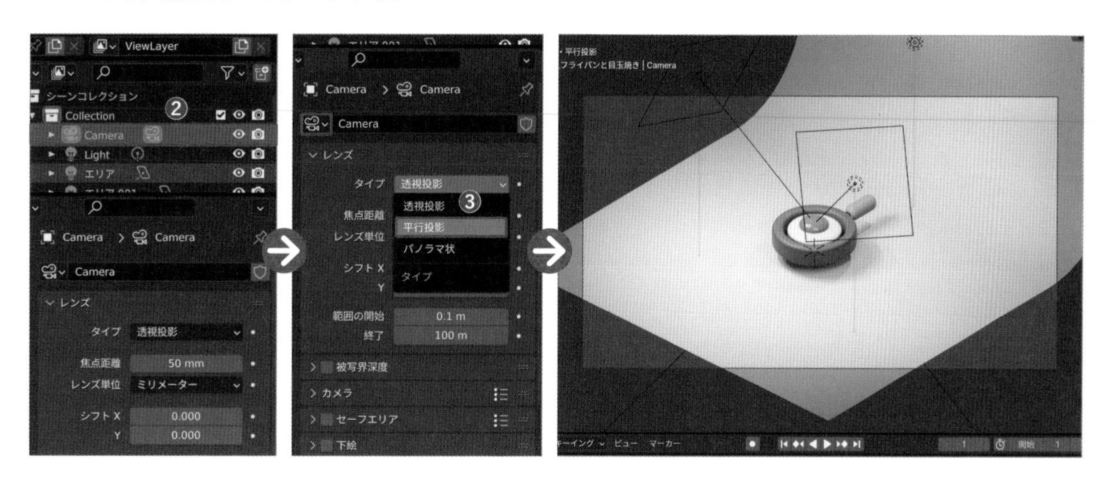

次に、画角を決めていきます。Nキーを押して[**サイドバー**]を開き、[**ビュー**]>[**ビューのロック**]>[**カメラをビューに**]にチェックを入れます❹。すると、今見えているビューがロックされるので、このままマウスで視点移動をさせながら画角を調整しましょう。

視点移動 P020

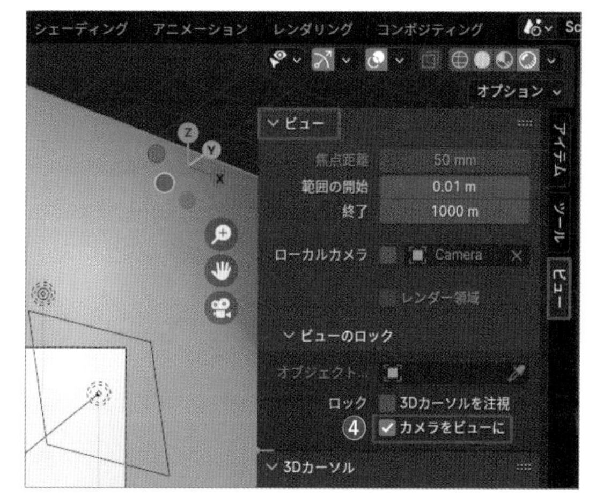

現在のビューの中でオブジェクトの見え方をより大きくするためには、[**オブジェクトデータプロパティ**]の[**平行投影のスケール**]の値を小さくします❺。ここでは「4.5」としました。

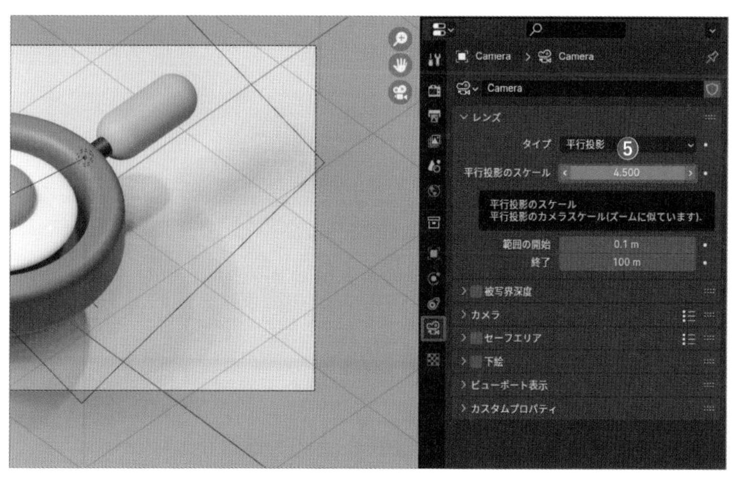

5 視点移動でお好みの画角に調整できたらP042の手順でレンダリングしましょう❻。

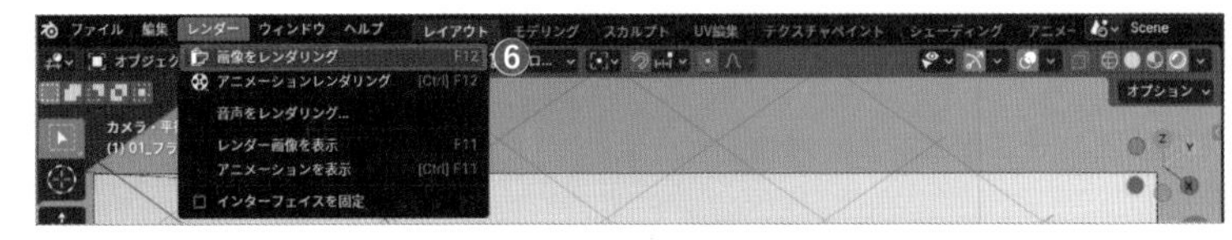

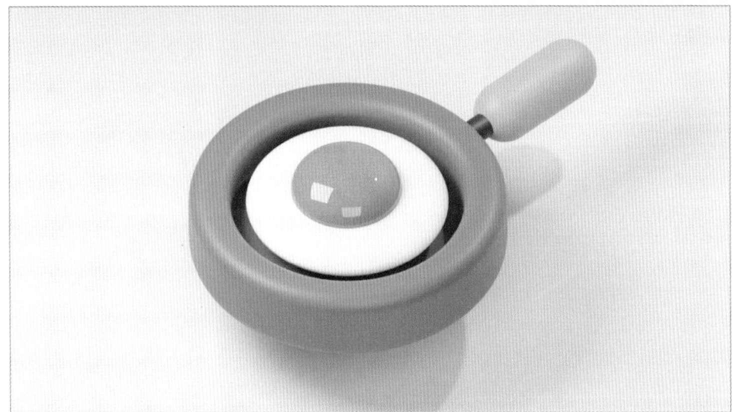

見え方に合わせてライトの位置も調整してみましょう。

6 作成したフォトスタジオは2日目以降でも再利用したいので、P043と同様の手順で［**コレクション**］に登録しておきます。ライトやスクリーンの平面が他のコレクション内に含まれている場合はドラッグして移動させ、3つの照明とスクリーンだけを「フォトスタジオ」として登録しておきましょう❼。

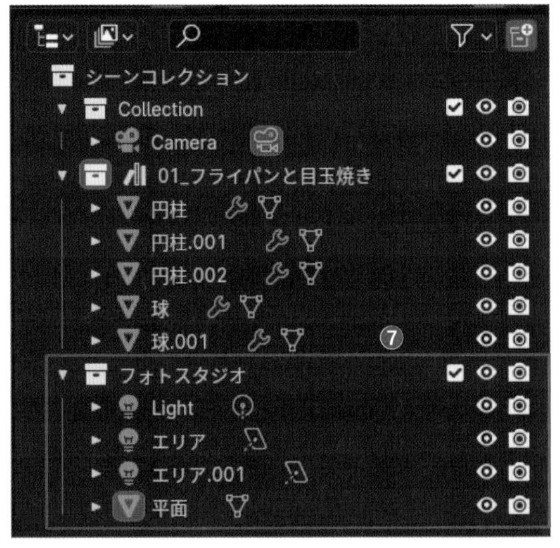

7 最後にファイルを保存します。フォトスタジオだけを新たなファイルとして保存したい場合は、「01_フライパンと目玉焼き」のコレクションを右クリック＞［**階層を削除**］を選択して削除してから、［**名前を付けて保存**］で別名保存しましょう❽。

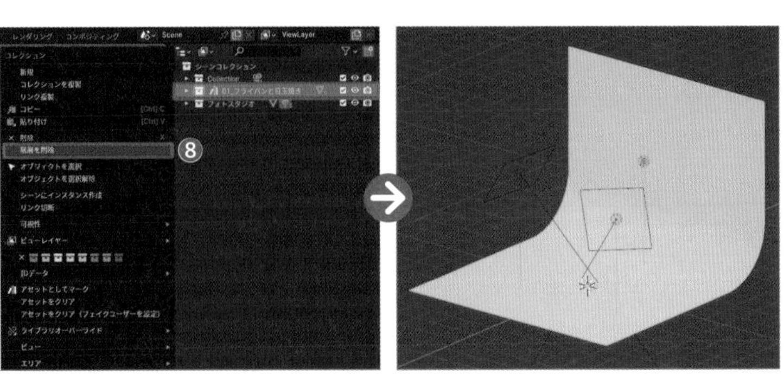

Point

レンダーエンジン

レンダリングを行う際に、[**レンダープロパティ**]の[**アンビエントオクルージョン**]と[**スクリーンスペース反射**]にチェックを入れると、まるで自然光で撮影したようなリアルな質感を表現することができます。更に、[**レンダーエンジン**]を[**EEVEE**]から[**Cycles**]に変更すると、より高品質な画像として出力することができます。

[**レンダーエンジン**]とは「出力モード」のようなもので、Blenderには[**EEVEE**]、[**Cycles**]、[**Workbench**]の3種類のモードがあります。リアルタイムで早くレンダリングできる[**EEVEE**]に比べて、[**Cycles**]では物体の表面の反射率・透明度・屈折率等を考慮して光線の経路を計算するため、高画質な出力ができる一方、計算に多くの時間を要します。[**Workbench**]は[**3Dビューポート**]のような見た目で出力できるため主に確認用に使われます。

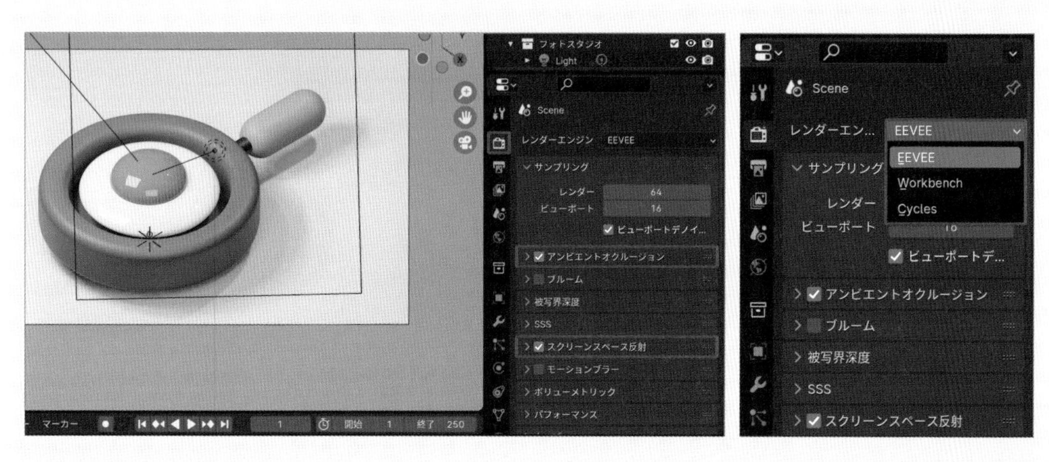

時間がかかる[**Cycles**]のレンダリングですが、この時間を小さくするためにチェックして欲しいのは[**レンダー**]の[**最大サンプル数**]、[**デノイズ**]、[**パスガイディング**]の3つです。「サンプル数」というのは、物理的な光学計算をする回数のようなもので、この数が大きいほどノイズが少ない綺麗な画像になりますが、レンダリングに時間がかかります。また、[**パスガイディング**]は光のパス(経路)をより効率的に計算させ、[**デノイズ**]でノイズを除去することで、少ないサンプル数でも高品質な画像を擬似的に作り出すことができます。本書では[**デノイズ**]、[**パスガイディング**]にチェックを入れ、[**最大サンプル数**]をデフォルトの「1024」から「32」に変更してレンダリングしています。

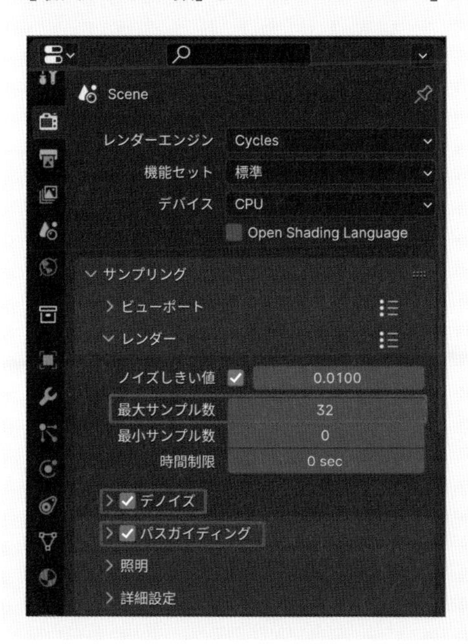

2
日目

レベル ★☆☆

ここで学ぶ機能
原点を重心に移動
ループカット

棒アイスを作ろう

円でアイスの土台となる形を作ってからアレンジしていきましょう。

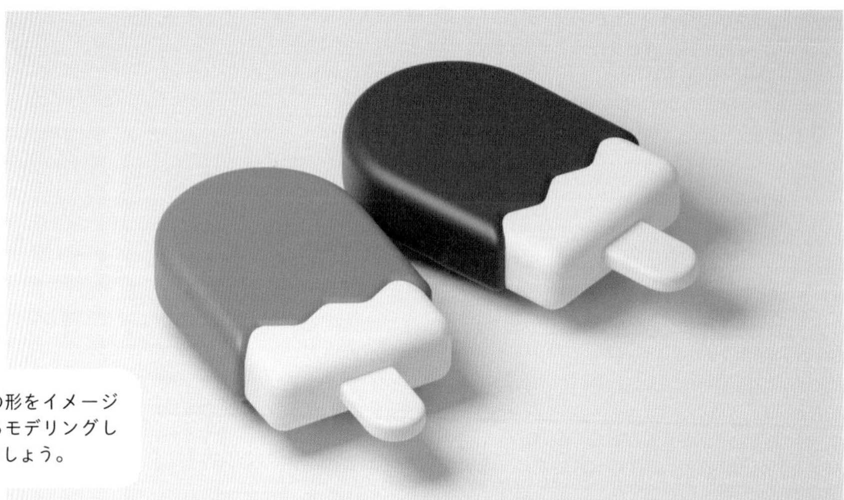

動画解説はこちら

https://book.impress.co.jp/closed/bld-vd/day2.html

アイスの形をイメージしながらモデリングしていきましょう。

はじめに
3STEPで制作の流れを確認しよう

STEP 1
円でアイスの土台を作ろう

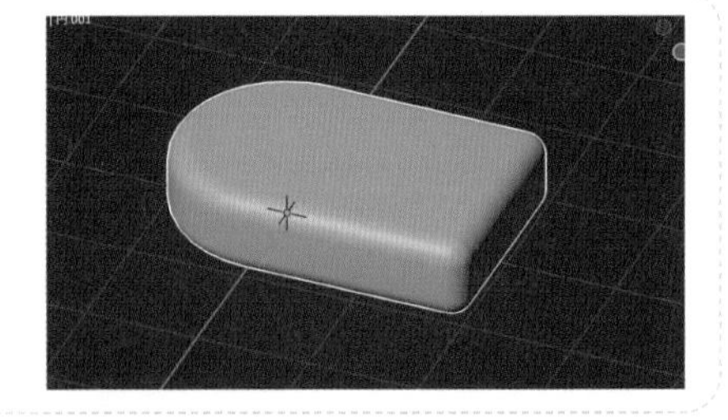

STEP 2
アイスの土台をコピーしてチョコレートと棒を作ろう

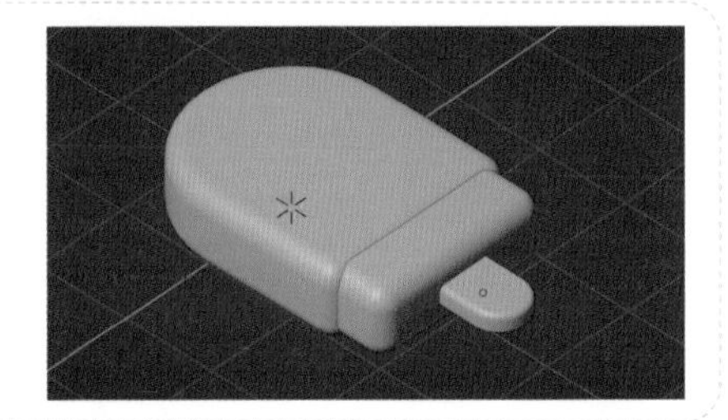

STEP 3
チョコレートの頂点を編集して溶けている雰囲気を作ろう

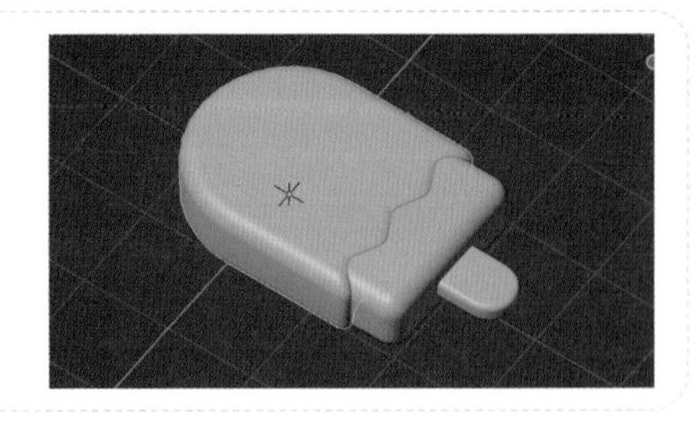

STEP 1

円を配置してアイスのシルエットを作ろう

まず、アイスの部分から作っていきましょう。［**メッシュ**］の［**円**］を使って、縦長のかまぼこ型を作っていきます。

1 ［**平行投影**］にし（テンキー5）、［**オブジェクトモード**］（Tab）でデフォルトで表示されている立方体をXキーを押して削除します❶。

ショートカットキー

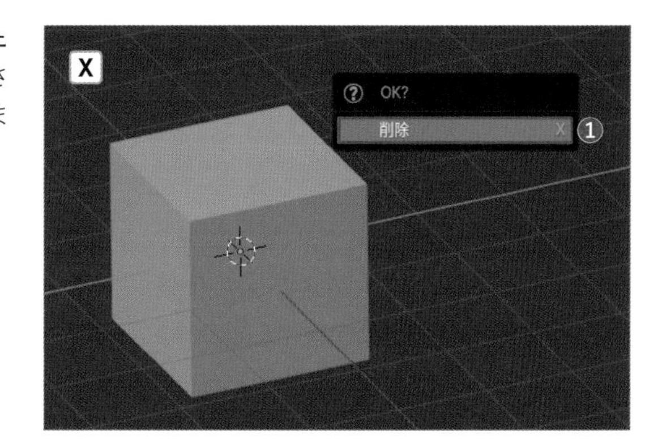

2 Shift＋A＞［**メッシュ**］＞［**円**］を選択して配置します❷。

ショートカットキー

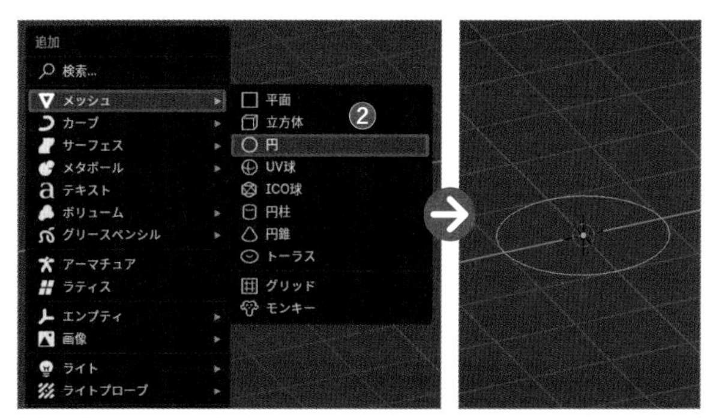

3 ［**編集モード**］に切り替え（Tab）、数字キー1を押して［**頂点選択モード**］にしたら、テンキー7を押して視点をトップビューにします❸。

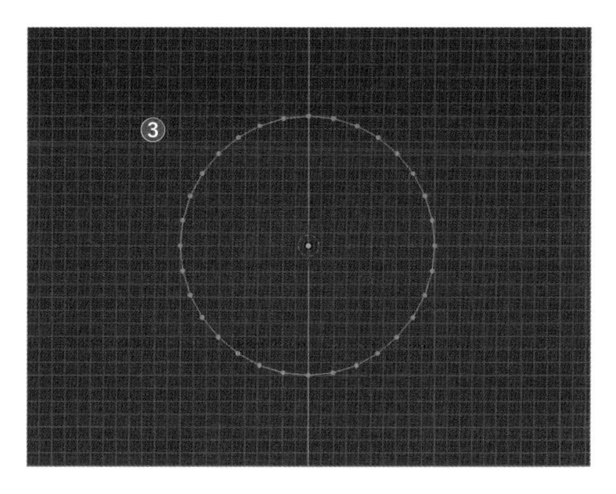

トップビュー P021
頂点選択モード P024

Point

2次元で編集するクセをつけよう

形状を編集する際には、［**トップビュー**］や［**ライトビュー**］、［**フロントビュー**］等の2次元のビューで編集すると楽になります。3次元の空間だと上下・左右・奥行きを一度に考える必要があり、思考が複雑になりますが、2次元で編集する場合は絵を描いたりパワーポイントを編集するのと同じように、上下・左右だけを考慮すれば良いので、より直感的・シンプルに形状を編集することができます。

4 この円形状の右半分を削除して半円にします。Y軸より右側の頂点をドラッグしながら［**ボックス選択**］したら❹、X＞［**頂点**］を選んで削除します❺。

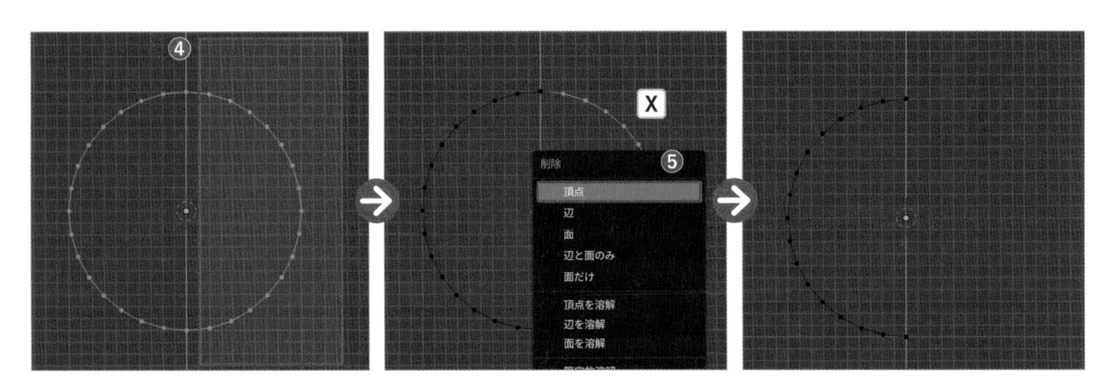

5 Y軸上の2つの頂点を［**ボックス選択**］し❻、E→Xキーを押してX軸方向に押し出します❼。

押し出し　E

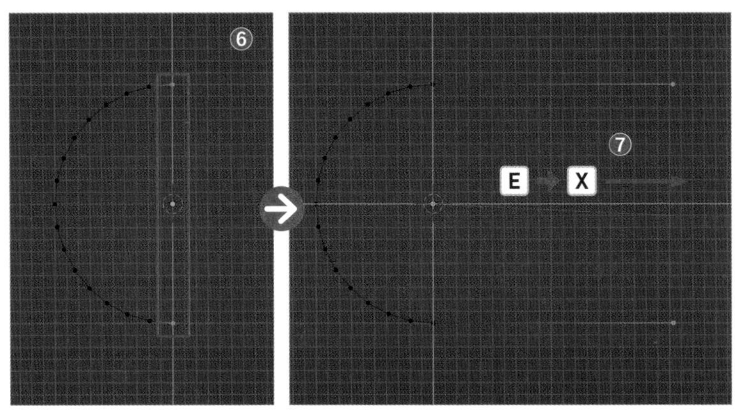

6 そのままFキーを押して2つの頂点を繋ぎます❽。

ショートカットキー

フィル　F

フィル　P028

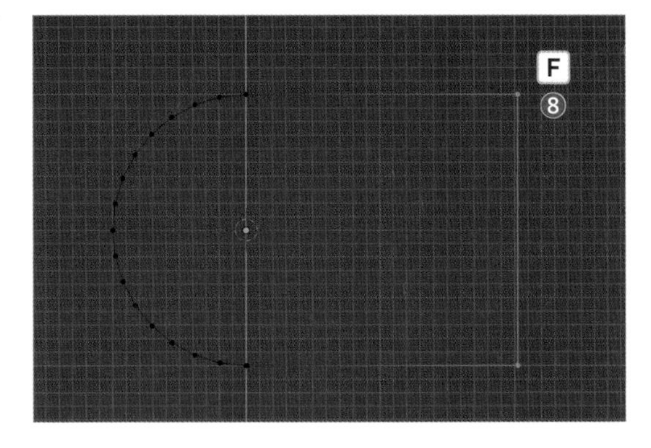

7 視点を回転させ、Aキーを押して全ての頂点を選択します❾。

ショートカットキー

全て選択　A

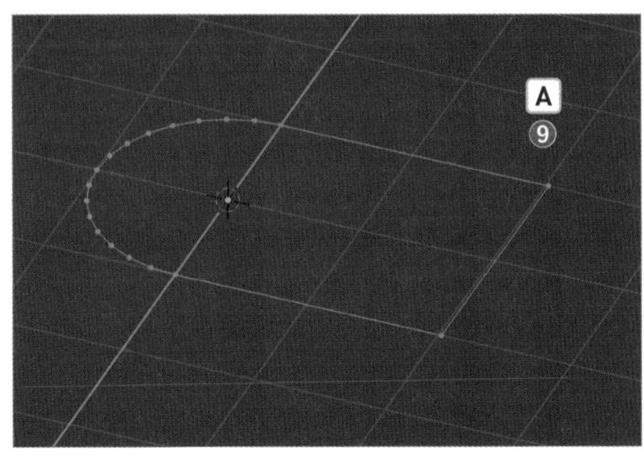

8 そのまま F キーを押して面を張ります⑩。

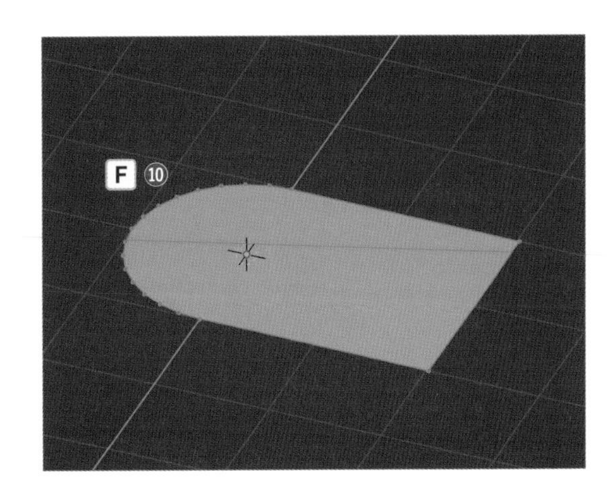

9 更に、E キーを押して上方に押し出します⑪。これでアイスの基本の形が完成しました。

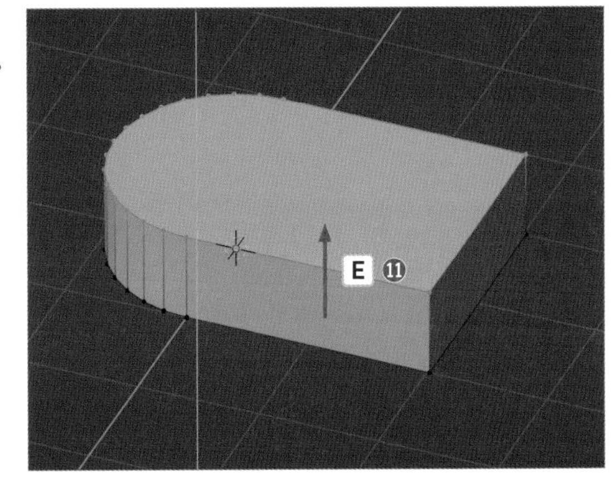

軸が固定されていない場合は E → Z キーを押して動かしましょう。少し厚めの方がぽってりしていて美味しそうに見えます。

10 角に丸みをつけて美味しそうな形にしましょう。［**オブジェクトモード**］に戻り（Tab）、アイスのオブジェクトが選択された状態で画面右側のプロパティから 🔧 >［**モディファイアーを追加**］>［**生成**］>［**ベベル**］を選択します⑫。

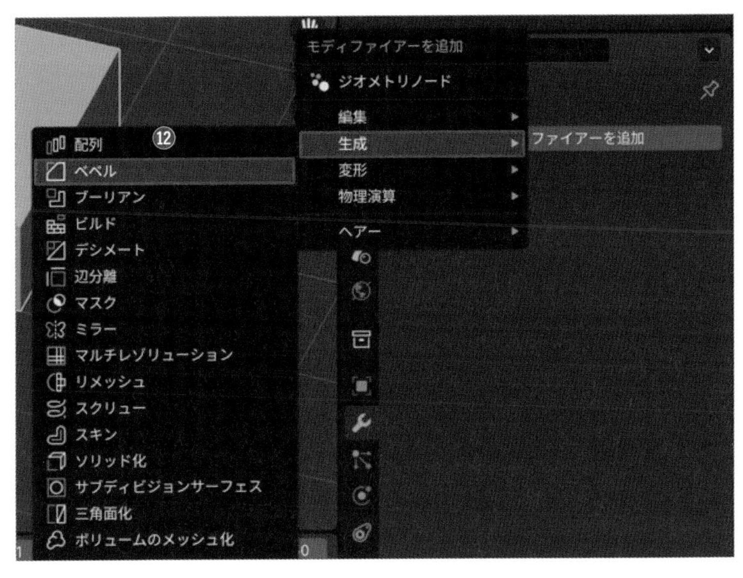

ベベルモディファイアー P035

⑪ モディファイアーパネルの［量］の値を「0.2m」⑬、［**セグメント**］の値を「10」にします⑭。

［ベベルモディファイアー］がうまく効かない場合は1日目と同様に［編集モード］で頂点を A キーで全選択し、M >［距離で］を選択しましょう。

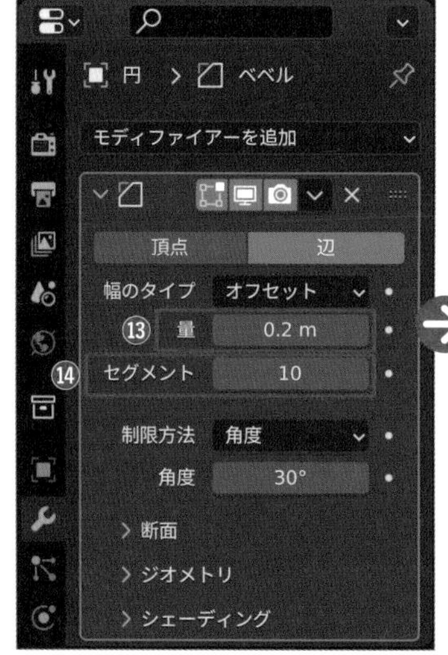

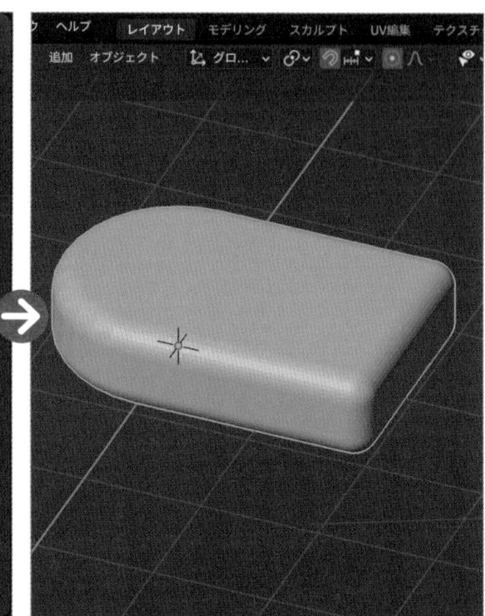

⑫ 右クリック >［**スムーズシェード**］を選択して⑮、表面をツルツルにしましょう。

スムーズシェード P035

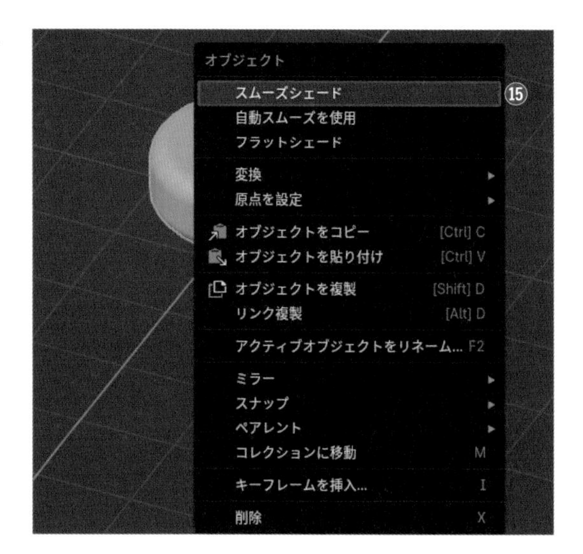

STEP 2

アイスのオブジェクトをコピーしてチョコレートを作ろう

先ほど作成したアイスのオブジェクトで、チョコレート部分のベースを作っていきましょう。

① アイスのオブジェクトを選択し、Shift + D キーを押してクリックで確定させ、その場にコピーします❶。

複製 P026

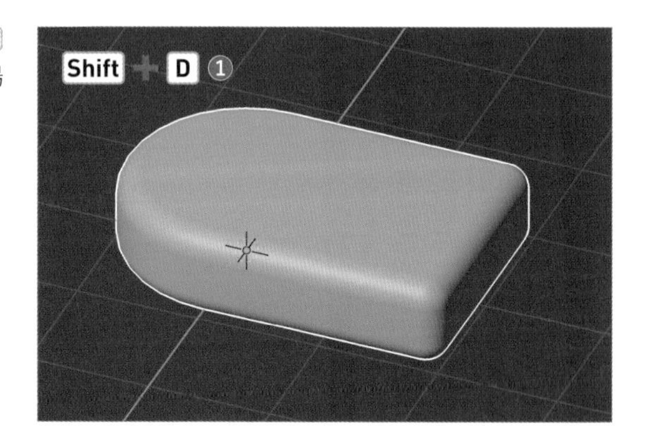

2 コピーしたオブジェクトが選択された状態で［**編集モード**］に切り替え（Tab）、Aキーを押して全ての頂点を選択し❷、そのままSキーを押して少し拡大します❸。

ショートカットキー
拡大・縮小 S

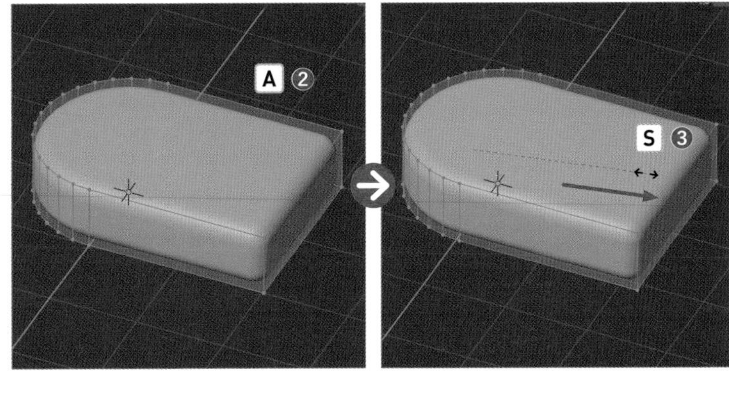

3 右側の4つの頂点を［**ボックス選択**］し❹、G→Xキーを押して、左方向へ移動させます❺。

ショートカットキー
移動 G

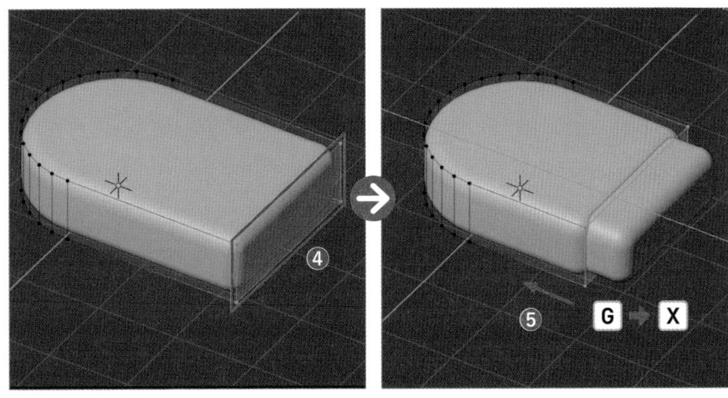

アイスのオブジェクトをコピーして棒を作ろう

先ほどと同様に、再度アイスの部分のオブジェクトをコピーして、今度はアイスの棒を作っていきましょう。

1 ［**オブジェクトモード**］に戻り（Tab）、最初に作成したアイスのパーツを選択したら❶、Shift＋D→Xキーを押して右側にずらしながらコピーします❷。

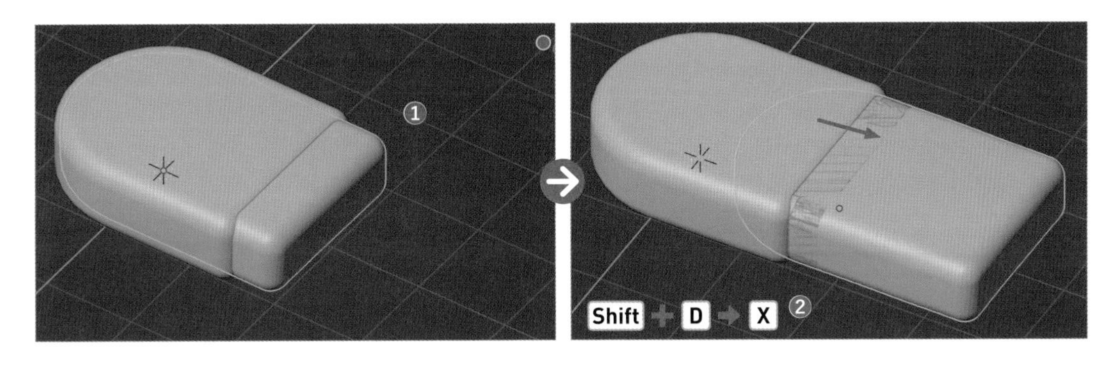

2 オブジェクトをコピーした際に原点の位置が変わってしまったので調整します。ヘッダーメニューの[**オブジェクト**]>[**原点を設定**]>[**原点を重心に移動(サーフェス)**]を選択すると❸、オレンジ色の点がオブジェクトの中心に移動することが分かります。

原点 P097

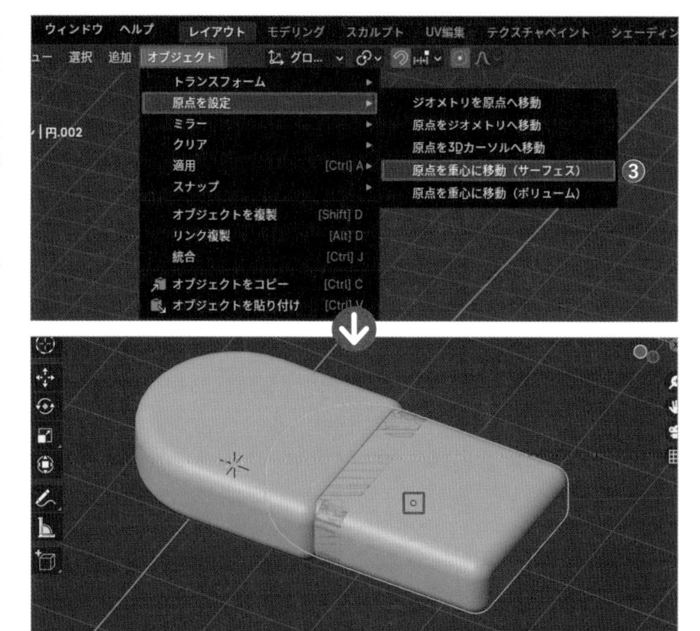

3 そのまま、Sキーを押して棒を縮小し❹、R→Z→「180」の順に入力して確定させ、Z軸を中心に180度回転させます❺。これで全てのパーツが出来ました。

ショートカットキー

回転 R

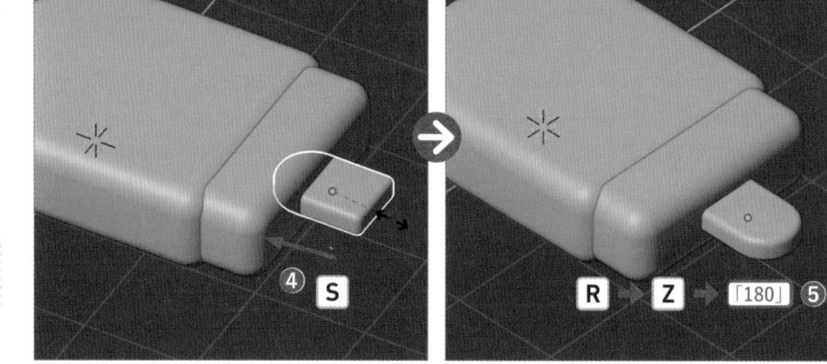

STEP 3

輪切り機能を使ってチョコレートのジグザグを作ろう

最後に、チョコレートが溶けている雰囲気を出すために、チョコレートのオブジェクトの面を[**ループカット**]で分割していきます。

1 まず、編集しやすいようにチョコレートのオブジェクトだけを表示させましょう。チョコレートのオブジェクトを選択して/(スラッシュ)キーを押します❶。

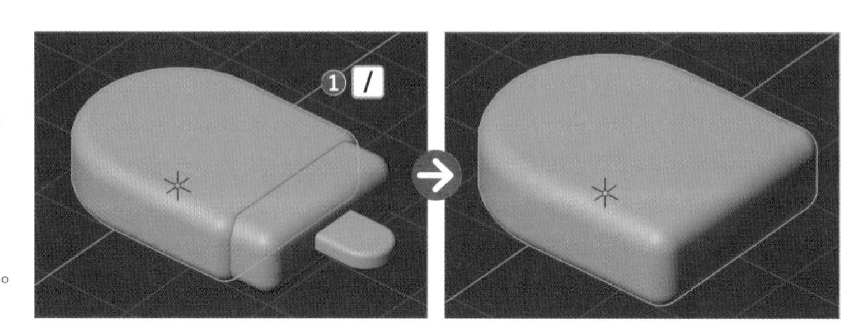

ショートカットキー

対象オブジェクトのみを表示・解除 /

Point

対象オブジェクトのみを表示・解除

オブジェクトを選択して/キーを押すと、そのオブジェクトだけを［**3Dビューポート**］上に表示させることができます。複数のオブジェクトがある中で編集する際には、編集したい対象のオブジェクトだけを表示させ、他のものは隠しておくと良いでしょう。

2 次に右側の側面を6つに分割します。［**編集モード**］に切り替え（Tab）、［**面選択モード**］（数字キー3）で右側の側面を選択します❷。Ctrl command＋R→「5」の順に入力し、マウスで方向を調整したらクリックで確定します❸。そのままEscキーを押して位置を確定させます❹。

ループカット P028

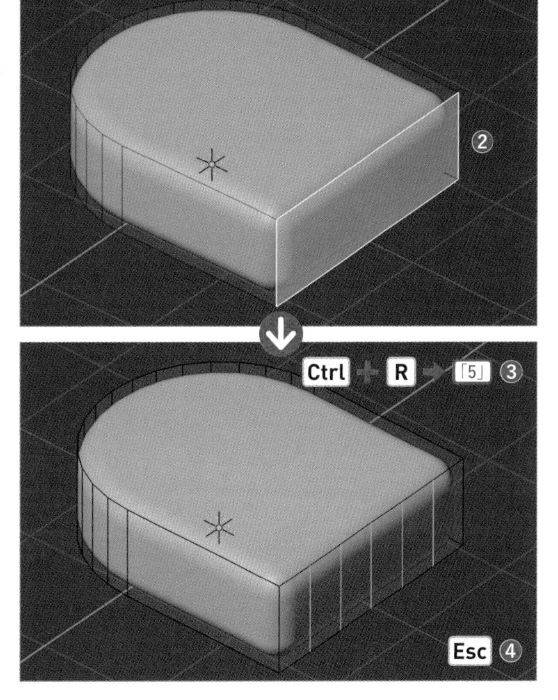

Point

ループカットで辺の数を指定する

ループカットを行う際にCtrl command＋Rキーを押した後に数字を入力すると、挿入する辺の数を指定することができます。今回は6つの面に分割したいので、Ctrl command＋R→「5」の順に入力して5つの辺を挿入しました。また、等分に分割したい場合は挿入位置をスライドさせずにそのままEscキーを押します。

3 ［**頂点選択モード**］（数字キー1）にして、図のように上下の頂点同士を3カ所［**ボックス選択**］します❺。はじめに1カ所を選択したら、残りの2カ所はShiftキーを押しながら複数選択しましょう。

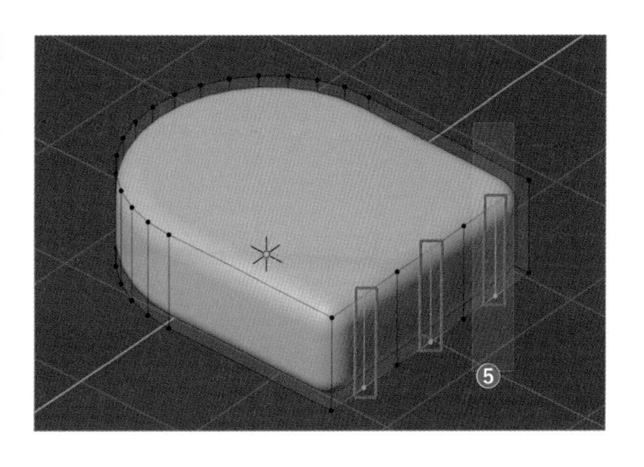

4 そのまま、G→Xキーを押して左側へ移動させると❻、ジグザグの形ができます。[**オブジェクトモード**]に戻り（Tab）、/キーを押して対象オブジェクトの表示を解除させると❼、チョコレートが溶けている雰囲気ができていることが分かりますね。

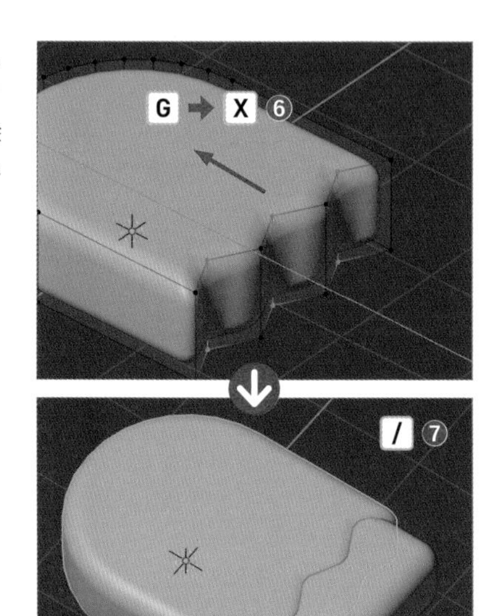

5 最後にアイスをコピーして2つ並べましょう。トップビューにし（テンキー7）、Shiftキーを押しながら3つのオブジェクトを選択したら、Shift+Dキーを押してコピーし❽、隣に並ぶように移動（G）・回転（R）させましょう❾。

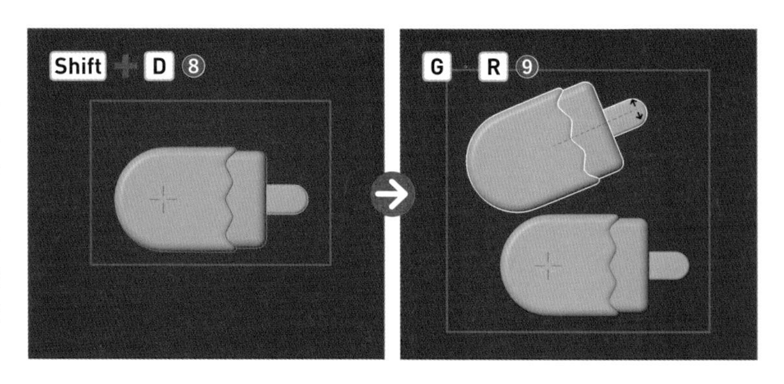

6 これでモデリングは完了です。マテリアル・環境設定をしたらレンダリングしてみましょう。作成したオブジェクトは[**コレクション**]にまとめて、[**アセット**]に追加しておきましょう。

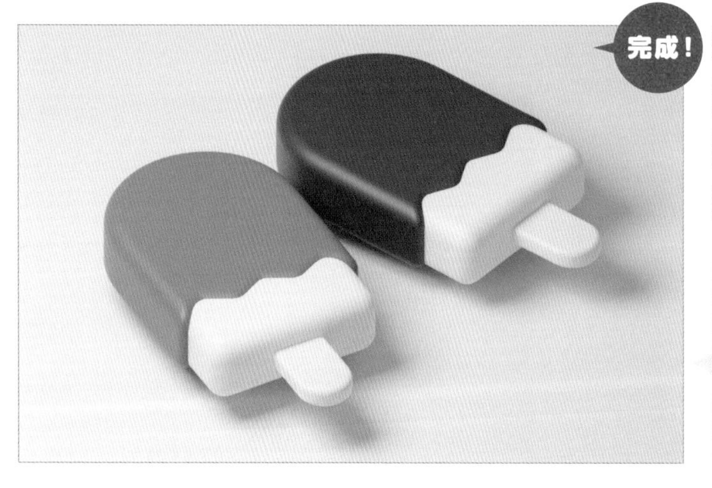

完成！

マテリアル設定 P039
レンダリング P042
保存設定 P043
スタジオ設定 P063

色見本	
緑	●：275226
茶	●：341B1B
白	○：E7E7E7
ベージュ（棒・背景）	○：E7D8B1

2つ目のアイスの棒は[マテリアルスロットパネル]のプルダウン（P040）から当てはめましょう。

フォトスタジオを再利用しよう

「アペンド」という機能を使ってコラム（P045）で作成したフォトスタジオのデータを読み込み、再利用してみましょう。

1. ［**ファイル**］＞［**アペンド**］をクリックし❶、［**Blenderファイルビュー**］画面から1日目で作成したデータをダブルクリックで選択します❷。フォトスタジオを別ファイルに保存している場合はそちらを選びましょう。

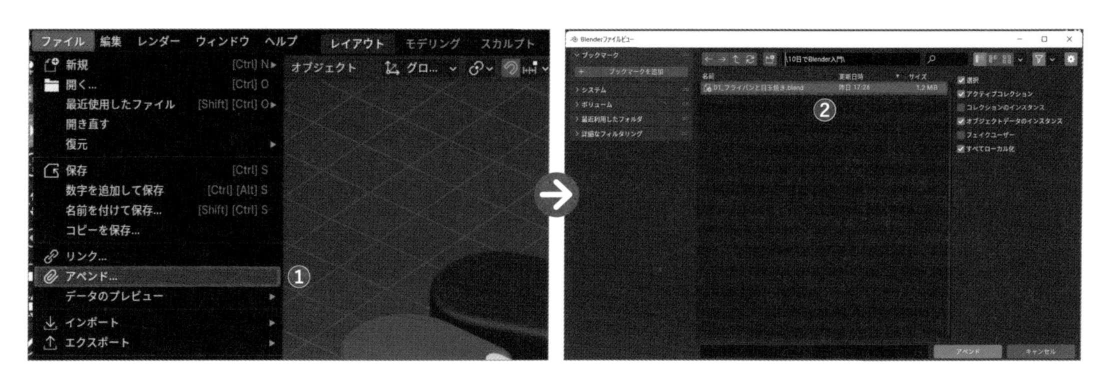

2. ファイル内のデータ階層のフォルダが表示されたら［**Collection**］をダブルクリックで選択し❸、「フォトスタジオ」のコレクションを選んだら［**アペンド**］をクリックします❹。

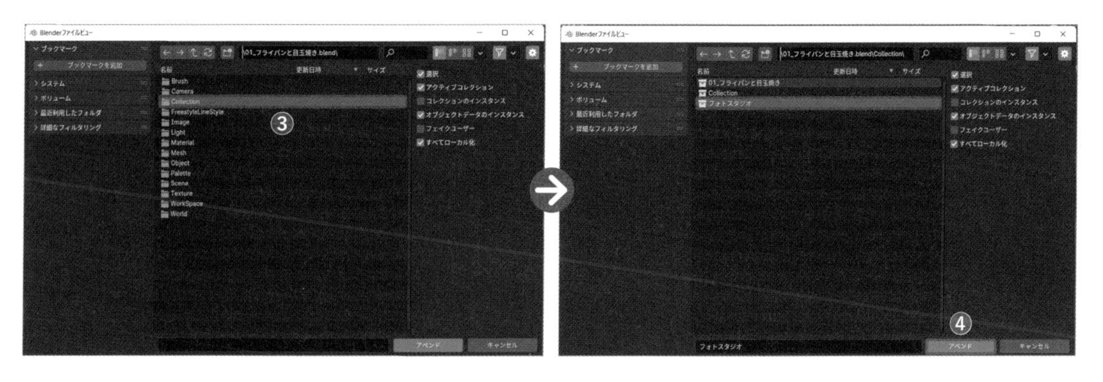

3. すると、コラムで作成した3点照明と背景が読み込まれました。あとは背景の大きさやカラーを編集したり、照明の位置や角度、色、強さをこれをベースに調整するだけなので、とても楽に作業できます。ここでは、アイスのオブジェクトを選択し、少し小さくしながら、3点照明の中心になるように移動させました。

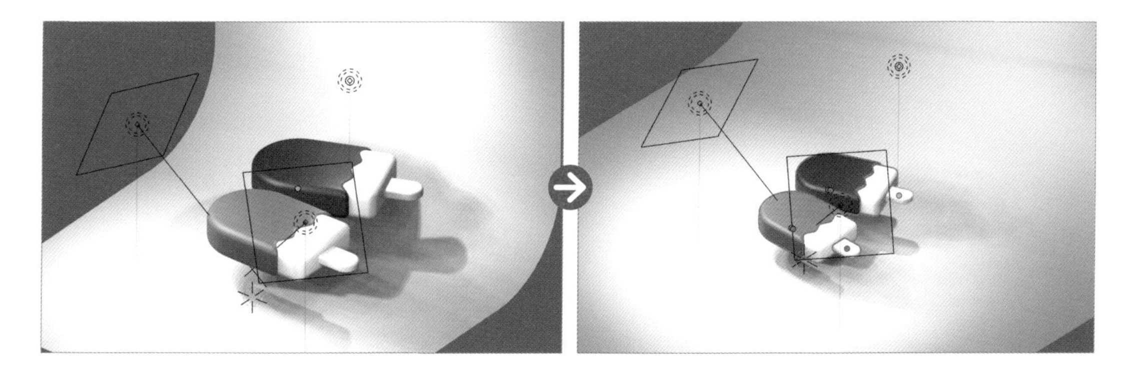

3
日目

レベル ★☆☆

ここで学ぶ機能
サブディビジョンサーフェスモディファイアー
ソリッド化モディファイアー
ループ選択

カップ&ソーサーを作ろう

モディファイアー機能を使って立方体から丸いカップを作ってみましょう。

動画解説はこちら

https://book.impress.co.jp/closed/bld-vd/day3.html

［モディファイアー］はオブジェクトに擬似的な加工効果を与える便利な機能です。

はじめに
3STEPで制作の流れを確認しよう

STEP 1
立方体でカップの形を作ろう

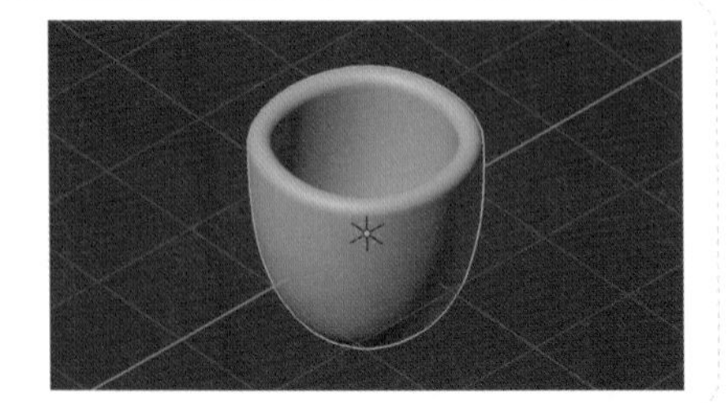

STEP 2
カップをコピーしてソーサーを作ろう

STEP 3
トーラスで取っ手を作ったら円でカップ内の液面を作ろう

STEP 1

立方体でカップのアウトラインを作ろう

立方体の箱型の形状を活かしてカップの形を作っていきましょう。

1 まず［**平行投影**］にし（テンキー 5 ）、デフォルトで表示されている立方体が選択された状態で［**編集モード**］に切り替えます（ Tab ）。［**面選択モード**］（数字キー 3 ）で上面を選択し❶、 X >［**面**］で削除します❷。

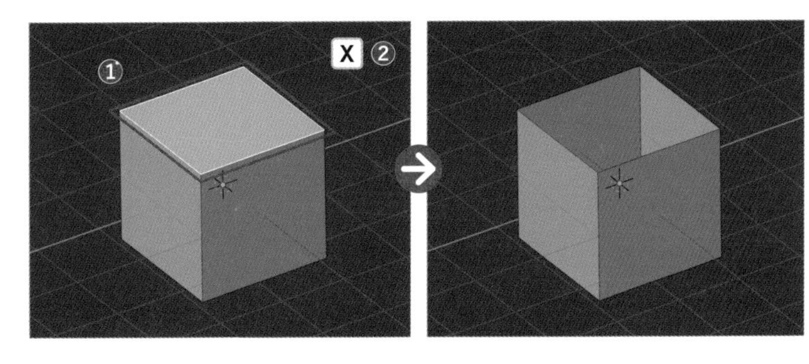

テンキー

投影モードの切替え	5

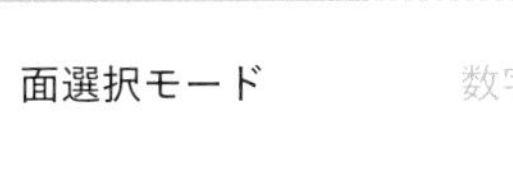

ショートカットキー

面選択モード	数字キー 3
オブジェクトの削除	X

2 次に立方体を横に輪切りにしましょう。 Ctrl command + R キーを押して方向を調整したら、左クリックで確定します❸。ラインの色がオレンジ色に変わったら、等分に分割したいのでそのまま Esc キーを押します❹。

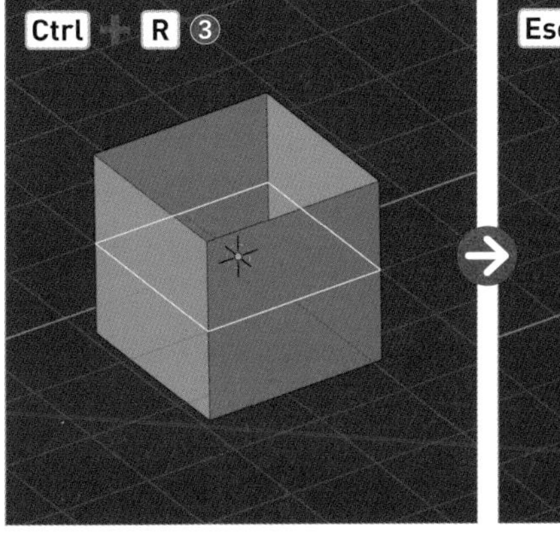

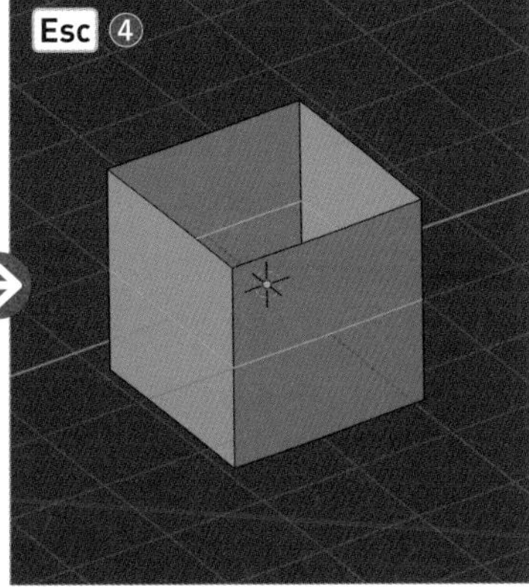

ショートカットキー

ループカット Ctrl command + R

ループカット P028

3 立方体の底面が見えるように、マウスの中ボタンを押しながらくるっと視点を回転させます❺。

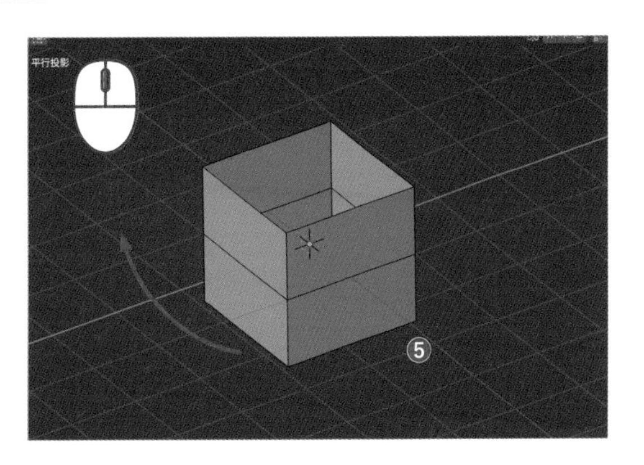

4 ［**面選択モード**］で立方体の底面を選択したら（数字キー3）❻、Sキーを押して縮小します❼。これでマグカップのアウトラインが完成しました。

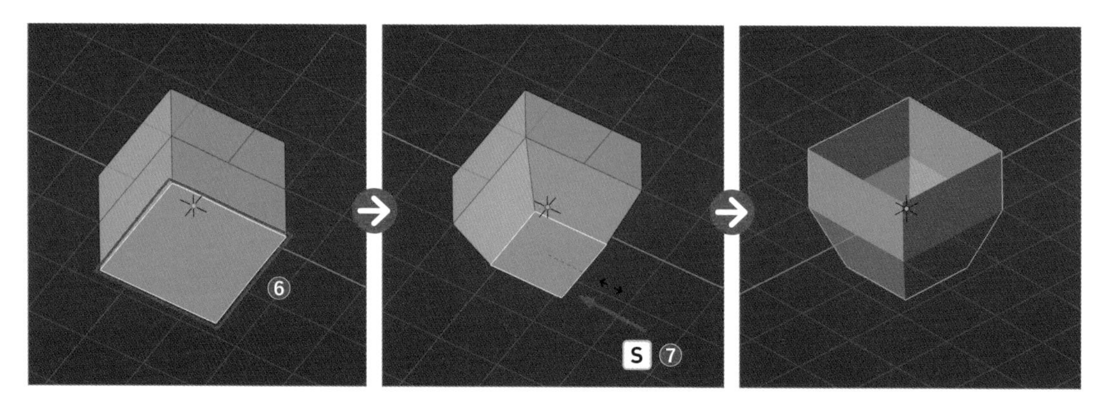

サブディビジョンサーフェスモディファイアーでカップを丸くしてみよう

立方体をベースに作成したアウトラインのオブジェクトは、このままでは丸いカップのように見えないですよね。この角張ったオブジェクトに魔法をかけて、まん丸としたカップに変身させていきましょう。

1 ［**オブジェクトモード**］に切り替え（Tab）、カップのオブジェクトを選択した状態で画面右側のプロパティから🔧>［**モディファイアーを追加**］>［**生成**］>［**サブディビジョンサーフェス**］を選択します❶。

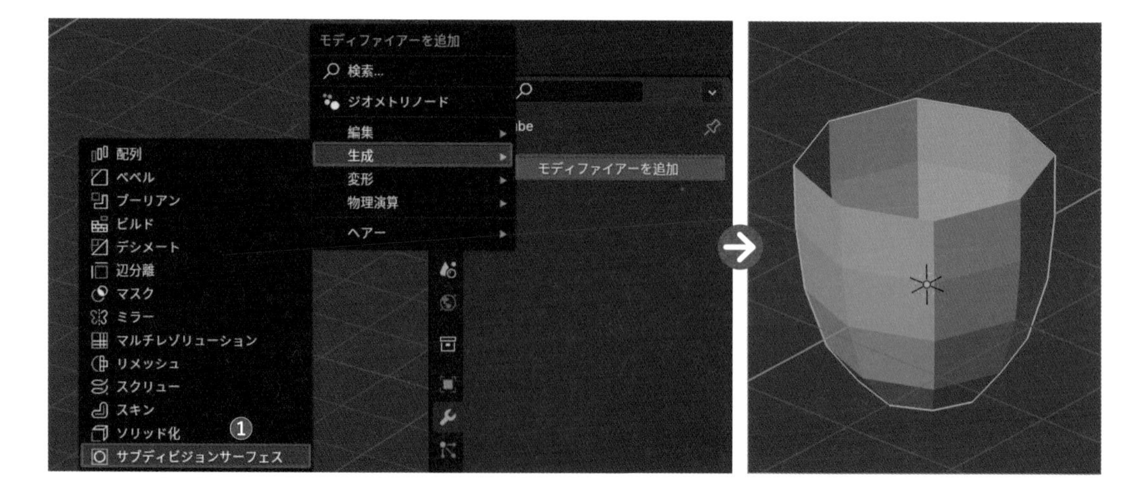

Point

サブディビジョンサーフェスモディファイアー

［**サブディビジョンサーフェスモディファイアー**］は辺や面を「細分化」して滑らかに見せてくれる機能です。パネルの［**ビューポートのレベル数**］はビューポート上での効果の強さを、［**レンダー**］はレンダリング（書き出し）時の効果の強さを表していて、それぞれ「1」～「6」までの数値で設定します。

2 モディファイアーパネルの［**ビューポートのレベル数**］と［**レンダー**］の値を「3」にしたら❷、右クリック＞［**自動スムーズを使用**］を選択して、表面をツルツルにしましょう❸。

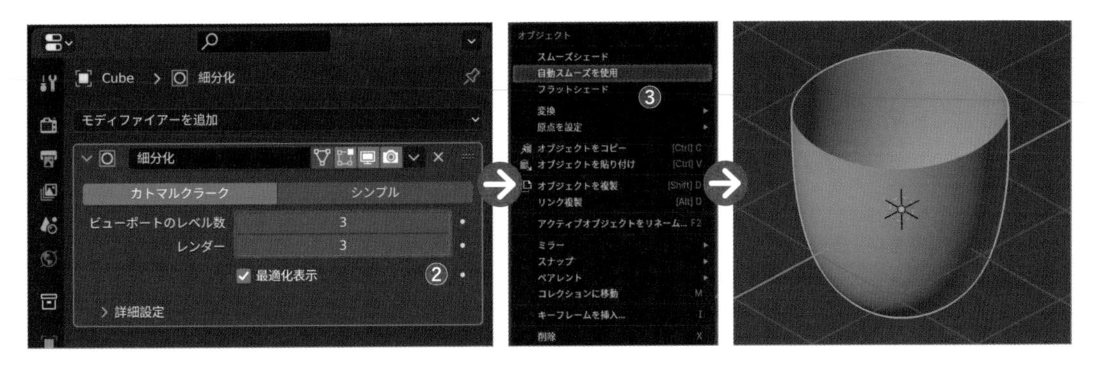

Point

自動スムーズ

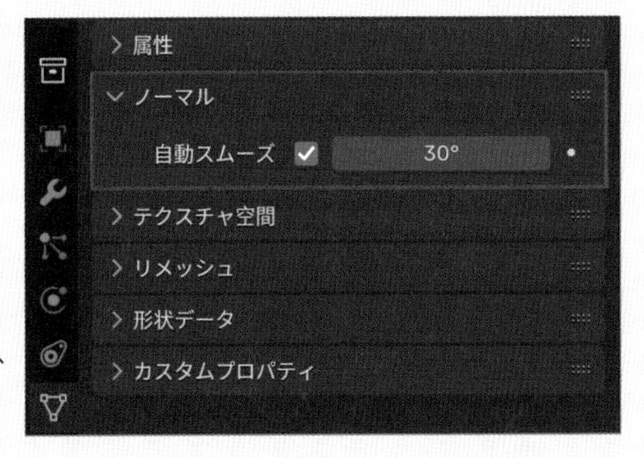

［**自動スムーズ**］とは、面と面の間の角度が設定した値より小さい場所には［**スムーズシェード**］を適用して、面と面の間の角度が設定した値より大きい場所には［**フラットシェード**］を適用する機能です。角度の設定は［**オブジェクトデータプロパティ**］＞［**ノーマル**］から行うことができます。1日目、2日目では［**スムーズシェード**］を使用してきましたが、今回のカップの縁の角などのように、エッジとして残したい部分があり、全てをスムーズにしたくない場合は［**自動スムーズを使用**］を適用します。使い分けが面倒な場合は、以後全て［**自動スムーズを使用**］を使うと良いでしょう。

ソリッド化モディファイアーを利用してカップに厚みをつけよう

次に、このオブジェクトに厚みをつけて、よりマグカップらしく表現していきましょう。

1 カップのオブジェクトを選択した状態で画面右側のプロパティから🔧＞［**モディファイアーを追加**］＞［**ソリッド化**］を選択します❶。

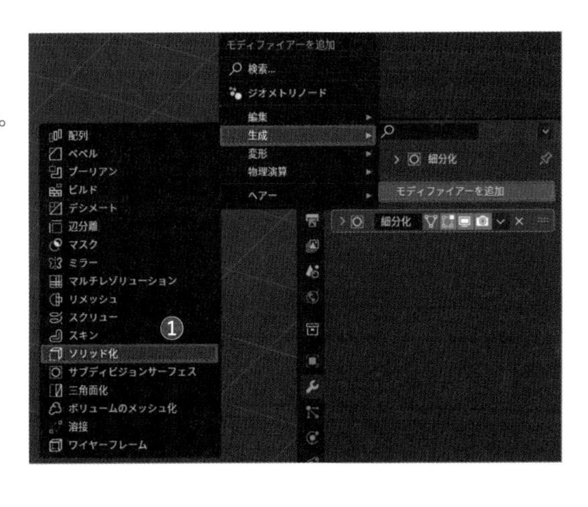

追加で［モディファイアー］をかけていきます。

2 モディファイアーパネルの［**幅**］の値を初期設定値の「0.01m」から「0.2m」にします❷。すると、数字が増えたことで、厚みが増していることが分かります。

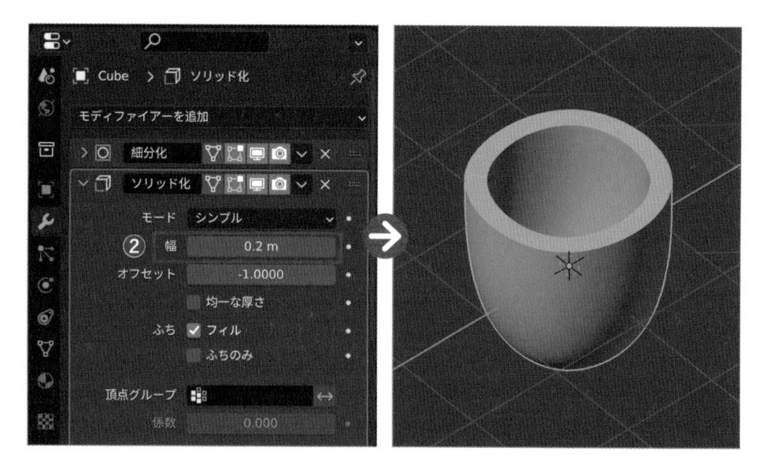

Point

ソリッド化モディファイアー

［**ソリッド化モディファイアー**］は、メッシュの面に厚みを持たせることができる機能です。［**幅**］の数値で厚みを設定でき、厚みのモードは［**シンプル**］と［**複雑**］の2種類あります。

厚みの角に丸みをつけよう

マグカップの本体部分の仕上げとして、上部の角に丸みをつけていきましょう。

1 画面右側のプロパティから🔧>［**モディファイアーを追加**］>［**生成**］>［**ベベル**］を選択します❶。

ベベルモディファイアー P035

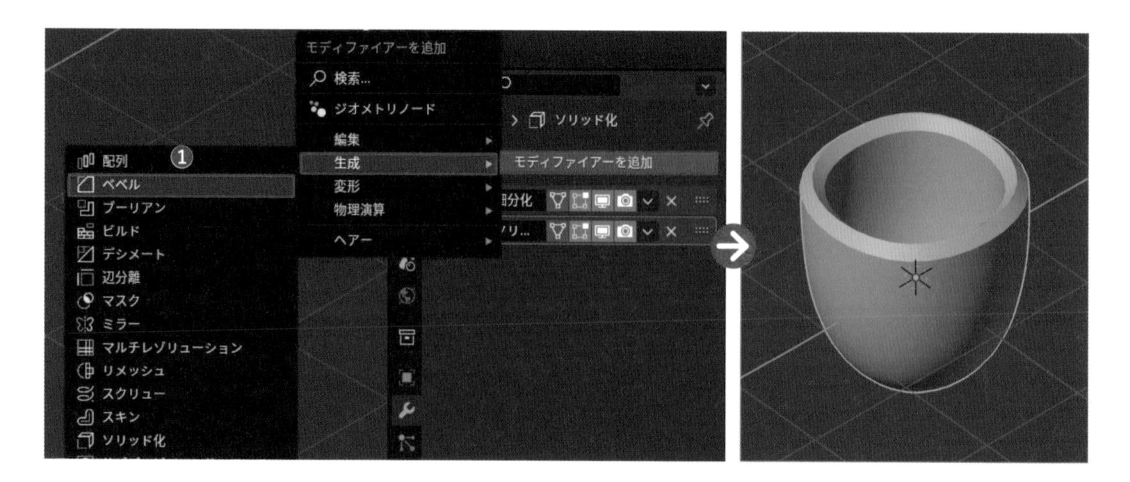

2 モディファイアーパネルの［**量**］の値を「0.1m」❷、［**セグメント**］の値を「10」にします❸。

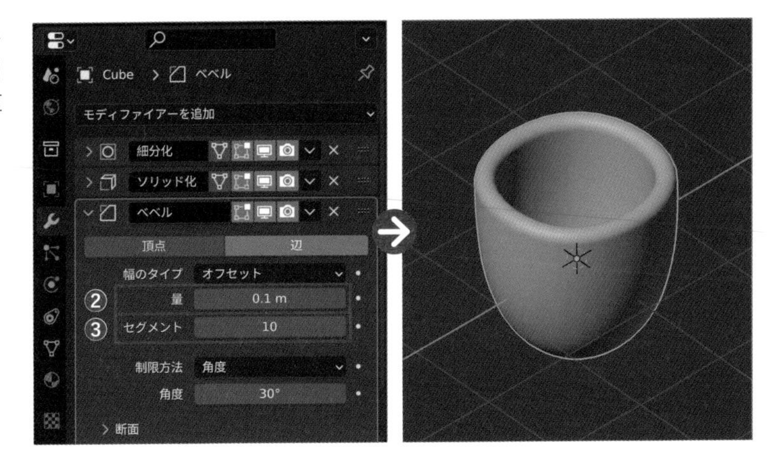

Point

モディファイアー機能

ここまでに登場した［**ベベル**］や［**サブディビジョンサーフェス**］のように、オブジェクトの見た目を編集できる機能を［**モディファイアー**］といいます。この［**モディファイアー**］は実際のメッシュの形は変えずに、［**オブジェクトモード**］における見た目だけが変化しているように見せることができるエフェクトのようなものです。［**モディファイアー**］には様々な種類があり、よく使うものとして、角を取って滑らかにする［**ベベル**］や、辺や面を細分化する［**サブディビジョンサーフェス**］、オブジェクトを複製して並べる［**配列**］、特定の軸を対象に反転して複製する［**ミラー**］などがあります。［**モディファイアー**］を追加する時は、追加したいオブジェクトを選択してから、画面右側の🔧をクリックし、［**モディファイアーを追加**］＞［**生成**］から追加したい機能を選択します。反対に削除したい時は、モディファイアーパネルの［×］ボタンをクリックします。

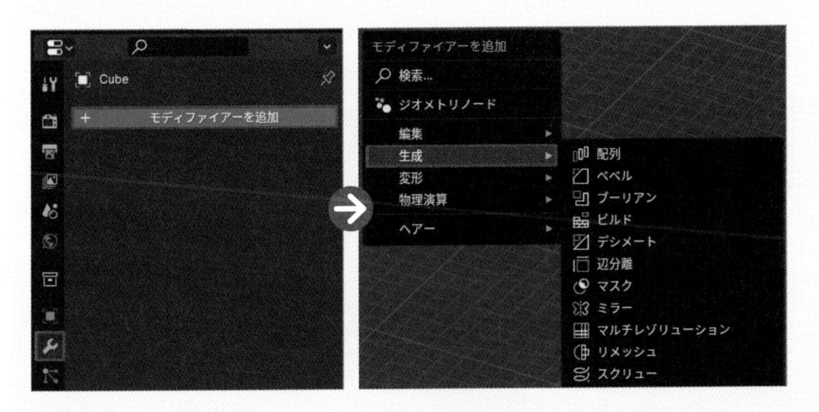

モディファイアーパネルを閉じたり開いたりしてみよう

モディファイアーを複数設定する時には、モディファイアーパネルのそれぞれのアイコンの左側のボタンを押すと、開いたり、閉じたりすることができます。更にモディファイアーを追加する時にはこれまで追加したモディファイアーを閉じておくと、新たに追加したモディファイアーのパネルが見やすくて便利です。

Point

モディファイアーパネルの並びに注意しよう

［**ベベルモディファイアー**］を追加しても、うまく角が取れない場合は、モディファイアーパネルのモディファイアーの順番が原因となっているケースが多いでしょう。モディファイアーパネルでは、上から順番に、オブジェクトに効果を追加していきます。今回は、［**ソリッド化モディファイアー**］を追加して厚みをつけた上で角を取りたいので、もし［**ベベルモディファイアー**］が［**ソリッド化モディファイアー**］より上にあると、うまくベベルがかかりません。
このような場合には、モディファイアーパネルの［**ベベルモディファイアー**］の右側のハンドルをクリックし、下にドラッグさせて移動させましょう。

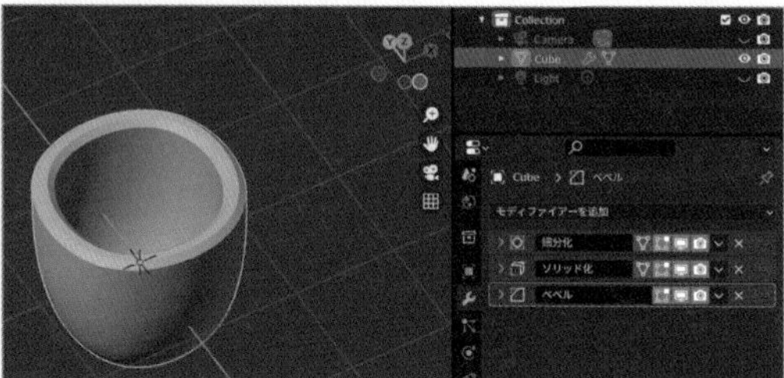

STEP 2

カップ本体をコピーしてソーサーを作ろう

カップの本体が出来上がったら、これをコピーしてソーサーを作っていきます。既に［**サブディビジョンサーフェスモディファイアー**］、［**ソリッド化モディファイアー**］、［**ベベルモディファイアー**］の追加と値の設定が行われているオブジェクトを再利用することで、再設定する手間を省くことができます。

1 カップのオブジェクトを選択し、Shift＋D→Zキーで少し下方へ移動させながらコピーしましょう❶。

ショートカットキー

複製 P026

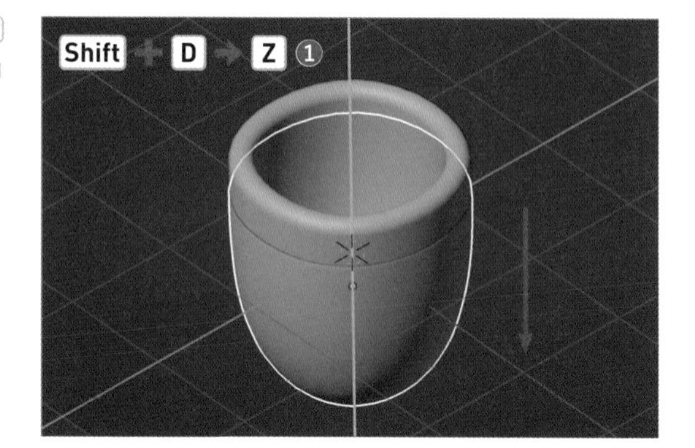

2 S→Zキーを押して上下方向に縮小します❷。

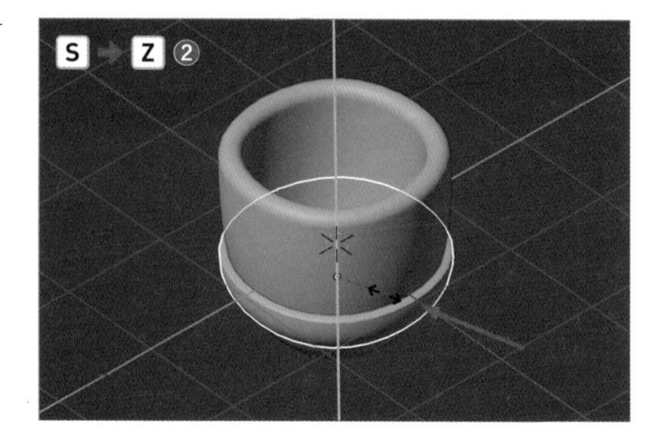

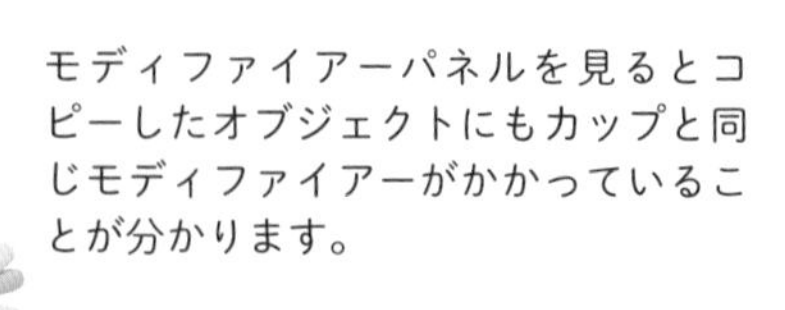

モディファイアーパネルを見るとコピーしたオブジェクトにもカップと同じモディファイアーがかかっていることが分かります。

3 S キーを押して拡大します❸。

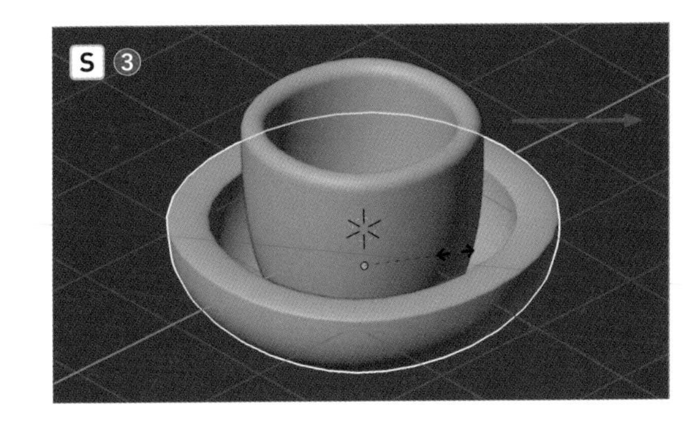

4 このままだとボウルのような形になっているので、面を一部削除してより皿らしい形にします。[**編集モード**]に切り替え(Tab)、上部の面と面の間の角を狙って Alt option キーを押しながら左クリックし、ぐるっと面を一周選択する[**ループ選択**]を行います❹。

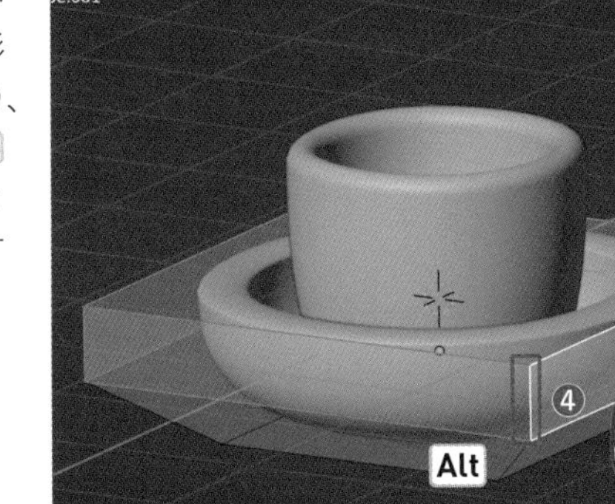

[面選択モード](数字キー 3)のままで選択しましょう。

5 そのまま、X >[**面**]を選択して削除しましょう❺。

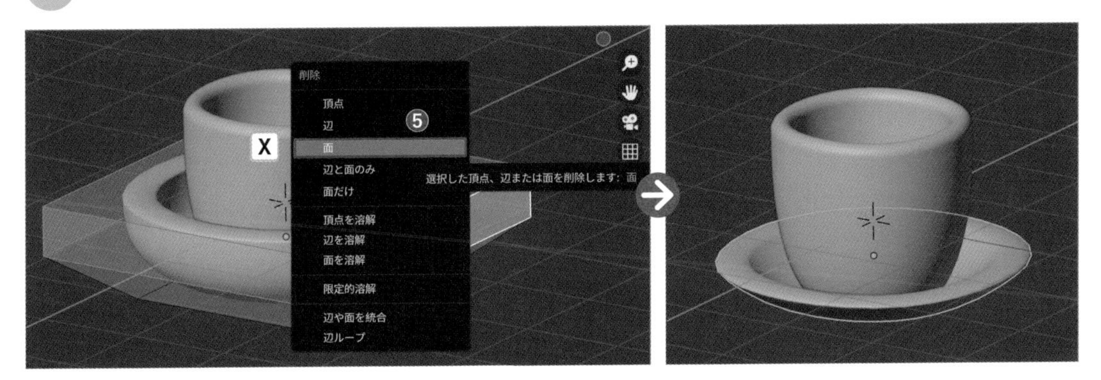

Point

ループ選択

[**ループ選択**]は、複数の頂点・辺・面をまとめて選択する機能です。[**編集モード**]で Alt option キーを押しながら頂点・辺・面をクリックすると、ぐるっと一周選択することができます。選択したい方向の2つの面の間を狙ってクリックするとうまく選択することができます。

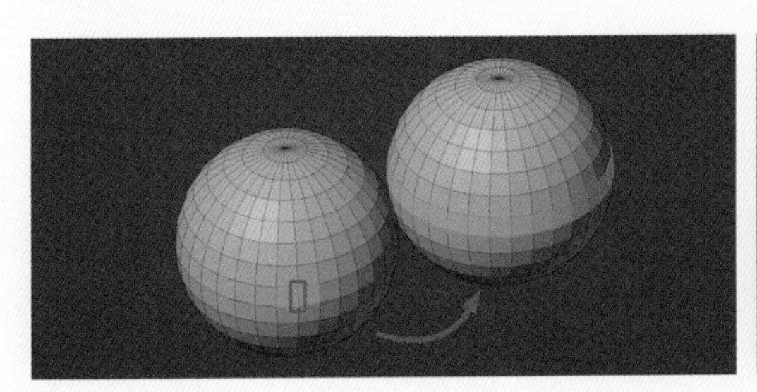

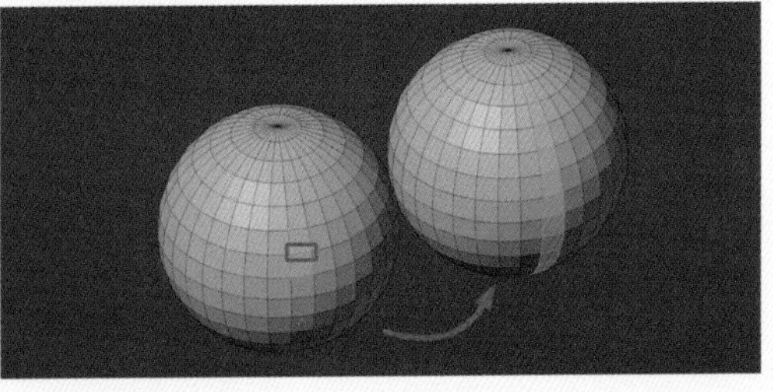

カップ本体の大きさを調整してソーサーとのバランスを取ろう

複数のオブジェクトを組み合わせてモデリングする時には、オブジェクトを追加する度に、互いの大きさや位置関係を調整すると思い通りの絵作りをすることができます。

1 ［**オブジェクトモード**］（Tab）に切り替えてフロントビューにします（テンキー1）。カップ本体を選択したら❶、S→Zキーを押して上下方向に縮小します❷。

テンキー

フロントビュー 1

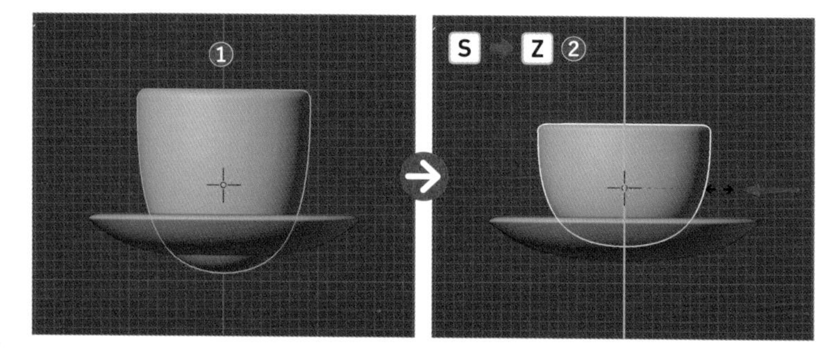

フロントビュー P021

2 必要に応じてG→Zキーで位置も調整しましょう❸。これで、カップとソーサーらしい雰囲気が出てきましたね！

ショートカットキー

移動 G

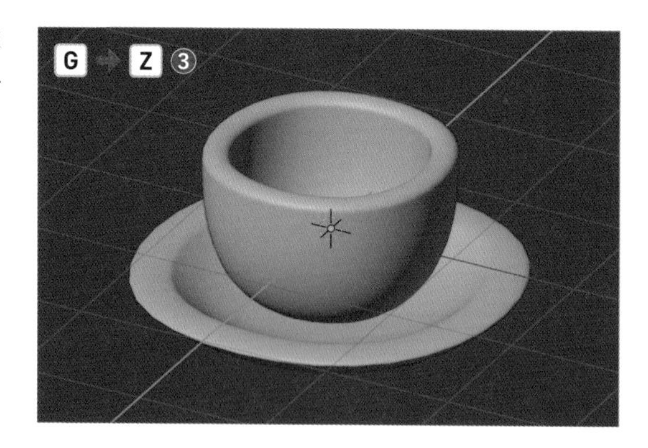

STEP 3

カップ本体に取っ手を取り付けよう

ドーナツ状の［**トーラス**］を活用してカップに取っ手を付けましょう。

1 Shift＋A＞［**メッシュ**］＞［**トーラス**］を選択して配置します❶。

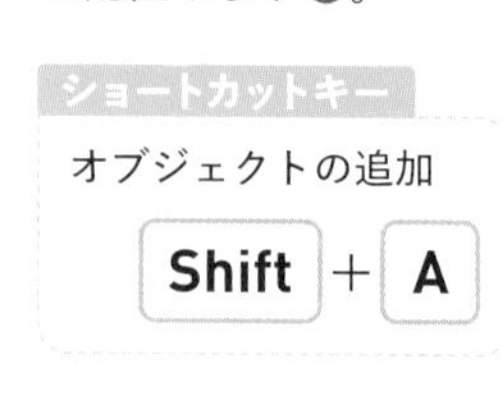

ショートカットキー

オブジェクトの追加

Shift ＋ A

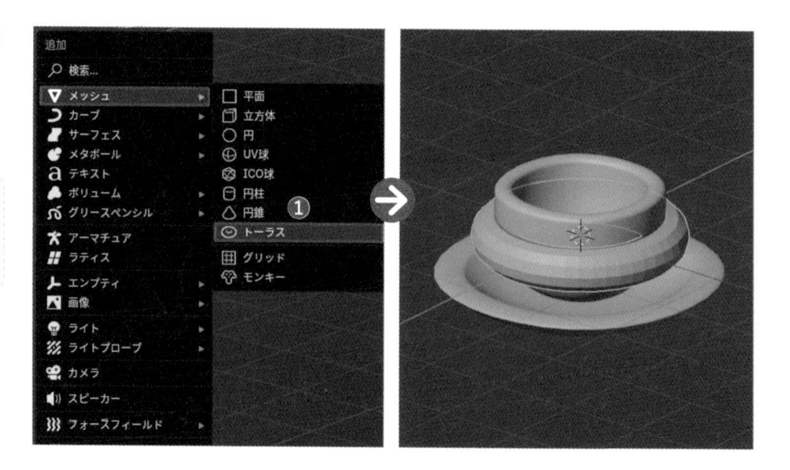

2 オブジェクトを追加するとすぐに左下に現れる［**オペレーターパネル**］をクリックして開き、［**小セグメント数**］を「18」に❷、［**小半径**］の値を「0.3m」にします❸。

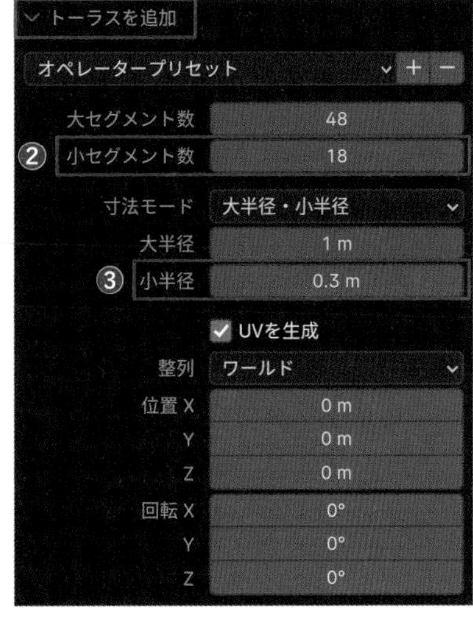

Point

トーラスの設定

トーラスの［**大半径**］は原点から断面の中心までの半径、［**小半径**］はトーラスの断面の半径を設定します。

［オペレーターパネル］が表示されない場合は［編集］＞［最後の操作を調整］から開きましょう。

3 右クリック＞［**自動スムーズを使用**］を適用しましょう❹。

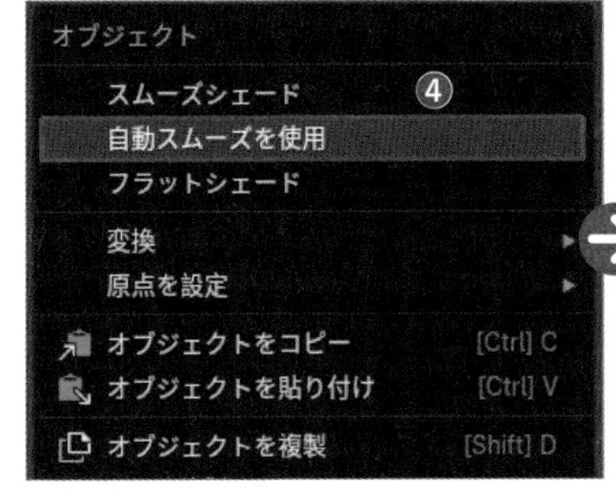

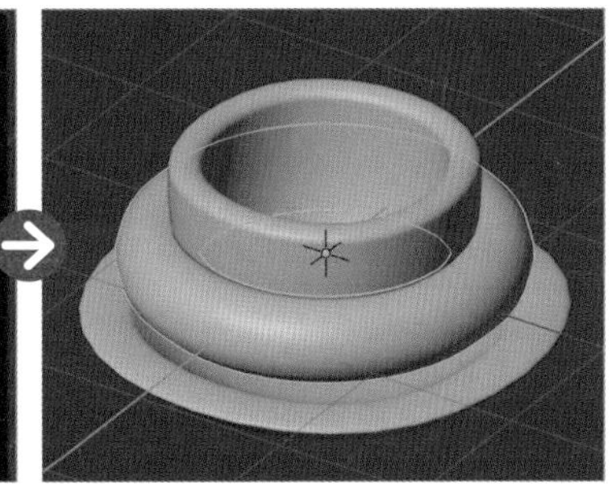

4 追加したトーラスを選択し、R→X→「90」の順に入力して確定し、X軸を中心に90度回転させます❺。

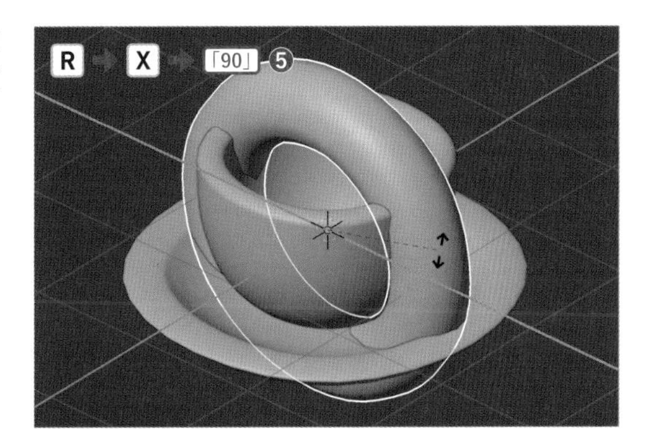

5 トーラスの大きさと形状を調整するために、視点をフロントビュー（テンキー1）にします❻。

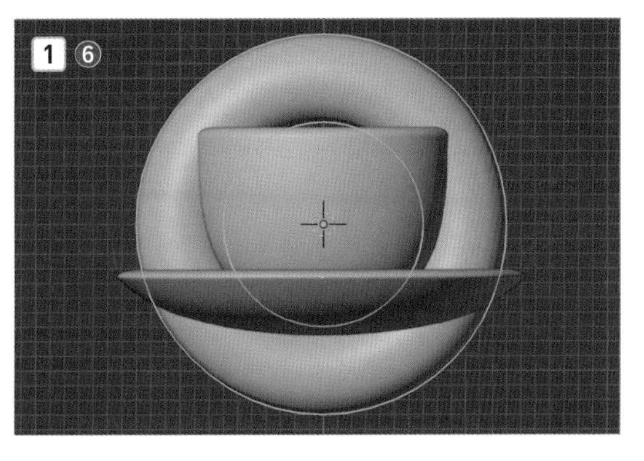

6 S キーを押して、カップ本体にすっぽり収まるくらいの大きさまで縮小します❼。

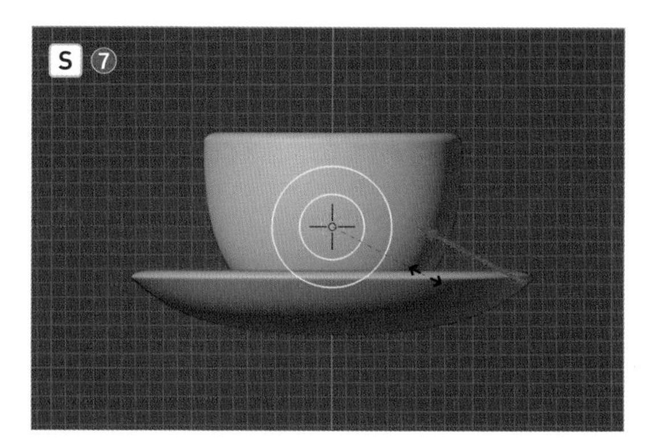

7 G キーを押してカップの外側に移動します。これで、取っ手が完成しました❽。

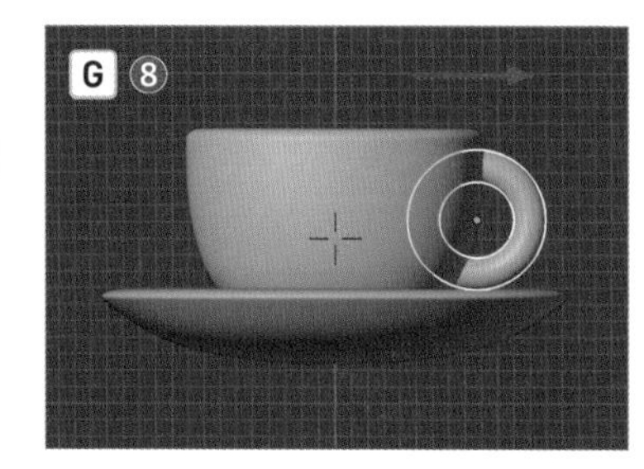

カップの中の液体表面を作ろう

最後に、カップ内に飲み物が入っているように見えるように液体の表面となる面を追加します。

1 Shift + A > [メッシュ] > [円] を選択して配置します❶。

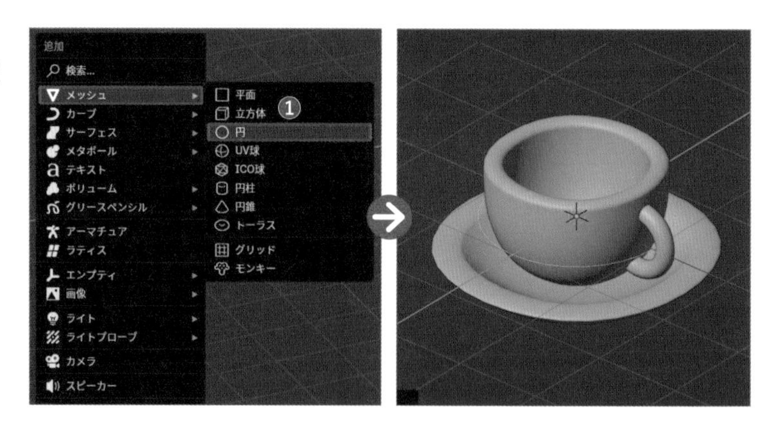

2 [編集モード] に入り（Tab）、A キーで全選択したら❷、F キーで面を張ります❸。

ショートカットキー

フィル F

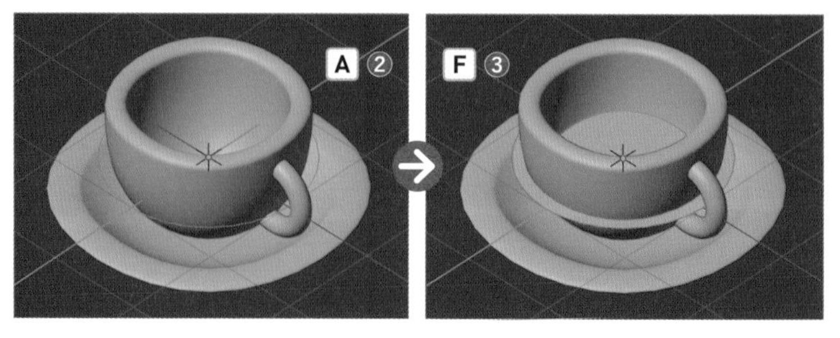

3 ［**オブジェクトモード**］に戻り（Tab）、G→Zキーを押して上方へ移動させ❹、そのままSキーを押してカップからはみ出ないように縮小しましょう❺。

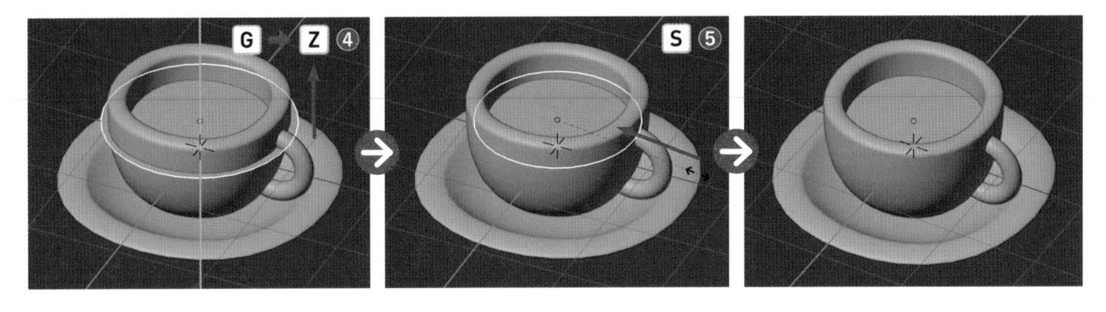

4 これでモデリングは完了です。マテリアル・環境設定をしたらレンダリングしてみましょう。作成したオブジェクトは［**コレクション**］にまとめて、［**アセット**］に追加しておきましょう。

色見本	
オレンジ	：B84200
緑	：275226
茶	：341B1B
ベージュ（背景）	：E7D8B1

ソーサーはカップをコピーして作っているので、カップと同じマテリアルが自動で適用されます。別々のマテリアルを設定したい場合は、P103を確認してみましょう。

column

オリジナルの作品を作るには

Blenderで作品作りを行う際は、いきなりモデリングをはじめずに下準備から行いましょう。3次元でより詳細でリアルな表現ができる3Dモデリングでは、「作りたい形をどう作っていくか」が重要なポイントになってきます。ここではオリジナル作品を作る前に押さえておきたい4つのポイントをご紹介します。ぜひ、今後の作品作りの参考にしてみてください。

▶ POINT1　作例イメージを固める

「どんなものが作りたいのか？」を決めるのが作品作りの第一歩です。作りたいアイテムが決まったら、「どんな形でどんな色にするか」など、完成形のイメージを詳細に固めておくことが重要です。
最初のうちは、写真やイラストを参考にすると良いでしょう。例えば家具だとしましょう。Google等で家具で検索して、実際の形を見ながらイメージを膨らませます。

方向性が決まってきたら、イラストを参考にするのも良いでしょう。イラストでは、複雑な部分がシンプル化されて表現されているため、モデリングのイメージがしやすくなります。ここではFREEPIKというサイトでイラスト検索を行いました。

FREEPIK：https://jp.freepik.com

▶ POINT2　パーツに分解する

作りたいものが決まったら、パーツに分解します。例えば図のランプの場合、4つのパーツに分けて考えることができます。工業製品の場合、このように単純な組み合わせで出来ていることが多いので分解しやすくなっています。

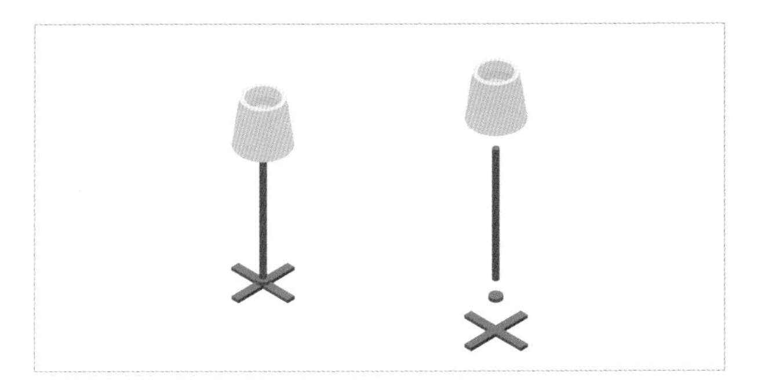

▶ POINT3　どのメッシュオブジェクトから作るかを考える

先ほど分解したパーツをどのメッシュオブジェクトから作るかを考えましょう。主に立方体、UV球、円柱、トーラスのどれかをベースに作っていきます。今回の例の場合は、上から円柱、円柱、円柱と、立方体の組み合わせで作ることができます。ここまで準備ができたら実際にモデリングをはじめましょう。

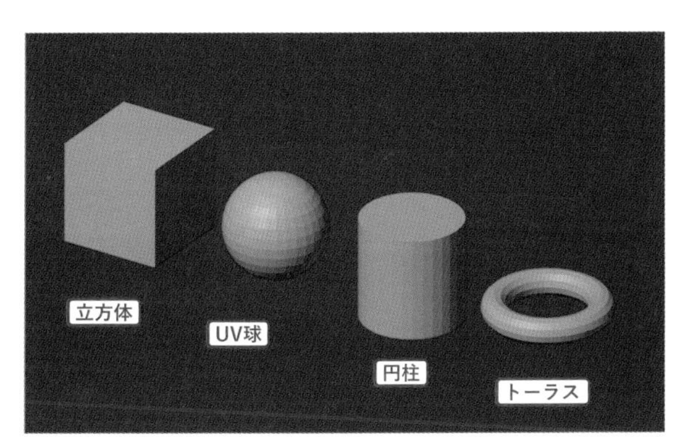

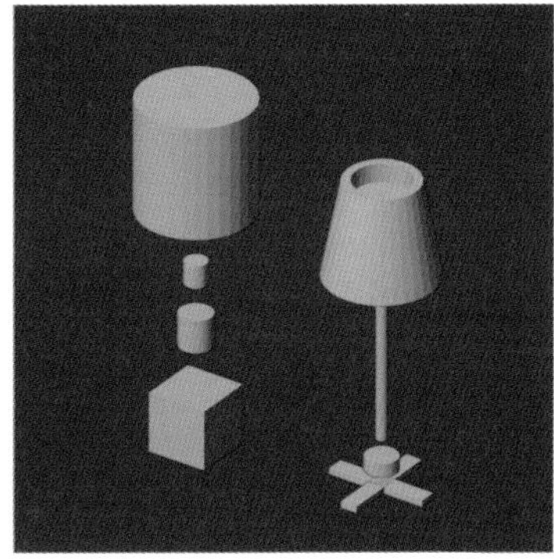

一方で、動物や草木のように有機的な立体を持つものは、立方体を基本に、細分化していくことが多いでしょう。例えば、図のイルカのように、立方体を細分化してフロントビュー、サイドビュー、トップビューでそれぞれイルカのシルエットに合わせて頂点を動かしていくと、イルカの形を作ることができます。このモデリング方法はやや上級者向けなので、まずは簡単なものから作り慣れて、コツを掴んでからトライしてみましょう。

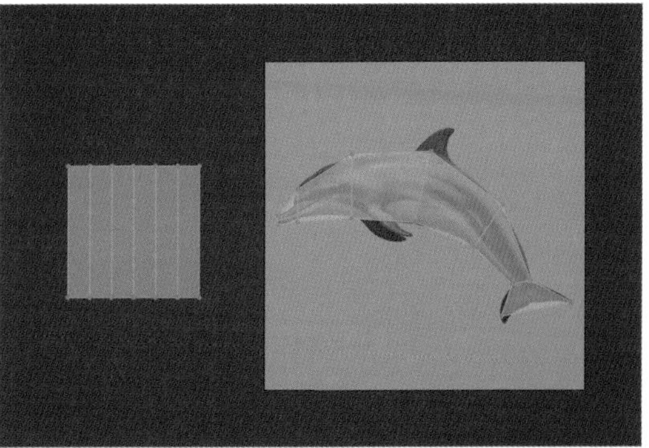

4
日目

レベル ★☆☆

ここで学ぶ機能
透過表示 ミラーモディファイアー
モディファイアーのコピー モディファイアーの適用

テーブルと椅子を作ろう

ミラーモディファイアー機能で左右対称なオブジェクトを作りましょう。

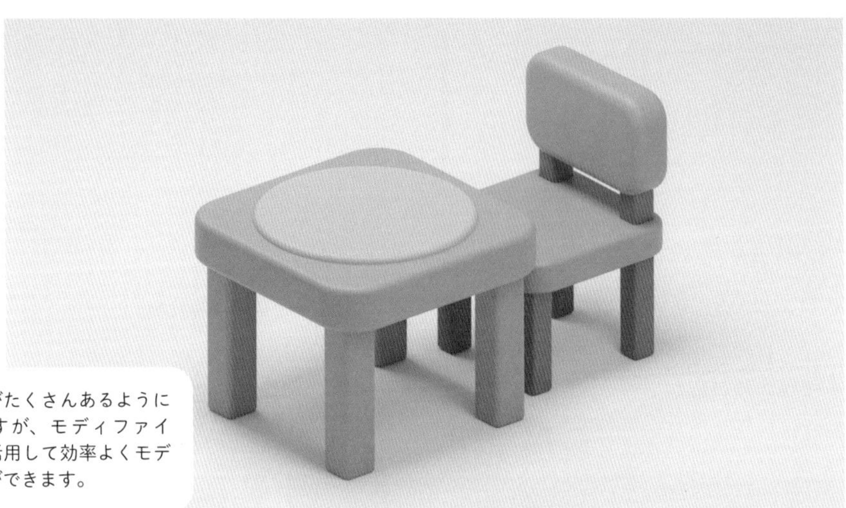

パーツがたくさんあるように見えますが、モディファイアーを活用して効率よくモデリングができます。

動画解説はこちら

https://book.impress.co.jp/closed/bld-vd/day4.html

はじめに
3STEPで制作の流れを確認しよう

STEP 1
立方体でテーブルの天板を作ろう

STEP 2
ミラーモディファイアーを活用してテーブルの脚を作ろう

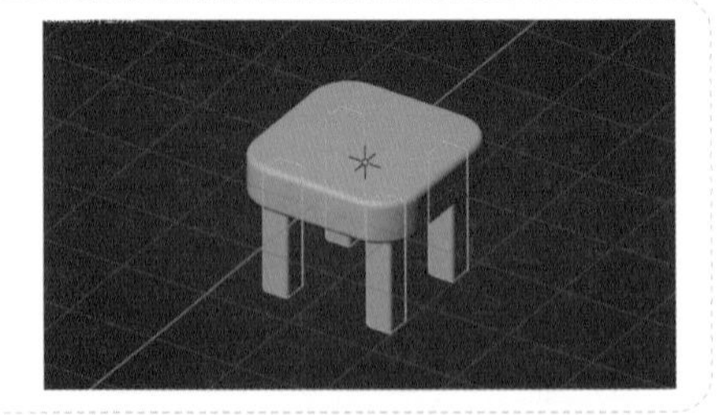

STEP 3
円柱でテーブルクロスを作ったらテーブルをコピーして椅子を作ろう

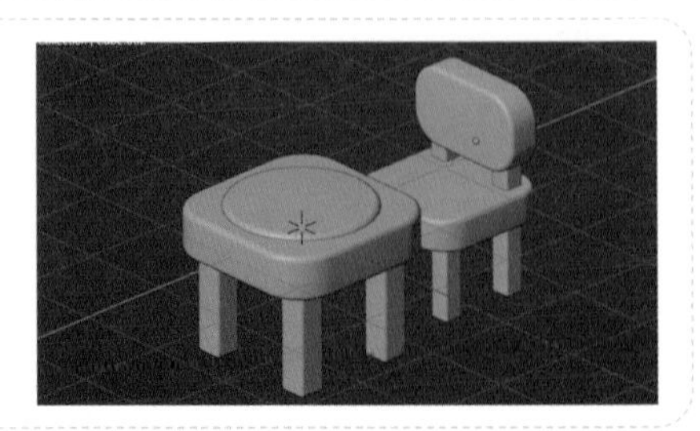

STEP 1

テーブルの天板を作ろう

立方体を上下方向に縮小し、4つ角を丸くしながら、テーブルの天板を作成していきましょう。

1 まず［**平行投影**］にし（テンキー 5 ）、デフォルトで表示されている立方体が選択された状態で［**編集モード**］に切り替えます（ Tab ）。 S → Z キーを押して立方体を上下方向に縮小します❶。

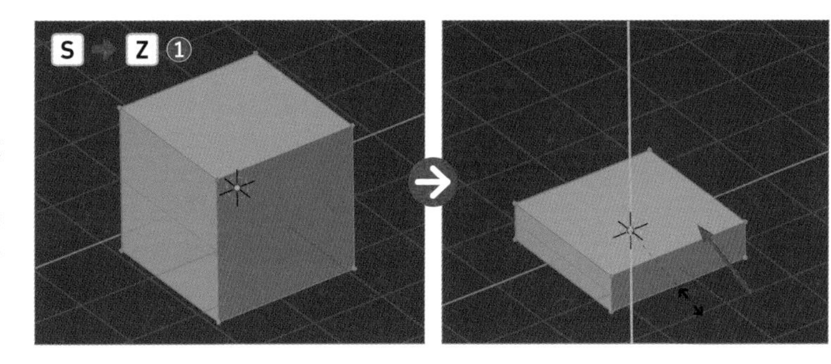

平行投影 P021

テンキー

投影モードの切り替え 5

ショートカットキー

拡大・縮小 S

2 次に、4つ角を丸くしていきます。その前に、 Alt option ＋ Z キーを押して［**透過表示**］にし、オブジェクトを見やすくします❷。

ショートカットキー

透過表示の切り替え Alt option ＋ Z

［透過表示］にすると背面の頂点や辺も見えるようになるので便利です。

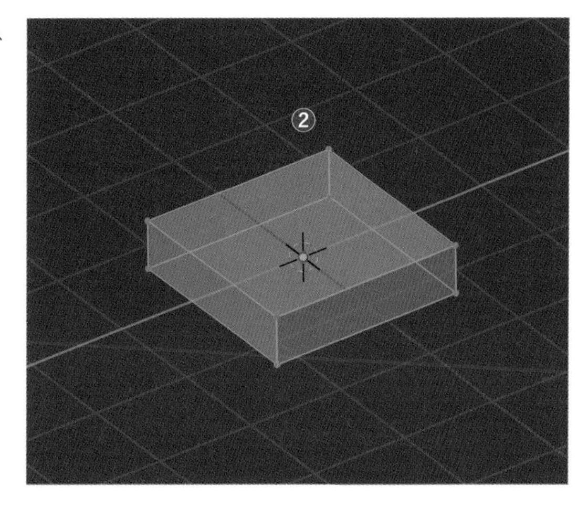

透過表示

オブジェクトを選択して Alt option ＋ Z キーを押すと透過表示にすることができます。もう一度同じキーを押すと解除できます。［**3Dビューポート**］右上の［**透過表示を切り替え**］ボタンからも切り替えができるので活用してみましょう。

3 ［**辺選択モード**］（数字キー2）で Shift キーを押しながら4つの角を選択したら❸、Ctrl command + B キーを押してベベルし❹、左下に現れる［**オペレーターパネル**］の［**幅**］を「0.5m」に❺、［**セグメント**］の値を「10」に変更しましょう❻。

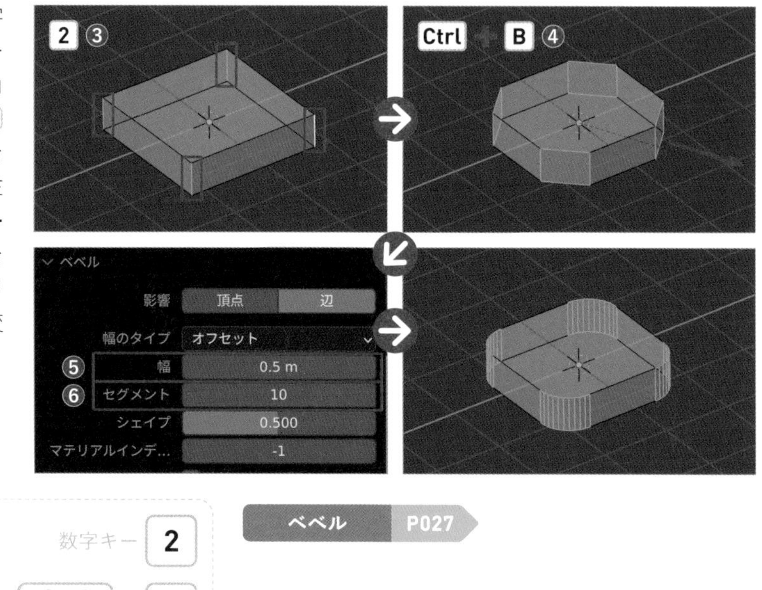

ショートカットキー

辺選択モード	数字キー 2
ベベル	Ctrl command + B

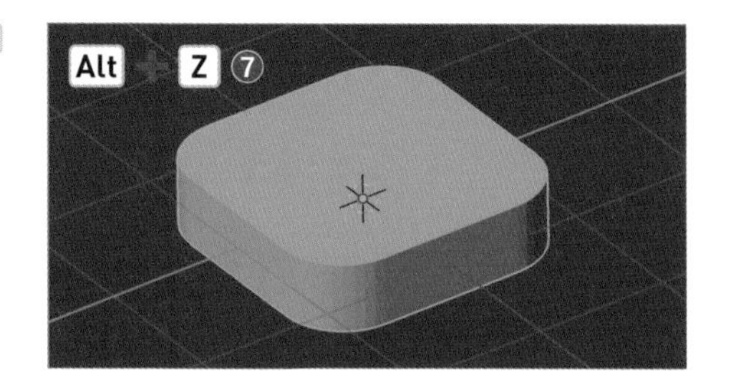

ベベル P027

4 ［**オブジェクトモード**］に戻り（Tab）、Alt option + Z キーを押して、［**透過表示**］をオフにしましょう❼。

5 次に天板の上下の角を少し丸くします。天板を選択した状態で🔧>［**モディファイアーを追加**］>［**生成**］>［**ベベル**］を選択し❽、モディファイアーパネルの［**量**］の値を「0.07m」❾、［**セグメント**］の値を「10」にします❿。

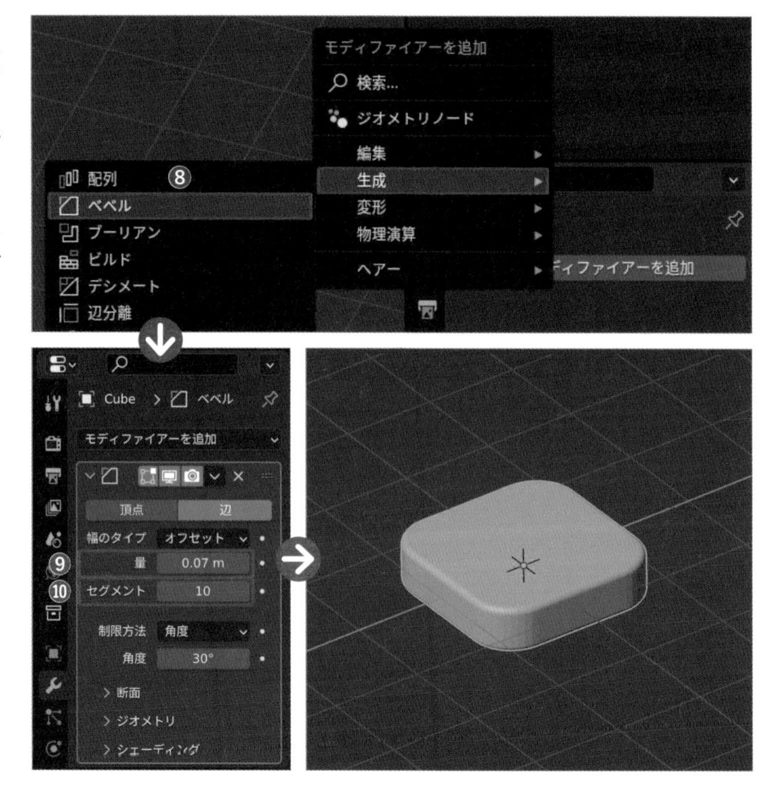

6 右クリック＞［**自動スムーズを使用**］を適用して、表面をツルツルにしましょう⓫。

STEP 2

テーブルの脚を作ろう

立方体を縦に細長く加工してテーブルの脚を作りましょう。

1 Shift＋A ＞［**メッシュ**］＞［**立方体**］を選択して配置します❶。

ショートカットキー

オブジェクトの追加	Shift ＋ A

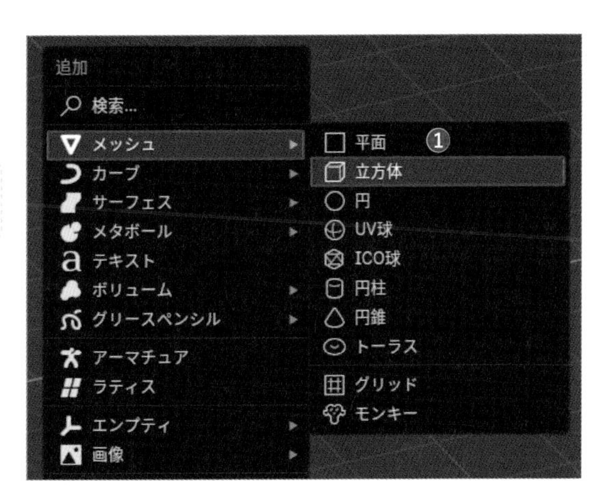

2 ［**編集モード**］に入り（Tab）、［**透過表示**］にしたら（Alt option ＋ Z）❷、S キーを押して縮小します❸。

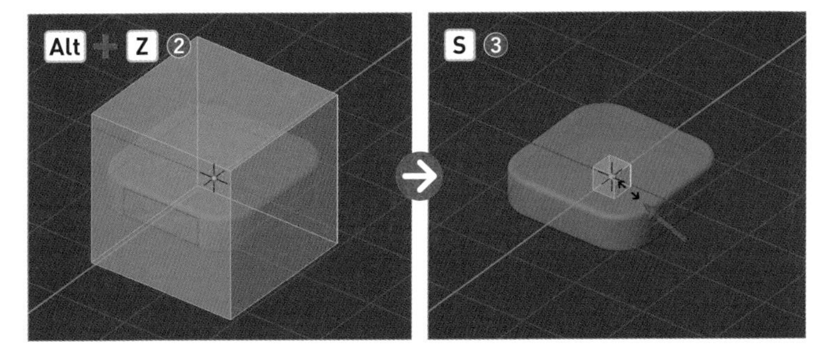

3 次にS→Zキーを押して上下方向に拡大し❹、G→Zキーを押して天板の下に移動させます❺。

ショートカットキー

移動 G

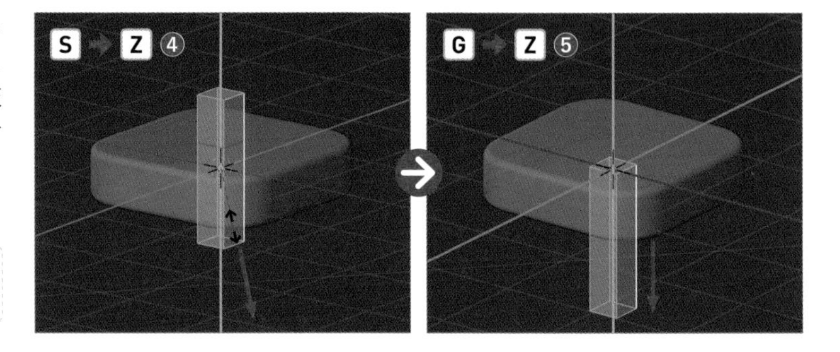

4 視点をトップビューにし（テンキー7）❻、Gキーを押して天板の角に移動させましょう❼。

テンキー

トップビュー 7

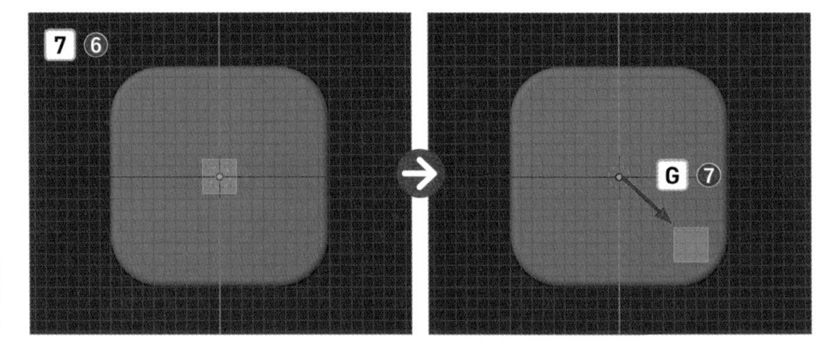

5 視点を戻し、［**透過表示**］を解除します（Alt option＋Zキー）❽。

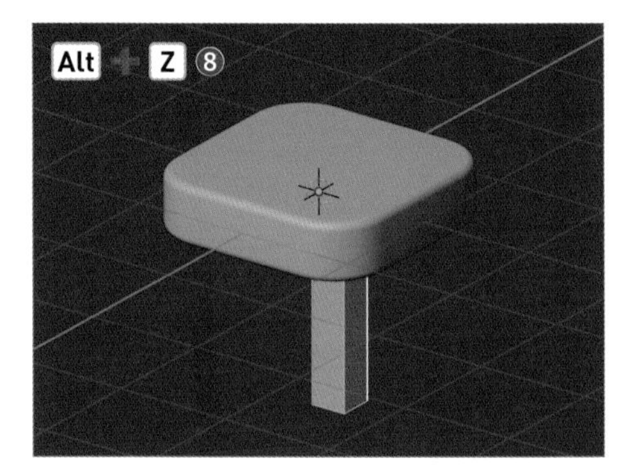

天板と脚が離れている場合はライトビュー（テンキー3）にして調整しましょう。

天板のモディファイアーをコピーしよう

先ほど、天板に適用した［**ベベルモディファイアー**］の設定を、1クリックでテーブルの脚にも反映してみましょう。

1 ［**オブジェクトモード**］に戻り（Tab）、Shiftキーを押しながら「脚」❶→「天板」の順にオブジェクトを選択します❷。

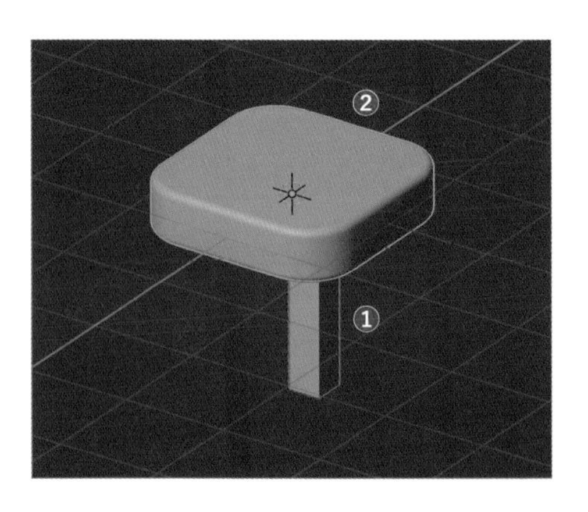

2 Ctrl command + L キーを押して、［**モディファイアーをコピー**］を選択すると、天板のモディファイアーが脚にもコピーされます❸。

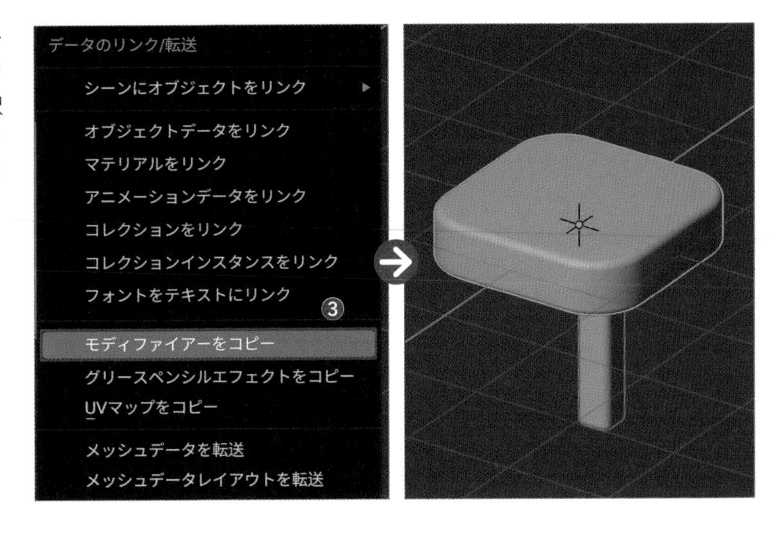

脚のモディファイアーパネルを見ると天板と同じように［ベベルモディファイアー］がかかっていて、［量］の値が「0.07m」、［セグメント］の値が「10」になっています。

Point

モディファイアーのコピー

「コピー先のオブジェクト」→「コピー元のオブジェクト」の順に選択し、Ctrl command + L キー＞［**モディファイアーをコピー**］を選択すると、モディファイアーとそこで設定した値がコピーされます。1つのオブジェクトに複数のモディファイアーを設定している場合は、全てコピーされるので、同様のモディファイアーを別のオブジェクトにも追加したい時に便利な機能です。

3 モディファイアーをコピーしてみて「ちょっと角が丸すぎるかも？」と感じる時は、個別に量を設定することができます。ここでは、脚のベベルの［量］の値を「0.07m」から「0.04m」に変更しましょう❹。

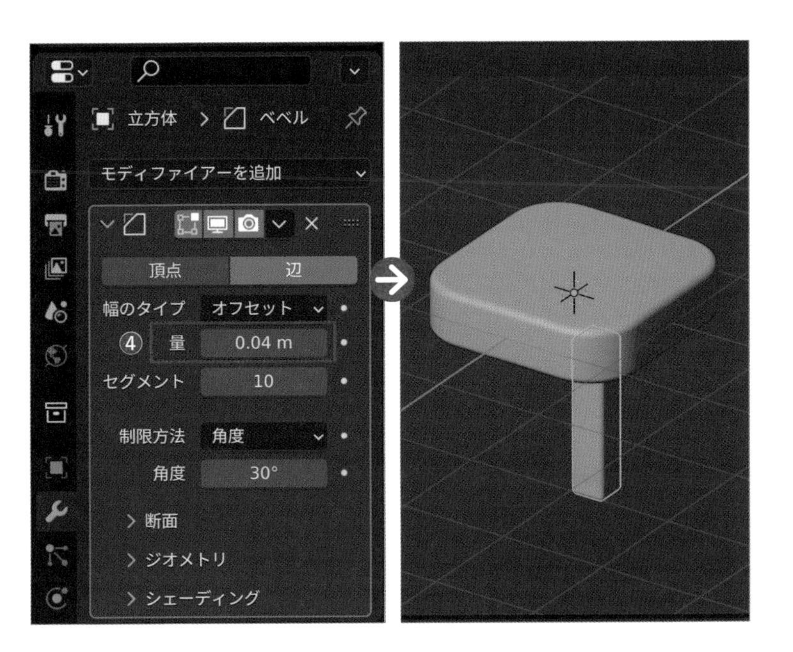

テーブルの脚を4本配置しよう

さて、いよいよ、新しい機能の［ミラーモディファイアー］を活用して、今作成したテーブルの脚を一瞬で4本配置していきます。わざわざ脚を3本コピーして配置しなくて良いのでとても便利な機能です。

1 脚を選択した状態で、> ［**モディファイアーを追加**］ > ［**生成**］ > ［**ミラー**］を選択します❶。

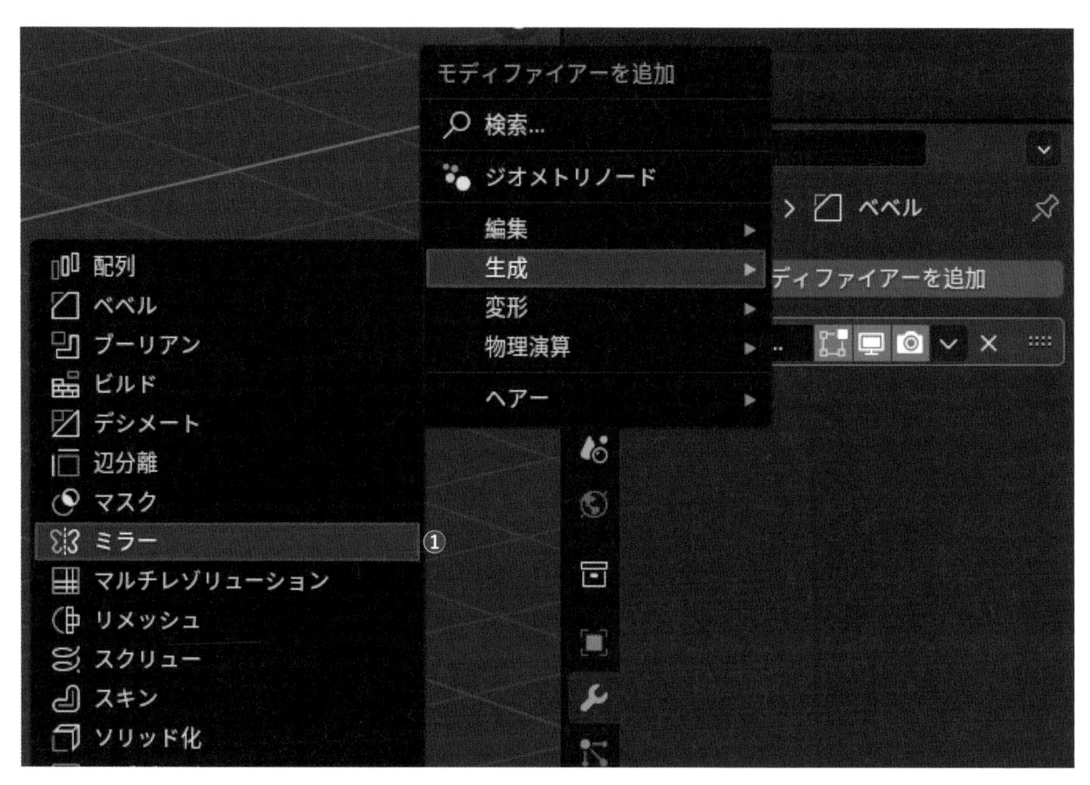

2 すると、脚が1本新たに配置されたことが分かります。配置されない場合は、モディファイアーパネルの［**座標軸**］の［**X**］をオンにしましょう❷。

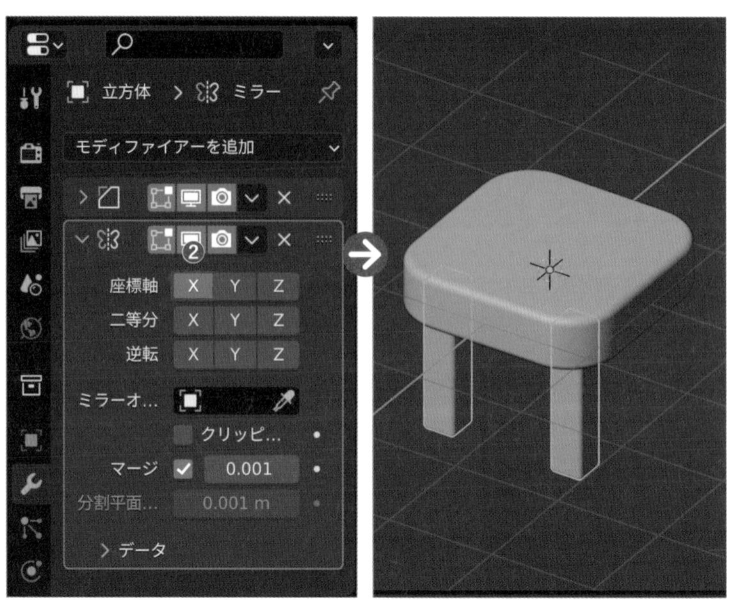

3 続いて［**座標軸**］の［**Y**］もオンにすると❸、更に2本配置され、テーブルの脚が完成しました。

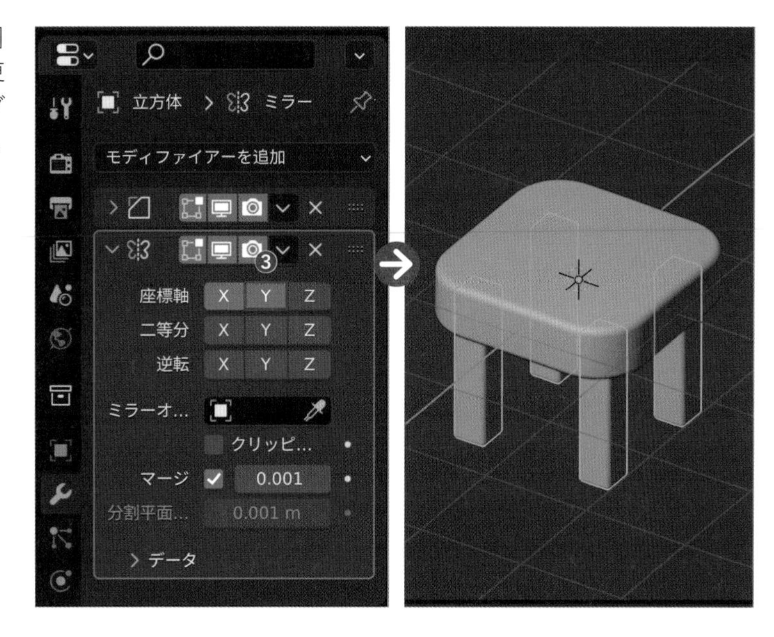

Point

ミラーモディファイアー

［**ミラーモディファイアー**］はオブジェクトの原点や、軸として設定したオブジェクトを中心に、選択した座標軸方向に反転して複製することができる機能です。軸は複数選択できます。今回脚を作成した際に、［**編集モード**］から拡大・縮小や移動を行ったので、［**原点（オレンジ色の点）**］は［**3Dビューポート**］の中心に残ったままになっています。そのため、［**3Dビューポート**］の中心＝テーブルの天板の中心を基軸に、X軸・Y軸方向に反転して脚が複製されています。

STEP 3

テーブルクロスを作ろう

円柱を活用してテーブルに丸いテーブルクロスのような飾りを付けましょう。

1 Shift＋A＞［**メッシュ**］＞［**円柱**］を選択して配置します❶。

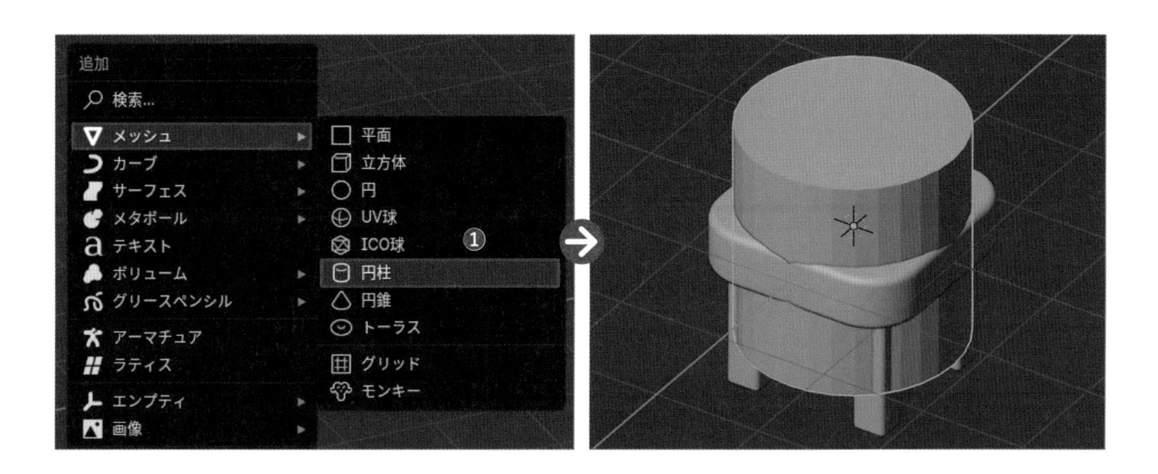

❷ ［**編集モード**］に入り（Tab）、Sキーを押して少し縮小したら❷、S→Zキーを押して上下方向に縮小します❸。

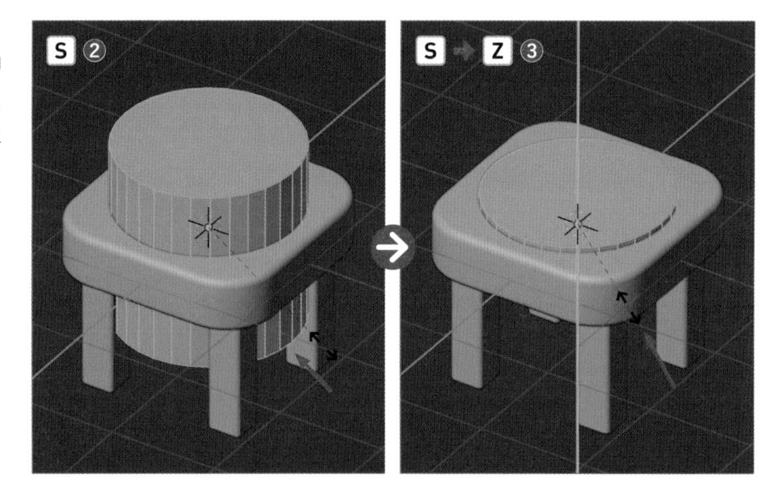

このままだと天板の下から円柱がはみ出ているので、視点を変えながらG→Zキーを押して位置を調整してみましょう。

❸ ［**オブジェクトモード**］に戻り（Tab）、Shiftキーを押しながら「円柱」❹→「天板」の順にオブジェクトを選択したら❺、Ctrl command＋L＞［**モディファイアーをコピー**］を選択し、天板の［**ベベルモディファイアー**］をコピーしましょう❻。

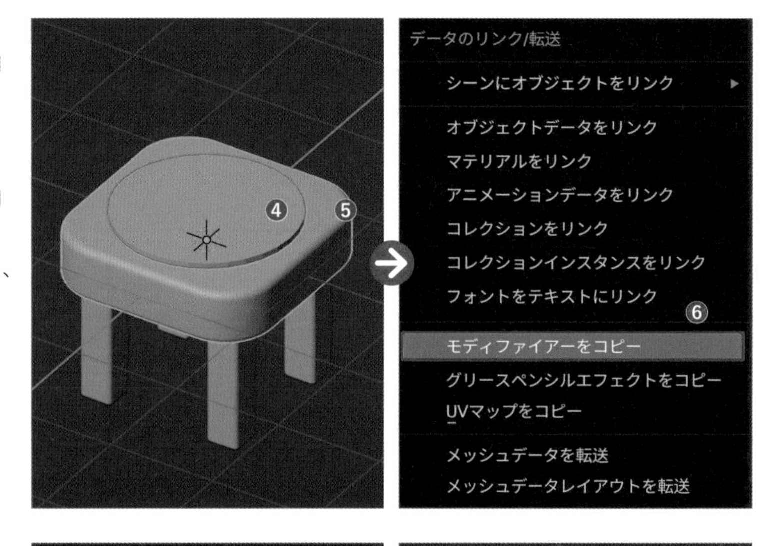

❹ 円柱を選択し、右クリック＞［**自動スムーズを使用**］を適用して、表面をツルツルにしましょう❼。

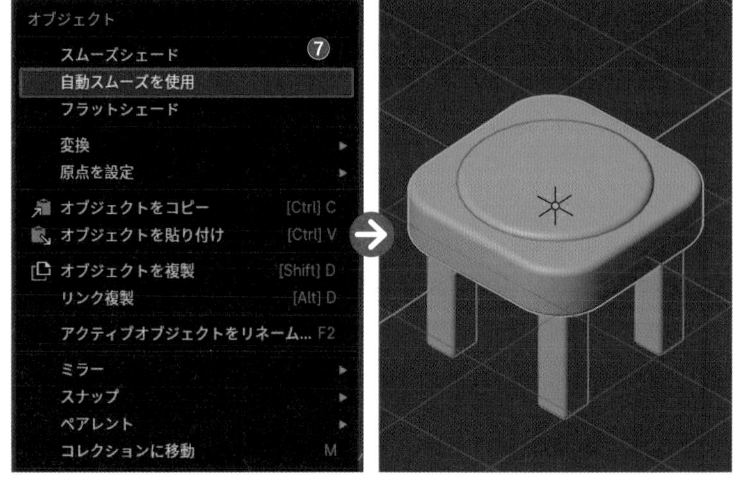

テーブルをコピーして椅子を作ろう

先に作った天板と脚をコピーして椅子を作りましょう。

1 天板と脚を選択し❶、Shift+D→Yキーを押して後方へ移動しながらコピーしましょう❷。

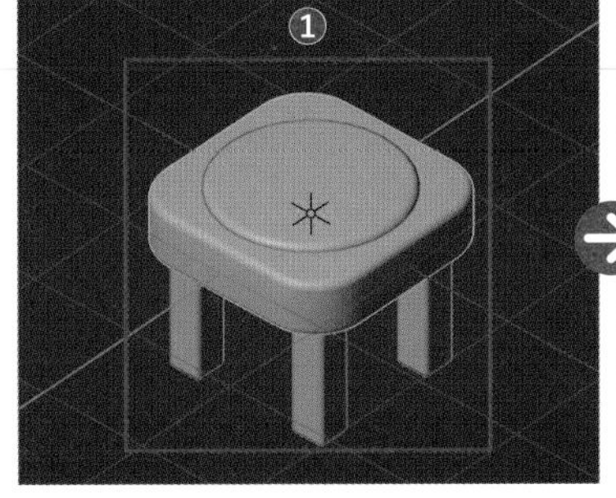

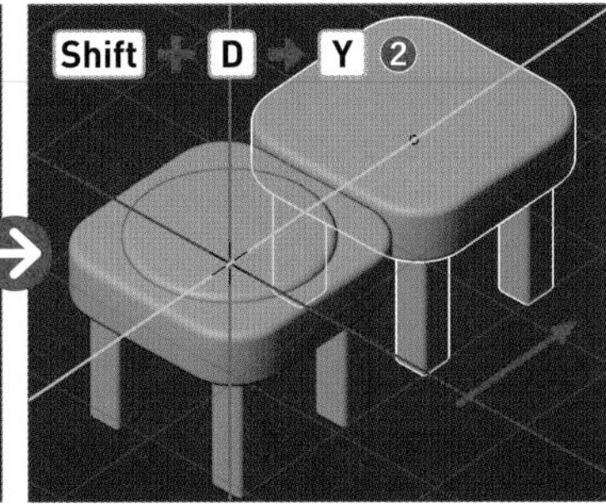

2 Sキーを押して縮小します❸。

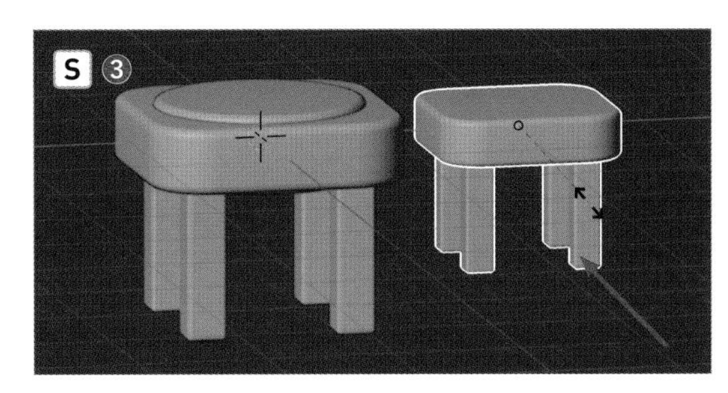

3 視点をライトビューにし（テンキー3）、G→Zキーを押してテーブルと脚の下端が揃うように移動させます❹。

テンキー

ライトビュー 3

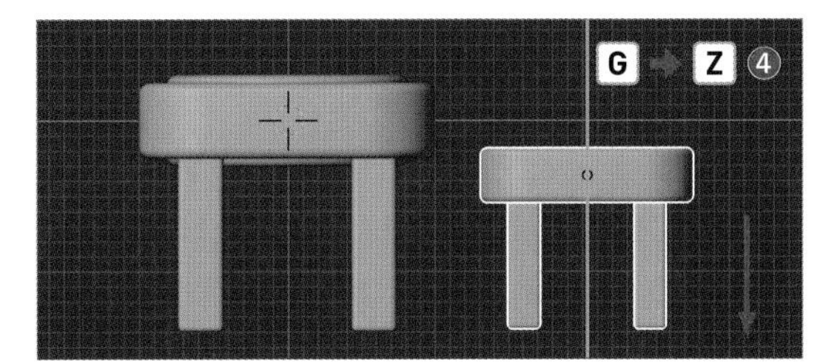

脚の長さを変えて背のパーツを作ろう

ここで、先ほどの［**ミラーモディファイアー**］を用いてコピーした脚の一部だけ、長さを変えてみましょう。

1 椅子の脚を選択して、モディファイアーパネルの［**ミラー**］のプルダウンから［**適用**］を選択します❶。

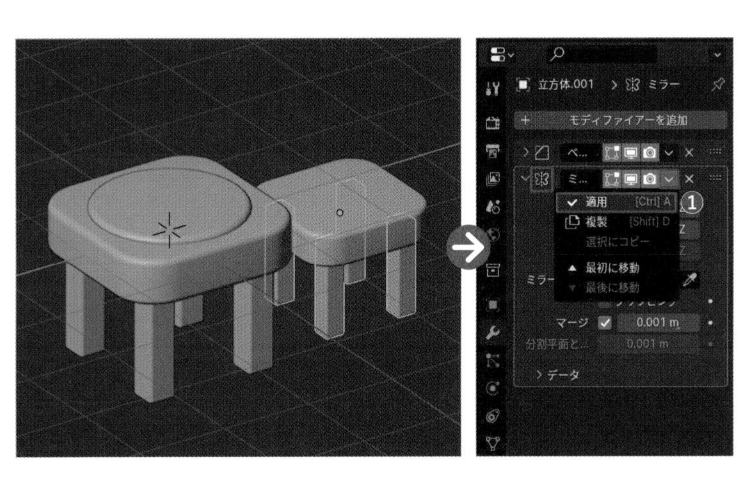

2 この状態で［**編集モード**］に入り（Tab）、［**透過表示**］にしてみると（Alt option ＋ Z）❷、4本の脚が個別に選択できることが分かります。［**頂点選択モード**］（数字キー1）で後ろ側2本の上部の頂点を［**ボックス選択**］し❸、G→Zキーを押して上方へ移動させましょう❹。

ショートカットキー

頂点選択モード　数字キー 1

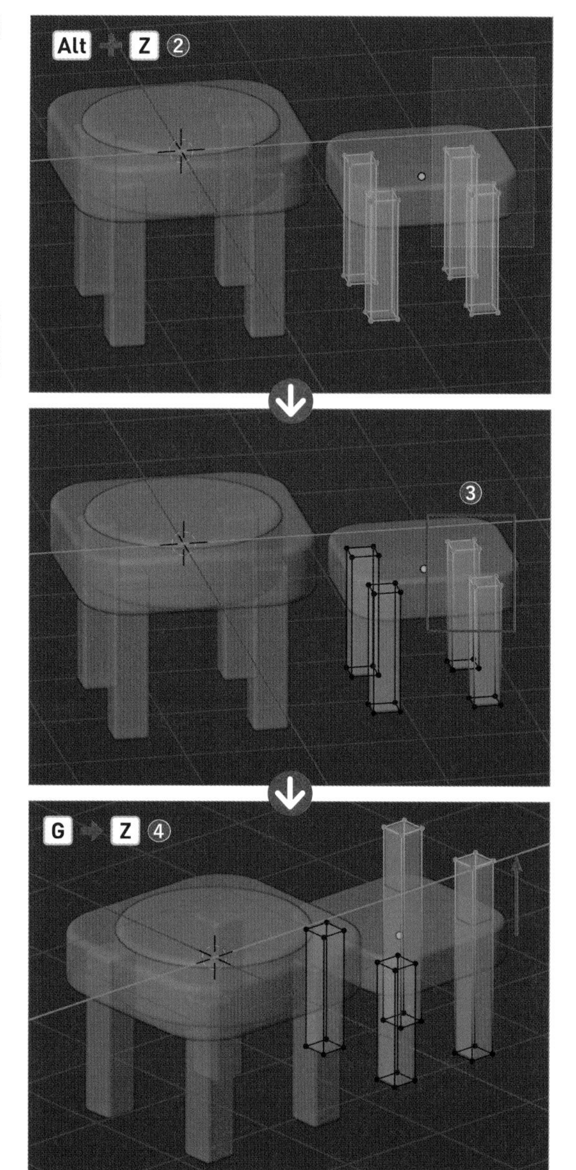

3 ［**オブジェクトモード**］に戻り（Tab）、［**透過表示**］をオフにします（Alt option ＋ Z）❺。

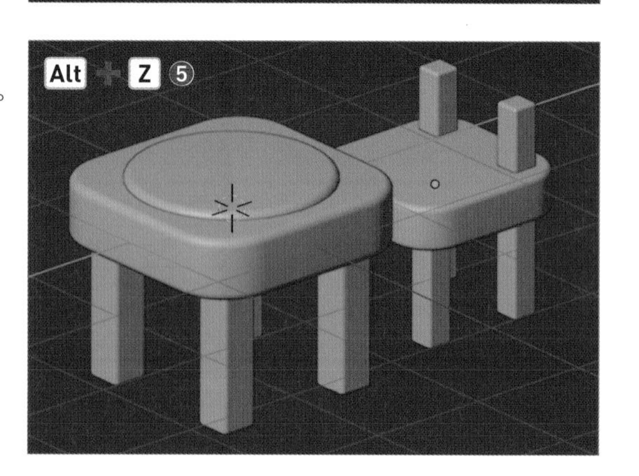

椅子の座面をコピーして椅子の背もたれを作ろう

最後に、椅子の座面をコピーして回転させ、背もたれを作っていきます。

1 椅子の座面を選択し、Shift+D→Zキーを押して上方に移動させながらコピーします❶。

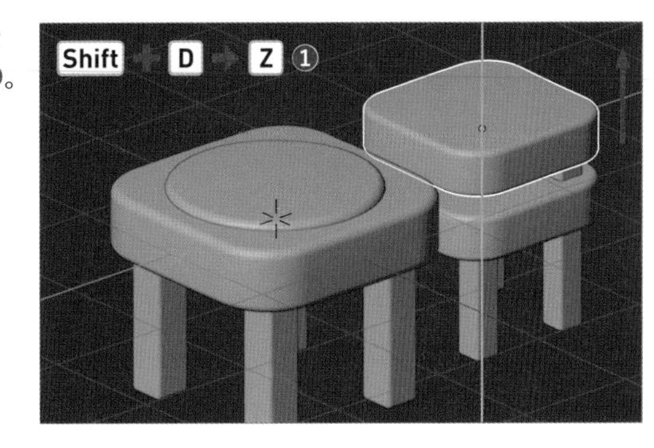

2 R→X→「90」の順に入力して確定し、X軸を中心に90度回転させます❷。

ショートカットキー

回転 R

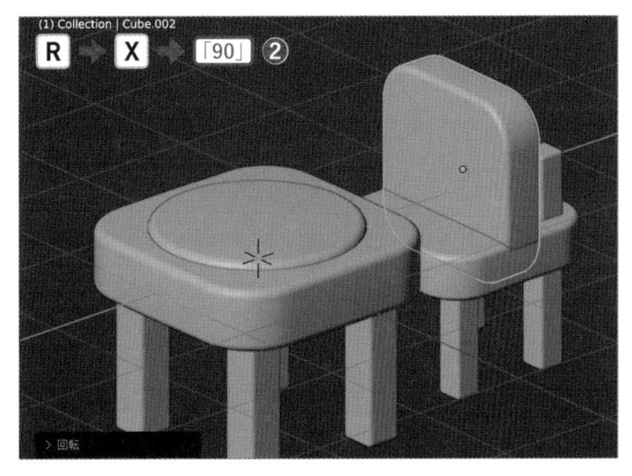

3 G→Yキーを押して後方に移動させたら❸、［**編集モード**］に入り（Tab）、［**透過表示**］にして（Alt option + Z）❹、下半分の頂点を［**ボックス選択**］しましょう❺。

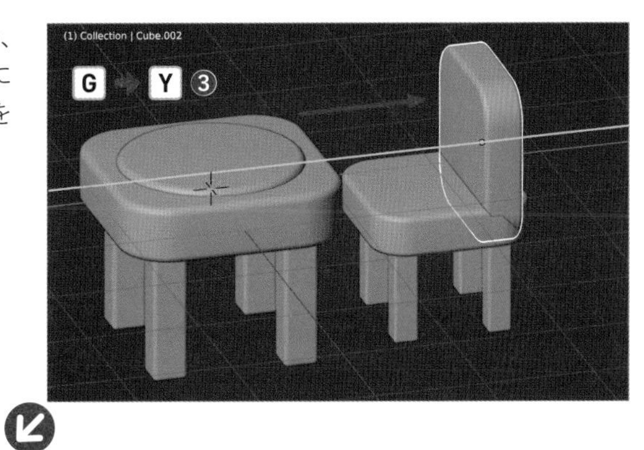

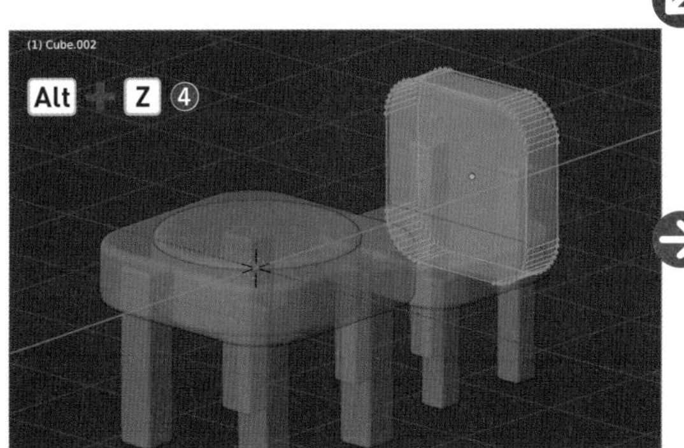

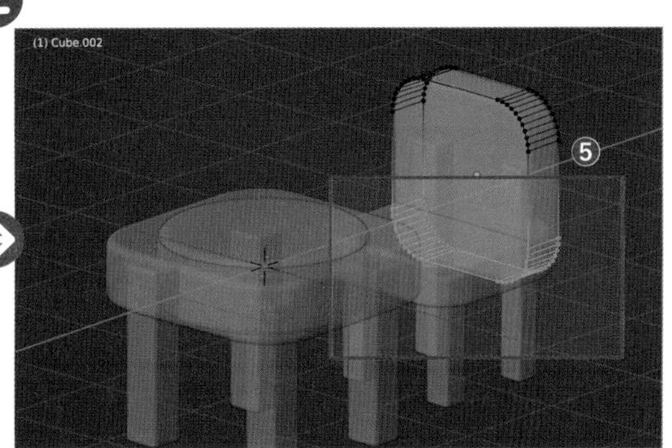

4 そのまま、G→Zキーを押して上方に移動させたら❻、[**オブジェクトモード**]に戻り(Tab)、[**透過表示**]をオフにします(Alt option +Z)❼。

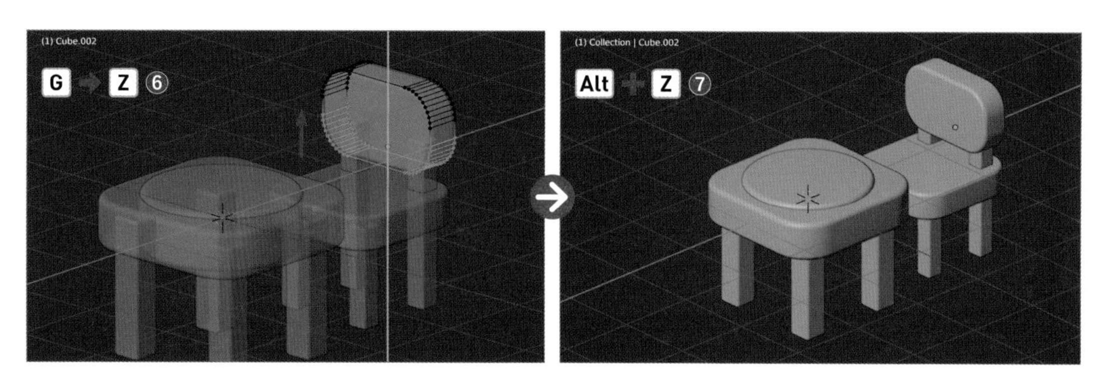

5 これでモデリングは完了です。マテリアル・環境設定をしたらレンダリングしてみましょう。作成したオブジェクトは[**コレクション**]にまとめて、[**アセット**]に追加しておきましょう。

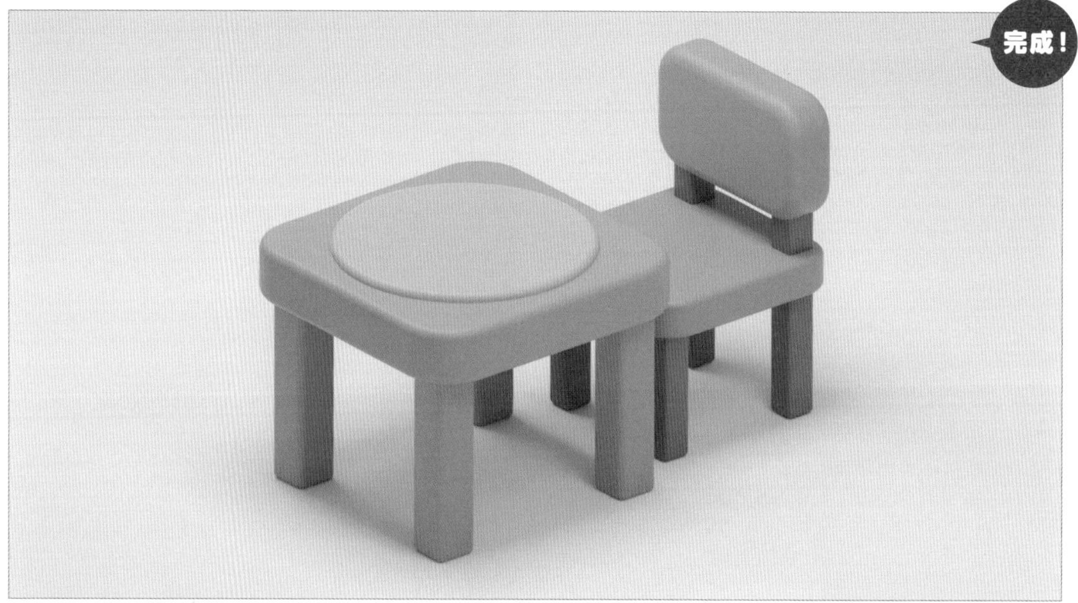

色見本	
薄茶	●：B86E3C
オレンジ	●：B84200
薄緑	●：838E75
ベージュ（背景）	○：E7D8B1

マテリアル設定 P039
レンダリング P042
保存設定 P043
スタジオ設定 P063

column

配色を考えてみよう

センスの良い作品作りに欠かせないのがマテリアルの配色です。色のトーンや組み合わせによって作品の印象は大きく変わります。しかし、ついワンパターンになってしまったり、色を入れすぎて作品のまとまりがなくなってしまったりしますよね。そんな時は、以下の方法を参考にして自分が作りたい作品や世界観を演出できるようにしてみましょう。

▶ 既存の作品を参考にする

最初のうちは、既存の作品を参考にしながら配色を決めていくと良いでしょう。例えば、写真共有サイトのPinterestで「3D」と検索するとたくさんの作例を見ることができます。様々な作品に触れ、見よう見まねで取り組んでいるうちに、自身が好きな配色が掴めてくるようになり、オリジナルの配色にチャレンジできるようになります。

Pinterest：https://www.pinterest.jp/

▶ 配色サイトを参考にする

配色専門のサイトを活用するのも1つの技です。Adobe Colorのような配色参考サイトにはカラーコードが記載されているので、このコードをBlender上で打ち込むと同じ色が再現できるのも便利な点ですね。他にも配色の参考になるサイトはたくさんあるので、お気に入りを見つけてみましょう。

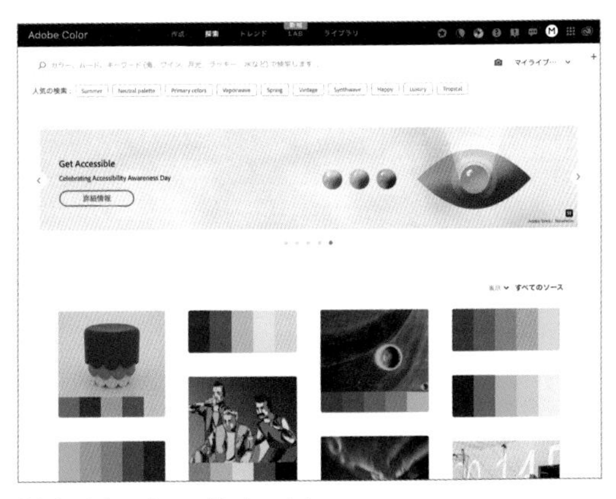

Adobe Color：https://color.adobe.com

初級編

5日目

レベル ★☆☆

ここで学ぶ機能：輪切りとベベルの組み合わせ／分離／ローカル座標系

ソファを作ろう

オブジェクトを輪切りしたり、押し出したりしてより複雑な形を作りましょう。

動画解説はこちら

https://book.impress.co.jp/closed/bld-vd/day5.html

これまでに学んだ機能を繰り返し使って操作に慣れていきましょう。

はじめに

3STEPで制作の流れを確認しよう

STEP 1 立方体でソファの土台を作ろう

STEP 2 面をコピーして座面と背面のクッションを作ろう

STEP 3 円柱で脚を作ったら背もたれでミニクッションを作ろう

STEP 1

立方体を分割してソファのベースを作ろう

立方体を輪切りして、座面や背もたれ、ひじ掛けなど、細かくパーツを分割していきます。

1 [**平行投影**] にして (テンキー 5)、デフォルトで表示されている立方体を選択し❶、[**編集モード**] に入ります (Tab)。 S → X キーを押して左右方向に拡大したら❷、 S → Z キーを押して上下方向に縮小します❸。

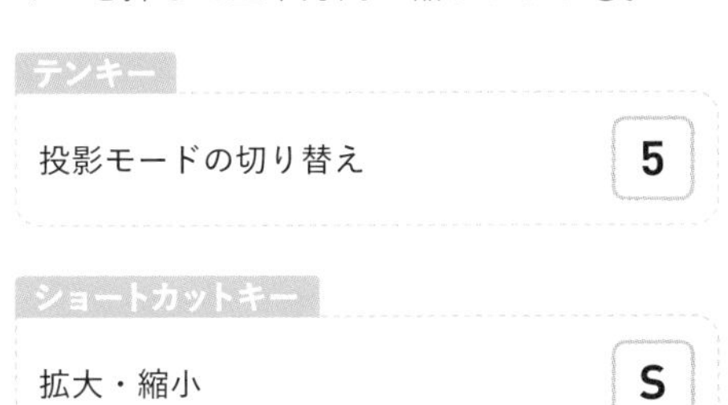

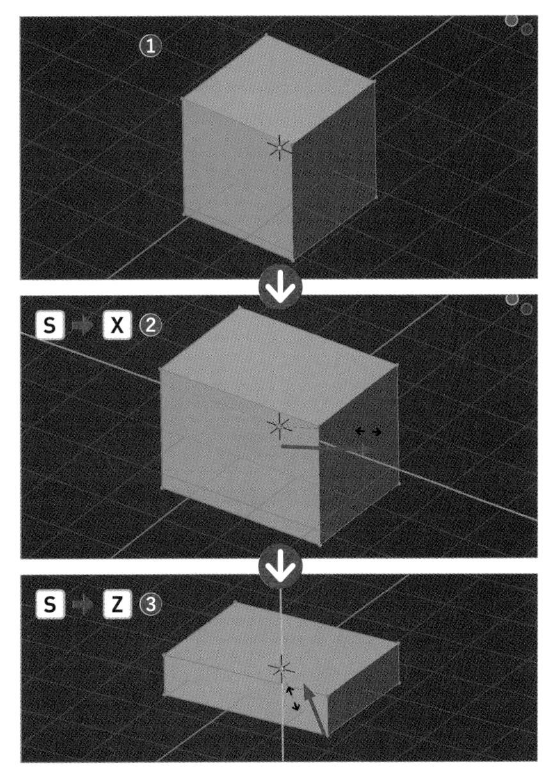

2 Y軸方向に輪切りします。 Ctrl command + R キーを押して方向を仮確定したら❹、 Esc キーを押して等分にします❺。

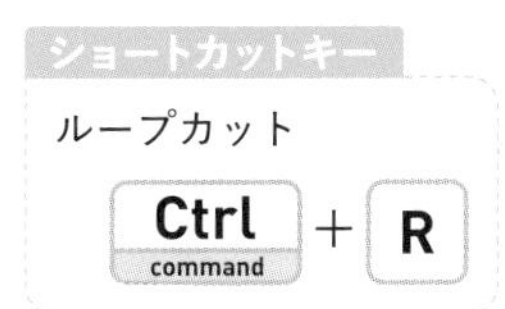

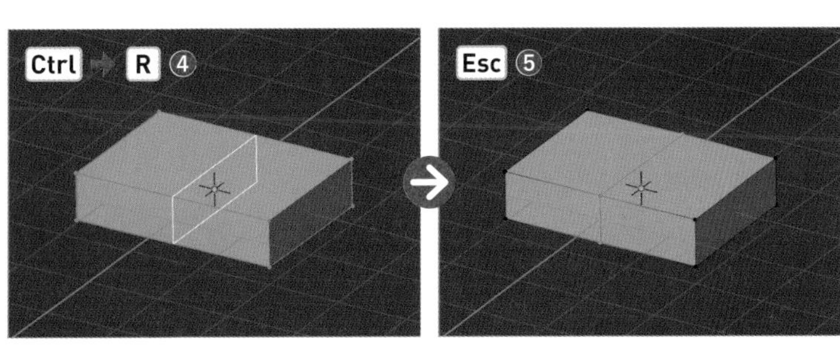

ループカット P028

3 そのまま Ctrl command + B キーを押してベベルし、図のようにひじ掛けと座面になるスペースを作ります❻。

ベベル P027

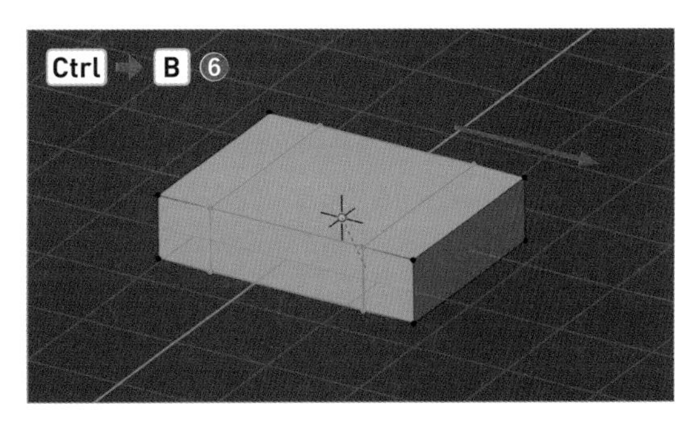

4 更にX軸方向にも輪切りし、座面と背のスペースを作りましょう。Ctrl command + R キーを押して方向を確定し❼、ラインの色がオレンジ色に変わったら少し後方にスライドさせクリックします❽。

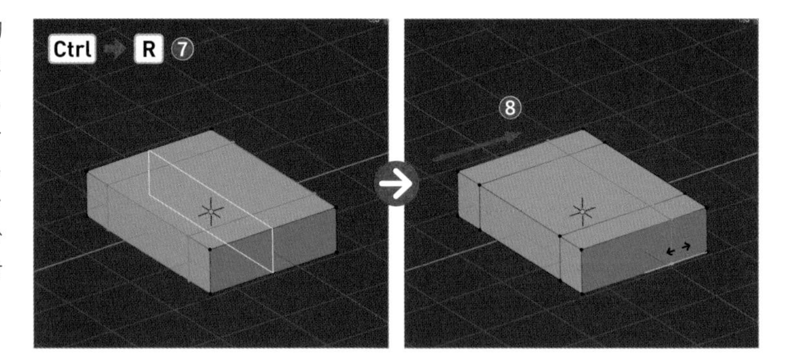

Point

辺をベベル

立体の角の面取りや丸みを帯びた角を作成するベベルツールですが、平面上の1つの辺を2つ以上に均等に分けるという使い方もできます。今回のように、面を分割する際に、中心から対照的に新たに辺を挿入したい場合は、ベベルを活用しましょう。

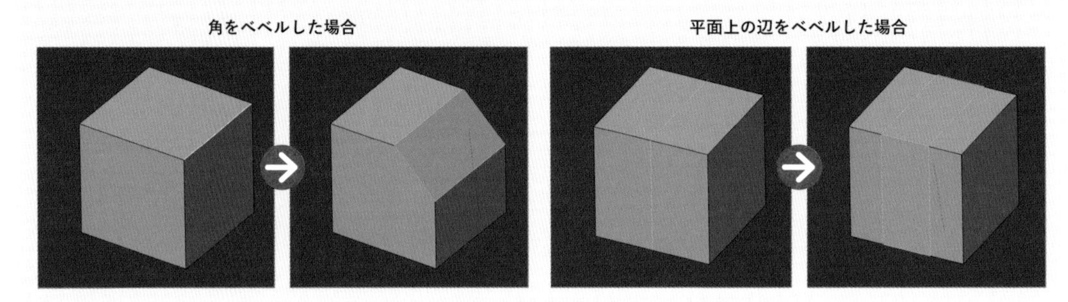

ひじ掛けと背もたれを作ろう

分割した面を押し出して、ソファのひじ掛けと背もたれの形を作っていきましょう。

1 [面選択モード]（数字キー 3 ）で、Shift キーを押しながらひじ掛けと背もたれの面を1つずつ選択していき、コの字型になるようにします❶。

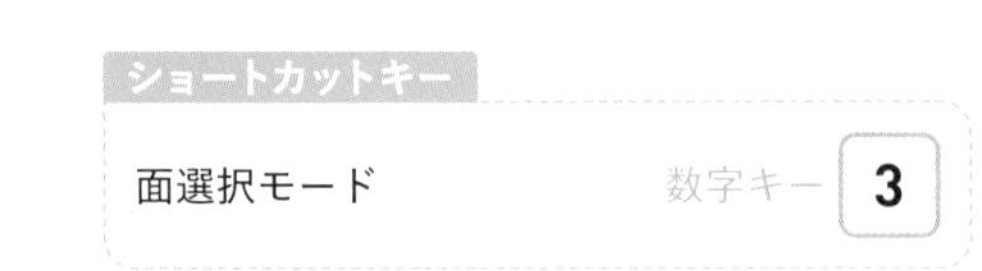

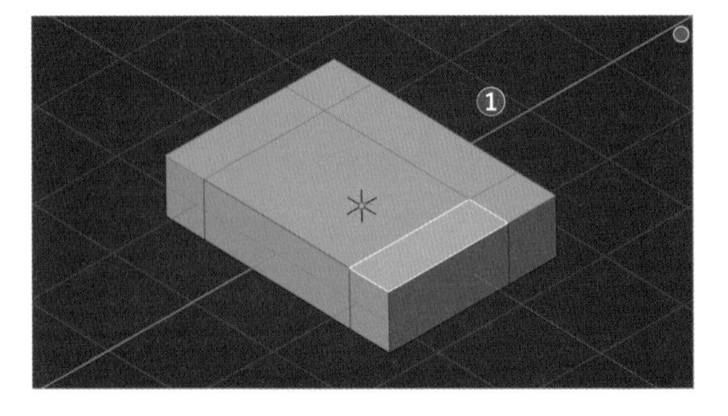

2 E キーを押して上方に押し出します❷。

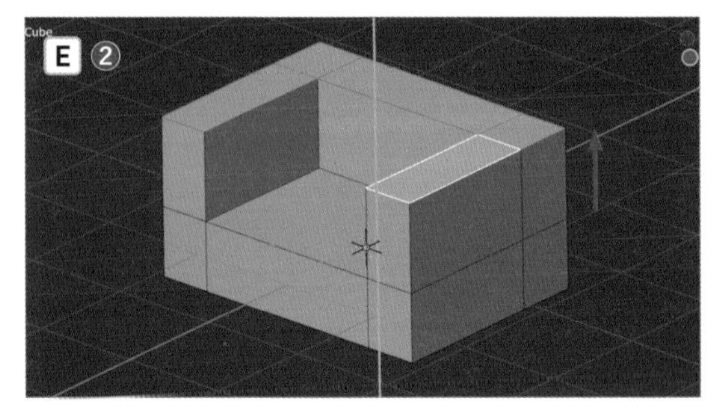

3 ［**オブジェクトモード**］に戻り（Tab）、> ［**モディファイアーを追加**］>［**生成**］>［**ベベル**］を選択します❸。

［ベベルモディファイアー］がかからない時は頂点をまとめましょう（P034）。

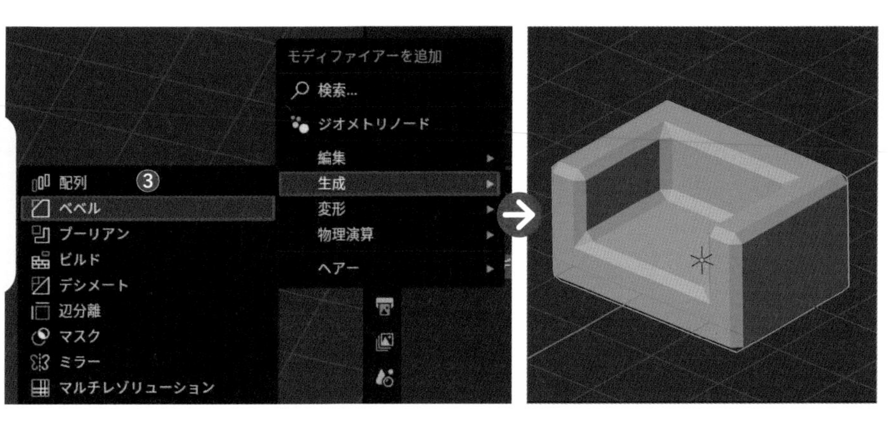

4 モディファイアーパネルの［**量**］の値を「0.2m」❹、［**セグメント**］の値を「10」にします❺。

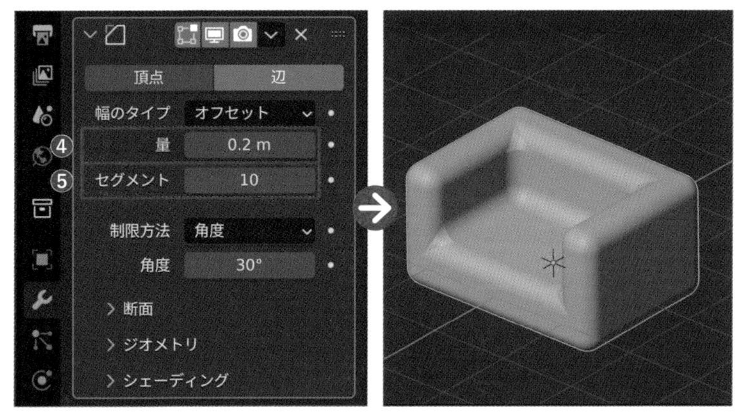

5 ［**ジオメトリ**］のプルダウンを開き、［**留め継ぎ外側**］を［**パッチ**］にしましょう❻。この［**留め継ぎ外側**］は角の接合部の処理方法を指定します。［**パッチ**］は、角の留め継ぎ部分に追加の面を作成し、よりスムーズな見た目にします。

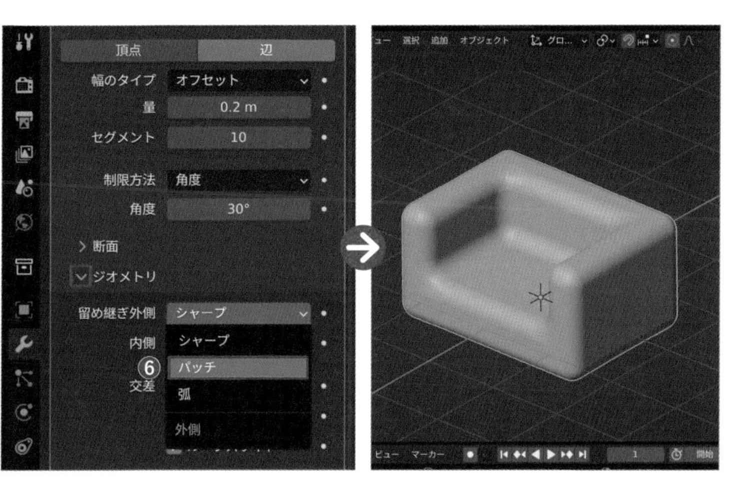

6 右クリック>［**自動スムーズを使用**］を適用して、表面をツルツルにしましょう❼。これで、ソファのベースの部分が完成しました。

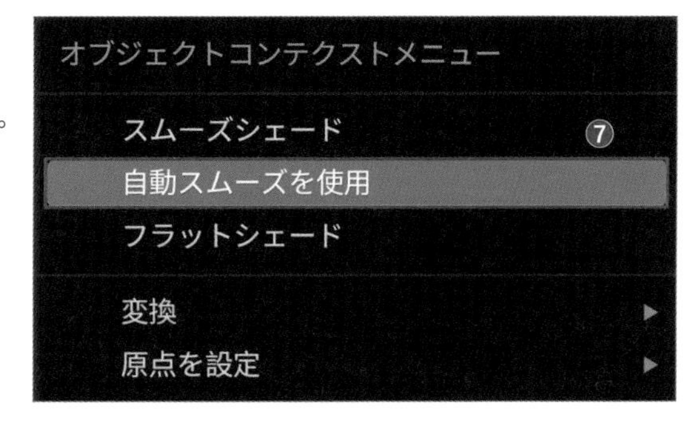

STEP 2

座面のクッションを作ろう

次に、ソファの座面をコピーして、クッションを作っていきましょう。

1 ［**編集モード**］に入り（Tab）、［**面選択モード**］で座面の中心の面を選択し（数字キー3）❶、Shift＋Dキーを押してクリックし、その場にコピーします❷。

ショートカットキー

複製 Shift ＋ D

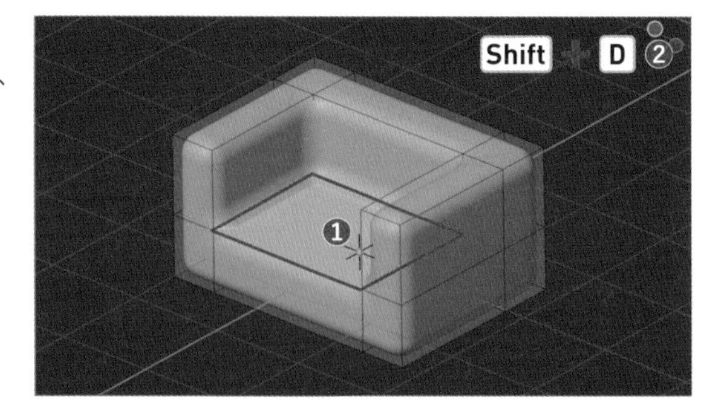

2 この面を今のオブジェクトから、別のオブジェクトとして分離しましょう。Pキーを押したら、［**選択**］をクリックします❸。すると、新たなオブジェクトとして、今コピーした面が作成されます。

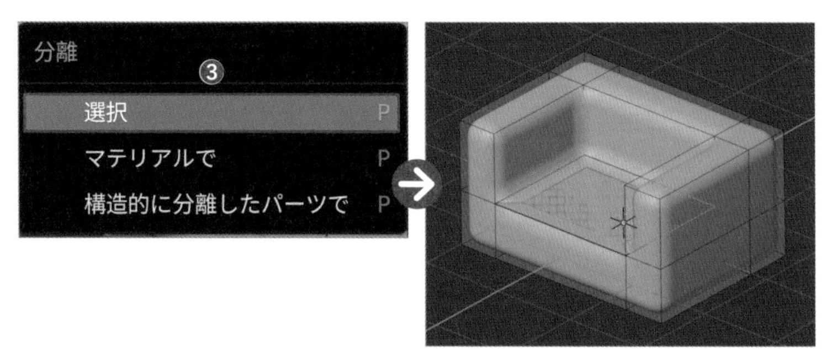

ショートカットキー

分離 P

3 ［**オブジェクトモード**］に戻り（Tab）、分離した面を選んだら❹、再び［**編集モード**］に入り（Tab）、Aキーで全選択しましょう❺。

ショートカットキー

全て選択 

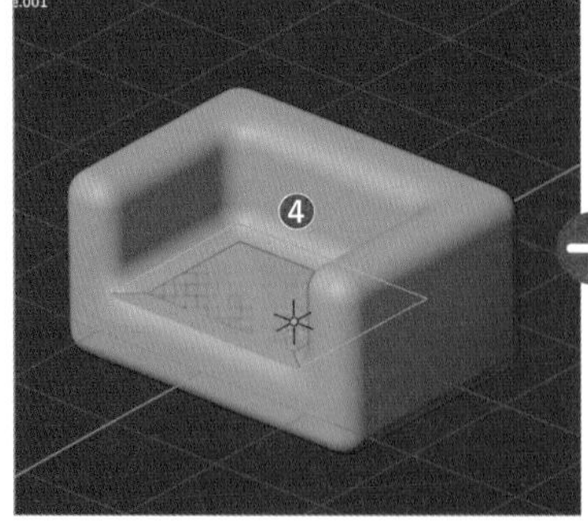

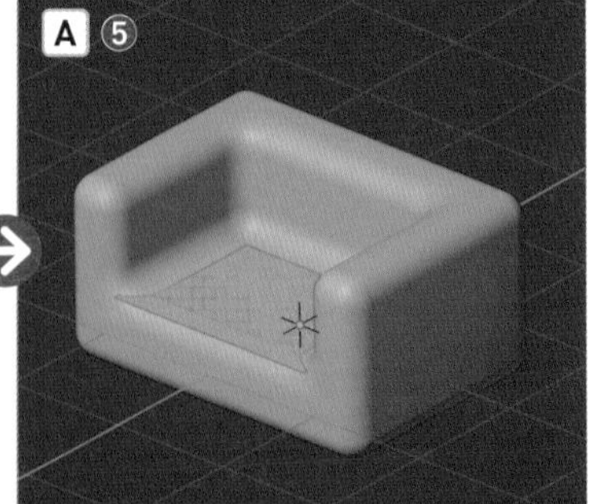

4 Eキーを押して上方に押し出します❻。

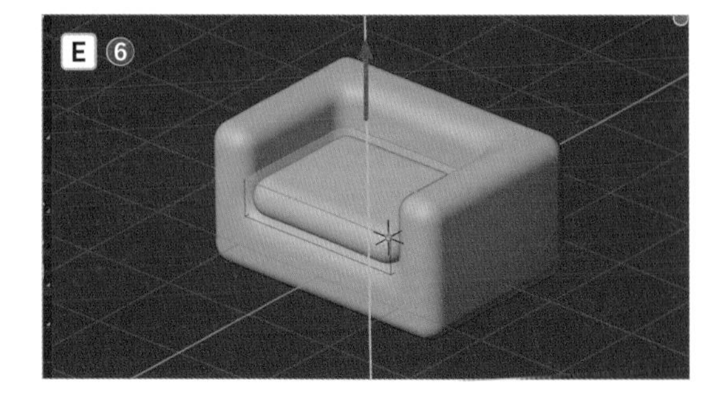

Point

コピーと分離

[**編集モード**]で選択した頂点・辺・面は、別のオブジェクトとして分離することができます。
今回、ソファのベースの座面と同じ大きさのクッションを作成したかったので、座面をコピーし、更に分離しました。コピー&分離すると、モディファイアー機能もそのまま引き継がれるので、[**ベベルモディファイアー**]が追加されたクッションを作ることができました。
このように、元のオブジェクトの一部をコピー&分離することで、大きさや位置、モディファイアーを関連させながら新たなオブジェクトを簡単に作ることができます。

背もたれとなるクッションを作ろう

今作成した座面のクッションをコピーして、背もたれを作りましょう。

1. [**オブジェクトモード**]に戻り(Tab)、座面のクッションを選択して、ヘッダーメニューの[**オブジェクト**]>[**原点を設定**]>[**原点を重心に移動(サーフェス)**]を選択します❶。

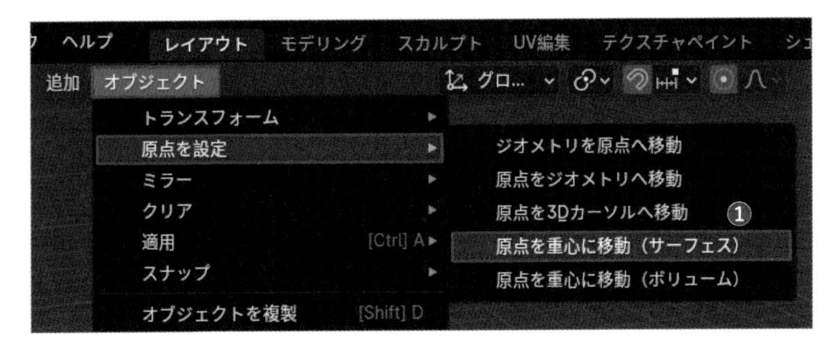

Point

オブジェクトの中心を表す原点

[**原点**]とは、オブジェクトを選択した時に現れるオレンジ色の点で、「オブジェクトの中心」を示しています。[**オブジェクトモード**]でオブジェクトを移動した場合は原点も一緒に移動しますが、今回の背もたれのように[**編集モード**]で移動した場合、原点は移動しません。原点がずれた場所にあると、回転や移動がうまくいかなくなってしまうため、編集をはじめる前に確認し、[**原点を設定**]でオブジェクトの中心に移動させておきましょう。

原点がオブジェクトの中心にない場合

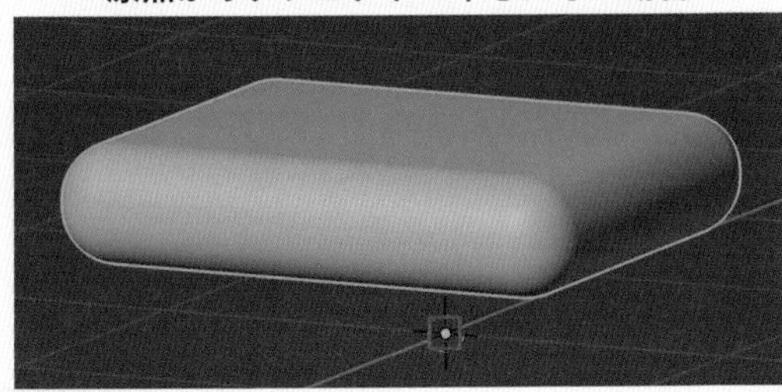

原点がオブジェクトの中心にある場合

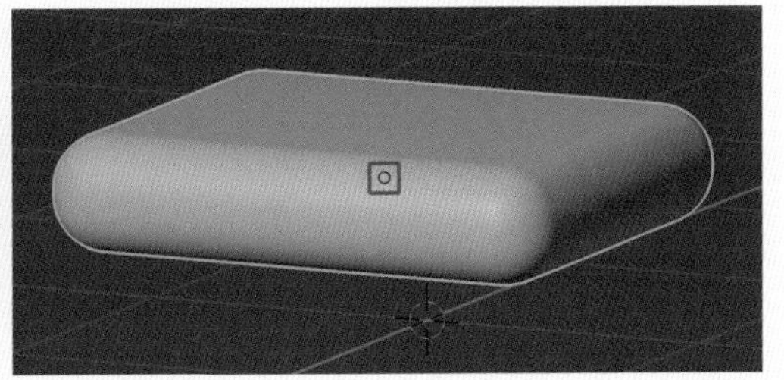

2. Shift+D→Zキーを押して座面のクッションを上方に移動させながらコピーします❷。

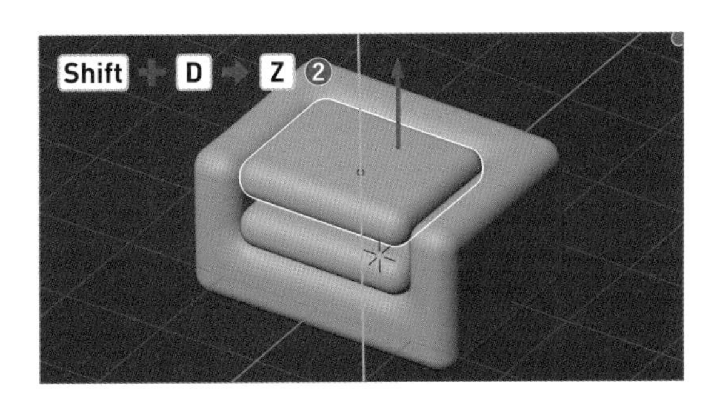

3 コピーしたクッションを R → X キーを押してX軸を中心に回転させ、背もたれらしくなるように立てます❸。

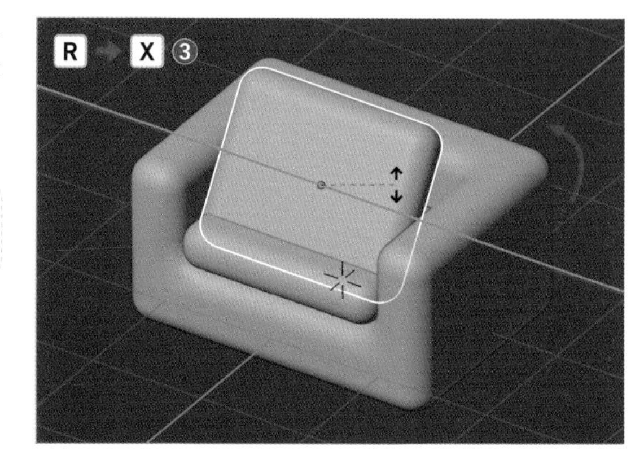

ショートカットキー

回転 R

4 視点をライトビューにし（テンキー 3 ）、Alt option ＋ Z キーを押して［**透過表示**］をオンにします❹。

テンキー

ライトビュー 3

ショートカットキー

透過表示の切り替え Alt option ＋ Z

5 G キーを押して後方に移動させたら❺、［**透過表示**］をオフにします（ Alt option ＋ Z ）❻。

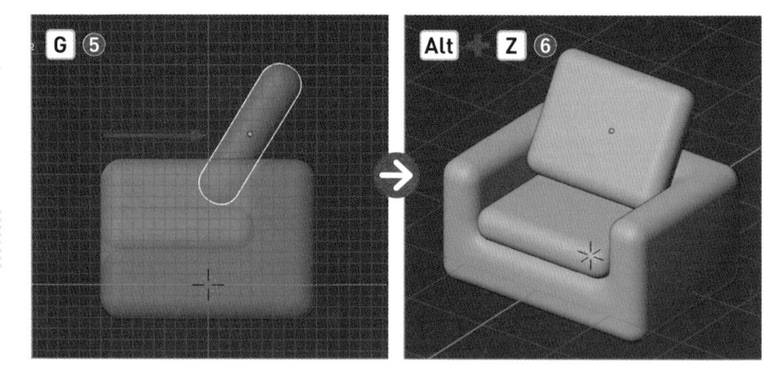

ショートカットキー

移動 G

6 この背もたれを、柔らかそうなクッションにしていきます。一度、［**ベルモディファイアー**］は削除してしまいましょう。背もたれを選択し、モディファイアーパネルの［×］を押します❼。

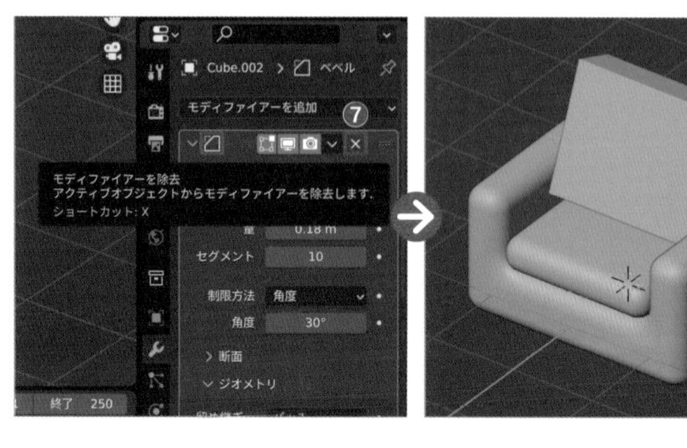

7 代わりに、[**サブディビジョンサーフェスモディファイアー**]を使いましょう。[**モディファイアーを追加**] > [**生成**] > [**サブディビジョンサーフェス**]を選択します❽。

サブディビジョンサーフェスモディファイアー P066

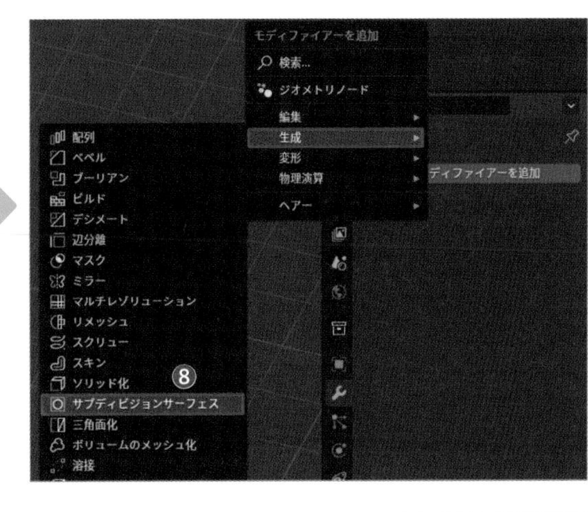

8 モディファイアーパネルの[**ビューポートのレベル数**]の値を「3」❾、[**レンダー**]の値を「3」にします❿。

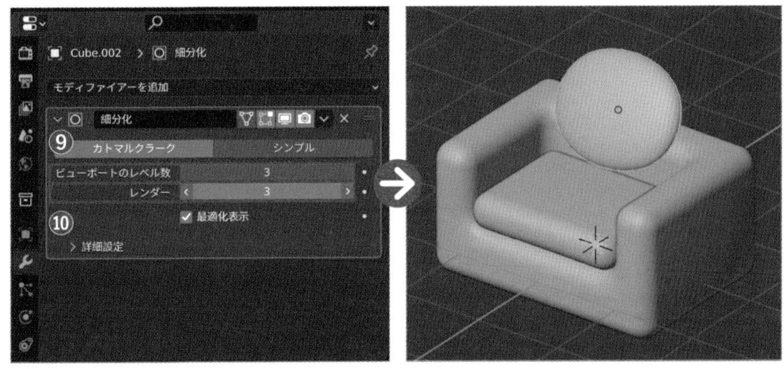

9 このままでは丸みが強すぎるので、面を輪切りして分割していきます。[**編集モード**]に入り(Tab)、Ctrl command + R キーを押し、面を上下方向に等分に輪切りにしましょう⓫。

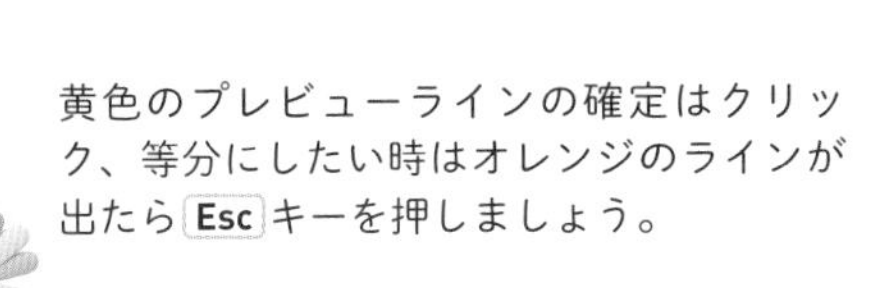

黄色のプレビューラインの確定はクリック、等分にしたい時はオレンジのラインが出たら Esc キーを押しましょう。

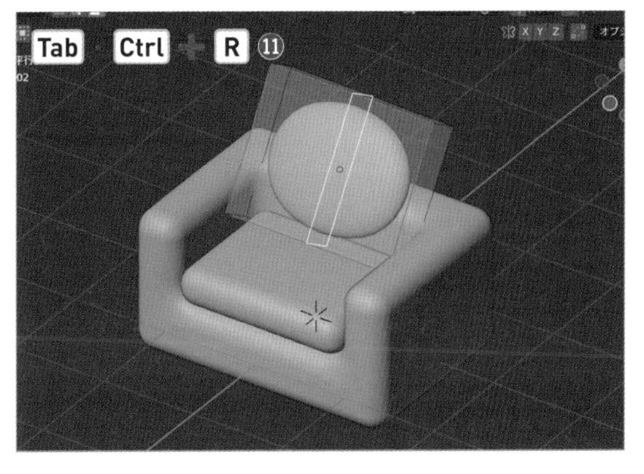

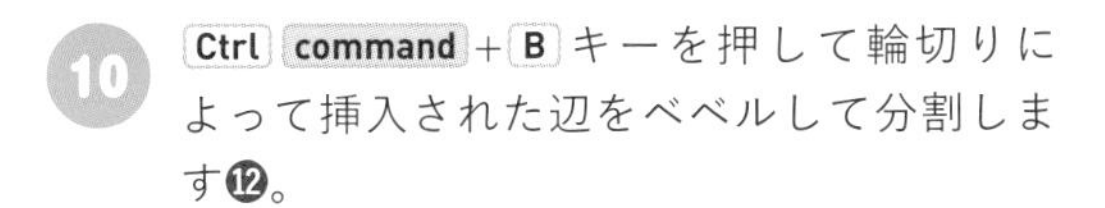

10 Ctrl command + B キーを押して輪切りによって挿入された辺をベベルして分割します⓬。

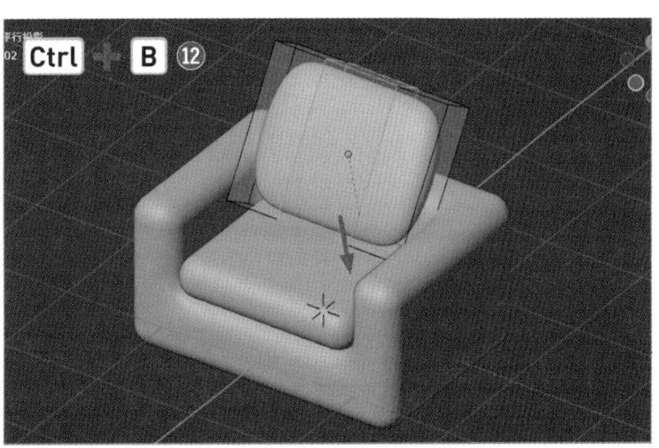

11 更に、Ctrl command＋R キーを押し、面を左右方向に等分に輪切りして丸みを調整しましょう⑬。

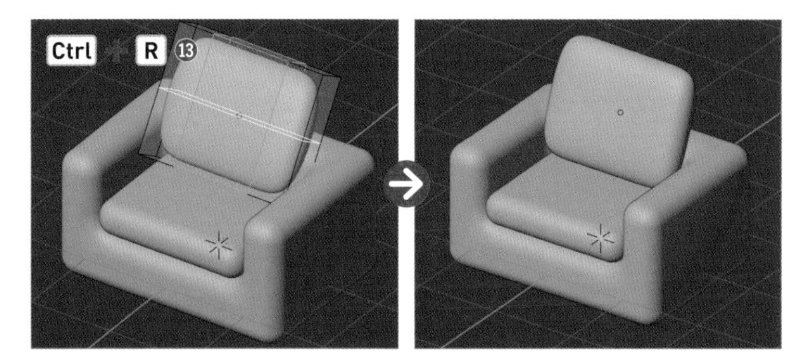

Point

ベベルとループカットで丸みを調整する

同じ立方体に［**サブディビジョンサーフェスモディファイアー**］を適用した場合でも、オブジェクトの分割数によって、丸みが変わってきます。ここでは、ループカットで辺を挿入し、ベベルで分割することで丸みを調整しています。角をベベルで取るよりも、形状全体を使ったよりスムーズな丸みが表現できます。

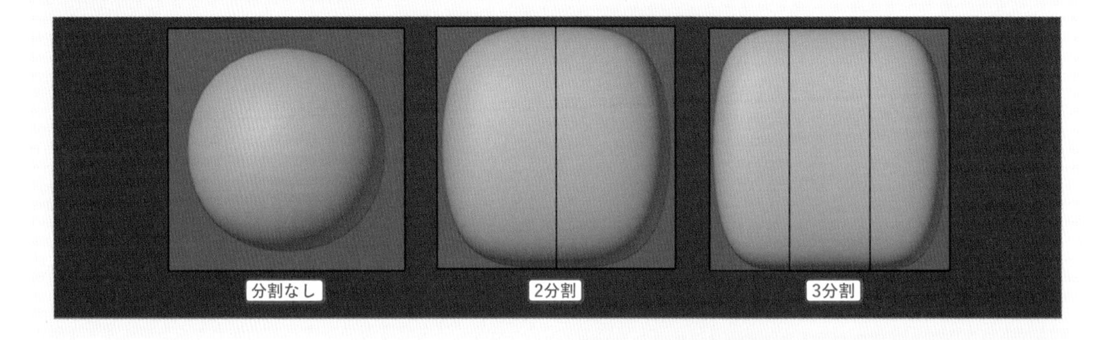

12 最後に背もたれに厚みをつけましょう。［**オブジェクトモード**］に戻り（Tab）、視点をライトビューにしたら（テンキー3）、,（カンマ）キーを押して座標系を［**ローカル**］にします⑭。

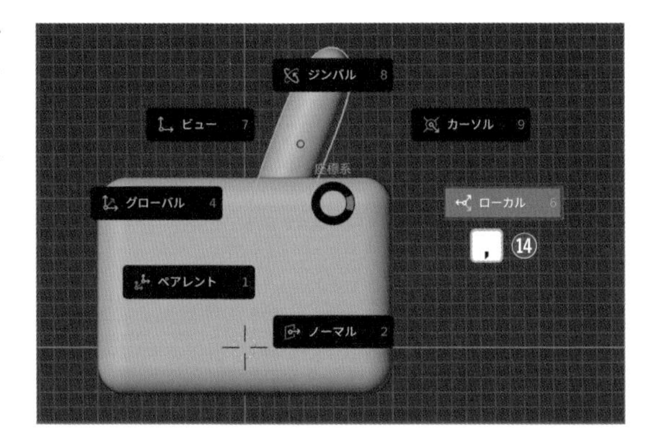

13 S→Z キーを押して上下方向に拡大します⑮。

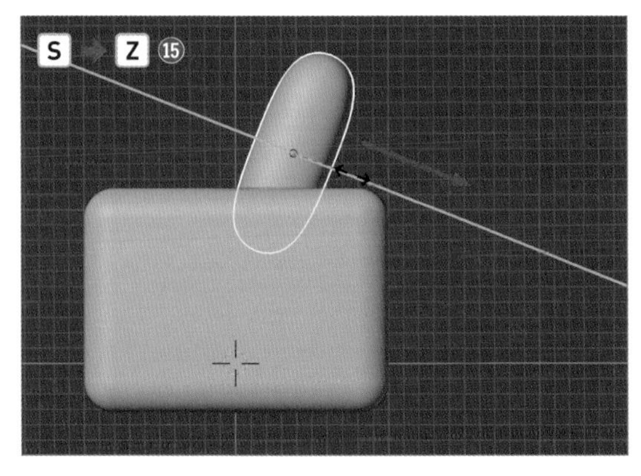

Point

座標系

「X軸方向に移動」「Y軸を中心に45度回転」のように、Blenderではオブジェクトを変形する際に「座標系」を基準にします。[**3Dビューポート**]内の空間を定義する赤・緑・青の[**グローバル座標系**]や、個々のオブジェクトに設定された[**ローカル座標系**]などいくつか種類があり、その都度どの座標系を基準にするかを選択することができます。[**グローバル座標系**]は、全てのオブジェクトに共通であるのに対し、[**ローカル座標系**]はオブジェクトを回転すると連動して変化します。今回の背もたれのように、回転(変化)した座標系を軸にして編集したい場合は[**ローカル座標系**]を使用します。

STEP 3

ソファの脚とミニクッションを作ろう

最後に、円柱を使ってソファの脚を作り、背もたれのクッションをコピーしてミニクッションを作りましょう。

1 Shift + A > [**メッシュ**] > [**円柱**] を選択して配置します❶。

ショートカットキー

オブジェクトの追加

Shift + A

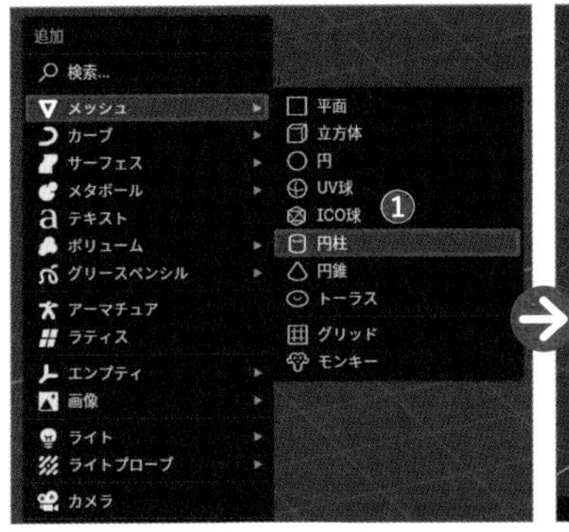

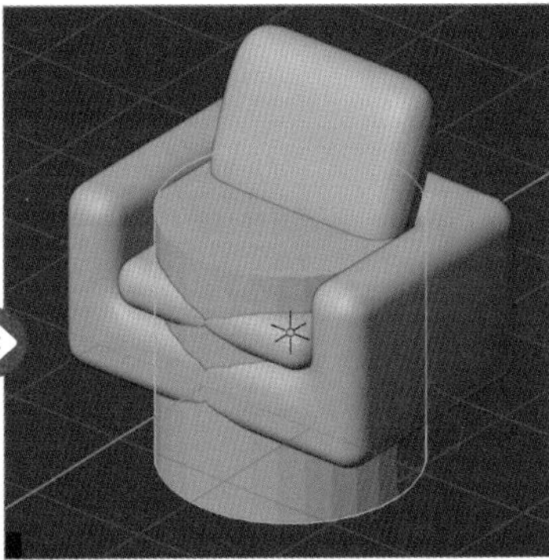

2 [**編集モード**] に入り (Tab)、視点をトップビューにし (テンキー 7)、G キーを押して円柱をソファの右前の角に移動させます❷。

テンキー

トップビュー 7

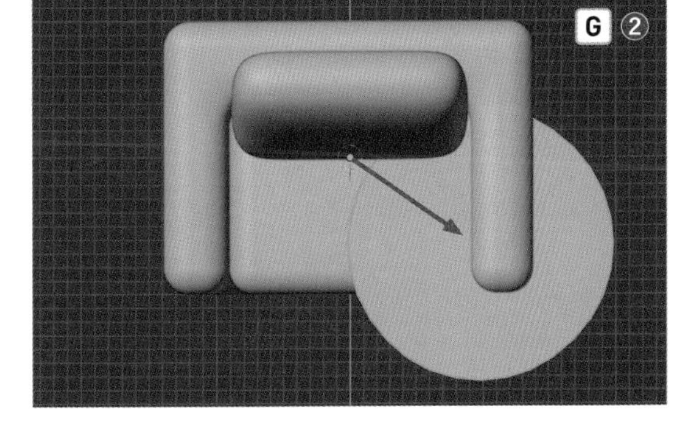

3 視点を変えながら、脚らしく見えるように S キー❸と G キー❹で大きさと位置を調整しましょう。

視点移動 P021

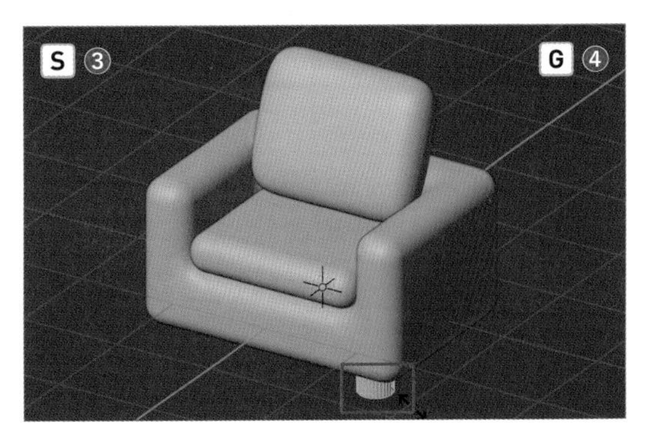

4 作成した脚を［**ミラーモディファイアー**］でコピーしていきます。［**オブジェクトモード**］に戻り（Tab）、脚を選択した状態で🔧＞［**モディファイアーを追加**］＞［**生成**］＞［**ミラー**］を選択します❺。

ミラーモディファイアー P085

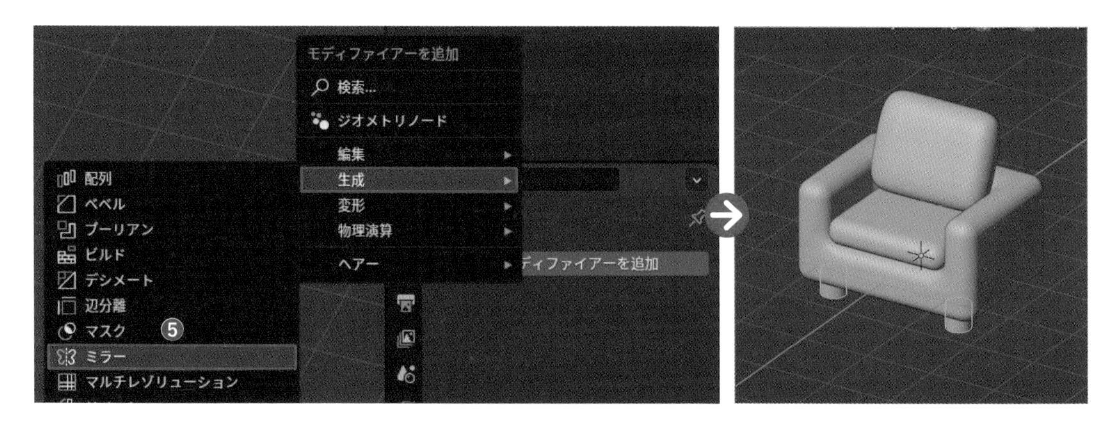

5 モディファイアーパネルの［**座標軸**］の［**X**］と［**Y**］をオンにします❻。

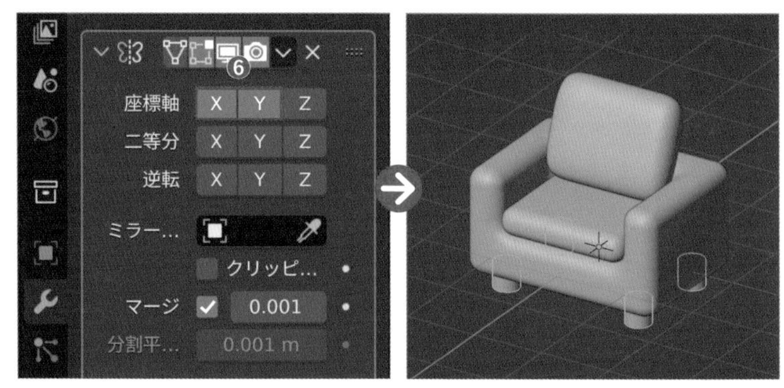

6 脚が4本設置されたのを確認したら、右クリック＞［**自動スムーズを使用**］を適用します❼。

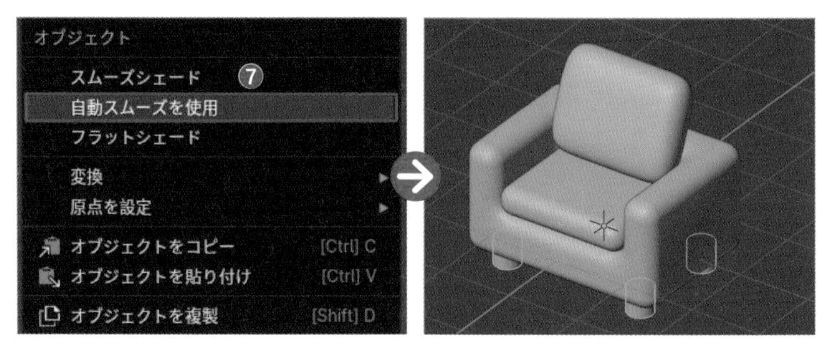

7 最後に、背もたれをコピーしてミニクッションを作ります。視点をトップビューにし（テンキー 7）、Shift ＋ D キーを押して背もたれをコピーします❽。

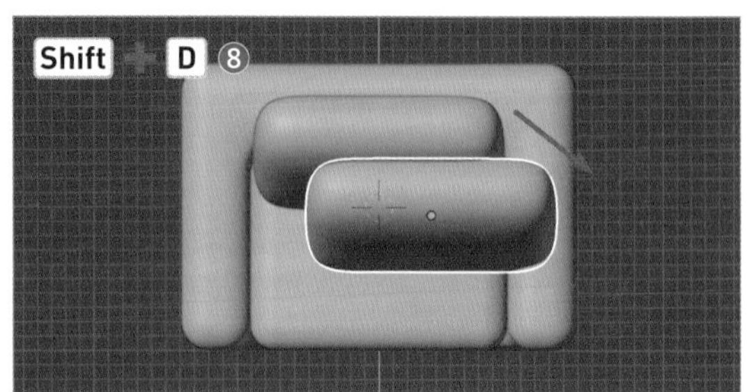

8 回転（R）❾、縮小（S）❿、移動（G）⓫させながら飾りのクッションらしくなるようにサイズや位置を整えていきます。

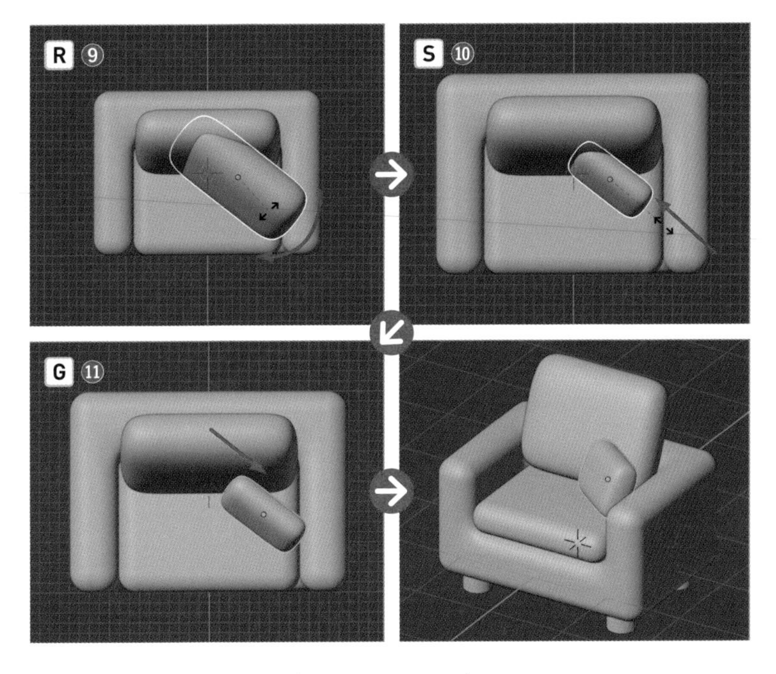

9 これでモデリングは完了です。マテリアル・環境設定をしたらレンダリングしてみましょう。作成したオブジェクトは［**コレクション**］にまとめて、［**アセット**］に追加しておきましょう。

マテリアル設定 P039
レンダリング P042
保存設定 P043
スタジオ設定 P063

色見本	
薄緑	：838E75
オレンジ	：B84200
茶	：341B1B
ベージュ（背景）	：E7D8B1

Point

コピーしたオブジェクトのマテリアル設定

ソファを薄緑に設定すると、それをコピーして作ったミニクッションも同時に薄緑になります。このミニクッションを選択した状態で［**新規マテリアル**］ボタンをクリックすると「薄緑（既存の色の名前）.001」という新たなマテリアルが作成されるので、名前を「オレンジ」にして色を設定しましょう。

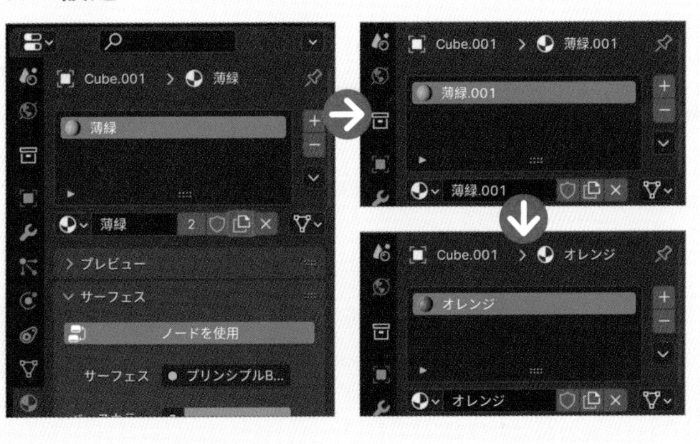

column

アレンジレシピで作ってみよう

3Dモデリングは料理と同じように、1つの作品を作るにしても様々な方法や手順があります。例えば、4日目（P078）では天板と脚のパーツをそれぞれ作ってテーブルを作りましたが、5日目（P092）で学んだ「輪切りとベベルの組み合わせ」を使った方法でも作ることができます。

▶ 天板から脚を作る方法

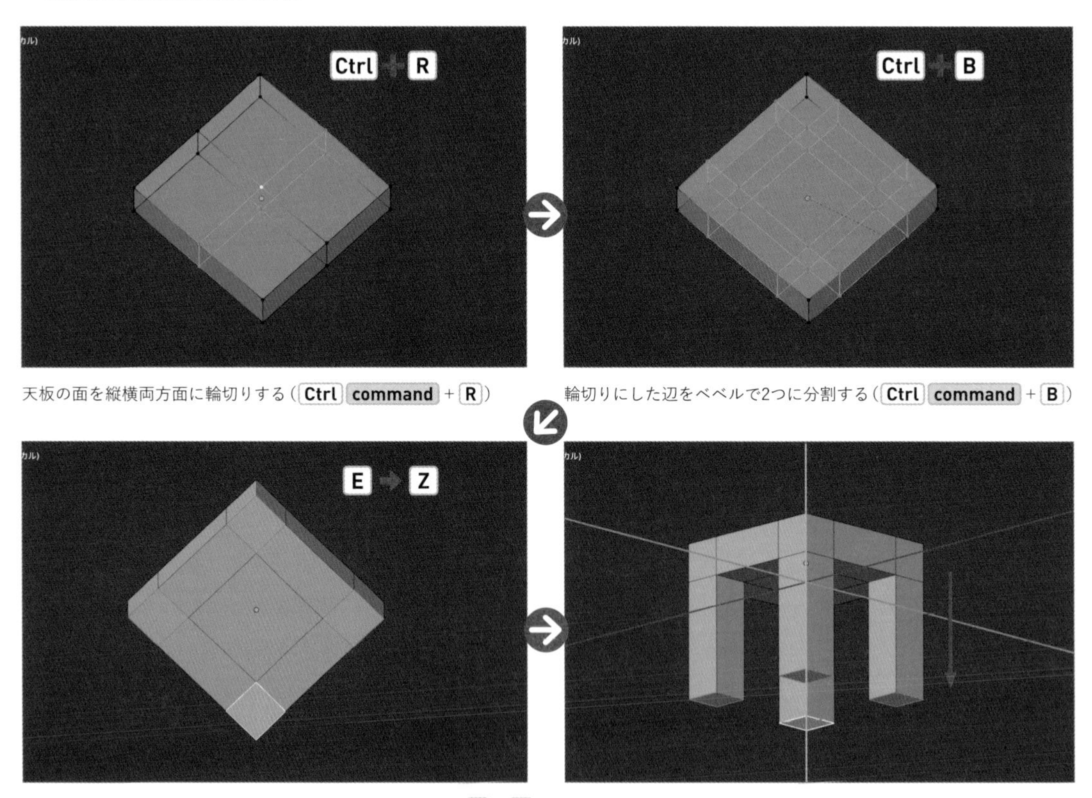

天板の面を縦横両方面に輪切りする（Ctrl command + R）

輪切りにした辺をベベルで2つに分割する（Ctrl command + B）

視点を変えて裏側の四隅の面を下方に押し出して脚を作る（E→Z）

このように、学んだ機能を別の作例にも応用させてアレンジしてみると、モデリングのスキルアップにも繋がるでしょう。まずは本書で基本の機能や操作をマスターしたら、いろいろなチュートリアル動画を真似してたくさんモデリングしてみましょう。そして、コツが掴めてきたら、P076を参考にしながら、オリジナル作品を作ってみましょう。

中級編

もっとモデリング

中級編

6日目

レベル ★★☆

ここで学ぶ機能
配列モディファイアー
エンプティ
カーブオブジェクト

花と花瓶を作ろう

曲線を表現できるカーブや配列機能を使っておしゃれな花瓶を作りましょう。

動画解説はこちら

https://book.impress.co.jp/closed/bld-vd/day6.html

ここから少しずつレベルアップして、より複雑な作品作りに挑戦していきましょう。

はじめに
3STEPで制作の流れを確認しよう

STEP 1
立方体で花びらを作ったら円形に配列しよう

STEP 2
UV球で花の中心を作ったら円柱で花瓶を作ろう

STEP 3
カーブで花の茎を作ろう

STEP 1

花びらを作ろう

立方体を使って小判型の花びらを作りましょう。

1 [**平行投影**]にして(テンキー5)、デフォルトで表示されている立方体が選択された状態で[**編集モード**]に入り(Tab)、S→Zキーを押して上下方向に縮小します❶。

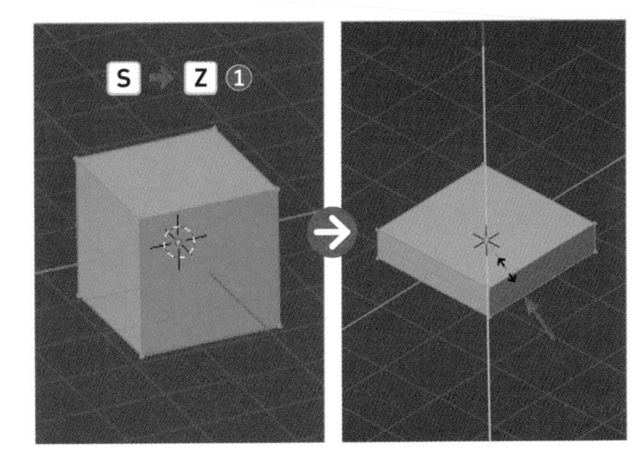

テンキー

投影モードの切り替え	5

ショートカットキー

拡大・縮小	S

2 そのままS→Yキーを押して前後方向に拡大して長方形にします❷。

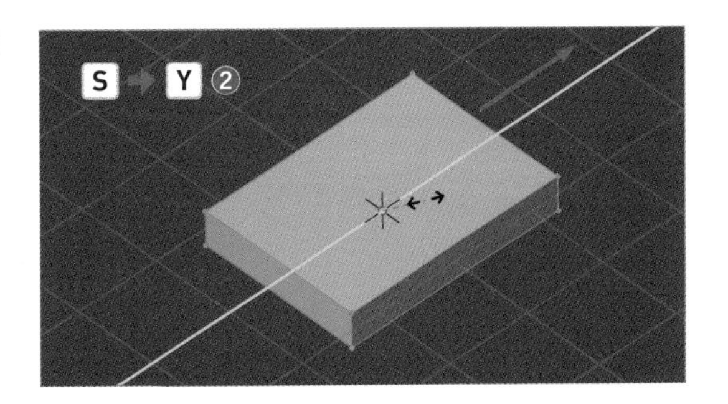

3 [**オブジェクトモード**]に戻り(Tab)、画面右側のプロパティから[🔧]>[**モディファイアーを追加**]>[**生成**]>[**サブディビジョンサーフェス**]を選択します❸。

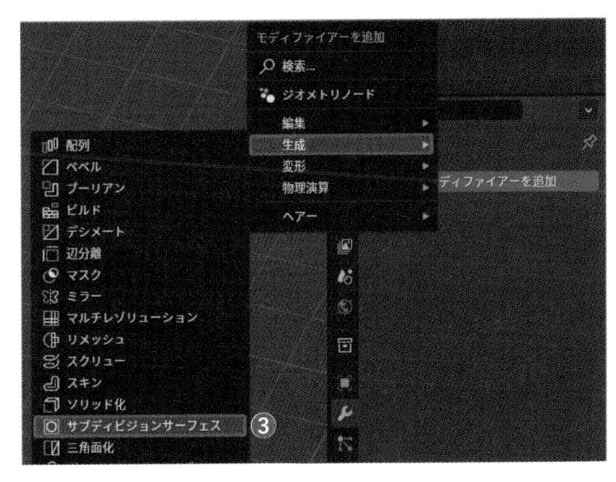

4 モディファイアーパネルの[**ビューポートのレベル数**]の値を「3」❹、[**レンダー**]の値を「3」にします❺。

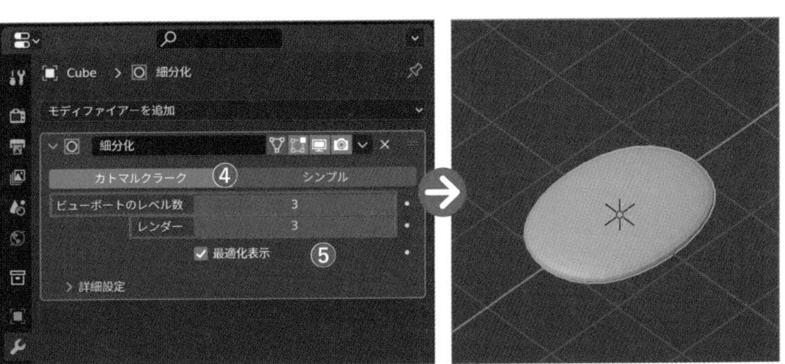

5 右クリック>［**自動スムーズを使用**］を適用して、表面をツルツルにしましょう❻。

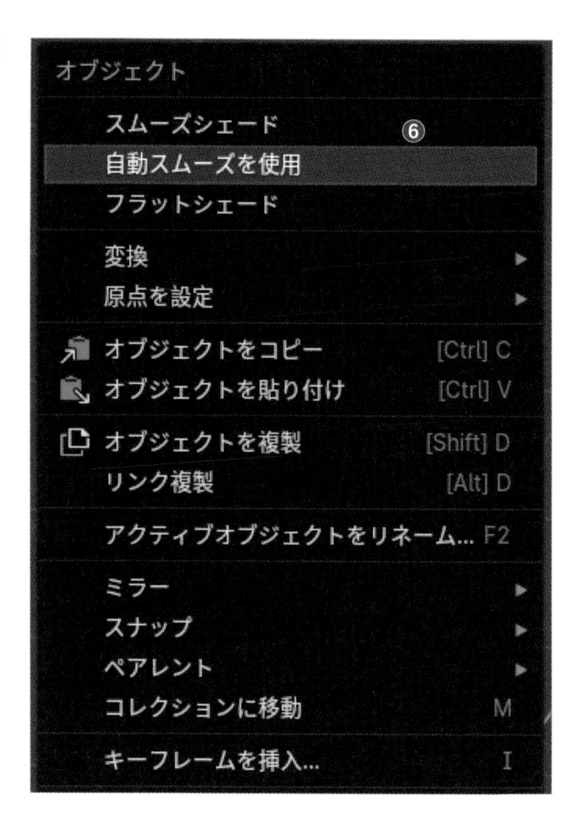

配列モディファイアーで花びらを円形に配置しよう

配列機能を使って、作成した花びらを円形に複数配置していきます。

1 まず、花びらを中心からやや外側に移動させましょう。［**編集モード**］に入り（Tab）、G→Yキーを押してX軸の少し後方まで移動します❶。

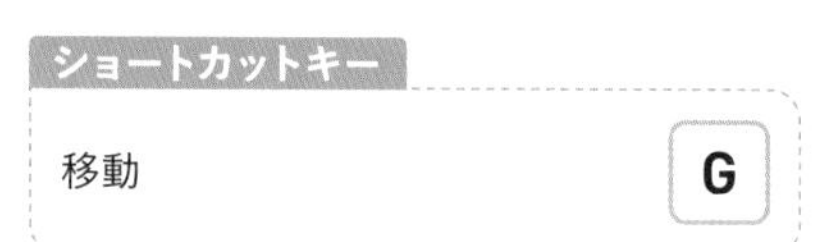

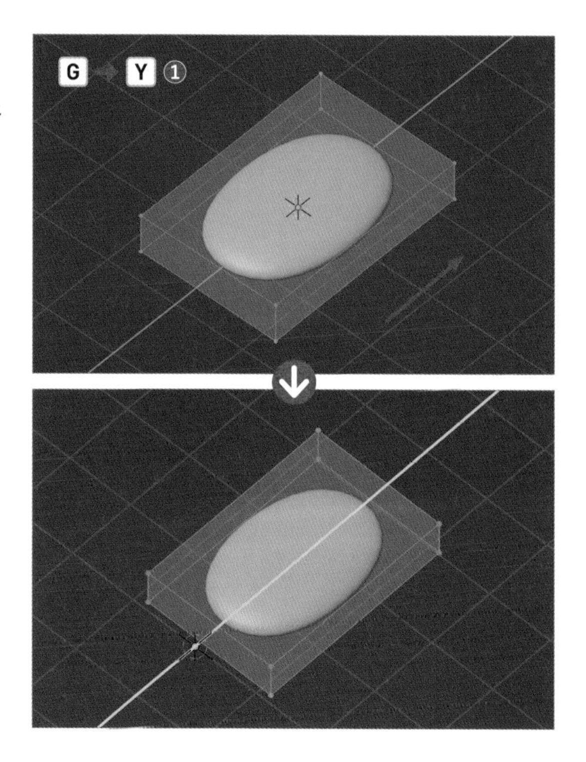

2 ［**オブジェクトモード**］に戻り（Tab）、画面右側のプロパティから🔧＞［**モディファイアーを追加**］＞［**生成**］＞［**配列**］を選択します❷。

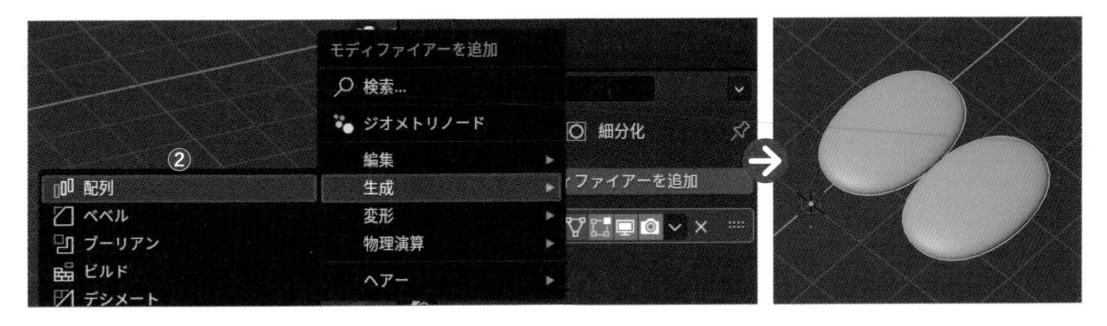

3 モディファイアーパネルの［**オフセット（倍率）**］のチェックを外し❸、［**オフセット（OBJ）**］にチェックを入れます❹。

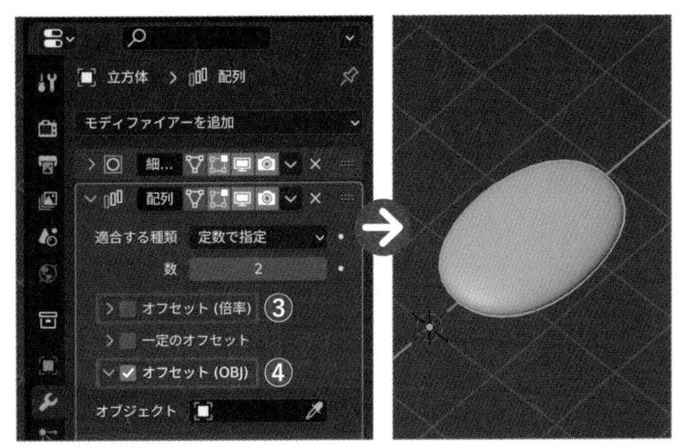

Point

配列モディファイアー

［**配列モディファイアー**］はオブジェクトデータをコピーして、一定間隔を空けながら配置できる機能です。「OBJ」＝「オブジェクト」という意味で、ここでは「オブジェクトを中心にオフセット（指定した間隔で配置）をする」という設定を行いました。

4 次に、花びらの配置の中心となるオブジェクトを作成しましょう。Shift＋A＞［**エンプティ**］＞［**十字**］を選択して配置します❺。すると、3Dカーソルのあたりに大きな十字のオブジェクトが配置されました。

ショートカットキー

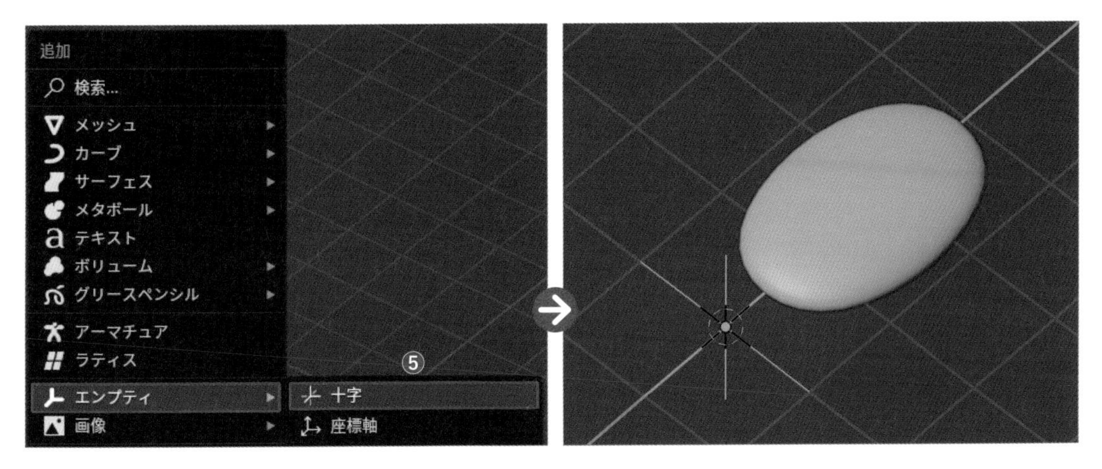

Point

エンプティ

文字通り「エンプティ＝空っぽ」という意味で、オブジェクトとして存在するものの、レンダリングの時には何も見えません。このエンプティは、配列の中心になったり、カメラの焦点になったりと、黒子的に周囲をサポートする役割があります。

5 花びらのオブジェクトを選択し、モディファイアーパネルの［**オフセット(OBJ)**］のプルダウンを開いてスポイトのマークをクリックします❻。カーソルがスポイトのマークになったら、先ほど追加したエンプティをクリックします❼。すると、オフセットのオブジェクトとしてエンプティが設定されました。

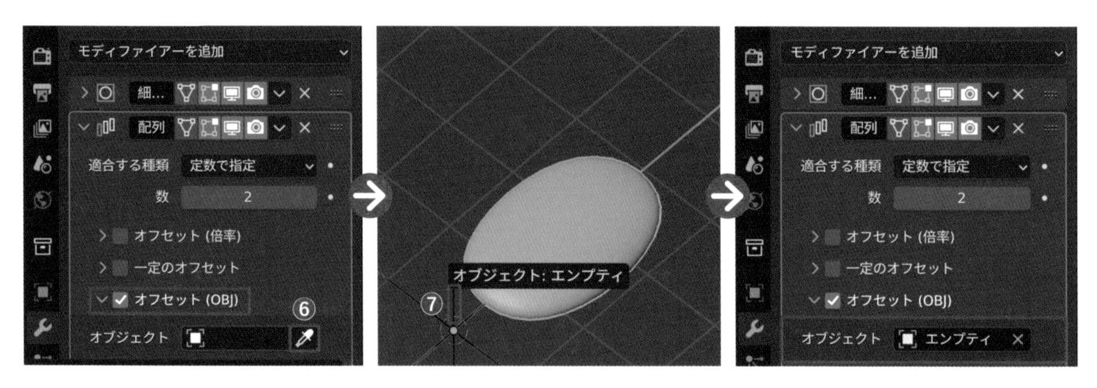

6 この状態で、エンプティを選択し、R→Z→「45」の順に入力して確定させ、Z軸を中心に45度回転させます❽。すると、花びらが45度回転して、配列されます。

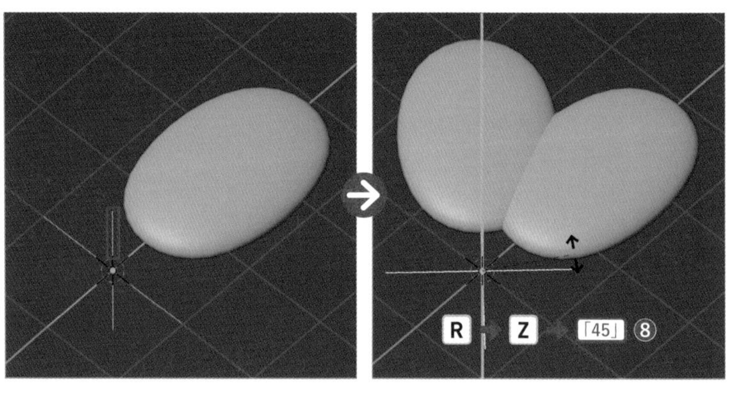

7 花びらを選択して、モディファイアーパネルの［**数**］の値を「8」にしましょう❾。すると、8つの花びらが45度ずつずれて配置されます。

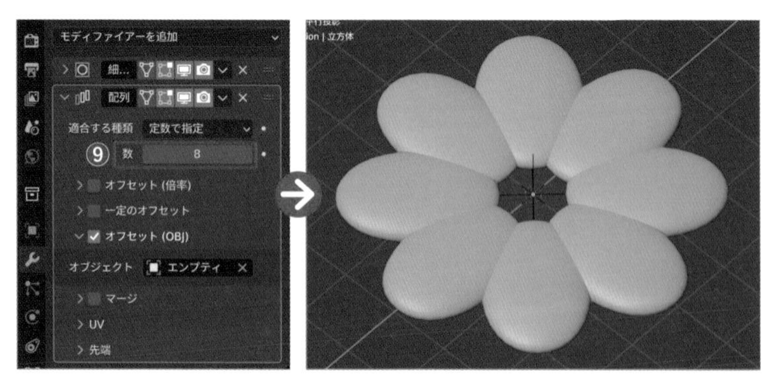

モディファイアーパネルでは「8個のオブジェクトを、エンプティの情報（45度回転）を転用してオレンジ色の中点を中心に配置する」ということが指示されている状態になります。

8 次に花びらに角度をつけましょう。視点をライトビューにします（テンキー3）。

テンキー

ライトビュー	3

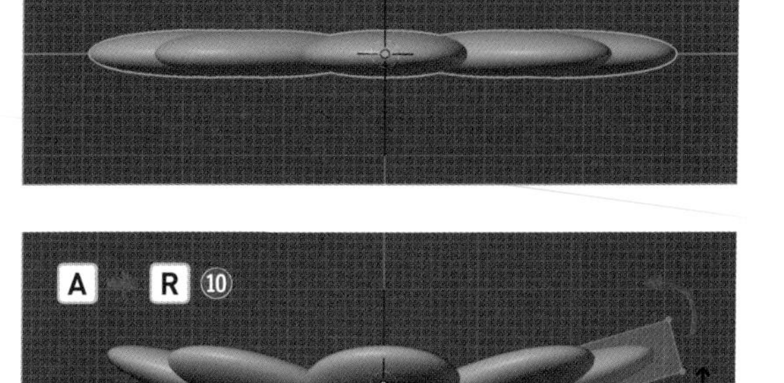

9 ［**編集モード**］に入り（Tab）、Aキーで全選択したら、Rキーを押して外側を回転させます❿。もし花びらの中心が大きく空いてしまっている場合はG→Yキーを押して移動させ適宜調整しましょう。これで、花びらが完成しました。

ショートカットキー

全て選択	A

STEP 2

UV球で花の中心を作ろう

UV球を配置して花の中心部分を作っていきましょう。

1 ［**オブジェクトモード**］に入り（Tab）、Shift＋A＞［**メッシュ**］＞［**UV球**］を選択して配置します❶。

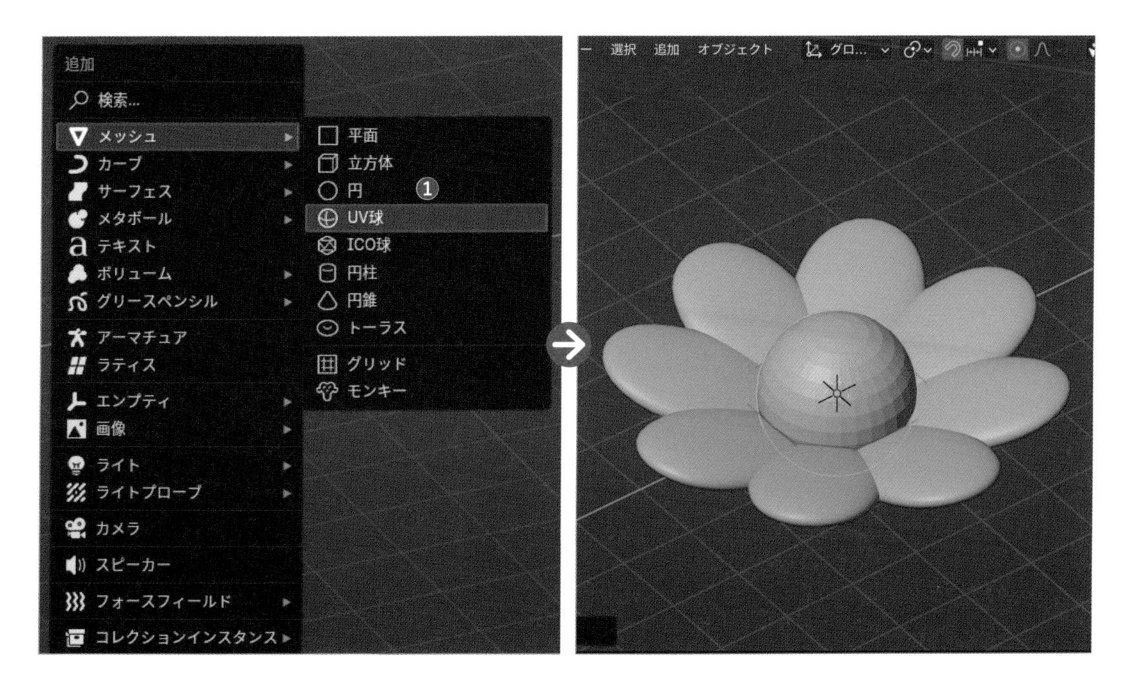

2 Sキーを押して花びらとの隙間に合わせて縮小・拡大します❷。

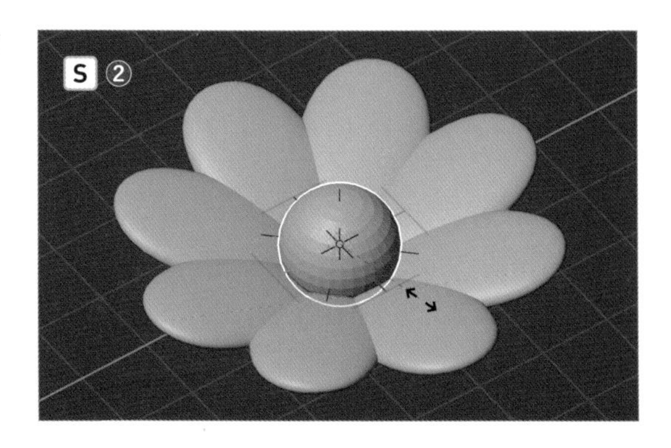

3 右クリック＞［**自動スムーズを使用**］を適用して、表面をツルツルにしましょう❸。

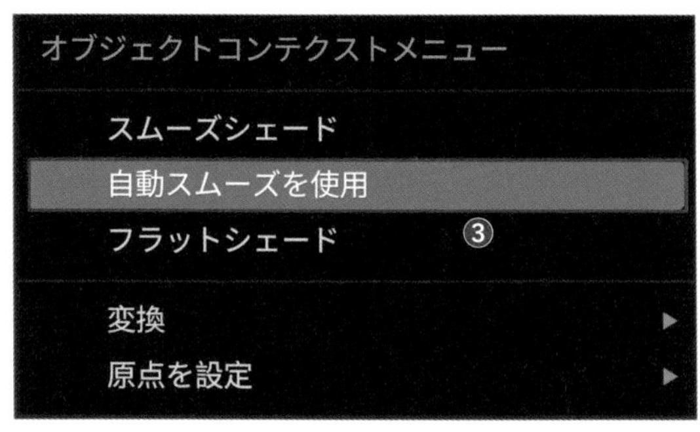

4 次に中心の裏側部分を変形させてより花らしく見えるようにしていきましょう。Alt option＋Zキーを押して［**透過表示**］をオンにして❹、視点をライトビューにします（テンキー3）。

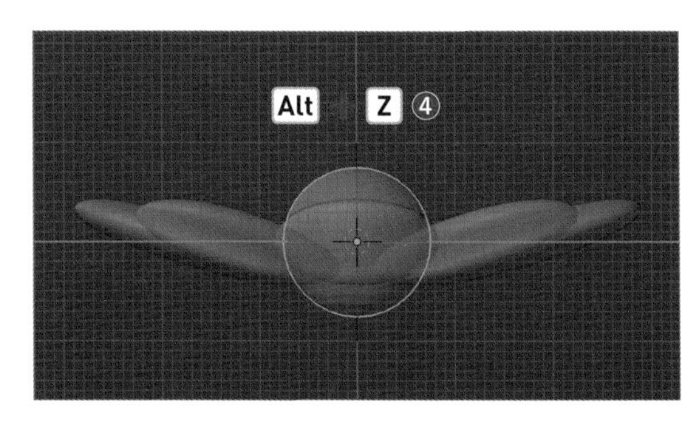

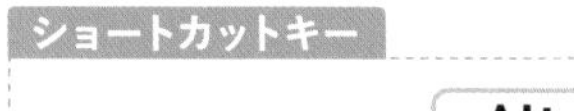

透過表示の切り替え　Alt option ＋ Z

5 ［**編集モード**］に入り（Tab）、［**頂点選択モード**］（数字キー1）で図のように中心の頂点より下半分を［**ボックス選択**］します❺。

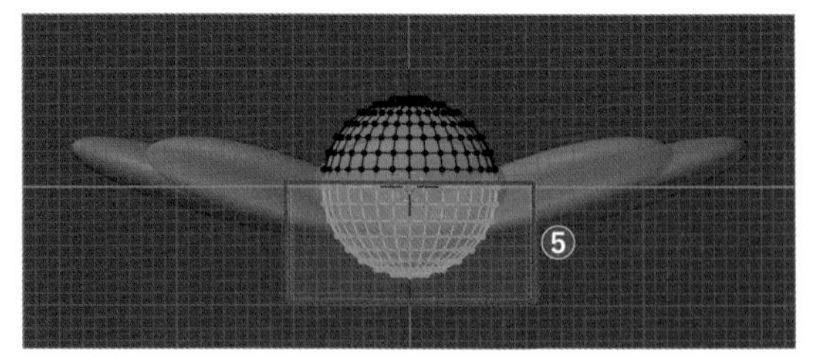

6 P＞［**選択**］で分離します❻。

ショートカットキー

分離　P

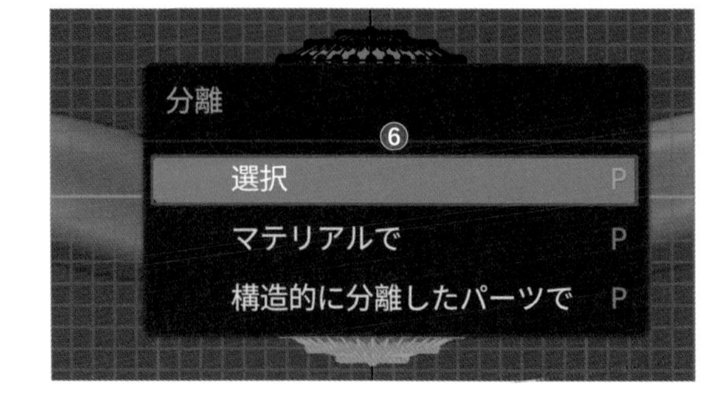

❼ ［**オブジェクトモード**］に戻り（Tab）、分離した下半分のオブジェクトを選択して、Sキーを押して拡大します❼。

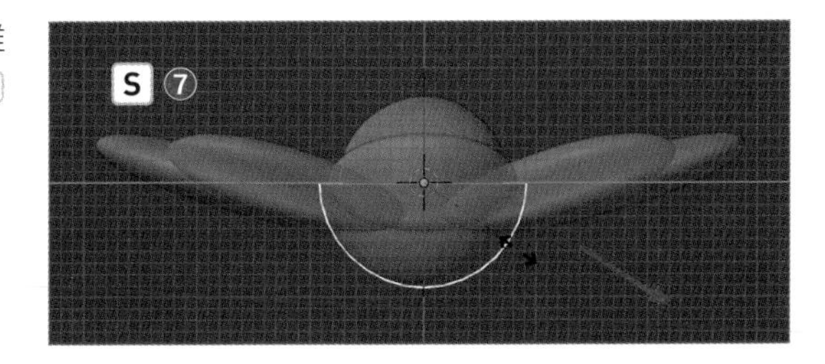

❽ ［**透過表示**］をオフにしたら（Alt option ＋ Z）、裏側のオブジェクトが花びらを貫通して上から見えないようにG→Zキーで下方に移動させましょう❽。

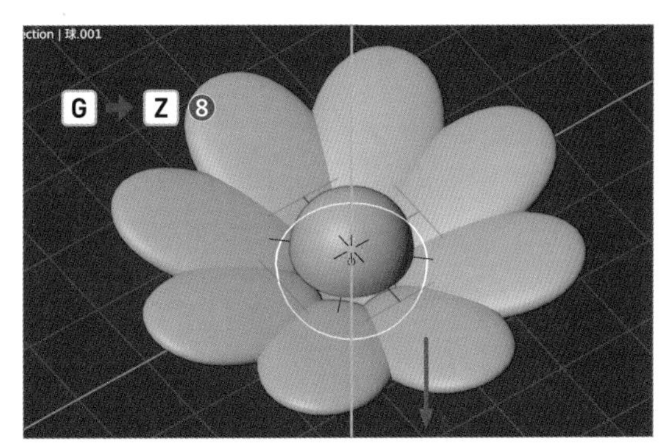

❾ 上半分の球も、G→Zキーで少し下方に移動させ、形を整えます❾。これで、花が完成しました！

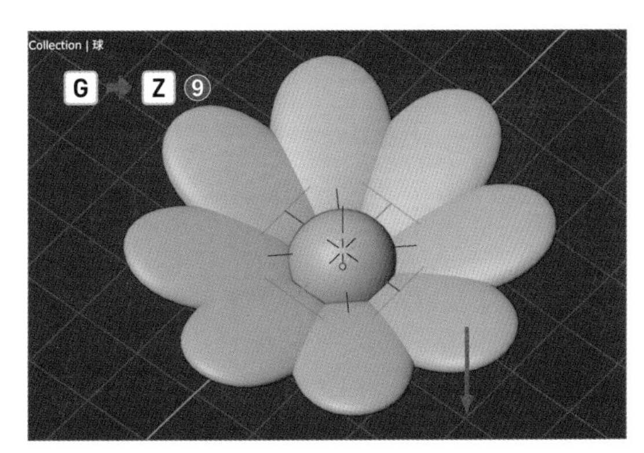

円柱で花瓶を作ろう

次に、円柱を使って花瓶を作りましょう。

❶ Shift＋A＞［**メッシュ**］＞［**円柱**］を選択して配置したら❶、G→Zキーを押して下方へ移動します❷。

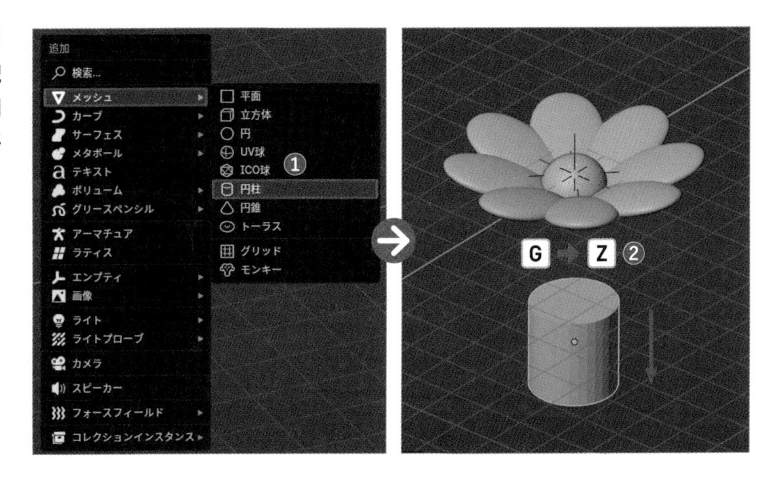

2 ［**編集モード**］に入り（Tab）、［**面選択モード**］（数字キー3）で上の面を選択し、X >「面」で削除します❸。

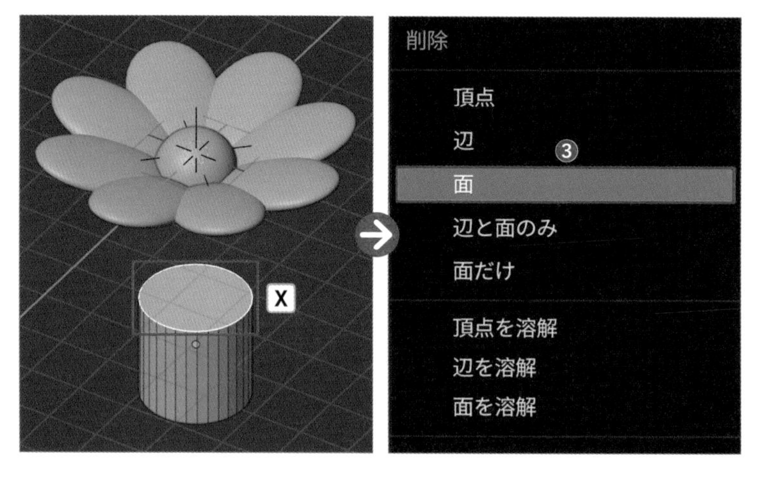

3 Aキーを押して全選択したら、S→Zキーを押して上下方向に拡大します❹。

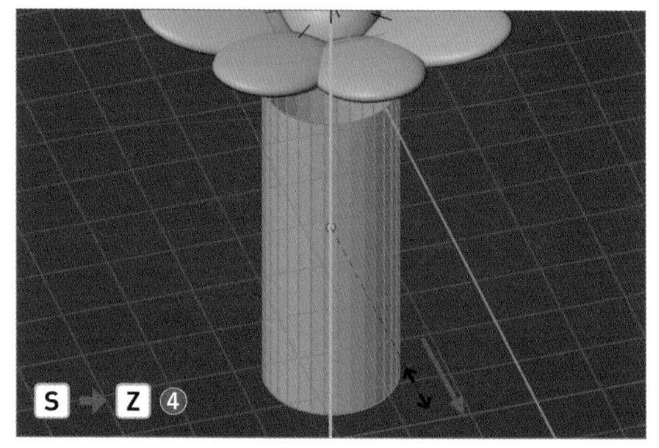

4 そのまま［**オブジェクトモード**］に戻り（Tab）、右クリック>［**自動スムーズを使用**］を適用して、表面をツルツルにしましょう❺。

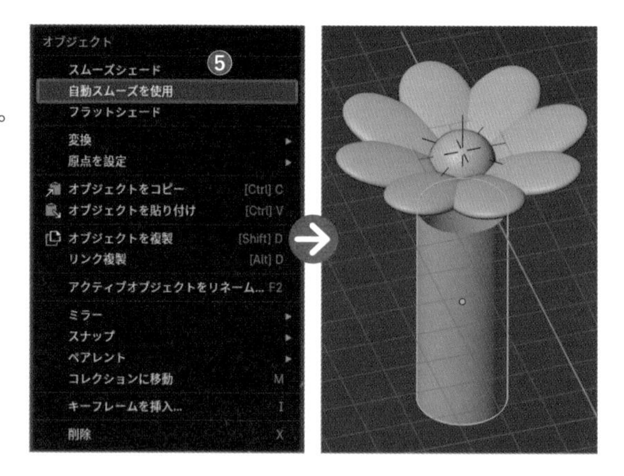

5 次に、花瓶の厚みを設定しましょう。画面右側のプロパティから🔧>［**モディファイアーを追加**］>［**生成**］>［**ソリッド化**］を選択します❻。

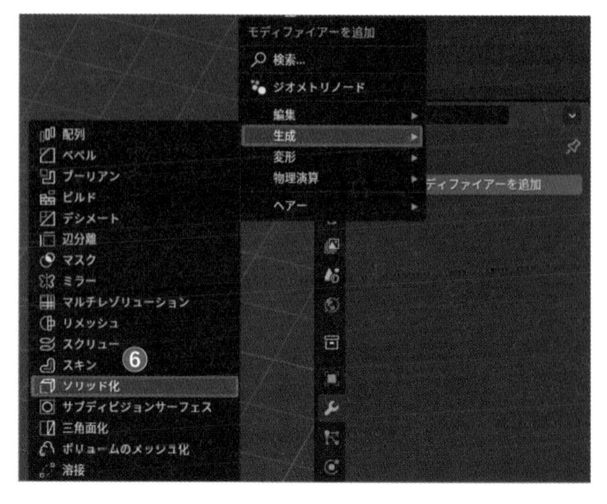

6 モディファイアーパネルの［**幅**］の値を「0.15」にします❼。

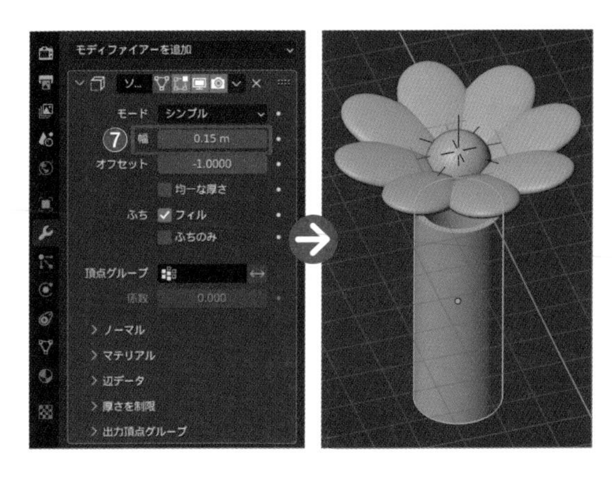

7 続けて、［**モディファイアーを追加**］＞［**生成**］＞［**ベベル**］を選択します❽。

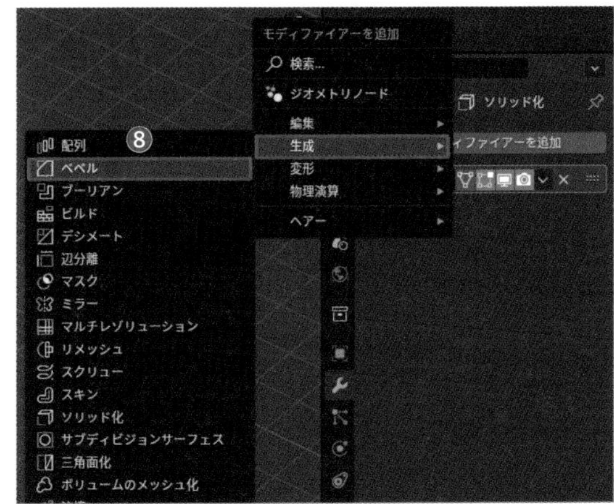

8 モディファイアーパネルの［**量**］の値を「0.05m」❾、［**セグメント**］の値を「10」にします❿。

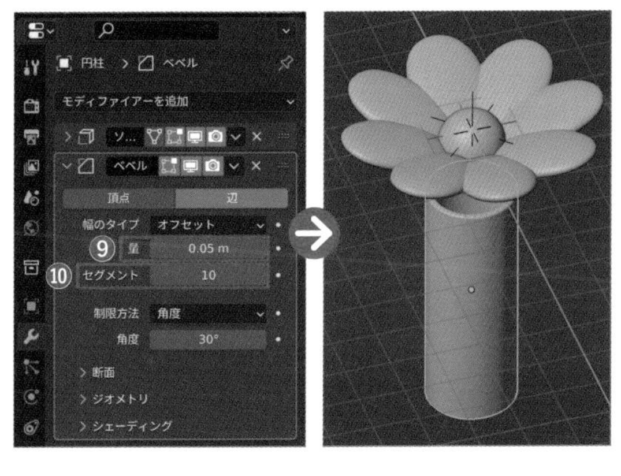

［ソリッド化］のパネルが上に並ぶようにしましょう。

9 後ほど上下に色分けをしたいので、［**編集モード**］に入り（Tab）、Ctrl command＋Rキーを押し、面を輪切りにしましょう⓫。真ん中よりも少し上の方で確定させます。

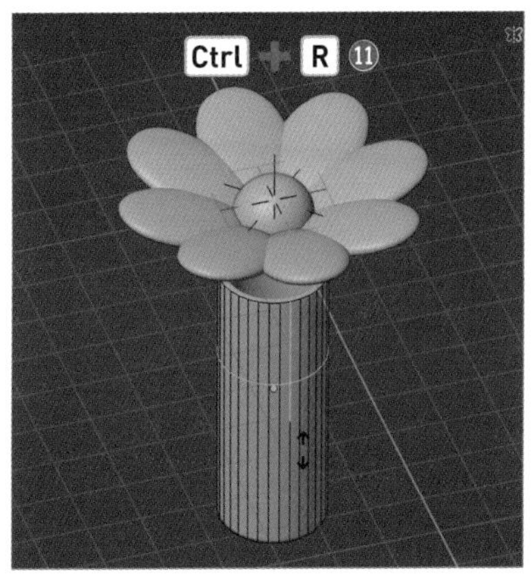

中級編 6日目 花と花瓶を作ろう

STEP 3

花をコピーして配置しよう

茎を作成する前に、花をどのように配置させるかを決めます。

1. ［**オブジェクトモード**］で（Tab）、視点をライトビューにし（テンキー3）、花びら、花の中心、エンプティの3つを［**ボックス選択**］します❶。

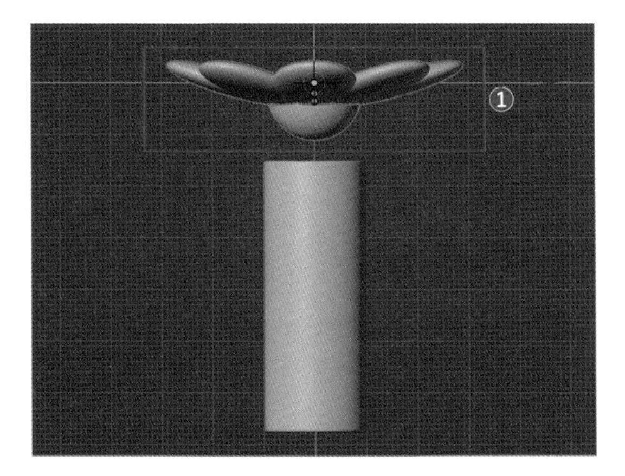

2. Rキーを押して花が斜め上を向くように回転させます❷。この時、エンプティが一緒に選択されていなければ、花びらがバラバラになってしまいますので注意しましょう。

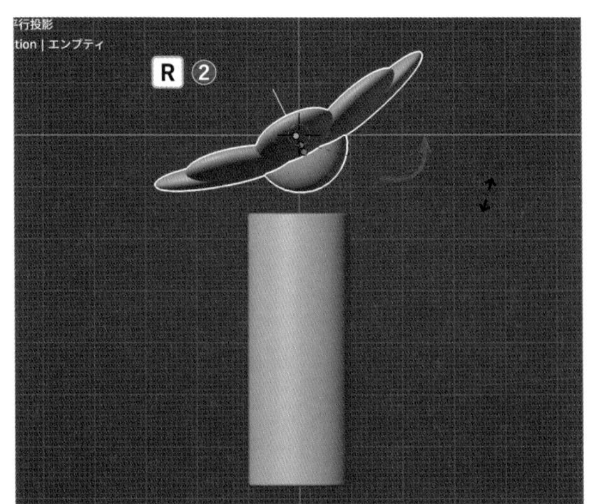

3. Gキーを押して花瓶から少し離れた場所に移動させます❸。

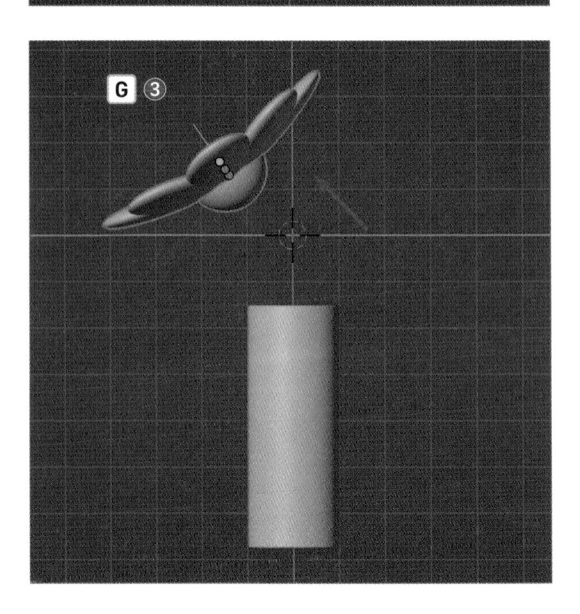

❹ 更に、花をもう1つ増やしましょう。Shift+D→Yキーを押して後方に移動させながらコピーします❹。

ショートカットキー

複製	Shift + D

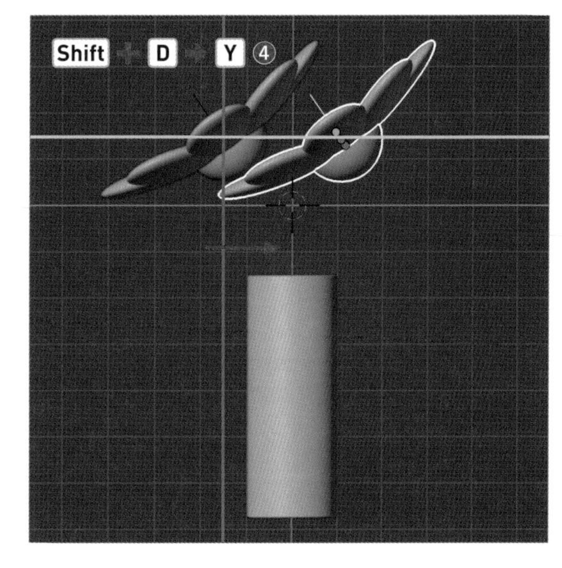

❺ そのままR→Z→「180」の順に入力して確定させ、Z軸を中心に180度回転させます❺。

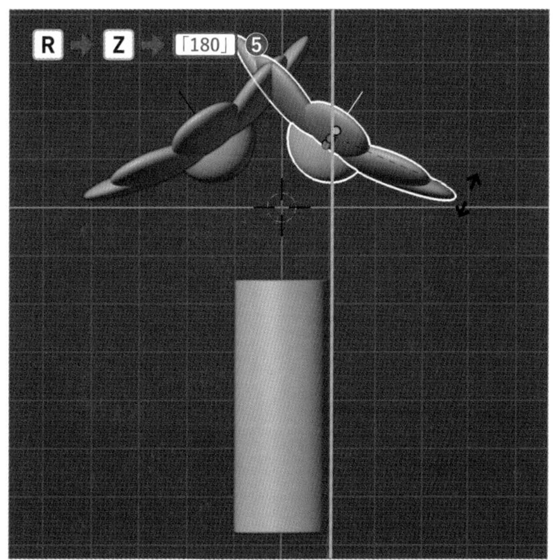

❻ Rキーを押して少し角度をつけたら、Gキーで移動して、花瓶から更に遠くへ配置します❻。この時、全体の絵作りに動きを出すために、トップビュー（テンキー7）にして角度を調整してみましょう❼。

テンキー

トップビュー	7

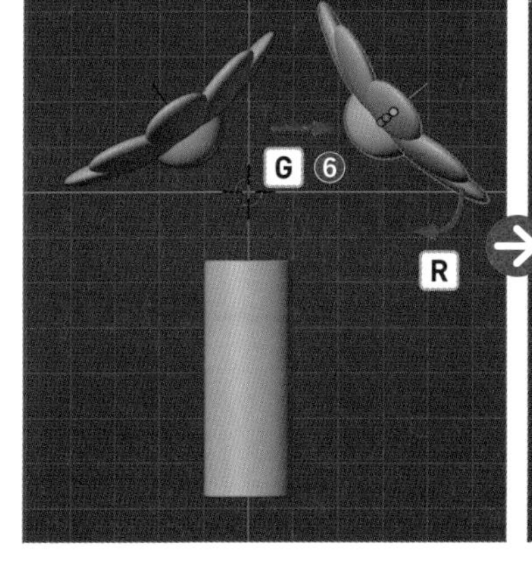

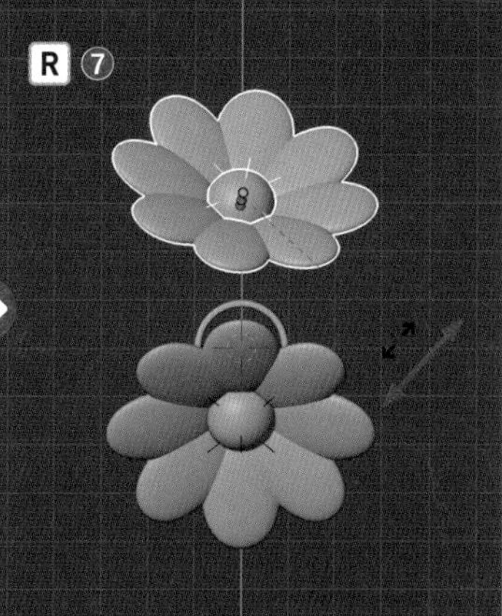

カーブで茎を作ろう

最後に今回覚える機能の［**カーブオブジェクト**］を使って、茎を作っていきます。

1 Shift+A >［**カーブ**］>［**ベジェ**］を選択して配置します❶。斜め上から見てみると、ニョロリとした線が追加されていることが分かります。

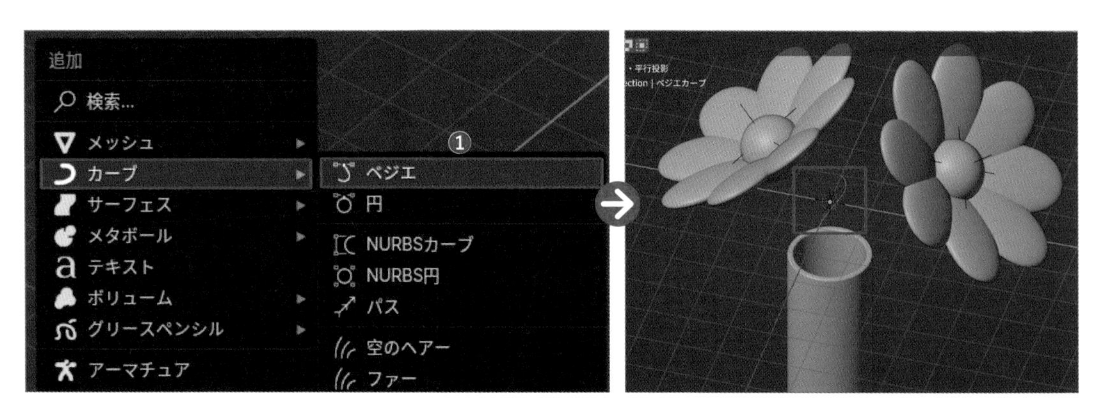

2 R→Y→「90」の順に入力して確定し、Y軸を中心に90度回転させます❷。

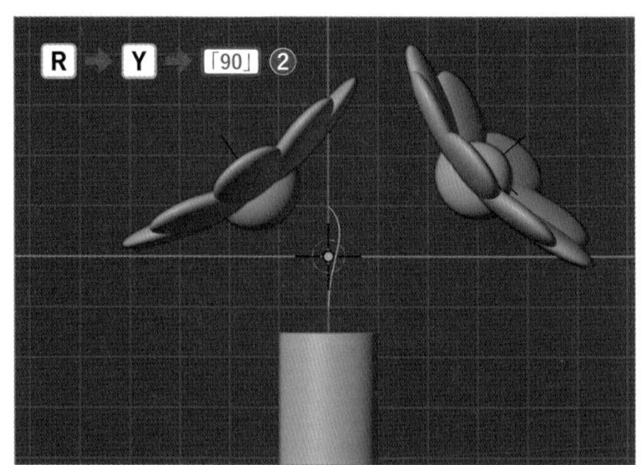

3 視点をライトビューにして（テンキー3）、［**編集モード**］に入り（Tab）、ベジェ曲線の上側の制御点を選択したら、Gキーで花の中心部にくっつくように移動させましょう❸。

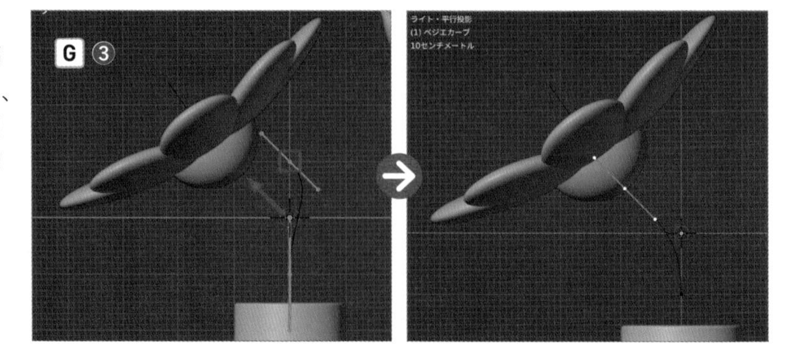

Point

カーブとベジェ曲線

［**カーブ**］は、長さや曲率を制御できる曲線のオブジェクトです。［**ベジェ曲線（ベジェ・円）**］と［**NURBS（NURBSカーブ・NURBS円・パス）**］の大きく2種類があり、今回使った［**ベジェ曲線（ベジェ・円）**］は、コントロールポイント（制御点）とハンドルで長さや傾きを制御することができ、より直感的に使えます。［**編集モード**］にすると、コントロールポイントとハンドルが現れ、立方体や円柱のような「メッシュオブジェクト」と同様に操作ができます。

❹ 次に、下側の制御点を選択したら、G キーを押してZ軸より左に移動させます❹。

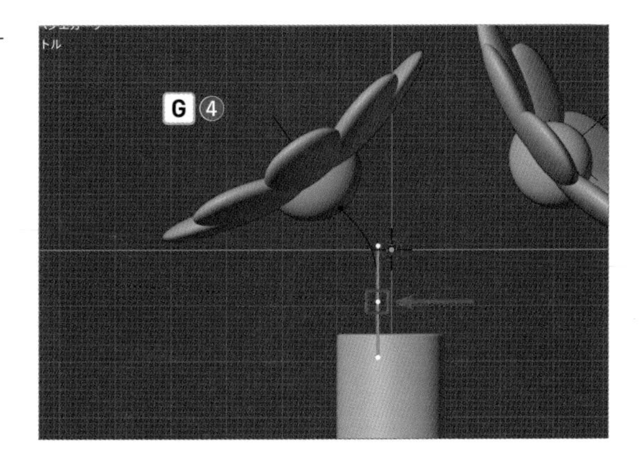

❺ そのまま、E→Z キーを押して下方に押し出します❺。

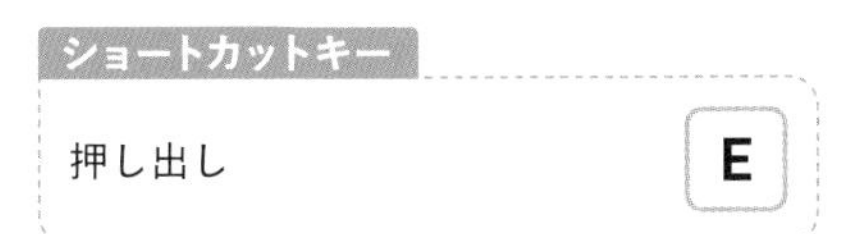

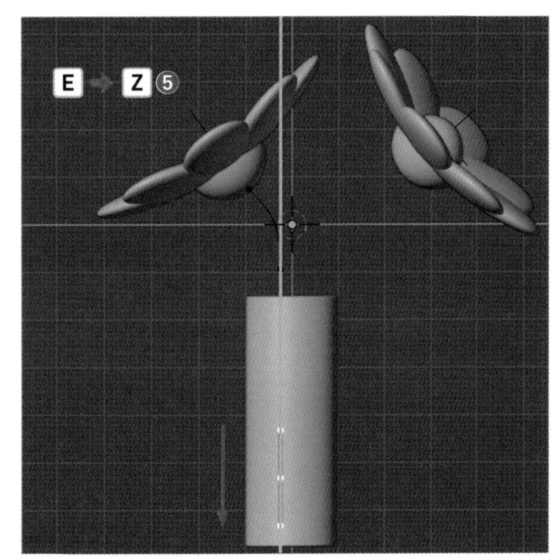

❻ 次にカーブを太くして茎らしくしていきます。[**オブジェクトモード**]に入り(Tab)、右側のプロパティから[**オブジェクトデータプロパティ**]>[**ジオメトリ**]>[**ベベル**]のプルダウンを開きます❻。[**深度**]の数値を「0.1m」にすると❼、カーブに太さを持たせることができます。

7 今作成した茎を、Shift+D→Yキーを押して後方に移動させながらコピーします❽。

8 R→Z→「180」の順に入力して確定し、Z軸を中心に180度回転させます❾。

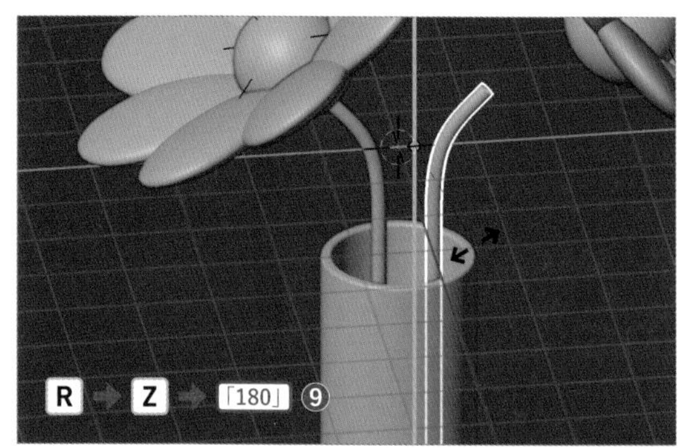

9 視点をライトビューにし（テンキー3）、［**編集モード**］に入り（Tab）、上側の制御点をGキーを押して移動させましょう❿。

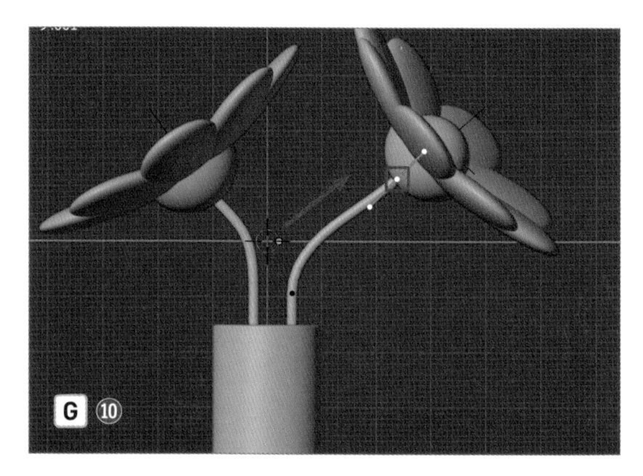

10 続けて、下側の制御点をGキーを押して移動させたり、上側のハンドルをRキーを押して回転させたりしながら、スムーズなカーブを描いてみましょう⓫。

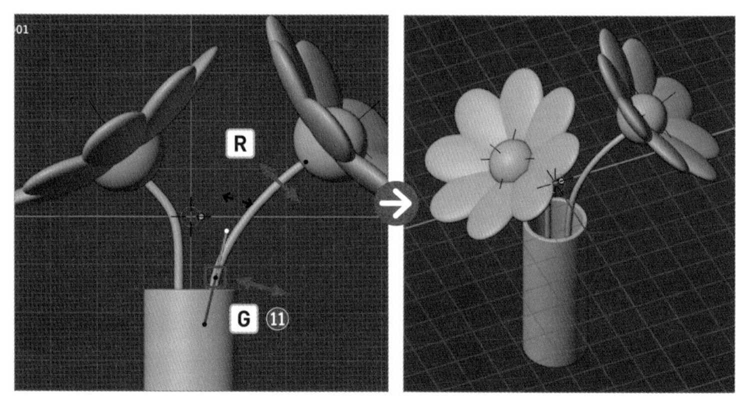

11 これでモデリングは完了です。マテリアル・環境設定をしたらレンダリングしてみましょう。花瓶の色分けはコラム（P124）を確認してみましょう。
作成したオブジェクトは［**コレクション**］にまとめて、［**アセット**］に追加しておきましょう。

マテリアル設定 P039
レンダリング P042
保存設定 P043
スタジオ設定 P063

色見本	
オレンジ	●：B84200
黄	●：E79C14
白	○：FFFFFF（［アルファ］値は「0.3」）
ガラス	○：グラスBSDF
ベージュ（背景）	○：E7D8B1

Point

マテリアルの質感を設定しよう

花びらの透けたような質感と、花瓶のガラス部分の質感を設定してみましょう。花びらは、マテリアルを追加し、白のベースカラー（FFFFFF）を設定したら、パネルの下部にある［**アルファ**］の値を「0.3」にします。花瓶は一旦オレンジのマテリアルを設定してから、［**編集モード**］で［**透過表示**］にしながらガラス部分の面を［**ボックス選択**］し、P124の手順で新規マテリアルを割り当てます。［**サーフェス**］の緑の丸をクリックしたら［**グラスBSDF**］を選択します。［**レンダーエンジン**］（P053）が［**EEVEE**］になっている場合はP123の設定も忘れずに行いましょう。

花びら

ガラス

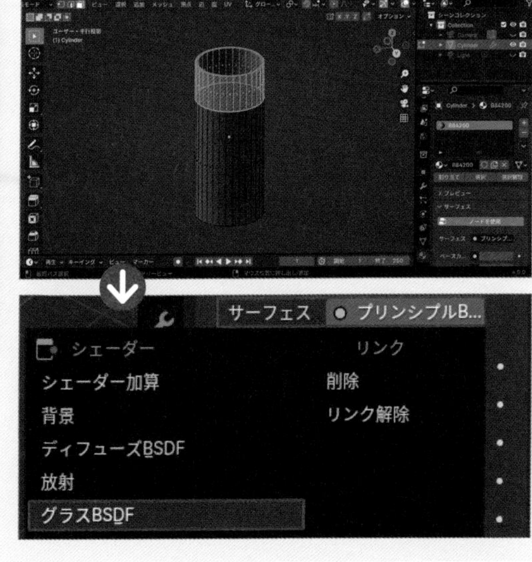

column

マテリアル設定で見栄えを高めよう

マテリアルの［**プリンシプルBSDF**］の設定により、様々な素材感を表現することができます。ここでは代表的なマテリアルと設定方法、そして1つのオブジェクトに複数のマテリアルを割り当てる方法を紹介します。

▶［マテリアルプロパティ］における代表的なマテリアル設定

プラスチック

［**粗さ**］の値を「0」にすることで、艶が出て、プラスチックのような表現が可能になります。デフォルトでは［**粗さ**］の値は「0.5」になっています。「0.5」から「0」の間で、艶の調整をすると良いでしょう。

金属

［**メタリック**］の値を「1」、［**粗さ**］を「0」にします。金属の表現をする際には、環境設定（P124）が必要になります。映り込むもの（環境）がなければ、レンダリング時に真っ暗になってしまうため注意が必要です。

皮膚

［**ベースカラー**］を肌色にして［**サブサーフェス**］の［**ウェイト**］の値を「0.5」〜「1」にして、［**半径**］［**スケール**］の値を大きくすることで皮膚の表現ができます。［**ウェイト**］数値が高いほど、素材が光を内部でより多く散乱させ、より半透明な効果が出ます。［**半径**］はRGB値で設定され、それぞれの色（赤、緑、青）の光の散乱の深さを表します。［**スケール**］の数値を大きくすると、光がより深くまで散乱し、より強い半透明効果が得られます。

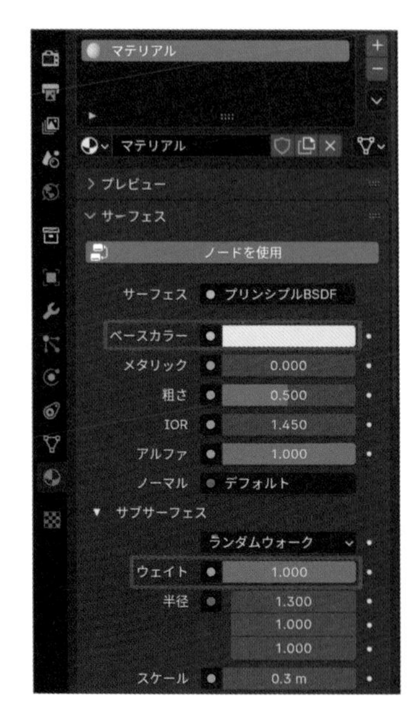

ガラス

[**伝播**] の [**ウェイト**] 値を「1」に、[**粗さ**] を「0」にします。更に、ベースカラーのHSVの [**明度**] の値を「1」にしましょう。艶消しガラスの場合は、[**粗さ**] は「0.5」のままにします。

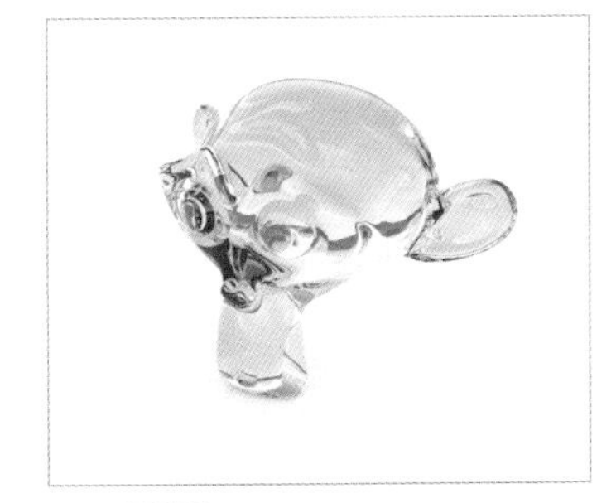

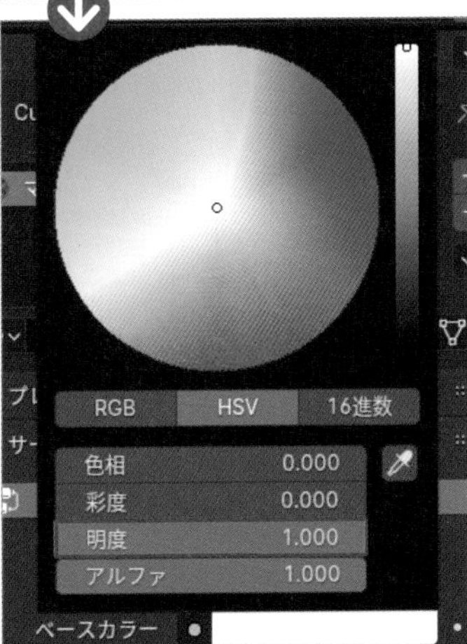

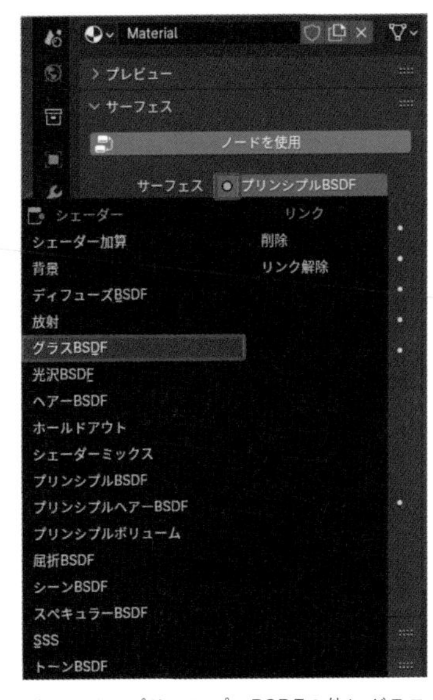

ガラスは、プリンシプルBSDFの他にグラスBSDFを使用して表現することもできます。

Point

HSV

[**HSV**] とは色相（Hue）、彩度（Saturation・Chroma）、明　度（Value・Brightness）の3つの成分からなる色空間を指します。ガラスを設定する際には [**明度**] を「1」にしておきましょう。

Point

レンダーエンジンがEEVEEの場合

ガラスの透過や金属の反射を再現したい時に、[**レンダーエンジン**]（P053）が [**EEVEE**] の場合は、追加で設定を行いましょう。[**マテリアルプロパティ**] 内の設定で [**裏面を非表示**] と [**スクリーンスペース屈折**] にチェックを入れ、[**ブレンドモード**] を [**アルファブレンド**] に、[**影のモード**] を [**アルファハッシュ**] または [**アルファクリップ**] にします。また、[**レンダープロパティ**] の [**スクリーンスペース反射**] と [**屈折**] にチェックを入れます。

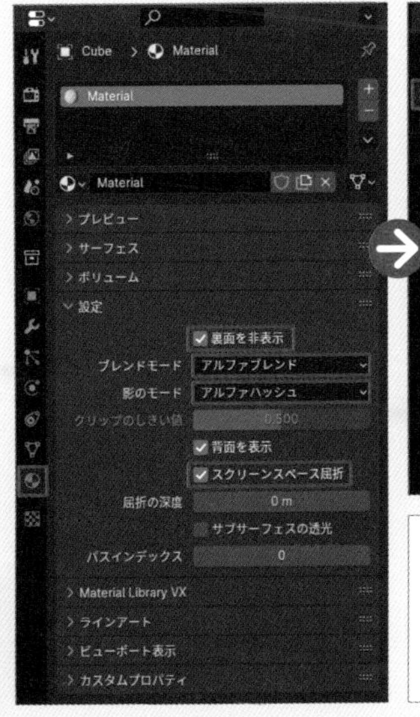

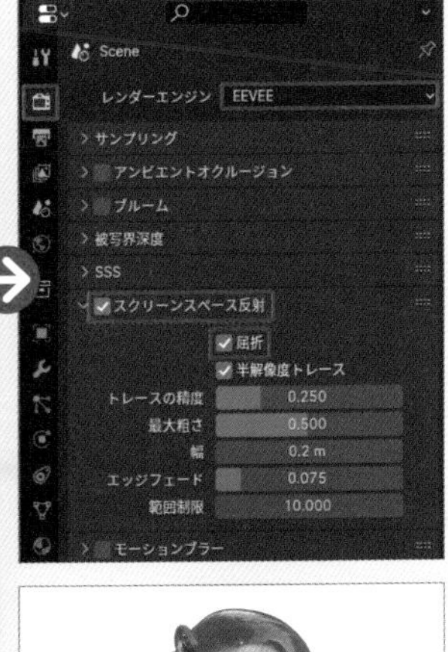

発光体

[**放射**] のカラーピッカーで色を設定し、[**強さ**] を設定します。[**EEVEE**] の場合は、レンダープロパティ内の「ブルーム」設定で、光の半径と強度を調整します。

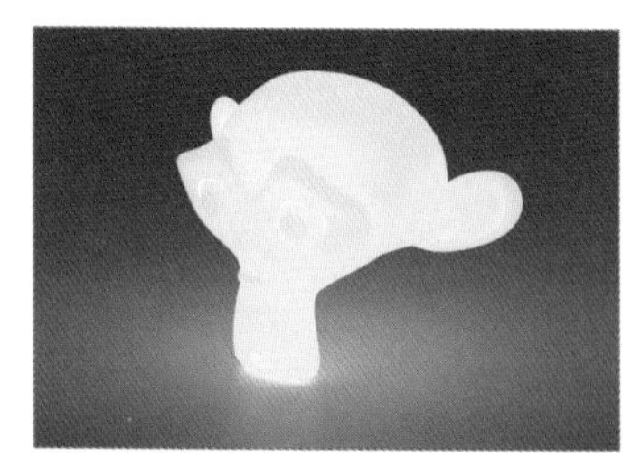

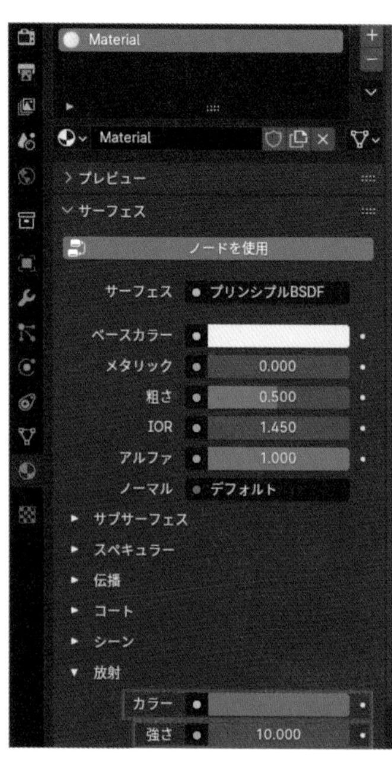

Point

映り込みの環境設定

金属やプラスチック等に映り込みさせるためにはHDRI画像を使った環境設定をします。[**ワールドプロパティ**] のパネルの [**カラー**] の黄色い丸を押して、[**環境テクスチャ**] を選んだら、[**開く**] ボタンを押して、HDRI画像を指定します。HDRI画像は、HDRI haven (https://hdrihaven.com/) 等のフリー素材が便利です。ダウンロードして活用してみましょう。

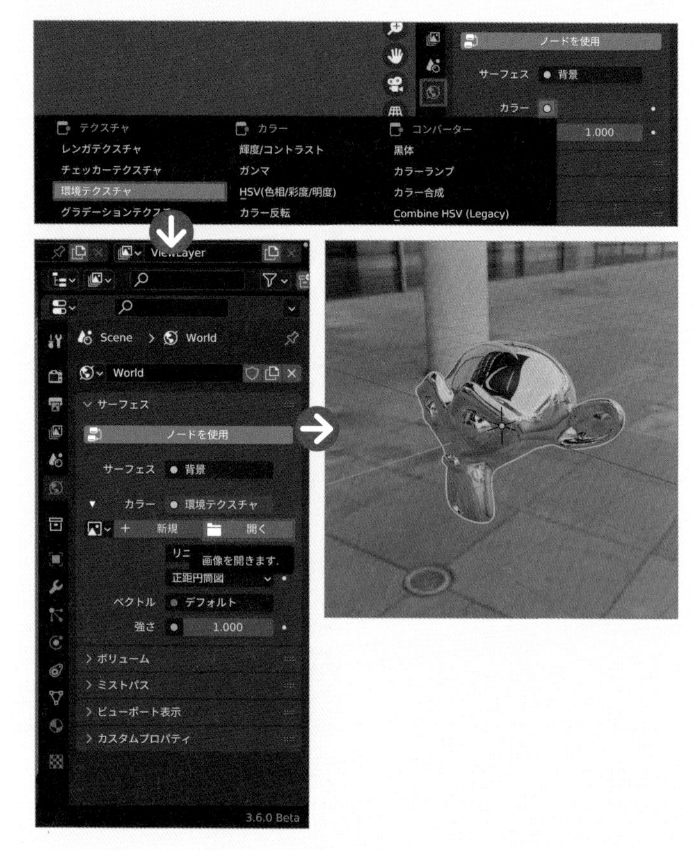

▶ 1つのオブジェクトに複数のマテリアルを割り当てる

1つのオブジェクトの中に複数のマテリアルを設定する場合は、先に複数のマテリアルを作成してカラーパレットを作り、そこからパーツを選んで割り当てを行います。立方体を例に手順を確認してみましょう。

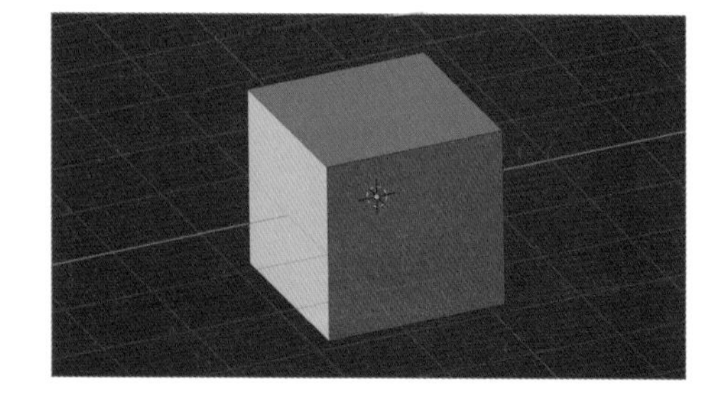

1 [**マテリアルプレビュー**] モードに切り替え❶、[**編集モード**] に入ります (Tab)。

2 ［**マテリアルスロット**］内の［+］❷→［**新規**］❸の順にクリックして、新規マテリアルを作成します。マテリアルの名称の上でダブルクリックして任意の名前に変更しましょう❹。ここでは「New01」としました。

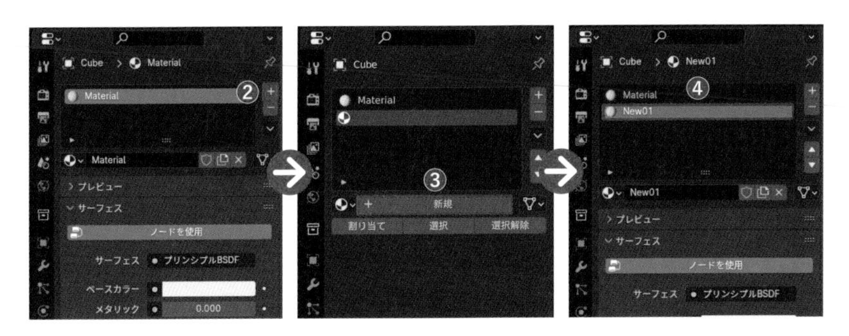

3 ［**ベースカラー**］を設定したら（ここではピンクにしました）❺、このマテリアルを割り当てたい面を選択し❻、［**割り当て**］をクリックします❼。すると、選択した面に［**New01**］のマテリアルが割り当てられました。

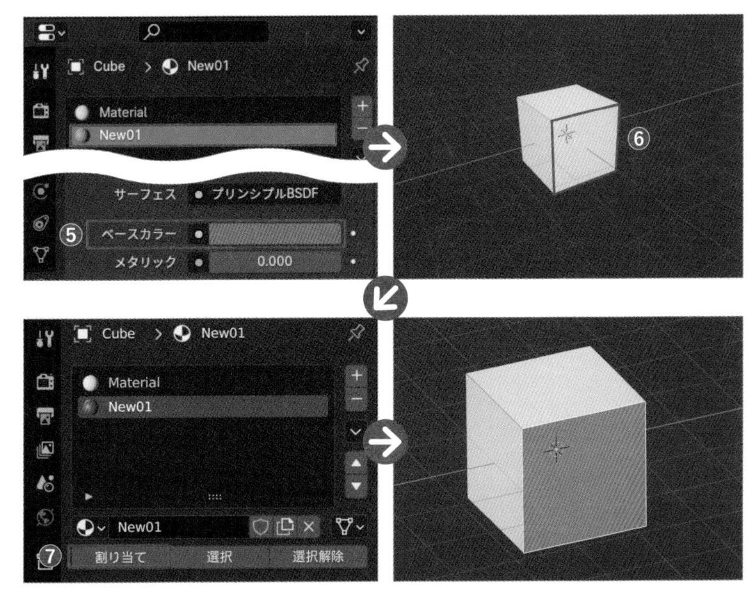

4 同じように「New02」と「New03」のマテリアルを新規作成し、それぞれの面に割り当てたら完成です。

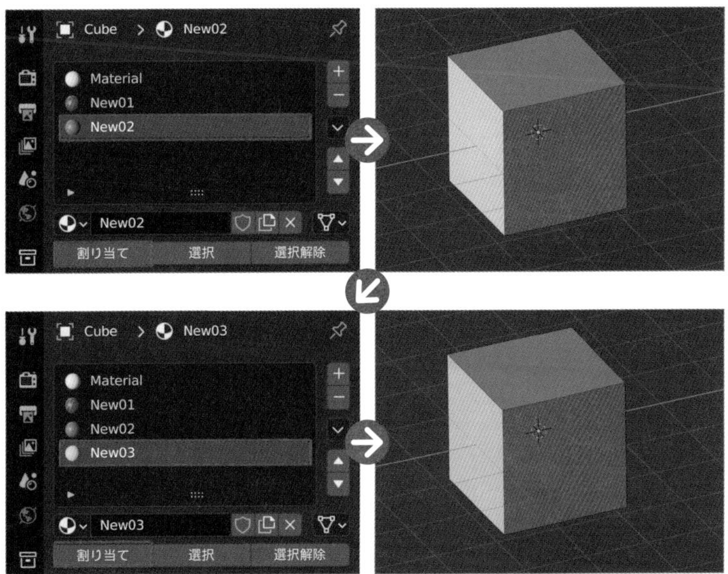

中級編

7日目

レベル

ここで学ぶ機能

放線方向に押し出し　ピボットポイント　マージ　チェッカー選択解除　プロポーショナル編集

レトロゼリーを作ろう

複数の面を押し出す機能を使ってゼリーを作ってみましょう。

動画解説はこちら

https://book.impress.co.jp/closed/bld-vd/day7.html

ゼリーの凸凹やホイップのねじれた形を表現していきましょう。

はじめに

3STEPで制作の流れを確認しよう

STEP 1　円柱でゼリーを作ろう

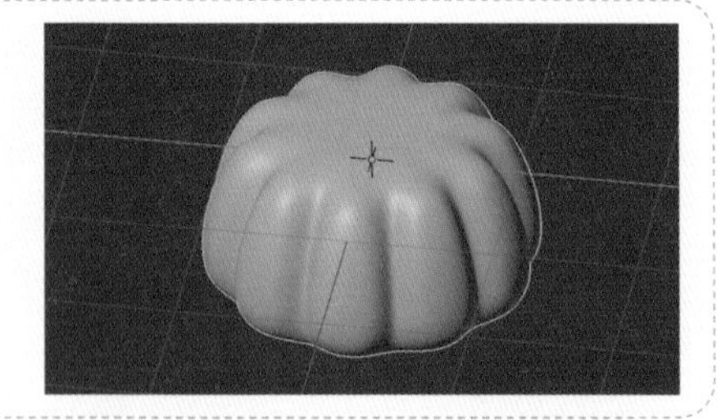

STEP 2　円でホイップクリームを作ろう

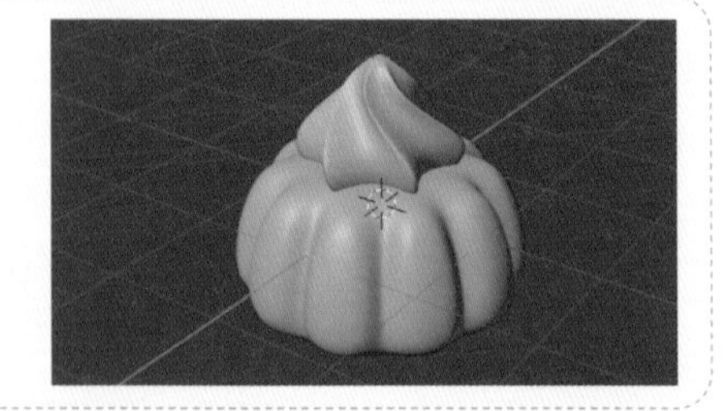

STEP 3　UV球でチェリーを作ったら円柱で皿を作ろう

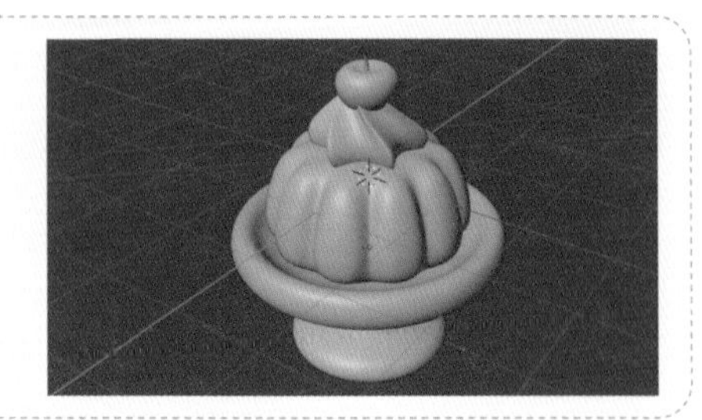

STEP 1

ゼリーを作ろう

円柱を使って、ゼリーを作っていきましょう。

1 [**平行投影**]にして(テンキー5)、[**オブジェクトモード**](Tab)でデフォルトで表示されている立方体をXキーで削除したら❶、Shift+A > [**メッシュ**] > [**円柱**]を選択して円柱を配置します❷。

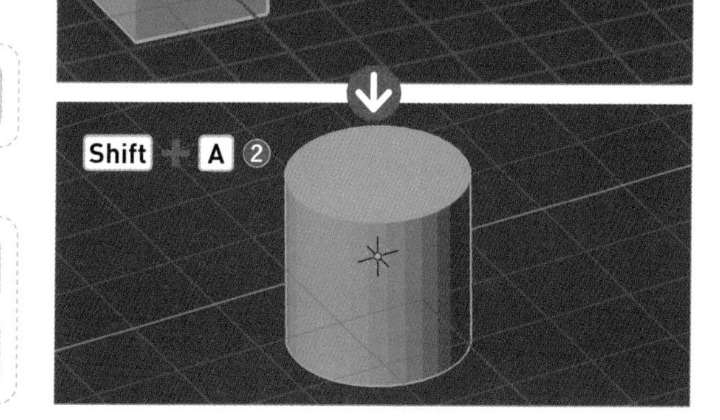

テンキー	
投影モードの切り替え	5

ショートカットキー	
オブジェクトの削除	X
オブジェクトの追加	Shift + A

2 すぐに左下に現れる[**オペレーターパネル**]をクリックして開き、[**頂点**]の値を「10」にします❸。

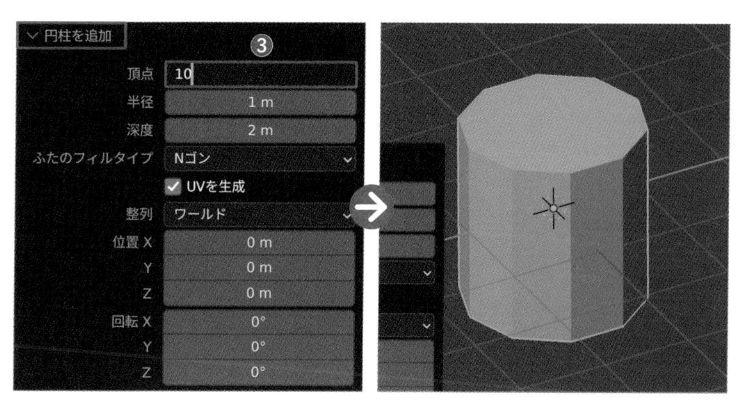

3 [**編集モード**]に入り(Tab)、[**面選択モード**](数字キー3)で上面を選択し、Sキーで縮小します❹。

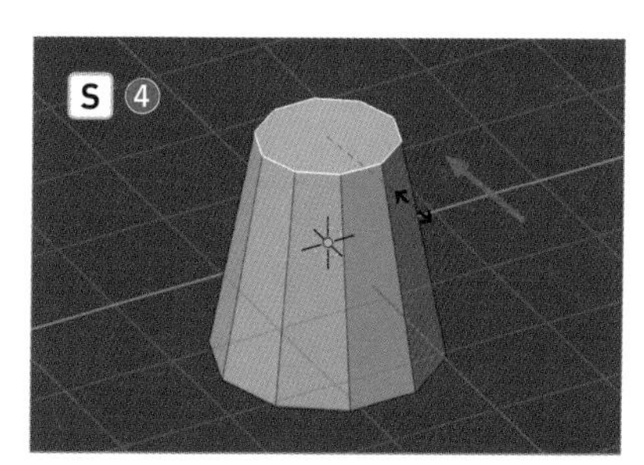

ショートカットキー	
面選択モード	数字キー 3
拡大・縮小	S

4 そのまま、G→Zキーで下方に移動しましょう❺。

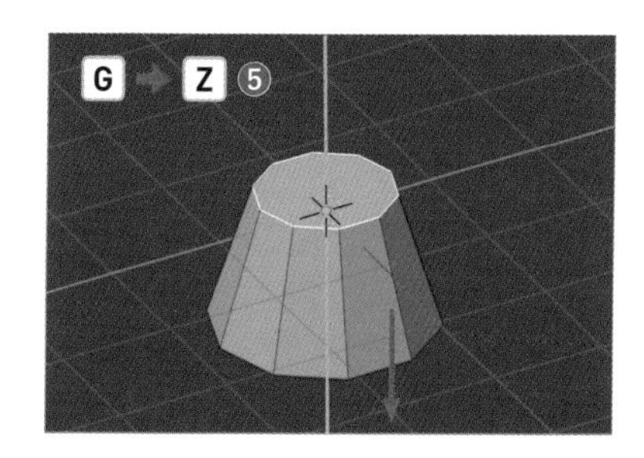

ショートカットキー	
移動	G

5 Alt option ＋左クリックで側面を［**ループ選択**］します❻。

ループ選択 P071

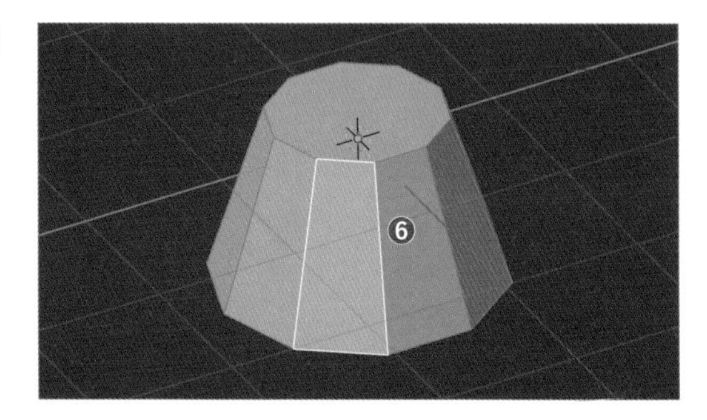

6 Alt option ＋ E キーを押して、［**個々の面で押し出し**］を選択し、マウスを上にドラッグしながら外側に押し出します❼。

ショートカットキー

押し出しのメニューを表示 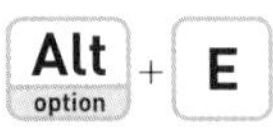

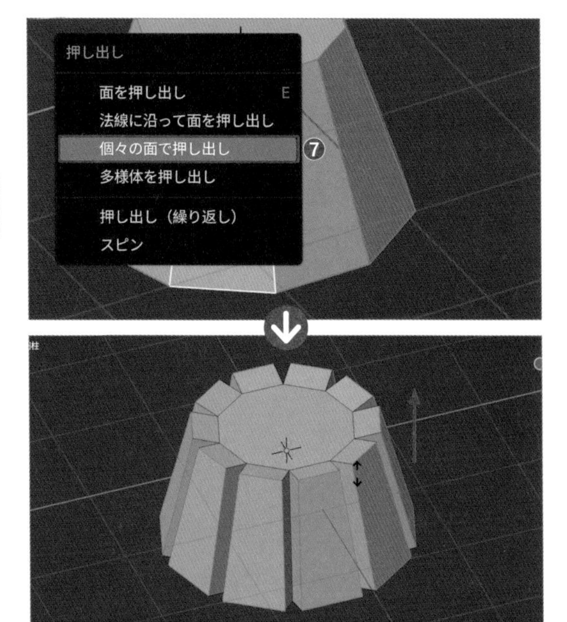

7 .（ピリオド）キーを押して、ピボットポイントを［**それぞれの原点**］にします❽。

ショートカットキー

ピボットポイント変更 

8 S キーでそれぞれの面を縮小します❾。

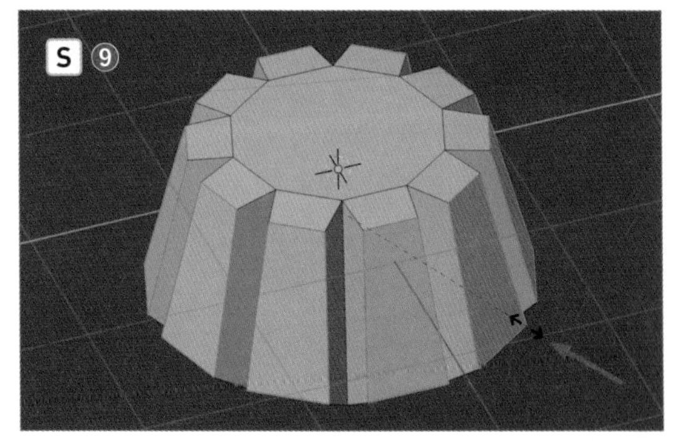

9 [.]キーを押して、ピボットポイントを[**バウンディングボックスの中心**]に戻します⑩。

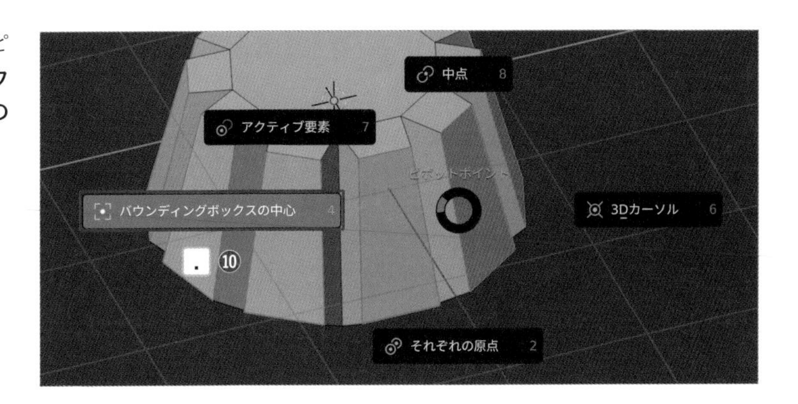

Point

制御の中心となるピボットポイント

[**ピボットポイント**]は、オブジェクトを変形する時に制御の中心となる軸点のことです。デフォルトでは、ピボットポイントはオブジェクトの[**原点**]に設定されています。
今回のように複数の面を同時に縮小する際に、ピボットポイントが[**バウンディングボックスの中心**]のままだと、面が縮小しながら内側に移動してしまいます。ですので、それぞれの面の原点を中心に縮小されるように、[**それぞれの原点**]を選択しました。

10 面の大きさに差があるので、上面と下面にそれぞれ[I]キーで面の差し込んで分割しておきましょう⑪。

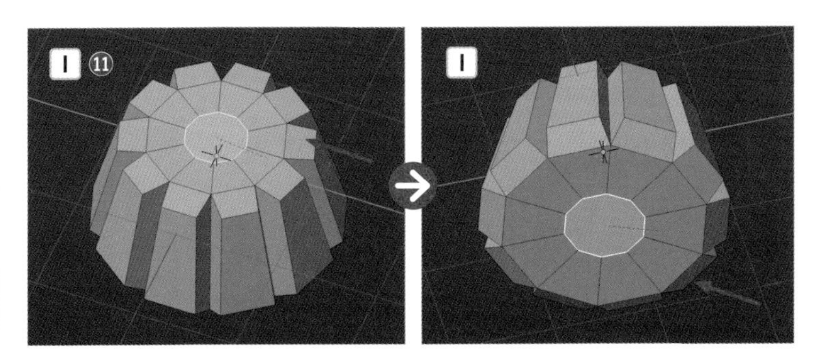

ショートカットキー

インセット [I]

11 次に、ゼリーのシルエットを調整します。[Ctrl][command]+[R]キーを押し、面を横に等分に輪切りしたら⑫、そのまま[S]キーで拡大して断面に膨らみを作ります⑬。

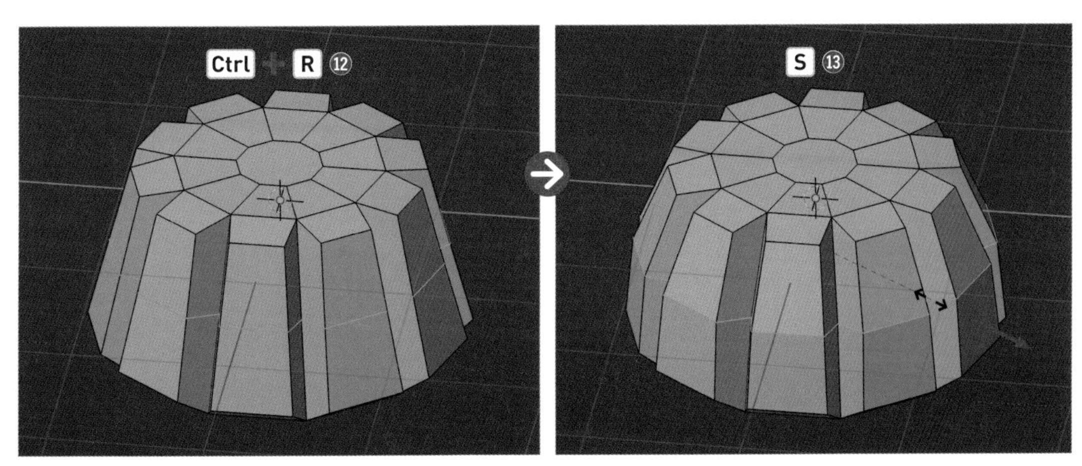

12 ここまでできたら、[**オブジェクトモード**]に戻り(Tab)、🔧>[**モディファイアーを追加**]>[**生成**]>[**サブディビジョンサーフェス**]を選択します⑭。

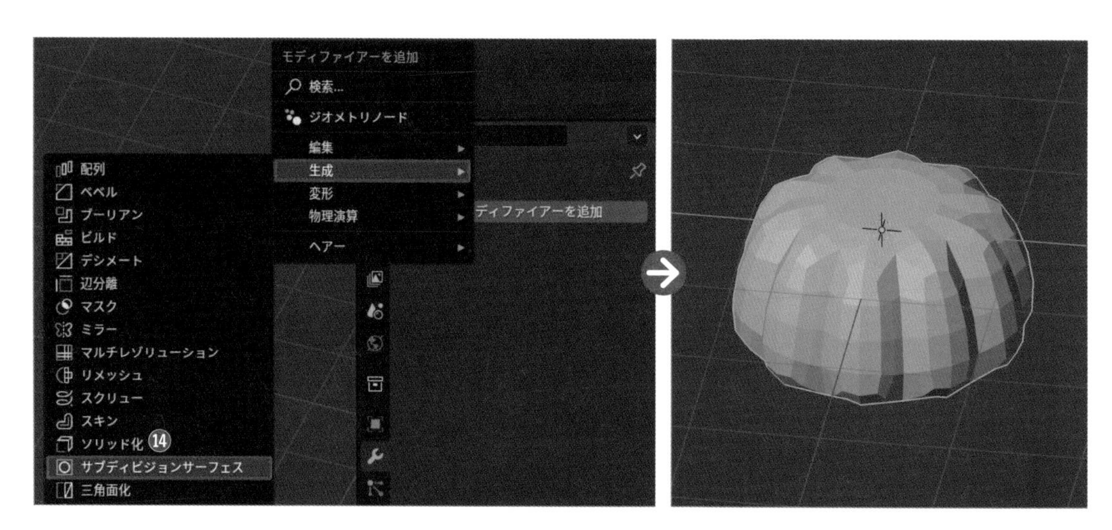

13 モディファイアーパネルの[**ビューポートのレベル数**]の値を「3」⑮、[**レンダー**]の値を「3」にします⑯。

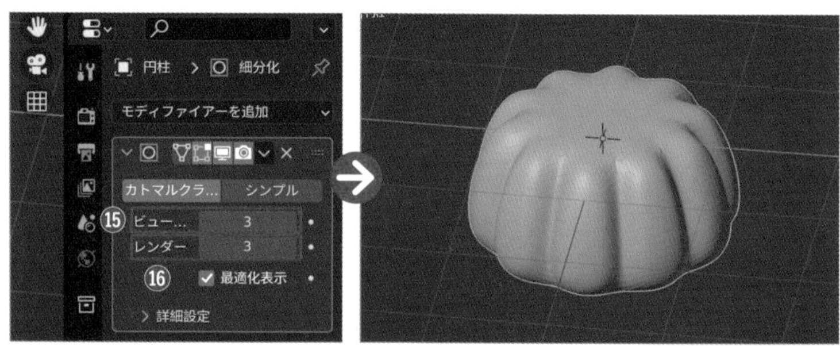

14 右クリック>[**自動スムーズを使用**]を適用して、表面をツルツルにしましょう⑰。これで、ゼリー部分が完成しました。

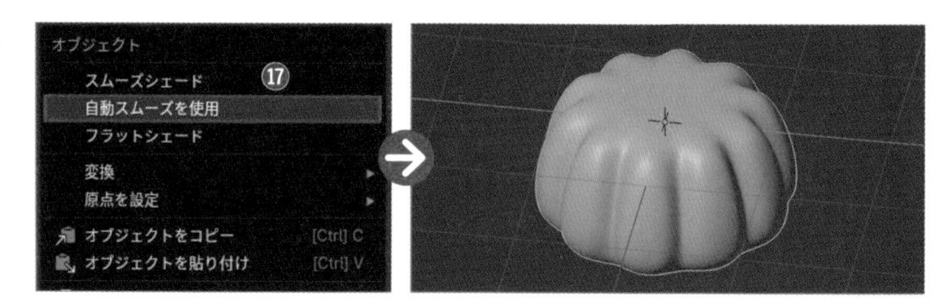

STEP 2

ホイップクリームを作ろう

次に、円でねじれた形のホイップクリームを作っていきましょう。

1 Shift+A>[**メッシュ**]>[**円**]を選択して配置します❶。左下に現れる[**オペレーターパネル**]を開き、[**頂点**]の値を「12」にしましょう❷。

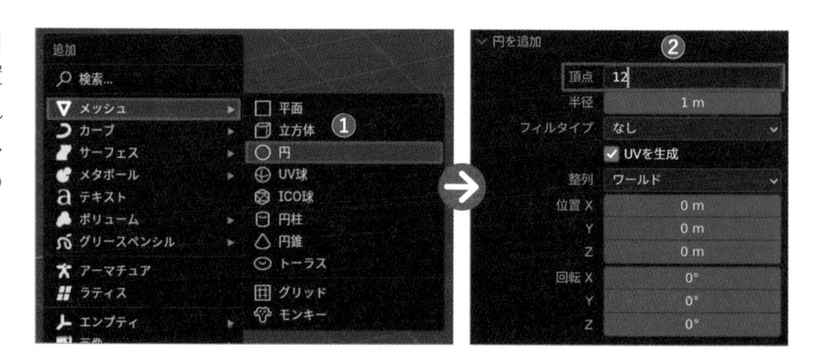

2 ［**編集モード**］に入り（Tab）、［**頂点選択モード**］（数字キー 1）にします。G→Z キーで円をゼリーの上に移動させ❸、S キーで縮小します❹。

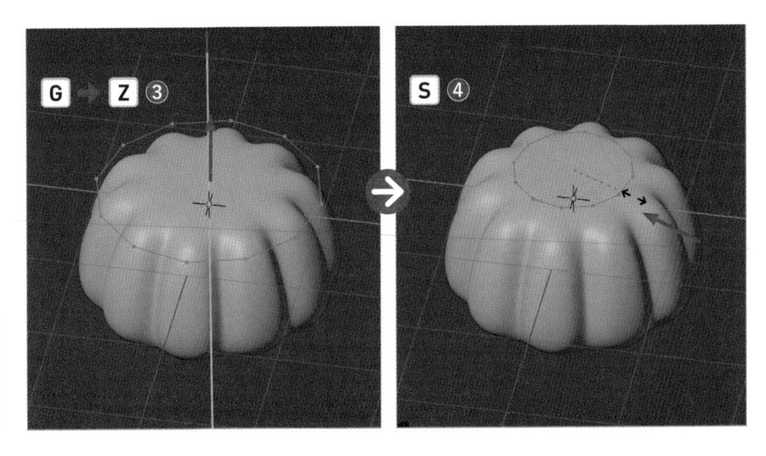

ショートカットキー

頂点選択モード

数字キー 1

3 ヘッダーメニューの［**選択**］>［**チェッカー選択解除**］を選びます❺。

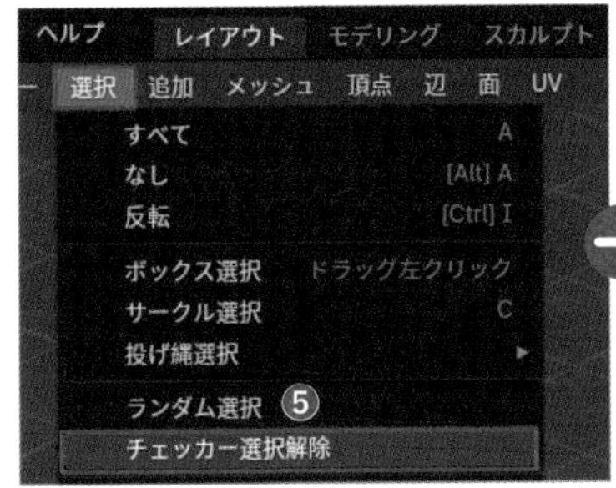

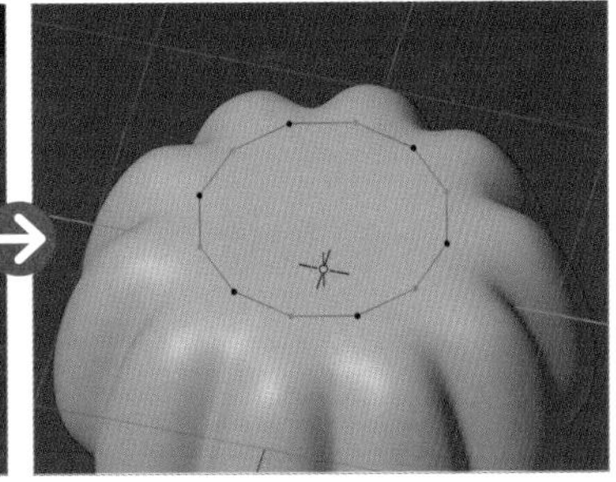

4 そのまま S キーで縮小し❻、A キーで頂点を全選択したら、F キーで面を張ります❼。

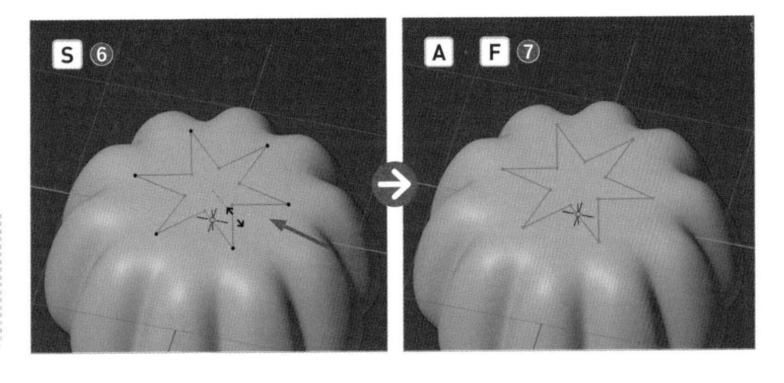

ショートカットキー

全て選択	A
フィル	F

Point

チェッカー選択解除

［**チェッカー選択解除**］は複数の面・辺・頂点を選択している際に、１つおきに選択を解除する機能です。

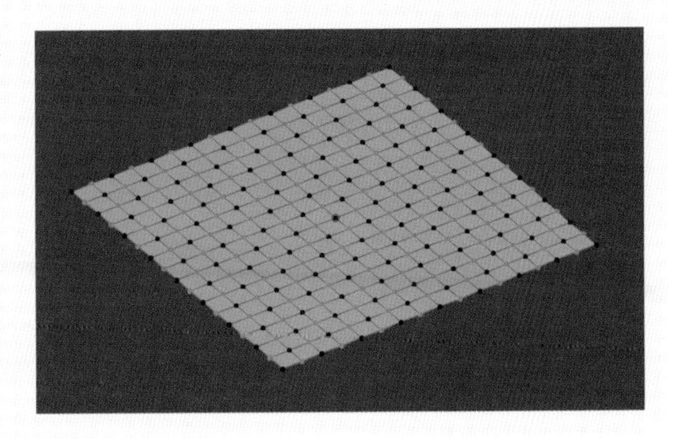

5 [E]キーで面を上方に押し出し❽、[S]キーで拡大します❾。

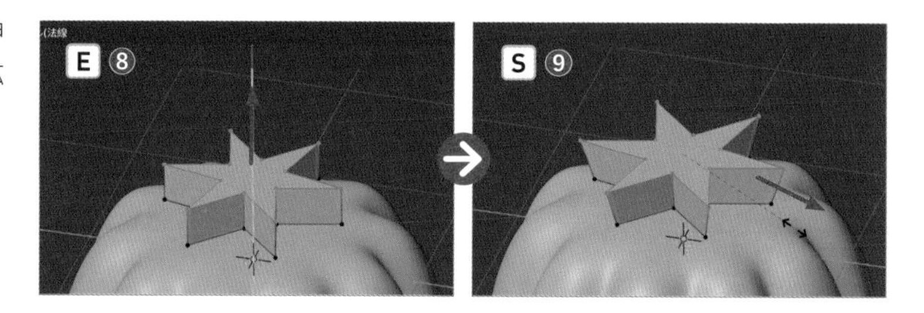

6 更に[E]キーで上方に押し出し❿、[S]キーで縮小します⓫。

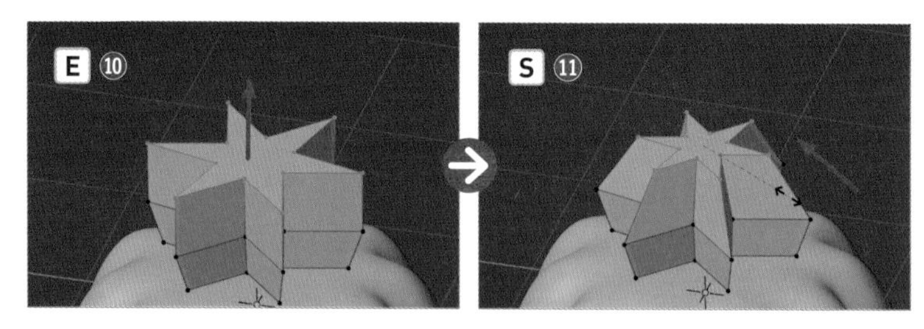

7 もう一度[E]キーで上方に押し出し⓬、[M]>[**中心に**]を選択します⓭。

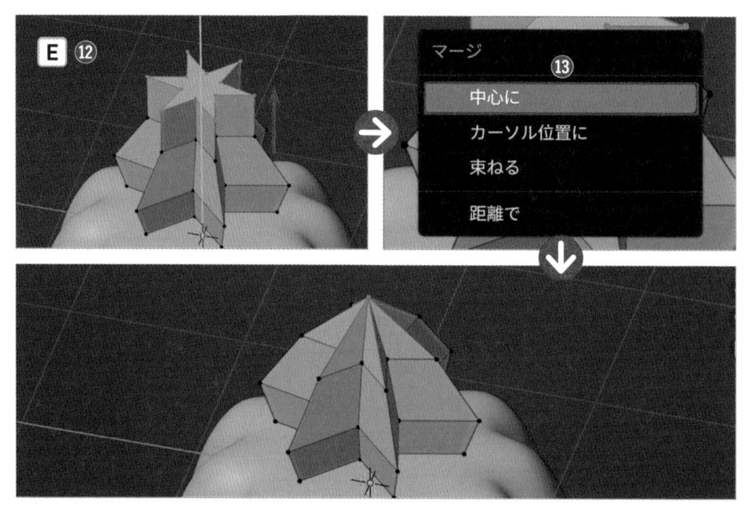

Point

マージ

[**マージ**]は選択している複数の頂点を1つにまとめる機能です。

8 次にホイップのねじれた形を表現しましょう。ホイップの頂点を選択し、ヘッダーメニューの[**プロポーショナル編集**]をオンにします⓮。視点をトップビューに切り替えましょう(テンキー[7])。

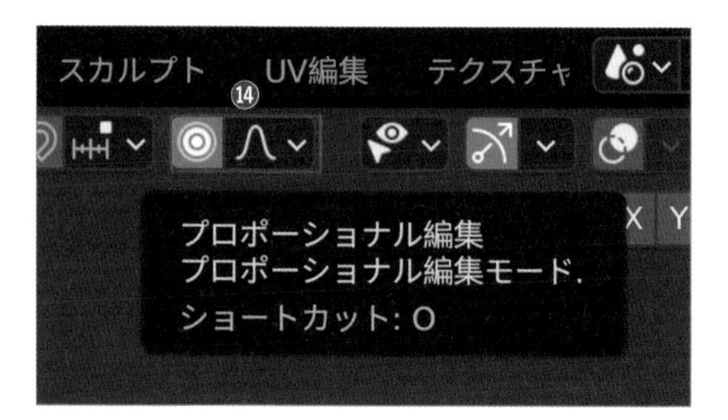

9 [R]→[Z]キーを押して輪が表示されたら、Z軸を中心に回転させます⑮。

ショートカットキー

回転 [R]

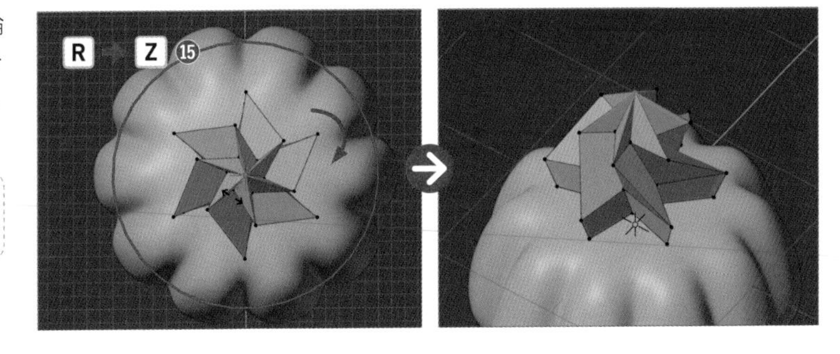

Point

プロポーショナル編集

［**プロポーショナル編集**］は、選択した頂点や辺への編集が、周辺の頂点や辺にも影響するようにする機能です。編集時に現れる輪が影響範囲を表しており、マウスのホイールで大きさを調整します。選択された要素の位置によって影響の度合いも変化します。より細分化された頂点密度の高いメッシュをスムーズに編集するのに便利な機能です。

10 ［**オブジェクトモード**］に戻り（[Tab]）、🔧＞［**モディファイアーを追加**］＞［**生成**］＞［**サブディビジョンサーフェス**］を選択します⑯。

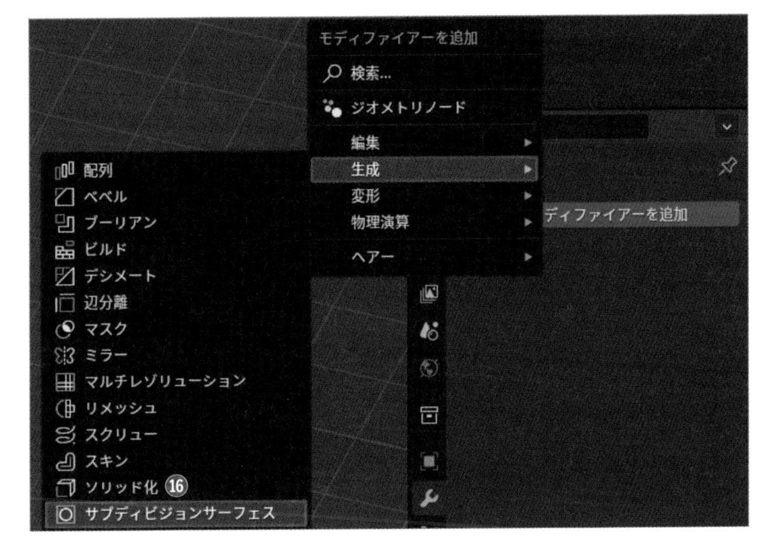

11 モディファイアーパネルの［**ビューポートのレベル数**］の値を「3」⑰、［**レンダー**］の値を「3」にします⑱。

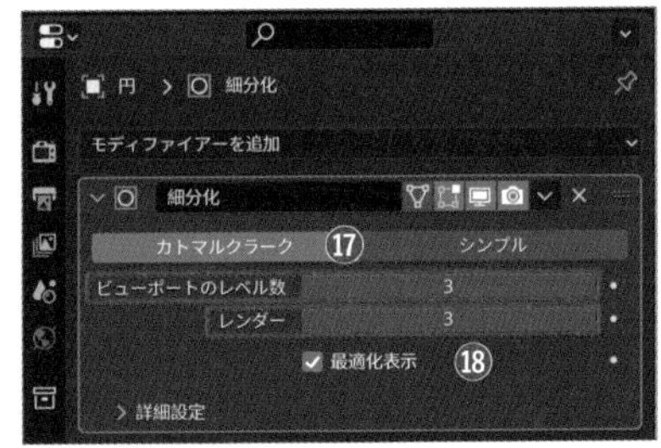

12 右クリック＞［**自動スムーズを使用**］を適用します⑲。

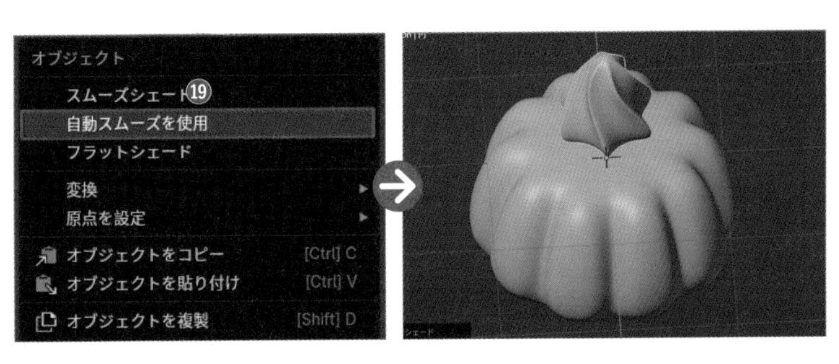

13 クリームの大きさと位置をお好みで調整しましょう。ここでは、S→Zキーを押して上下方向に縮小し、Sキーで全体を拡大しました。クリームが浮いている場合はG→Zキーで移動させ、ゼリーにくっつけましょう。

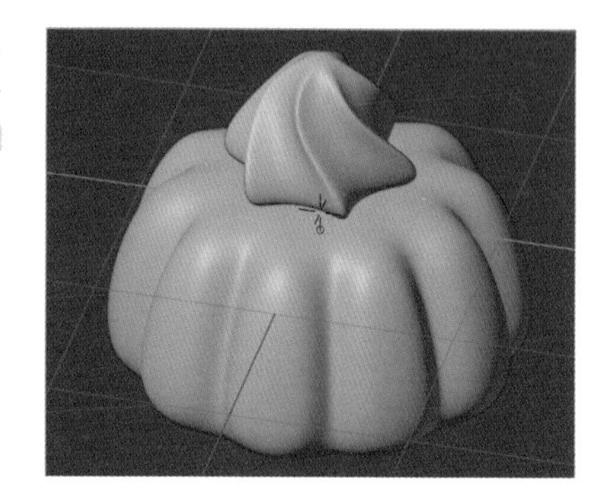

STEP 3

UV球でトッピングのチェリーを作ろう

次に、UV球と［**プロポーショナル編集**］を用いてチェリーを作っていきましょう。

1 Shift＋A＞［**メッシュ**］＞［**UV球**］を選択して配置します❶。Sキーと Gキーで大きさと位置を調整したら、［**編集モード**］に入ります（Tab）❷。

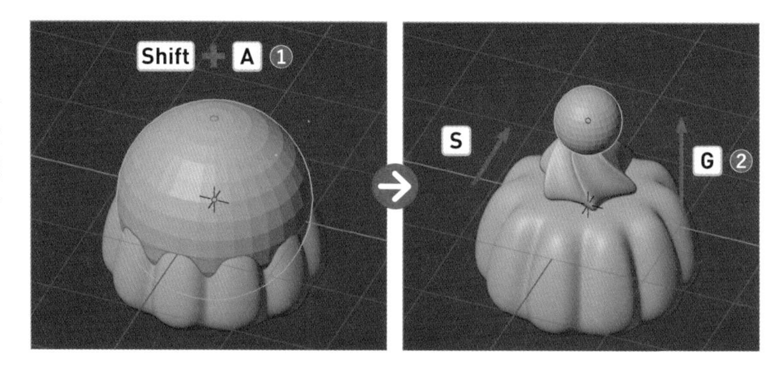

2 ［**頂点選択モード**］（数字キー1）で最上部の頂点を選択します❸。先ほどの［**プロポーショナル編集**］がオンになっていることを確認したら、G→Zキーを押し、マウスホイールで輪の大きさを調整したら下方へ移動させましょう❹。

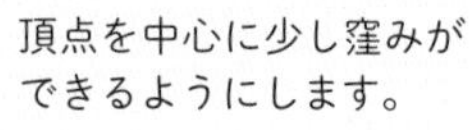

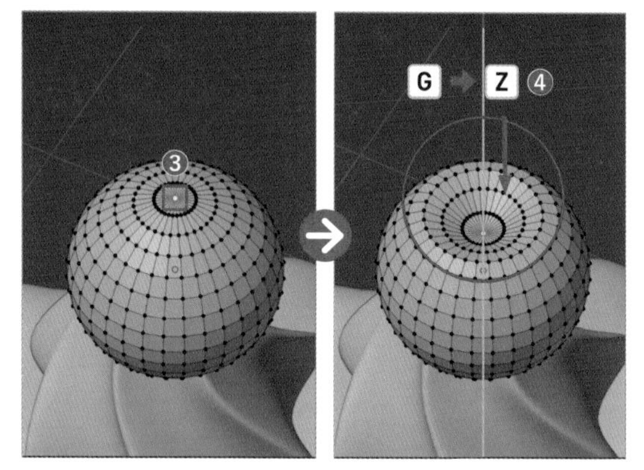

3 Aキーで頂点を全選択したら❺、S→Zキーで上下方向に少し縮小して平たくします❻。

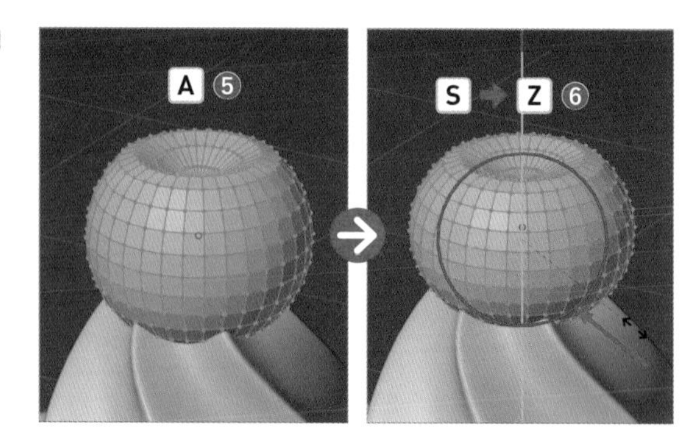

4 ［**オブジェクトモード**］に戻り（Tab）、右クリック＞［**自動スムーズを使用**］を適用します❼。

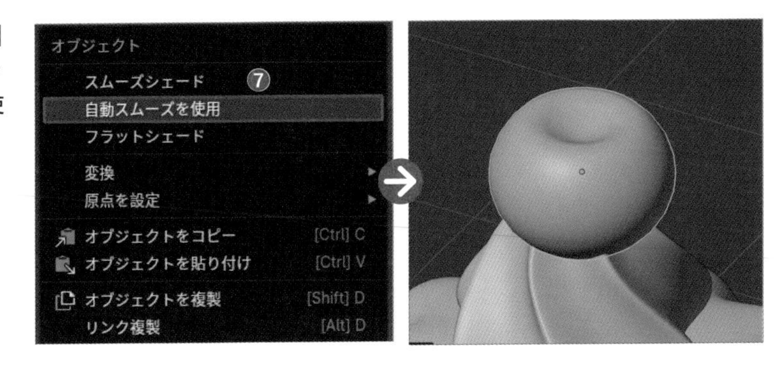

5 次に茎を作りましょう。Shift＋A＞［**カーブ**］＞［**ベジェ**］を選択して配置し❽、R→Y→「90」の順に入力して確定させ、Y軸を中心に90度回転させます❾。

ベジェ P118

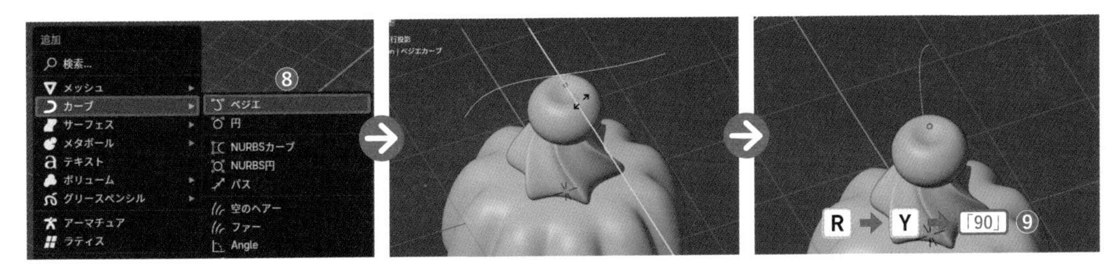

6 右下の［アイコン］＞［**ジオメトリ**］＞［**ベベル**］を開き、［**深度**］の値を「0.03m」にします❿。

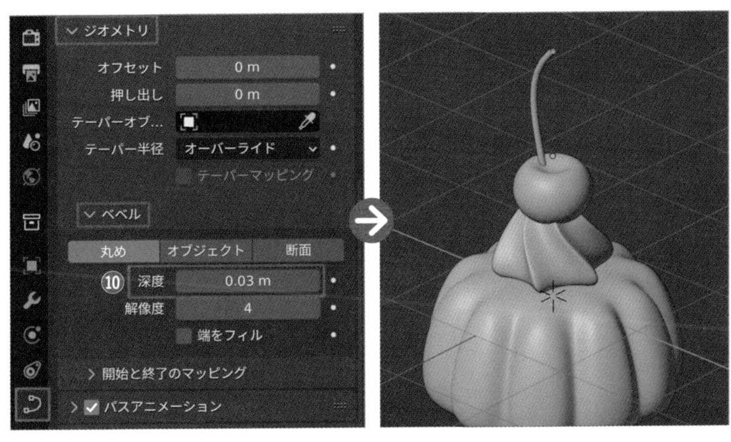

太さ（深度）は他のパーツのサイズに合わせて自由に調整しましょう。

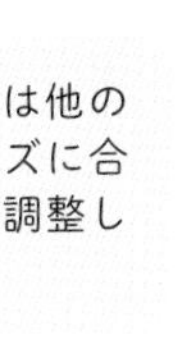

7 視点をライトビューにして（テンキー3）、Gキーで位置を調整しましょう⓫。

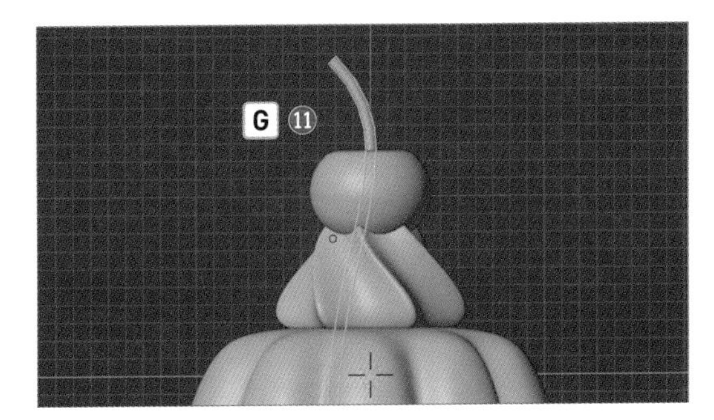

中級編 7日目 レトロゼリーを作ろう

皿を作ろう

最後に、円柱を使って皿を作っていきましょう。

1 Shift + A > ［**メッシュ**］> ［**円柱**］を選択して配置し、［**編集モード**］に入ります（Tab）❶。

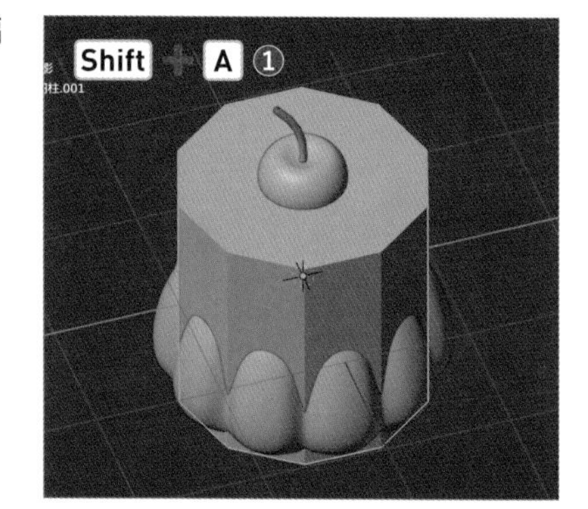

円柱の頂点の数は先ほど設定した「10」のままで配置されます。

2 S → Z キーで上下方向に縮小します❷。

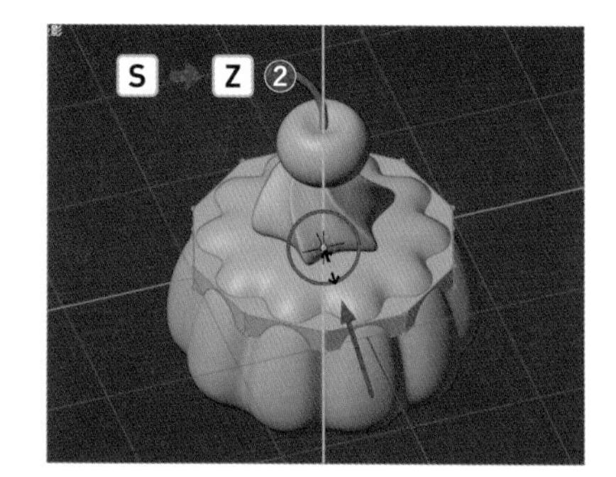

少し厚みがあった方が見栄えが良くなります。

3 G → Z キーでゼリーの下に移動させ❸、S キーで拡大します❹。

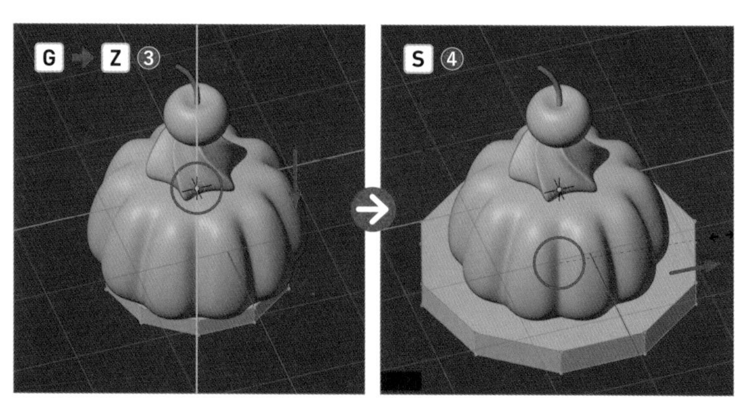

4 面を差し込んで皿に窪みを作りましょう。［**面選択モード**］（数字キー 3）で上面を選択し❺、ゼリーの大きさに合わせて I キーで面を差し込みます❻。

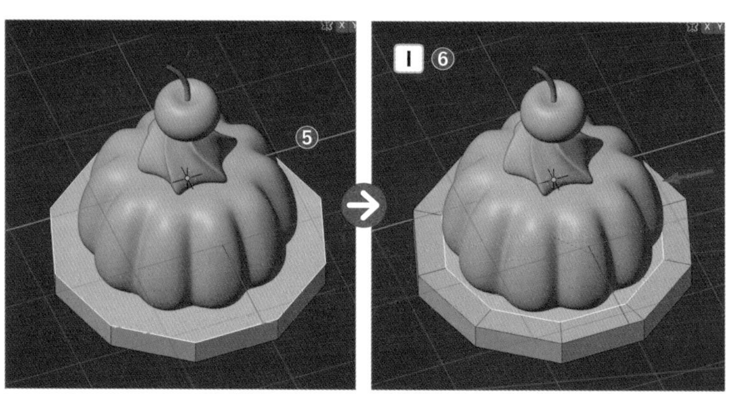

5 そのままEキーで下方に押し出します❼。

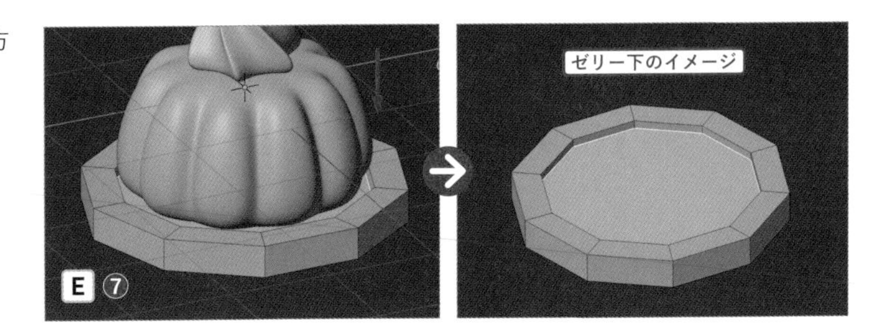

6 次に皿の脚を作ります。下面を選択し❽、Iキーで面を差し込み❾、Eキーで下方に押し出します❿。

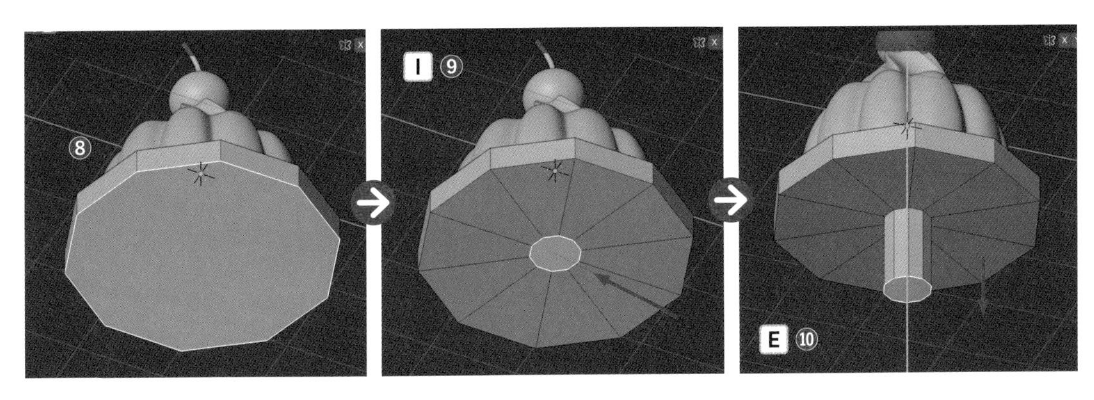

7 更に、Eキーで下方に押し出し⓫、そのままSキーで拡大します⓬。

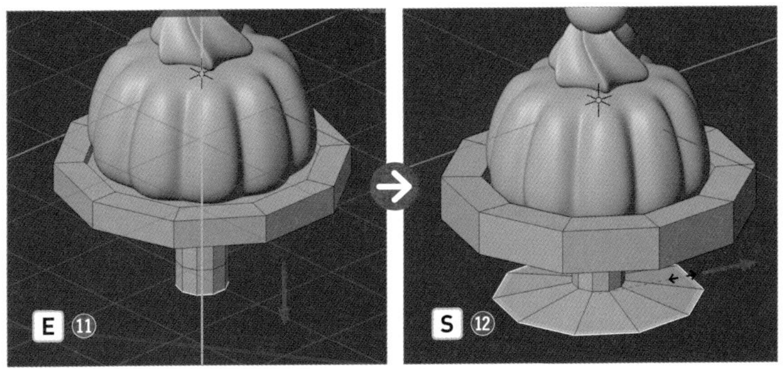

7 もう一度、Eキーで下方に押し出します⓭。脚の形が完成したら、底面を選択し、Iキーで面を差し込みます⓮。

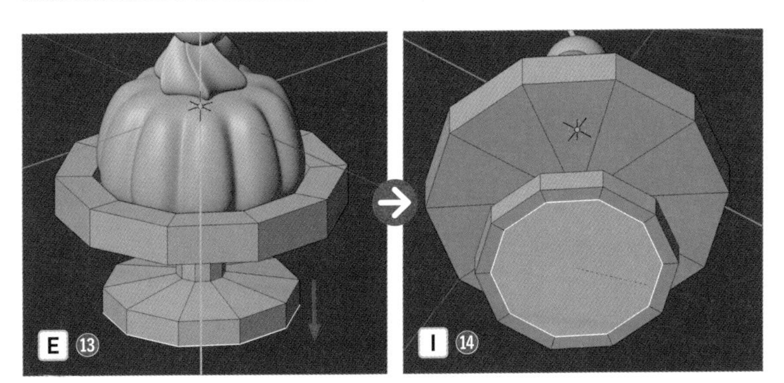

9 ［**オブジェクトモード**］に戻り（Tab）、脚を選択した状態で🔧>［**モディファイアーを追加**］>［**生成**］>［**サブディビジョンサーフェス**］を選択します⑮。

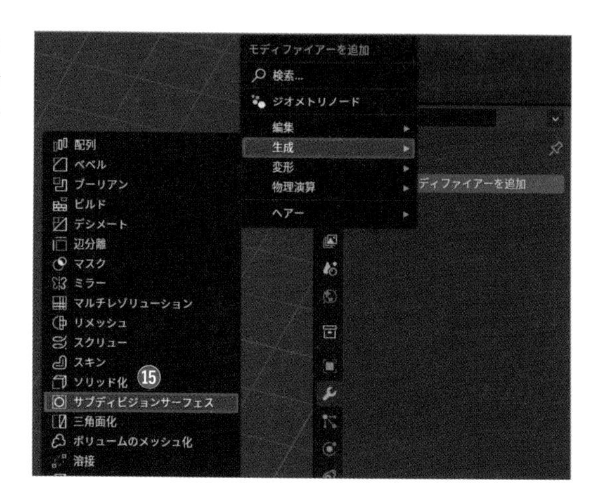

10 モディファイアーパネルの［**ビューポートのレベル数**］の値を「3」⑯、［**レンダー**］の値を「3」にしたら⑰、右クリック>［**自動スムーズを使用**］を適用します⑱。

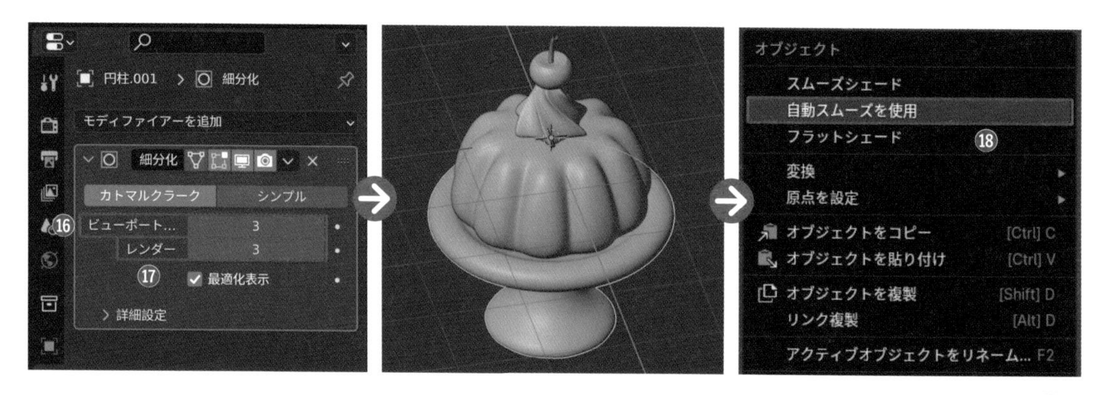

11 これでモデリングは完了です。マテリアル・環境設定をしたらレンダリングしてみましょう。作成したオブジェクトは［**コレクション**］にまとめて、［**アセット**］に追加しておきましょう。

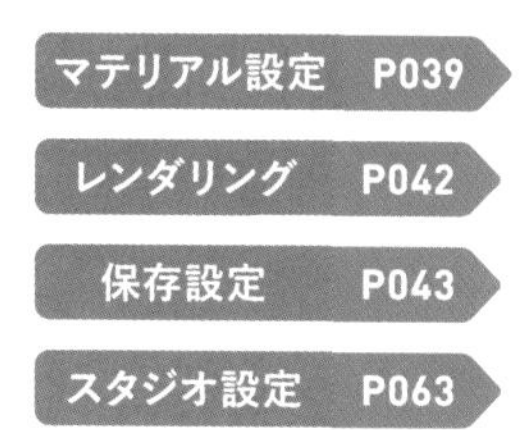

コラム（P123）を参考に［EEVEE］時の設定と［環境テクスチャ］の読み込みも行いましょう。

色見本

オレンジ	●：B84200（「粗さ」の値「0.2」）
金属（皿）	○：FFFFFF（「粗さ」の値「0.2」、「メタリック」の値「1.0」）
白	○：E7E7E7
ベージュ（背景）	○：E7D8B1

中級編

8 日目

レベル ★★☆

ここで学ぶ機能　クリッピング　平面のロック　テクスチャペイント

クマのキャラクターを作ろう

クマの顔やボディの滑らかな曲面作りに挑戦しましょう。

動画解説はこちら

https://book.impress.co.jp/closed/bld-vd/day8.html

1つのオブジェクトを［編集モード］で編集を重ねて、より複雑な形状を作っていきます。

はじめに

5STEPで制作の流れを確認しよう

STEP 1　立方体で顔のベースを作ろう

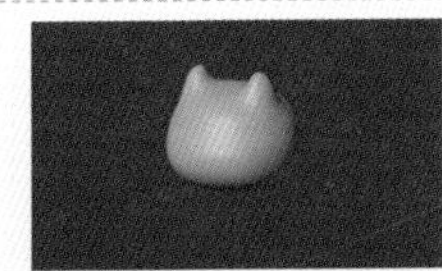

STEP 2　立方体で鼻と口を作ろう

STEP 3　押し出し機能でボディを作ろう

STEP 4　腕とマフラーを作ろう

STEP 5　ブラシでほっぺを描こう

STEP 1

顔のベースを作ろう

立方体で顔のベースを作っていきましょう。左右対称の顔を作るために、顔の半分を作ってから［**ミラーモディファイアー**］で反対側に反映します。

1 ［**平行投影**］（テンキー5）にして［**オブジェクトモード**］（Tab）のままデフォルトで表示されている立方体を選択します❶。

テンキー

投影モードの切り替え　5

2 ［モディファイアーを追加］>［**生成**］>［**サブディビジョンサーフェス**］を選択し❷、モディファイアーパネルの［**ビューポートのレベル数**］の値を「2」❸、［**レンダー**］の値を「2」にします❹。

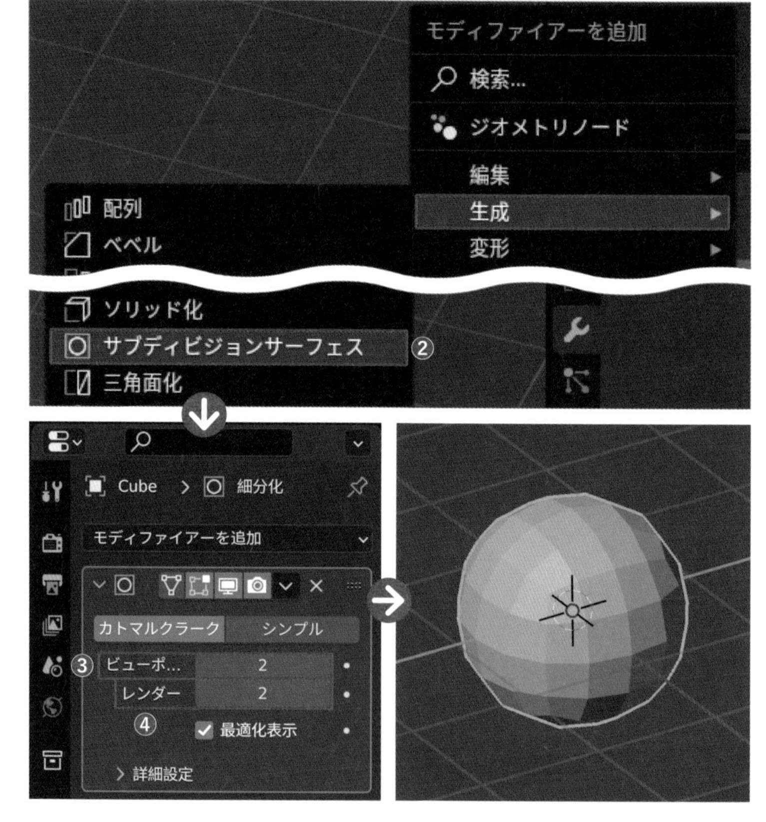

3 ［**サブディビジョンサーフェス**］により擬似的に細分化された状態をベースにモデリングしていくので、モディファイアーを［**適用**］しましょう❺。

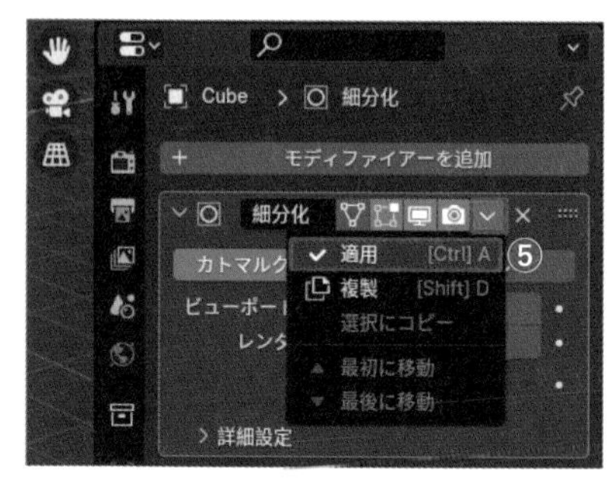

4 [**編集モード**]に入り(Tab)、フロントビューにします(テンキー1)。[**透過表示**]をオンにしたら(Alt option + Z)、[**頂点選択モード**](数字キー1)で左半分を[**ボックス選択**]します❻。

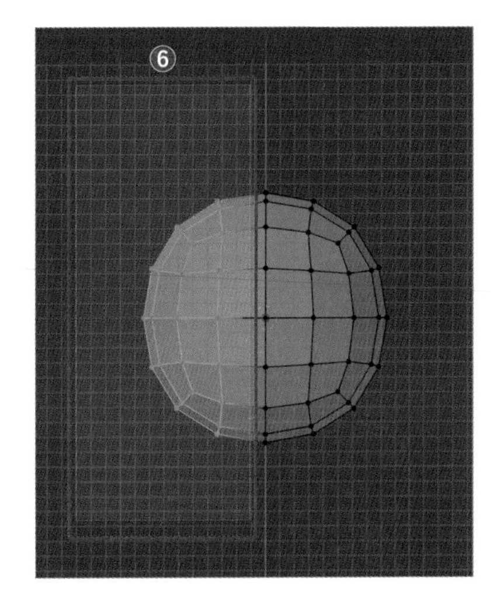

テンキー

フロントビュー	1

ショートカットキー

透過表示の切り替え	Alt option + Z
頂点選択モード	数字キー 1

5 X > [**頂点**]を選択して削除し、右側半分だけにします❼。

ショートカットキー

オブジェクトの削除	X

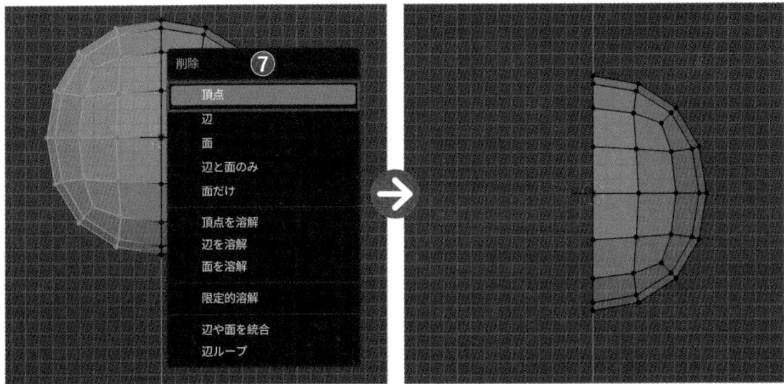

6 🔧 > [**モディファイアーを追加**] > [**生成**] > [**ミラー**]を選択し❽、モディファイアーパネルの[**クリッピング**]にチェックを入れます❾。

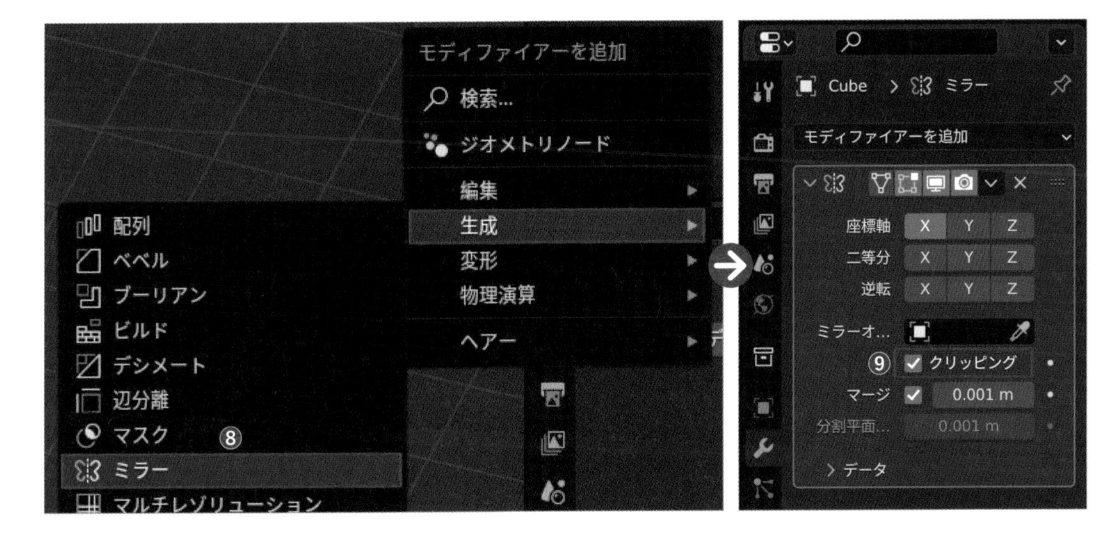

Point

クリッピング

[**ミラーモディファイアー**]を用いて線対称のオブジェクトを作成する時には、モディファイアープロパティの[**クリッピング**]をオンにすると、頂点を移動しても軸を超えないようにすることができます。オフになっていると、対象軸を超えて頂点が移動してしまいます。

7 次に、顔の輪郭を整えていきましょう。A キーで全選択したら、S→Z キーで楕円形になるように上下方向に縮小します⑩。

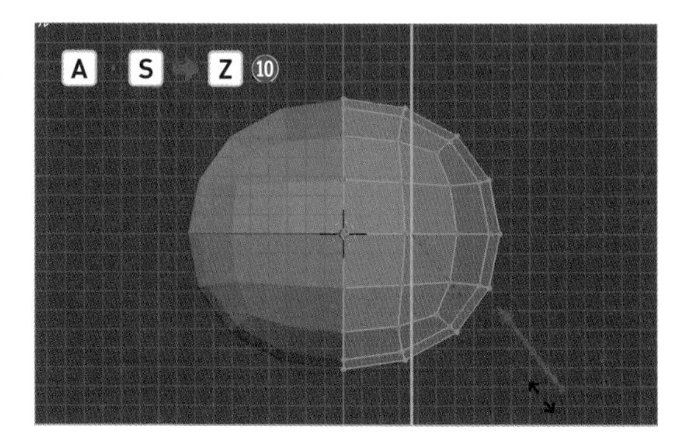

ショートカットキー

全て選択	A
拡大・縮小	S

8 顔の下端の頂点を選択します⑪。[**プロポーショナル編集**]をオンにしたら⑫、G→Z キーで上方に移動させます⑬。

ショートカットキー

移動	G

プロポーショナル編集 P133

9 次に、耳を作っていきます。[**プロポーショナル編集**]と[**透過表示**]をオフにして（Alt option + Z）、[**面選択モード**]（数字キー 3）で耳にあたる位置の面を1枚選択します⑭。

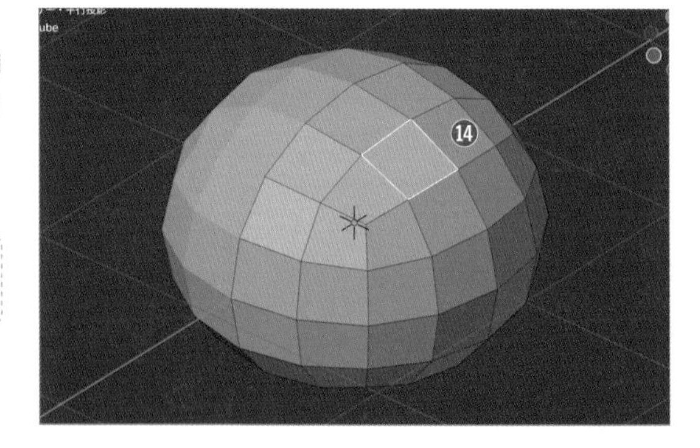

ショートカットキー

面選択モード	数字キー 3

10 S キーで拡大して⑮、E→Z→Z キーで上方に押し出しましょう⑯。

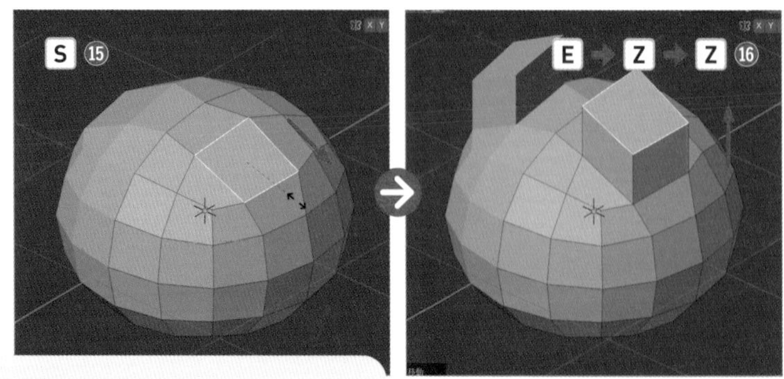

ショートカットキー

押し出し	E

E→Z キーの後にもう一度 Z キーを押すことで「グローバル座標軸」のZ軸方向（上）に動かすことができます。

11 そのまま[S]キーで耳の先を縮小します⑰。

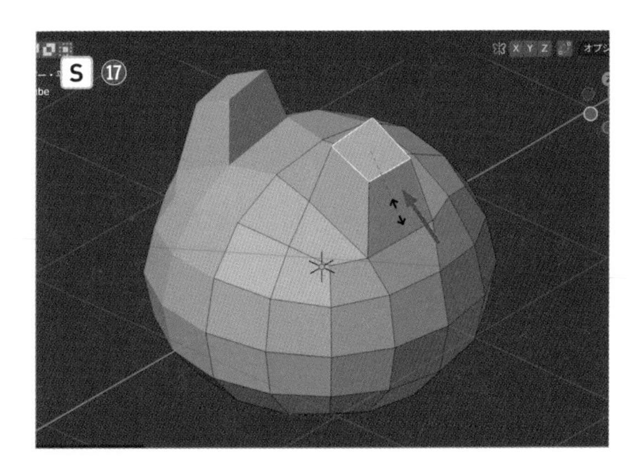

12 ［**オブジェクトモード**］に戻り（Tab）、🔧＞［**モディファイアーを追加**］＞［**生成**］＞［**サブディビジョンサーフェス**］を選択し⑱、モディファイアーパネルの［**ビューポートのレベル数**］の値を「3」⑲、［**レンダー**］の値を「3」にします⑳。

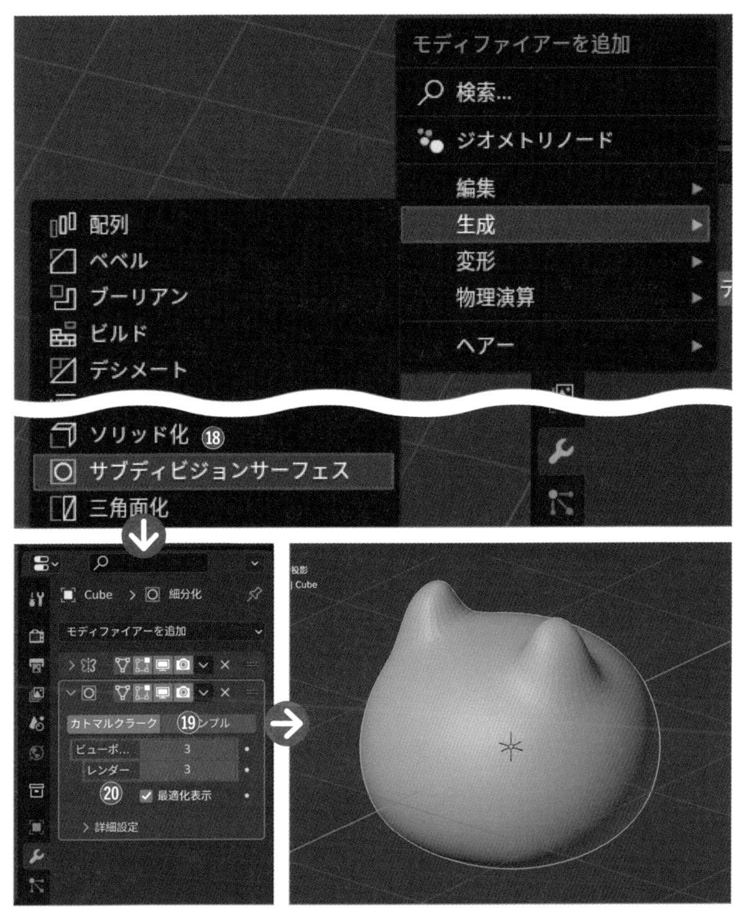

13 右クリック＞［**自動スムーズを使用**］を適用して、表面をツルツルにしましょう㉑。

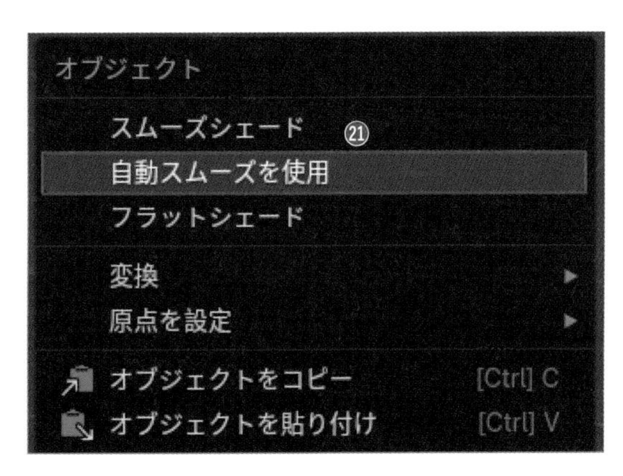

STEP 2

鼻と口を作ろう

次に、立方体とUV球で顔のパーツを作っていきましょう。

1 まずは、鼻先～口の部分から作っていきます。Shift + A > [**メッシュ**] > [**立方体**] を選択して配置し、縮小(S)と移動(G → Y)で図のように配置します❶。

ショートカットキー

オブジェクトの追加 Shift + A

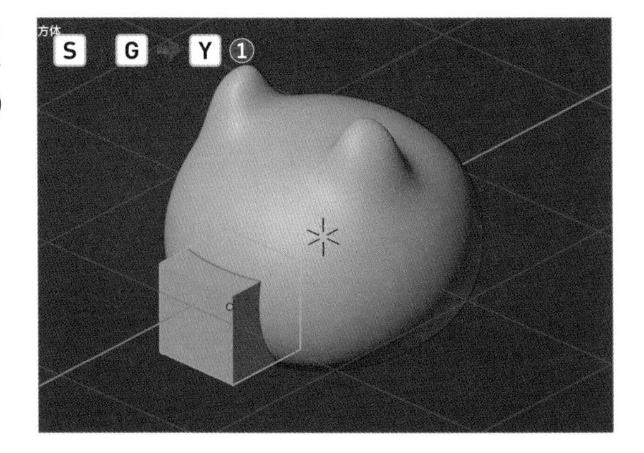

2 [**編集モード**] に入り（Tab）、[**面選択モード**]（数字キー3）で下面を選択し、Sキーで全体を縮小したら、S → Zキーで上下方向に縮小し、逆三角形のような立体を作ります❷。

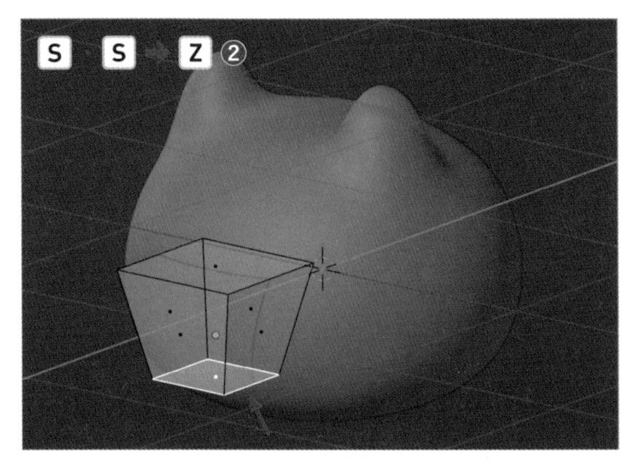

紙面ではわかりやすいように [透過表示] で説明しています。

3 [**オブジェクトモード**] に入り（Tab）、 > [**モディファイアーを追加**] > [**生成**] > [**サブディビジョンサーフェス**] を選択し、モディファイアーパネルの [**ビューポートのレベル数**] の値を「3」❸、[**レンダー**] の値を「3」❹にします。右クリック > [**自動スムーズを使用**] を適用させて表面をツルツルにしましょう❺。

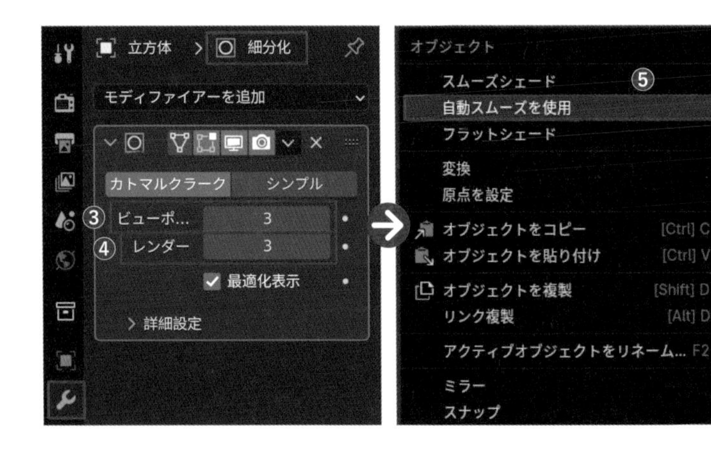

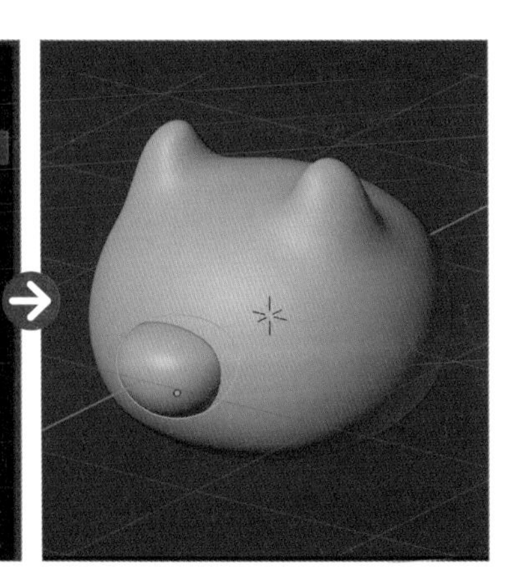

4 今作ったパーツをコピーして上方へ移動させ（Shift+D→Z）❻、Sキーと Gキーで大きさと位置を調整して鼻を作成します❼。

ショートカットキー

複製	Shift + D

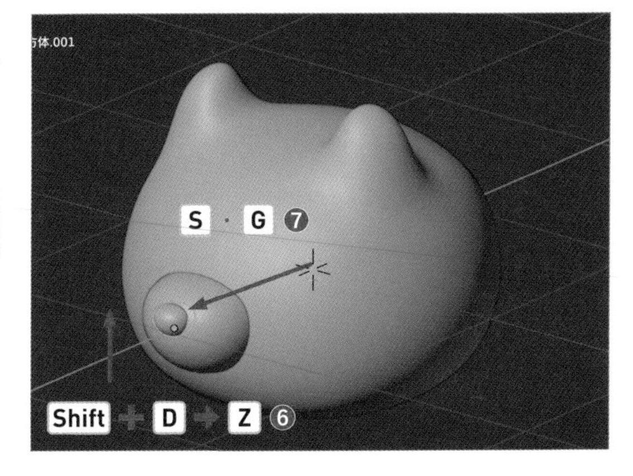

5 更に口を作りましょう。鼻をコピーして下方へ移動させます（Shift+D→Z）❽。

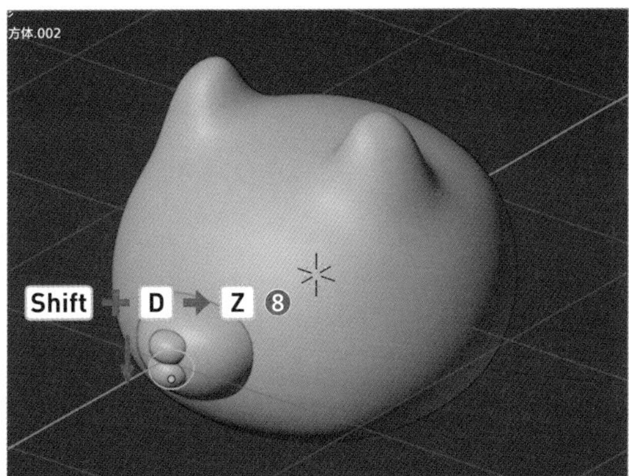

6 ［**編集モード**］に入り（Tab）、Ctrl command+Rキーで口の面を縦に等分に輪切りにしましょう❾。

ショートカットキー

ループカット	Ctrl (command) + R

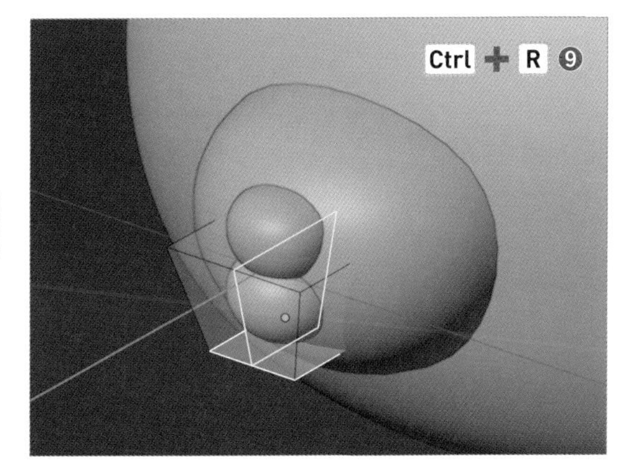

7 フロントビューにして（テンキー1）、Aキーで口を全選択したら❿、S→Zキーで全体を上下方向に縮小します⓫。

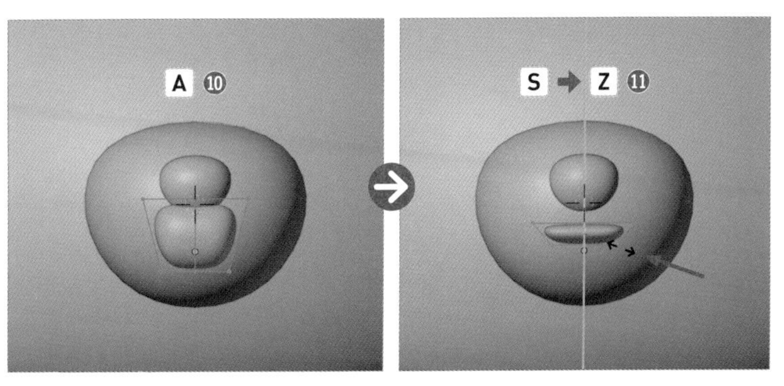

中級編 8日目 クマのキャラクターを作ろう

8 ［**透過表示**］をオンにし（Alt option＋Z）、［**頂点選択モード**］（数字キー1）で真ん中の頂点群を［**ボックス選択**］し⑫、下方へ移動させ（G→Z）にっこりとした表情を作りましょう⑬。［**透過表示**］はオフにしましょう（Alt option＋Z）。

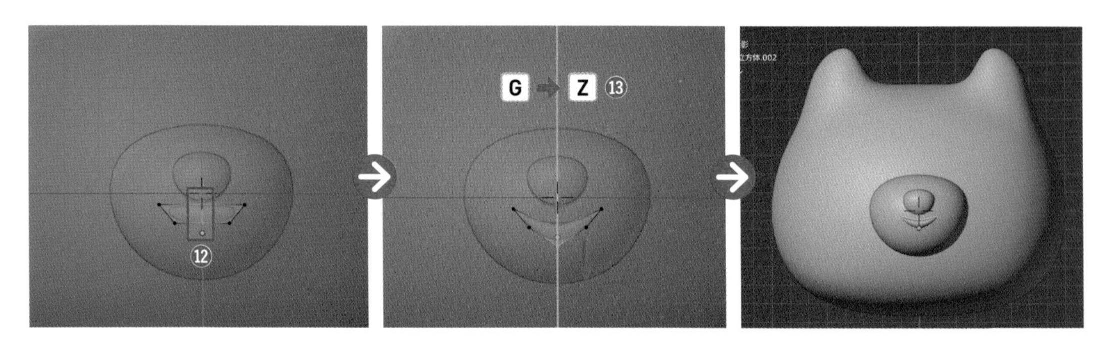

9 パーツの位置やサイズをお好みで調整しましょう。顔から離れたり、口が飛び出てたりしている場合は視点をライトビュー（テンキー3）にして調整してみましょう。

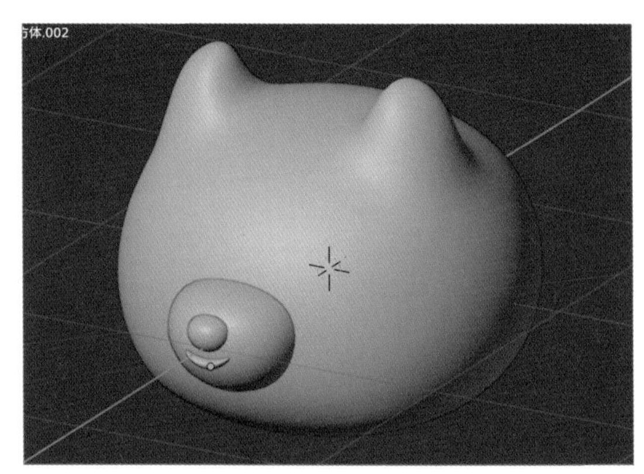

顔の形状を整えよう

ここで、作った鼻と口に合わせて顔の形状を少し整えましょう。

1 ［**オブジェクトモード**］で顔本体のオブジェクトを選択し、［**編集モード**］に入ります（Tab）❶。

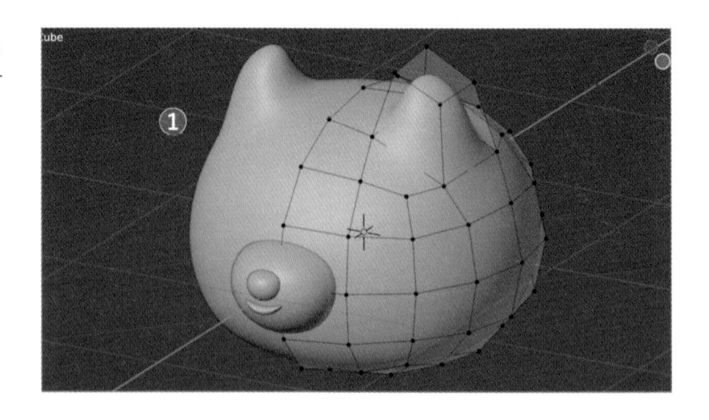

2 口側に向かって全体の面が盛り上がるように調整していきます。ライトビューにして（テンキー3）、［**透過表示**］をオンにします（Alt option＋Z）❷。

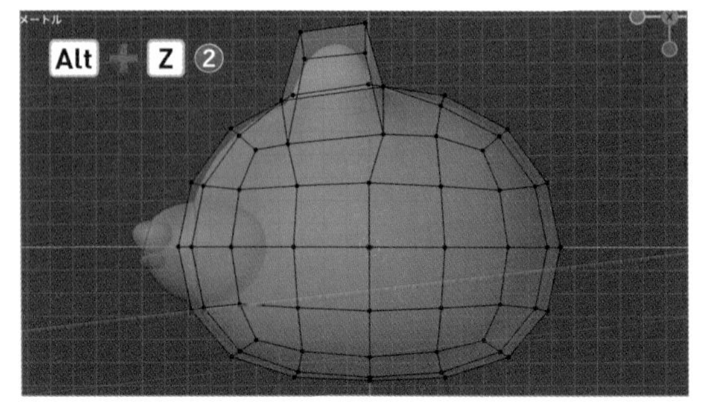

3 ［**頂点選択モード**］（数字キー1）で鼻先〜口のすぐ上にある頂点2つを選択し❸、後方に移動させます（G）❹。

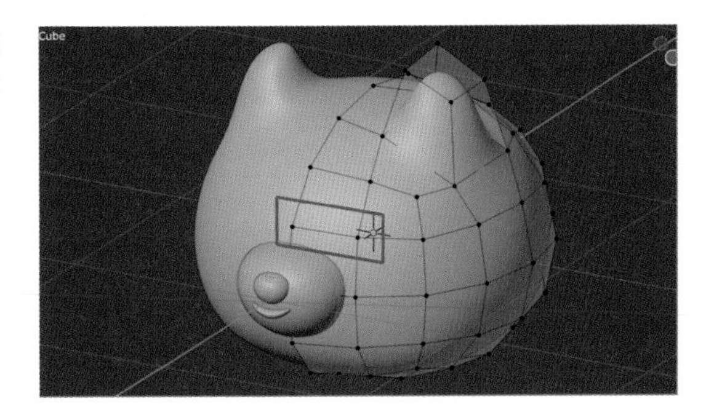

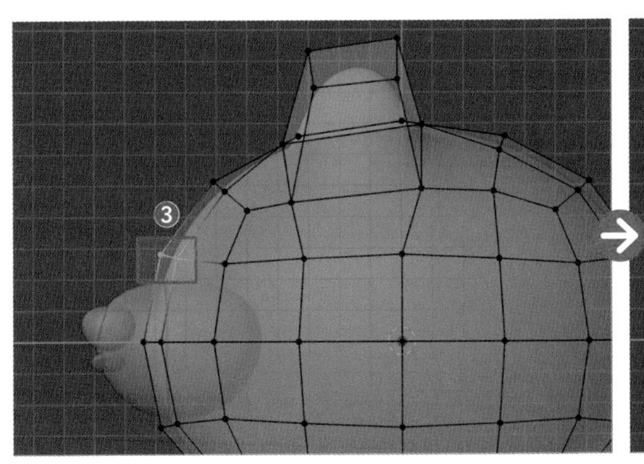

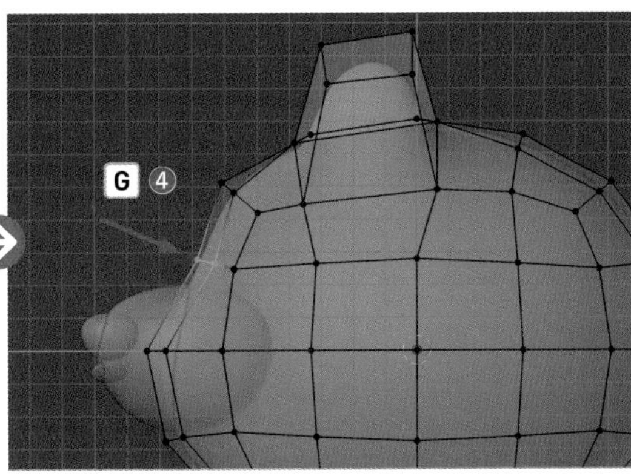

4 その隣の頂点も少し後ろへ移動させます（G）❺。この時の移動量は、先の2頂点よりも少なくすることでカーブが滑らかになり、シワが入りにくくなります。

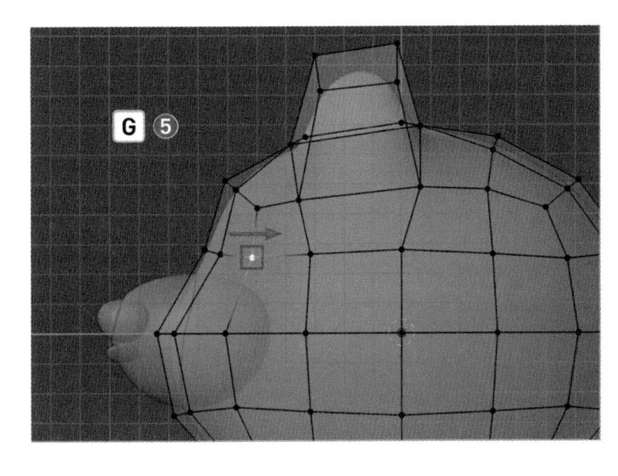

5 次に、鼻元とその横の2つの頂点を前方に移動させ（G）、全体でS字を描くように調整しましょう❻。こうすることで、鼻先に向かって顔のベースの面が盛り上がり、形状的に調和しやすくなります。調整が終わったら［**透過表示**］はオフにしましょう（Alt option ＋ Z）。

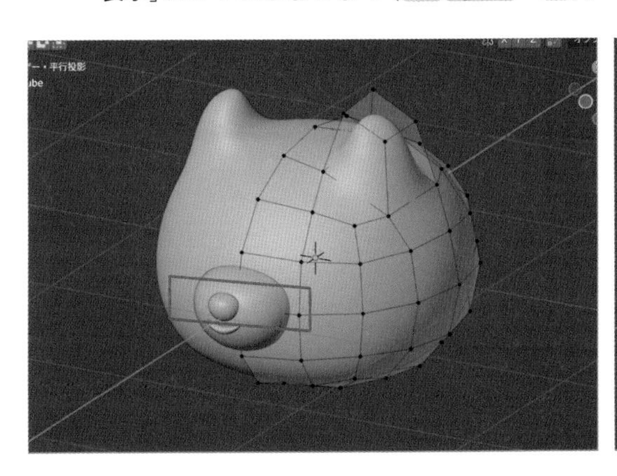

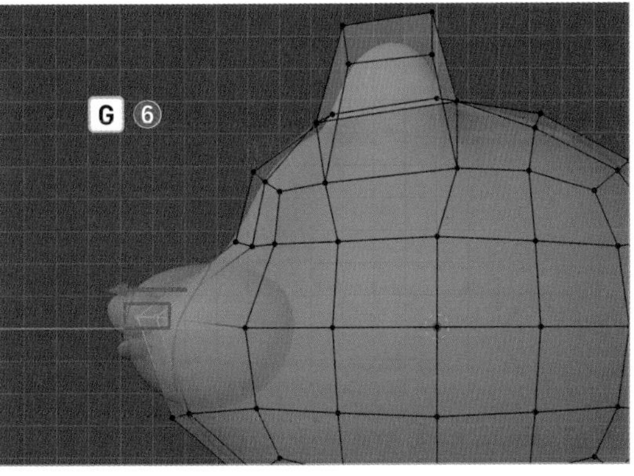

目を作ろう

UV球で目を作っていきましょう。

1. ［**オブジェクトモード**］（Tab）でShift＋A＞［**メッシュ**］＞［**UV球**］を選択して追加し、大きさと位置を調整して左目になるように配置します（S・G）❶。右クリック＞［**自動スムーズを使用**］を適用させ、表面をツルツルにしておきましょう。

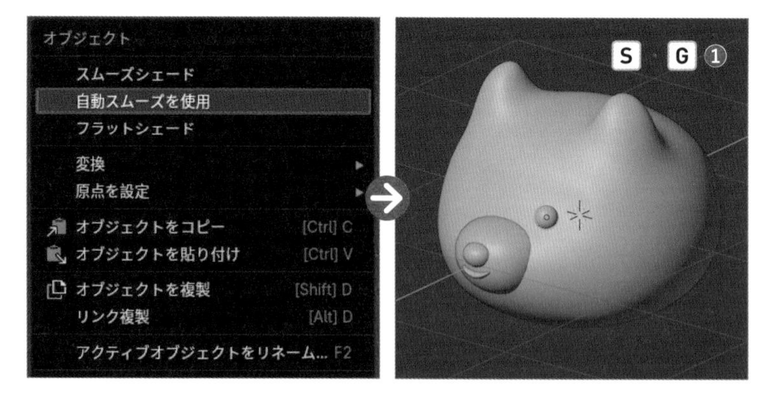

2. もう1つの目を作ります。＞［**モディファイアーを追加**］＞［**生成**］＞［**ミラー**］を選択しましょう❷。

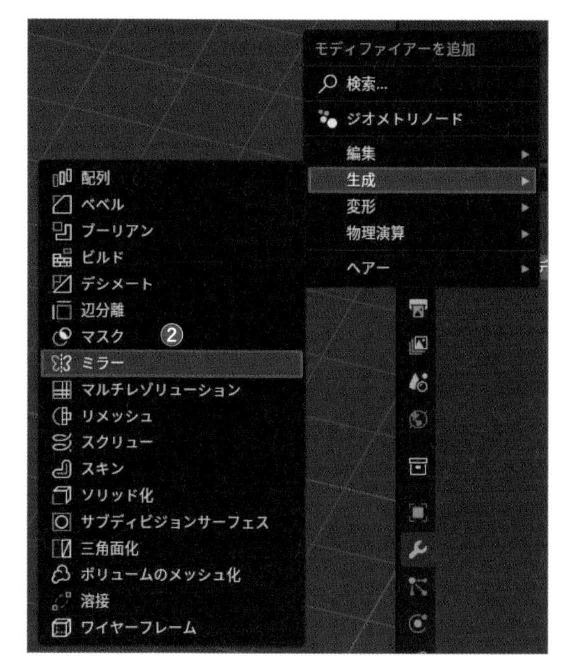

3. ［**ミラーオブジェクト**］のスポイトマークで、顔のオブジェクト(図の場合はCube)を選択します❸。これで、顔が完成しました！

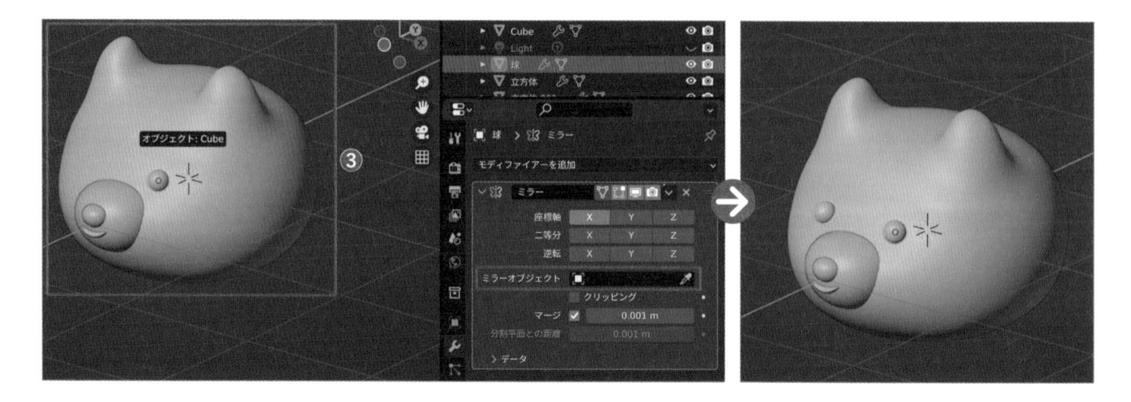

STEP 3

足から順にボディを作ろう

次に、ボディを作っていきましょう。足先から順に頂点を押し出しながら形を作っていきます。

1 ［**オブジェクトモード**］（Tab）でShift＋A＞［**メッシュ**］＞［**円**］を選択して配置し❶、左下の［**オペレーターパネル**］を開いて［**頂点**］の値を「8」に変更します❷。

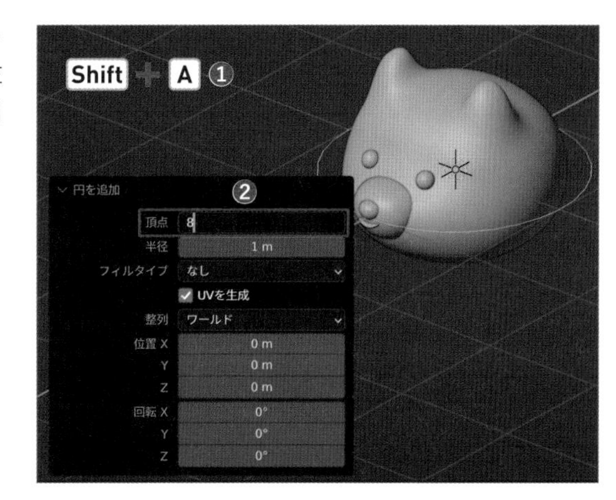

2 体のモデリングがしやすいように、しばらく顔は非表示にしておきましょう。円のオブジェクトを選択し、/キーで円だけを表示させます❸。

ショートカットキー

対象オブジェクトのみを表示・解除 /

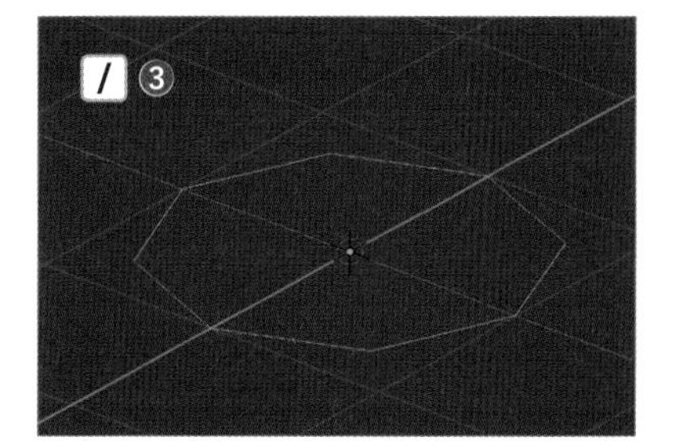

3 Sキーで円を縮小して❹、［**編集モード**］に入り（Tab）、原点は残したまま、G→Xキーで Y軸より右側に移動します❺。

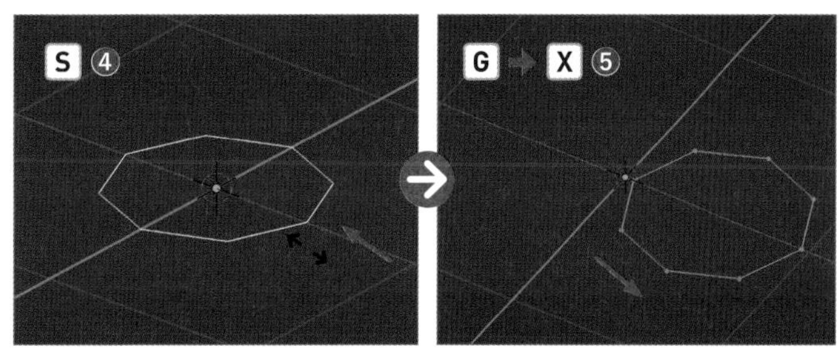

4 E→Zキーを押して、2段階に分けて上方に押し出します❻❼。

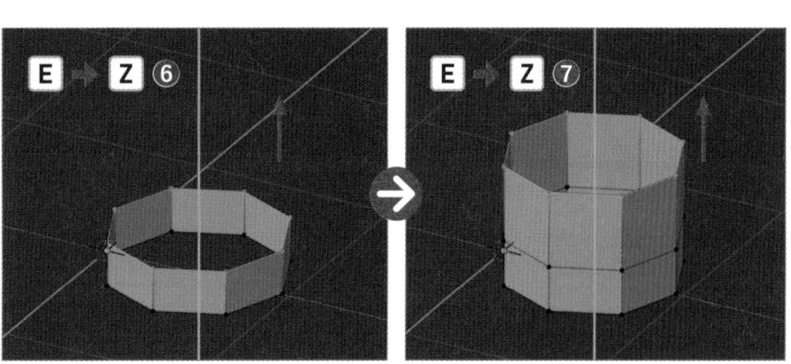

5 フロントビューにして（テンキー1）、図のように外側の頂点が高くなるように回転させます（R）❽。

ショートカットキー

回転 R

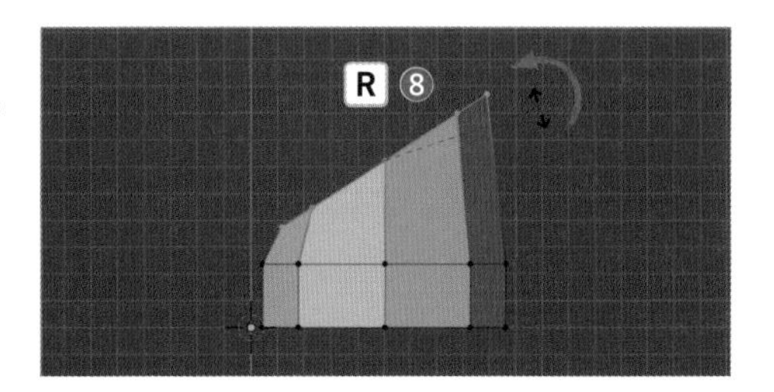

6 🔧 >［**モディファイアーを追加**］>［**生成**］>［**ミラー**］を選択します❾。

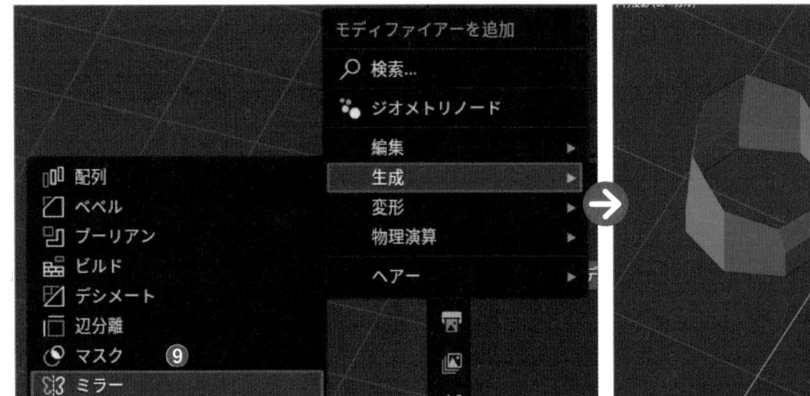

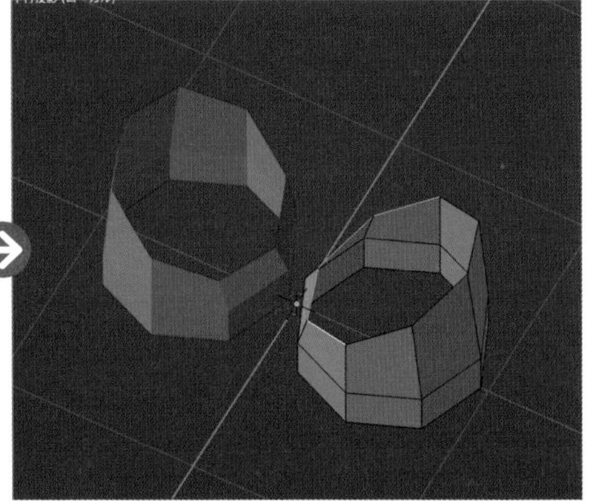

7 モディファイアーパネルの［**クリッピング**］にチェックを入れておきましょう❿。

8 ［**辺選択モード**］（数字キー2）で内側の4つの辺を選択したら、E→Xキーを押して内側に押し出し、完全に4つの辺がくっつくようにしましょう⓫。

ショートカットキー

辺選択モード 数字キー 2

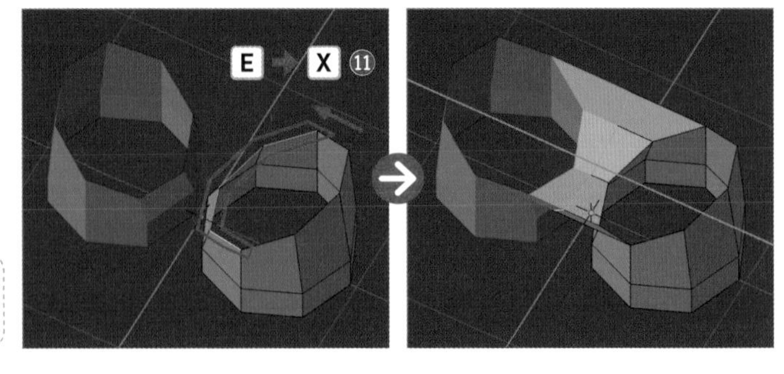

9 フロントビューにして（テンキー[1]）、［**透過表示**］をオンにします（[Alt] [option] + [Z]）。［**頂点選択モード**］（数字キー[1]）で上端の頂点を全て［**ボックス選択**］したら⓬、[S]→[Z]→「0」の順に入力して確定し、高さを揃えます⓭。［**透過表示**］はオフにしましょう（[Alt] [option] + [Z]）。

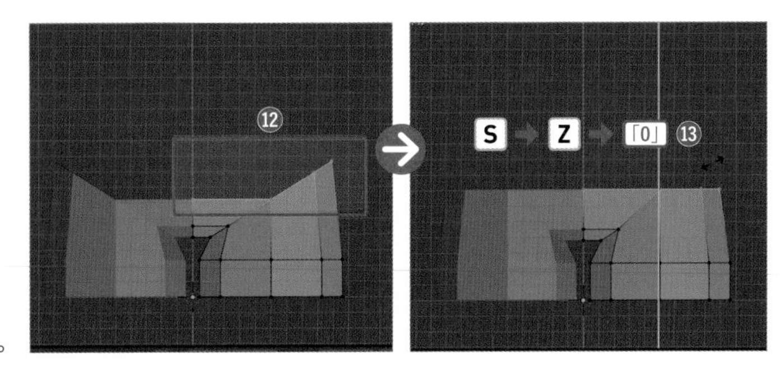

胴体を作ろう

作った脚の頂点を上へ上へと押し出して、胴体を作っていきます。

1 上端の頂点が選択されたまま[E]→[Z]キーで上方に押し出したら❶、[S]キーで拡大します❷。

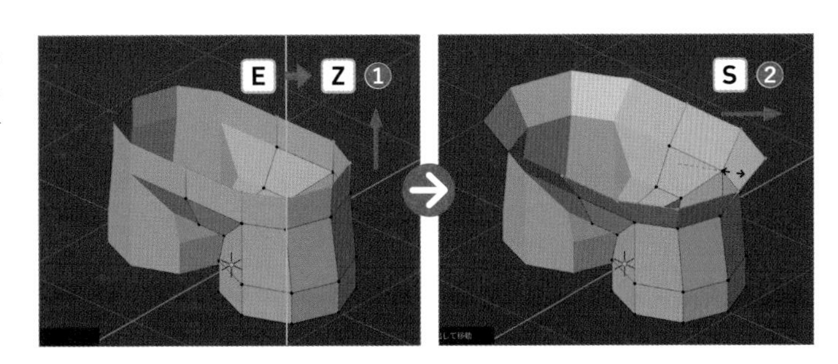

2 更に[E]→[Z]キーで上方に押し出したら❸、今度は[S]キーで縮小します❹。これが、お腹にあたる部分です。

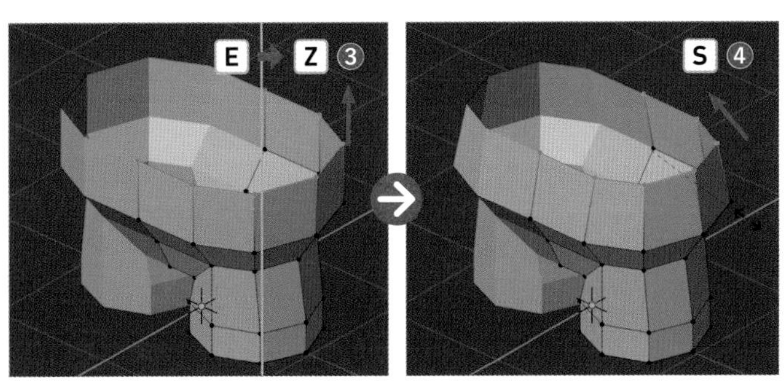

3 続けて胸から上の部分も作りましょう。[E]→[Z]キーで上方に押し出したら❺、[S]キーで縮小して❻、[F]キーで面を塞ぎましょう❼。

ショートカットキー

フィル 

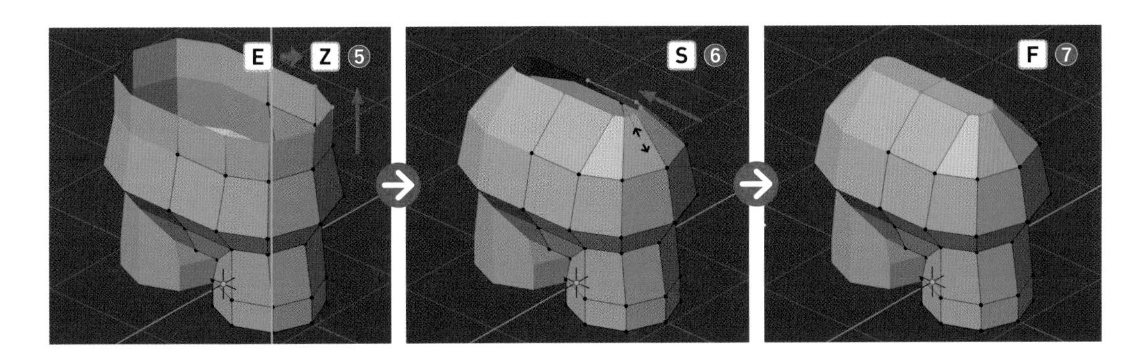

中級編 8日目 クマのキャラクターを作ろう

4 ライトビュー（テンキー3）で［**透過表示**］をオンにして（Alt option ＋ Z）、お腹のシルエットを調整します。［**頂点選択モード**］（数字キー1）でお腹のカーブの頂点の頂点群を［**ボックス選択**］し❽、前方へ移動させましょう（G）❾。

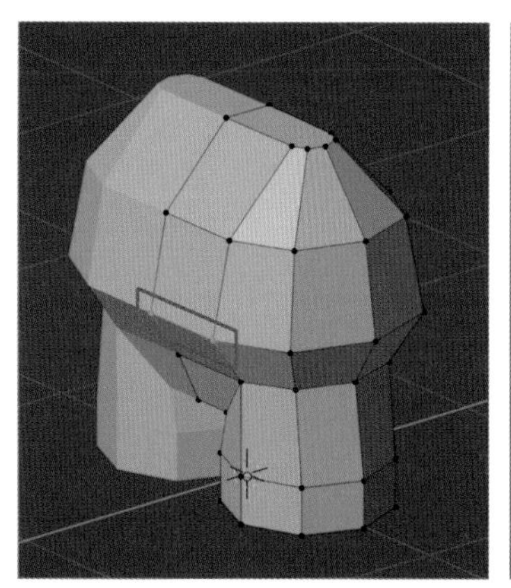

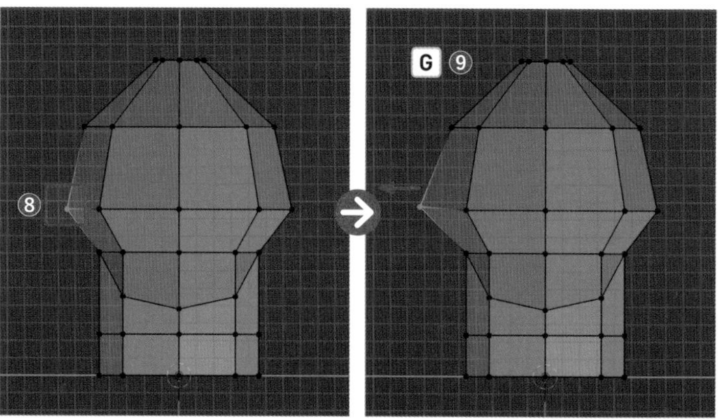

5 ［**透過表示**］をオフにしたら（Alt option ＋ Z）、その下の頂点も前方へ移動させます（G）❿。

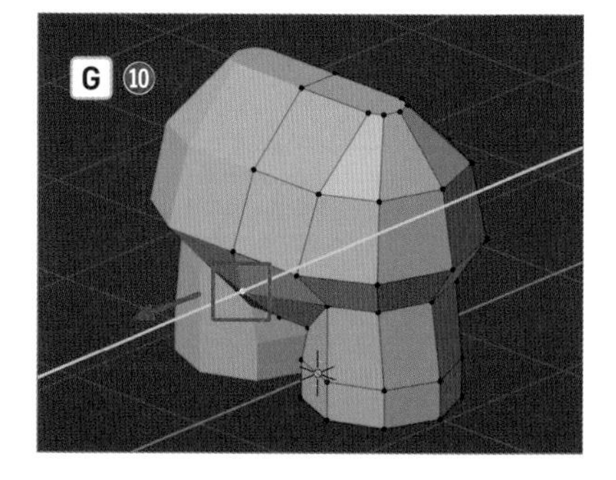

6 次に、脚のシルエットを調整しましょう。［**辺選択モード**］（数字キー2）で下から2番目の辺を［**ループ選択**］し（Alt option ＋左クリック）、そのままSキーで縮小します⓫。

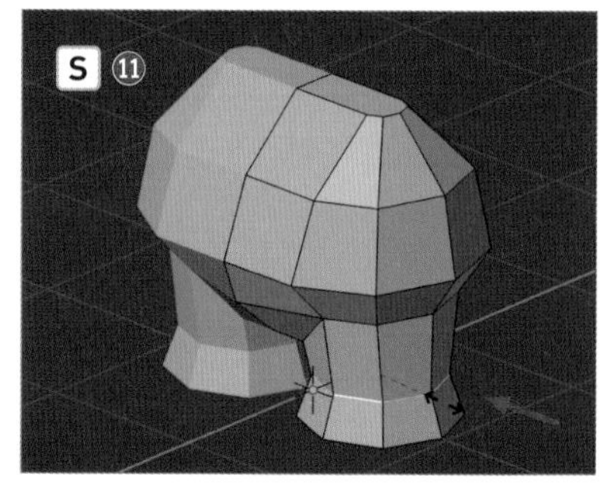

7 下端の辺を［**ループ選択**］し（Alt option ＋左クリック）、Fキーで面を張ります⓬。

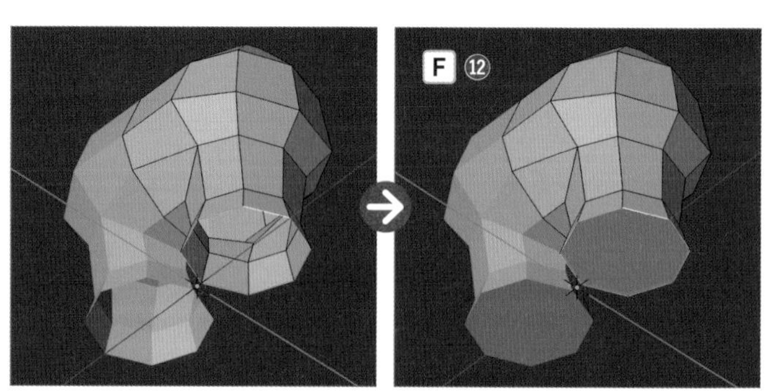

8 そのまま、I キーで面を差し込み、他に比べて大きな広い面が残らないように調整しておきます⑬。

ショートカットキー

インセット	I

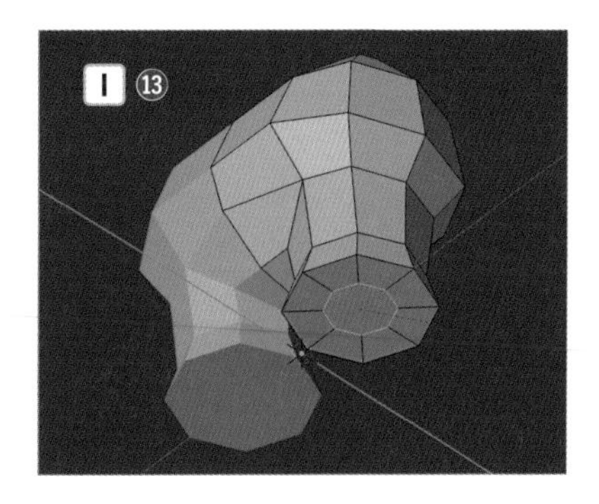

Point

面の大きさは均等に

面の大きさが他に比べて極端に広い場所があると、後ほど［**サブディビジョンサーフェスモディファイアー**］を追加する際にシワが寄ってしまいます。

9 ボディの形状ができたら、［**オブジェクトモード**］に戻り（Tab）、 >［**モディファイアーを追加**］>［**生成**］>［**サブディビジョンサーフェス**］を選択し⑭、モディファイアーパネルの［**ビューポートのレベル数**］の値を「3」⑮、［**レンダー**］の値を「3」にして⑯、右クリック>［**自動スムーズを使用**］を適用しましょう⑰。

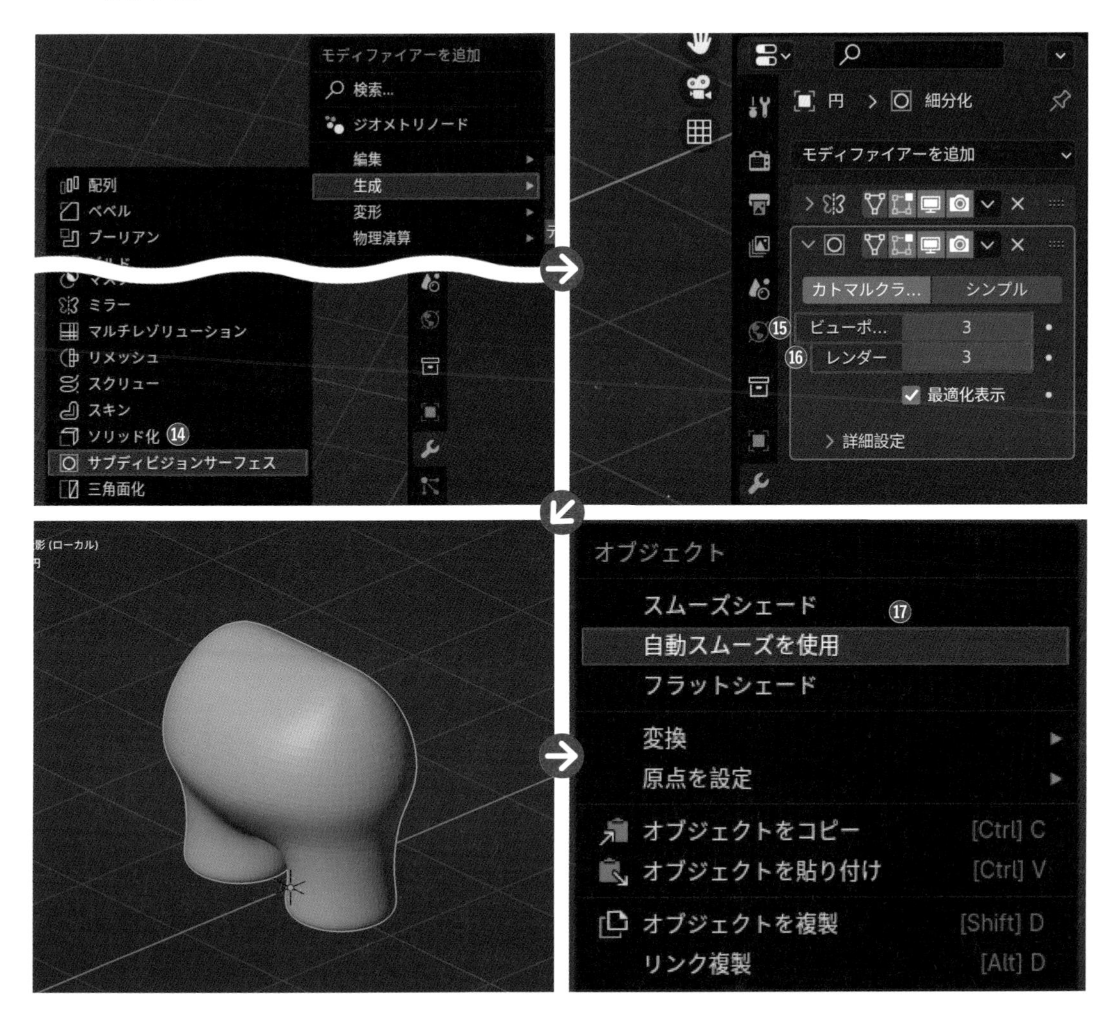

中級編 8日目 クマのキャラクターを作ろう

STEP 4

腕を作ろう

立方体で腕のパーツを作っていきましょう。

1 /キーを押して顔のオブジェクトを表示させたら、位置と大きさ、バランスを調整します(移動G、拡大・縮小S)❶。そのまま腕を作っていきましょう。

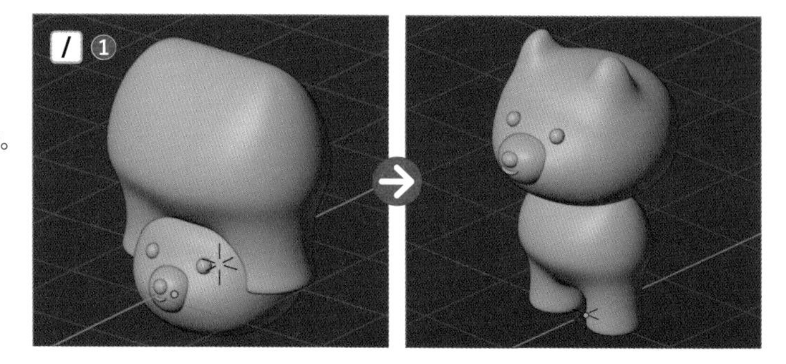

2 Shift+A > [**メッシュ**] > [**立方体**] を選択して追加し、縮小(S)、移動(G)させて腕の位置に配置します❷。

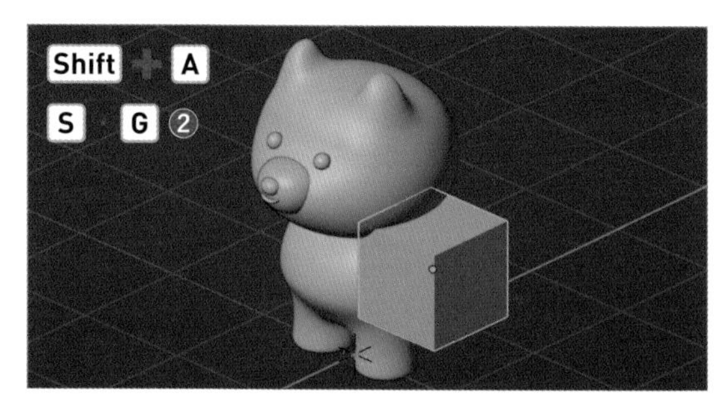

3 [**編集モード**](Tab)に入り、S→Shift+Zキーを押して前後左右方向に縮小します❸。

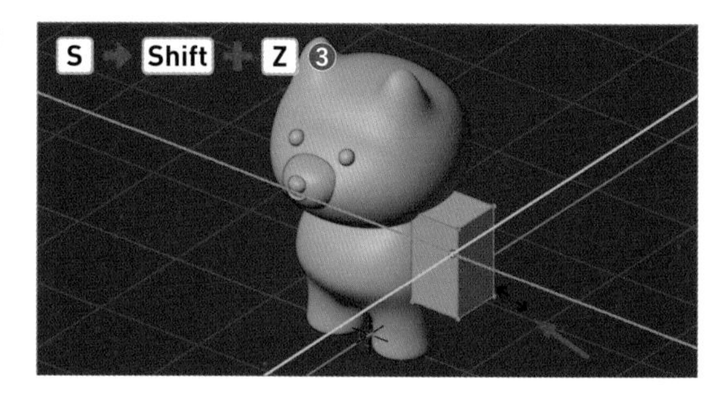

Point

平面のロック

移動G、拡大・縮小Sの操作の後にShift+X Y Zキーを押すと、選択していない2つの軸に動きをロックすることができます。これを「平面のロック」といいます。例えば、Sキーで拡大しながら、Shift+Zキーを押すと、XY方向だけに拡大することができます。

4 Ctrl command+Rキーで腕の面を横に等分に輪切りしましょう❹。

5 ［**透過表示**］をオンにし（Alt option + Z）、［**頂点選択モード**］（数字キー1）で最上部の4つの頂点を選択したら❺、そのままSキーで縮小します❻。

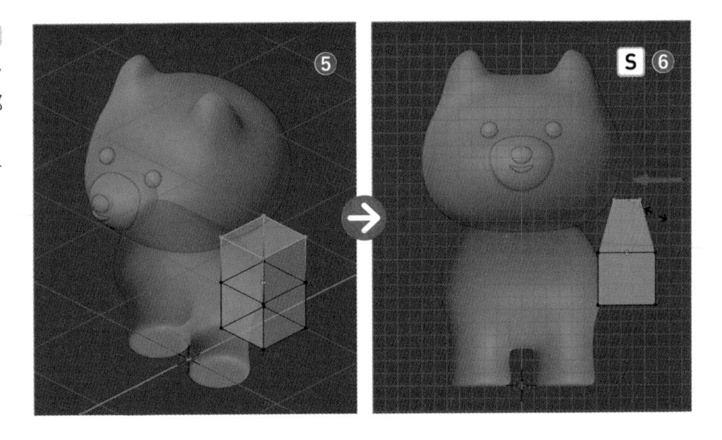

6 そのまま肩に沿うように、Gキーで移動しましょう❼。調整したら［**透過表示**］はオフにします（Alt option + Z）。

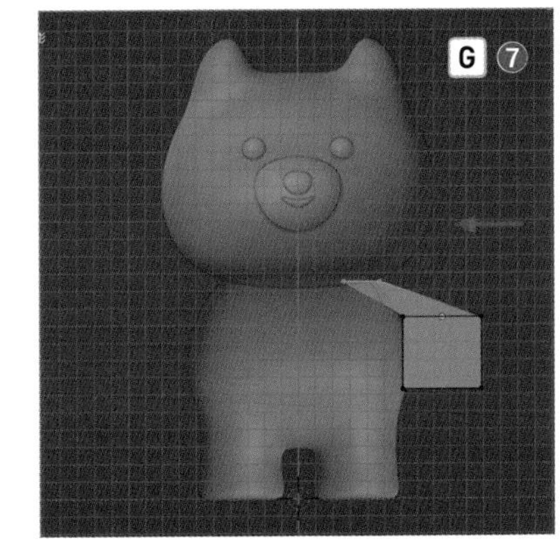

フロントビュー（テンキー1）で調整してみましょう。

7 ［**オブジェクトモード**］に戻り（Tab）、🔧>［**モディファイアーを追加**］>［**生成**］>［**サブディビジョンサーフェス**］を選択します❽。モディファイアーパネルの［**ビューポートのレベル数**］の値を「3」❾、［**レンダー**］の値を「3」にして❿、右クリック>［**自動スムーズを使用**］を適用します⓫。

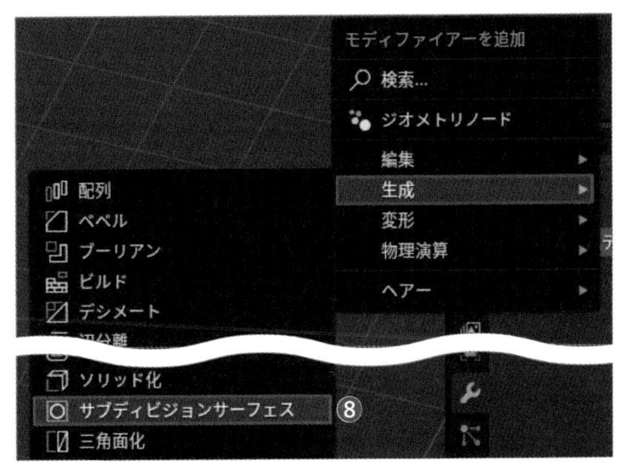

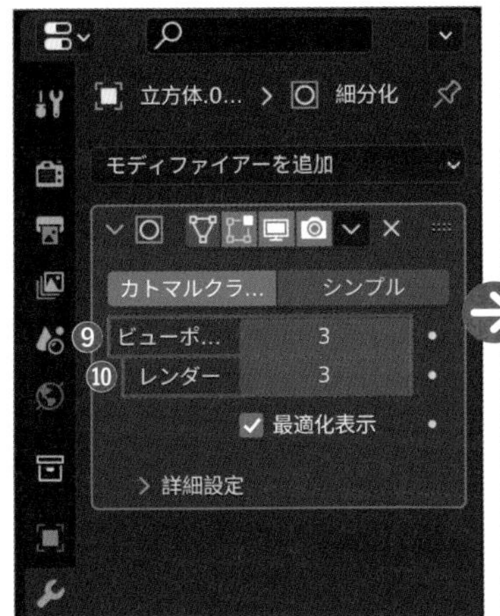

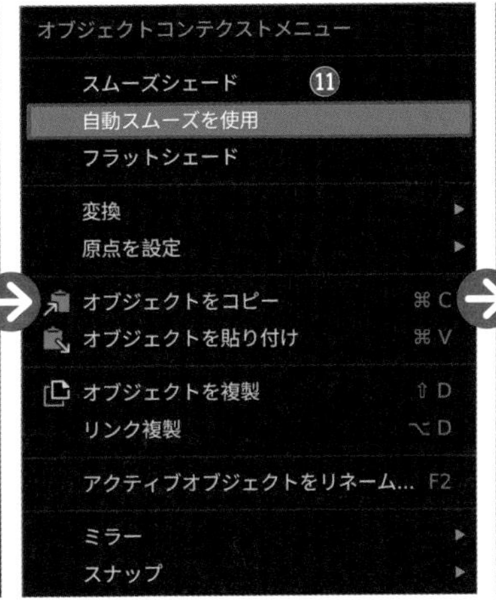

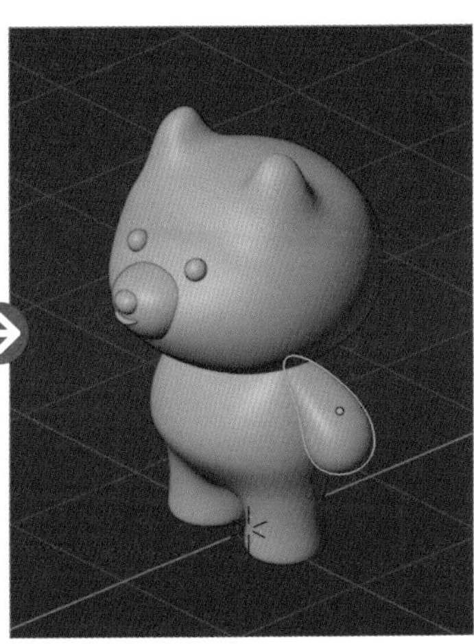

8 ［**編集モード**］に入り（Tab）、下端の4つの頂点群と真ん中の4つの頂点群をそれぞれ、ボディのラインに沿うようにフロントビュー（テンキー1）で調整していきます（G）⓬⓭。こちらも［**透過表示**］で調整しましょう（Alt option＋Z）。

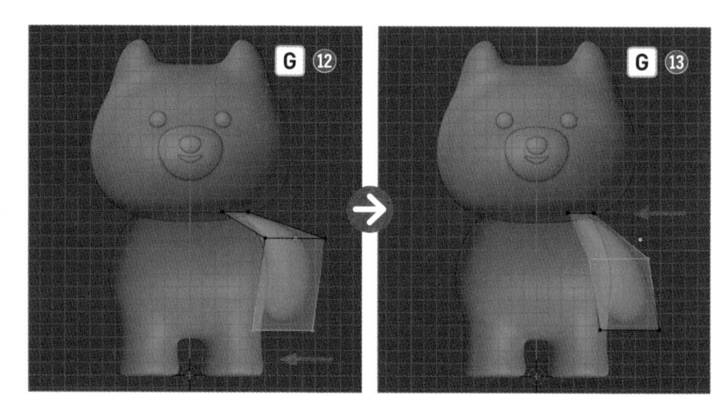

9 下端の4つの頂点群を選択した状態で、Sキーで縮小すると、外側のシルエットがよりボディに沿うようになり、収まりがよくなります⓮。調整が終わったら［**透過表示**］はオフにしましょう（Alt option＋Z）。

10 ［**オブジェクトモード**］に戻り（Tab）、腕を選択した状態で🔧＞［**モディファイアーを追加**］＞［**生成**］＞［**ミラー**］を選択し⓯、モディファイアーパネルの［**ミラーオブジェクト**］のスポイトで胴体を選択すると⓰、左右対称に腕が配置できます。これで、ボディも完成しました。

マフラーを作ろう

最後に、ボディの上部の面をコピー・分離してマフラーを作成していきましょう。

1 ボディを選択して［**編集モード**］（Tab）に入り、［**面選択モード**］（数字キー3）で、Alt option＋左クリックを押して肩回りの面を［**ループ選択**］します❶。

ループ選択 P071

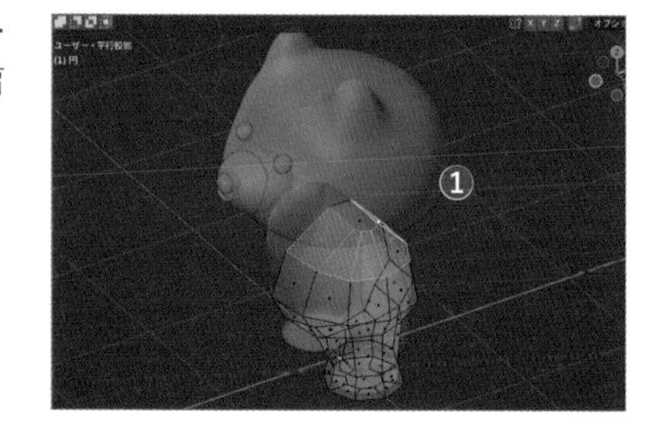

2 Shift+Dキーを押してコピーしたら確定し、P>［**選択**］を選んで分離します❷。

ショートカットキー

分離 P

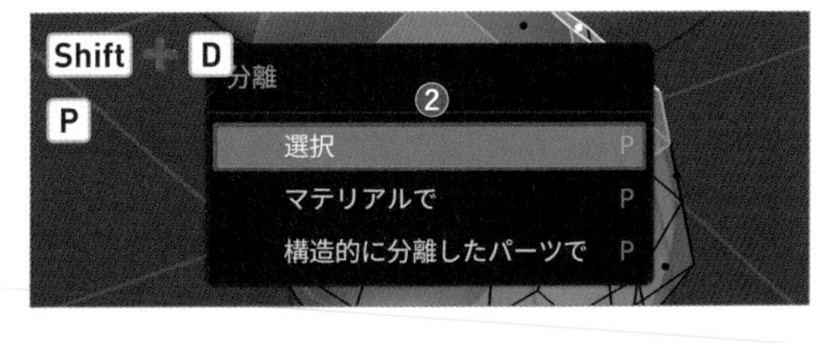

3 ［**オブジェクトモード**］に入り（Tab）、分離したオブジェクトを選択し、🔧>［**モディファイアーを追加**］>［**生成**］>［**ソリッド化**］❸と、［**ベベル**］❹を順番に選択します。［**ソリッド化**］の［**幅**］の値は「0.15」に❺、［**ベベル**］の［**量**］の値を「0.1m」❻、［**セグメント**］の値を「5」に変更します❼。

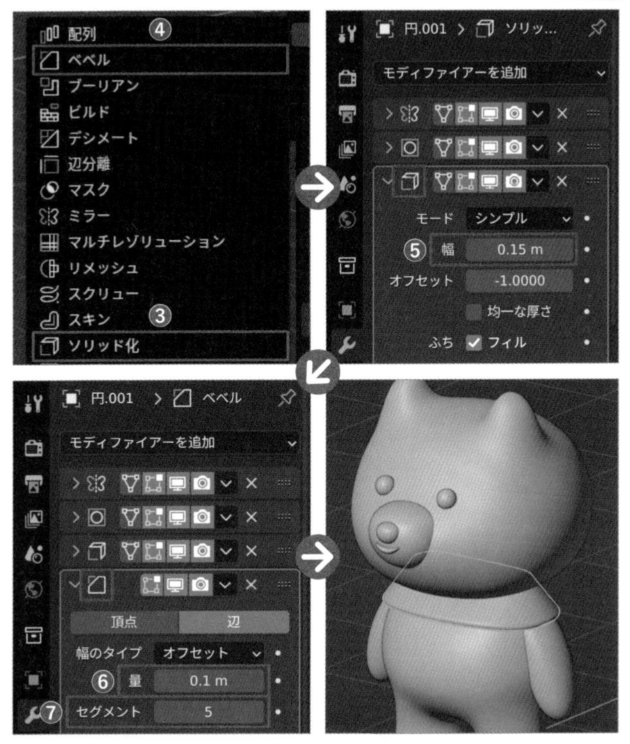

4 最後に、平面でマフラーのパーツを作成していきます。Shift+A>［**メッシュ**］>［**平面**］を選択して追加し❽、縮小（S）、移動（G）、回転（R）させ、図のように配置します❾。

視点を変えながら、首元のマフラーとボディの間に配置してみましょう。

5 ［**編集モード**］に入り（Tab）、右クリック＞［**細分化**］を選択して、面を細分化します❿。

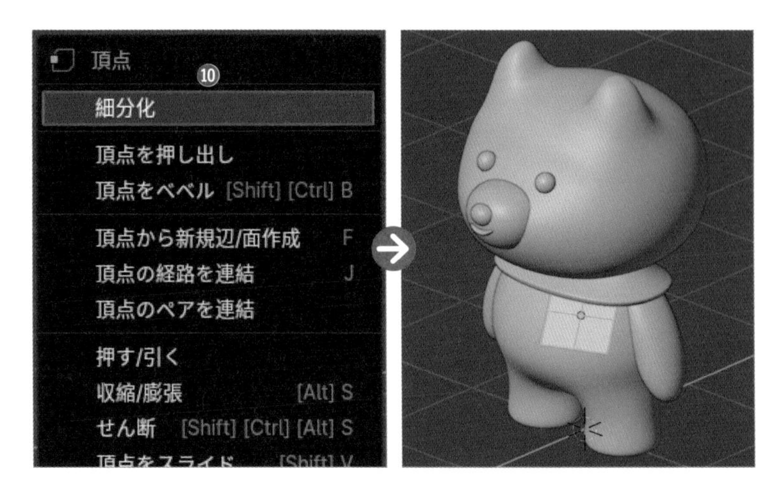

6 ［**オブジェクトモード**］に戻り（Tab）、🔧＞［**モディファイアーを追加**］＞［**生成**］＞［**ソリッド化**］⓫と、［**サブディビジョンサーフェス**］⓬を順番に選択します。［**ソリッド化**］の［**幅**］の値は「0.15」⓭、［**サブディビジョンサーフェス**］は［**ビューポートのレベル数**］の値を「3」⓮、［**レンダー**］の値を「3」に変更します⓯。これでモデリングは完了です。

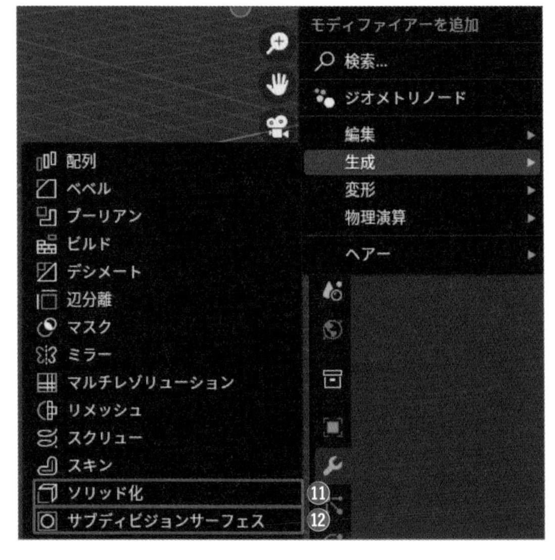

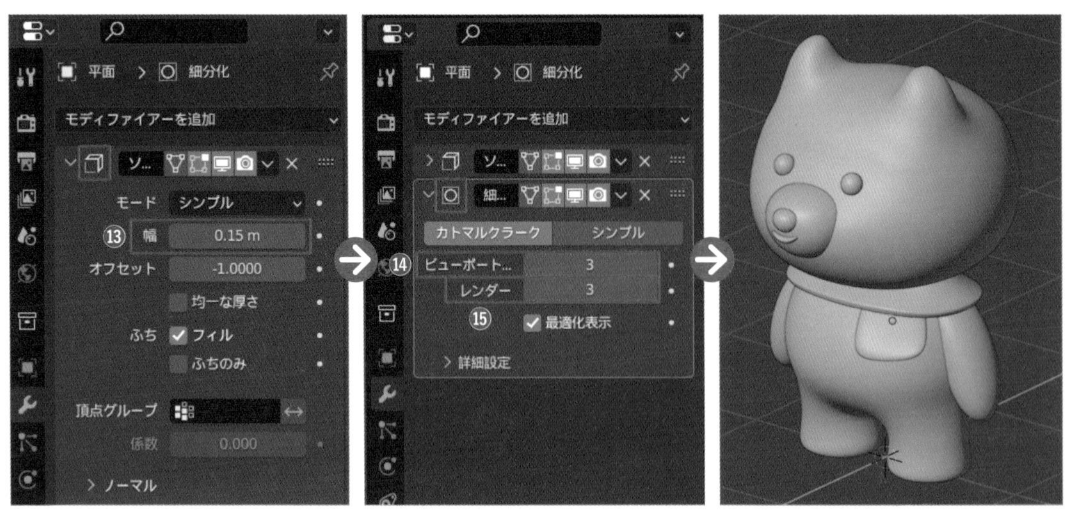

STEP 5

ほっぺを描こう

Blenderでは3Dモデルの表面に2D画像テクスチャをマッピング（貼り付け）することができます。今回は顔の画像テクスチャにブラシでほっぺを描いて貼り付けてみましょう。

1 P039を参考に、顔以外のマテリアルを設定します。

マテリアル設定 P039

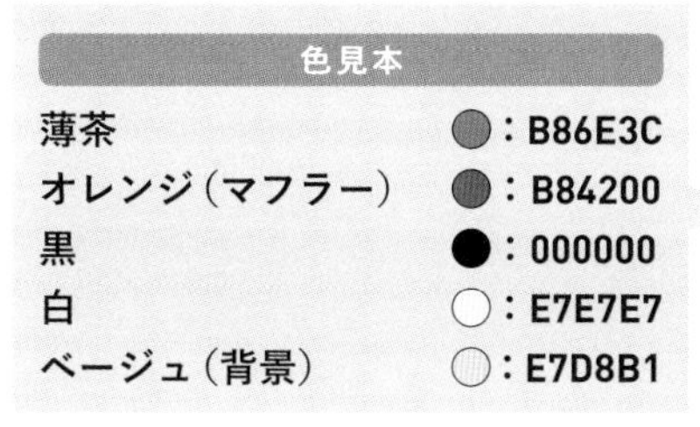

色見本	
薄茶	：B86E3C
オレンジ（マフラー）	：B84200
黒	：000000
白	：E7E7E7
ベージュ（背景）	：E7D8B1

2 次に、顔を選択して新規のマテリアルを追加したら、ベースカラーの黄色い丸印を押して、［**画像テクスチャ**］を選択します❶。これは、2次元の画像を立体に投影、つまり貼り付けて表示させる機能です。

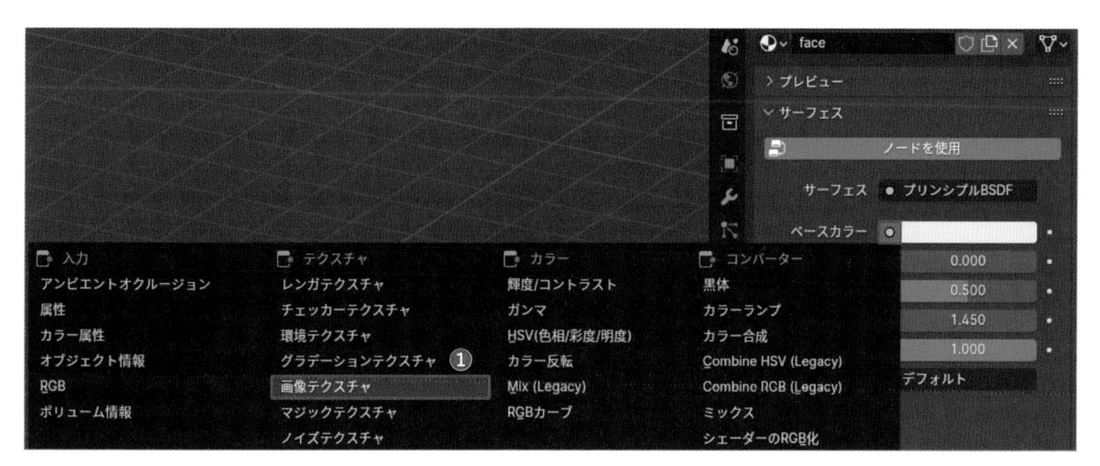

Point

画像テクスチャとUVマップ

［**画像テクスチャ**］とはモデルに色や質感を与えるために使用される2D画像です。その2D画像テクスチャを3Dモデルに適切にマッピングするための座標系を［**UVマップ**］といいます。

❸ 今回は、既成の2次元画像ではなく、自分でほっぺを描くので、パネルの［**新規**］ボタンを押しましょう❷。

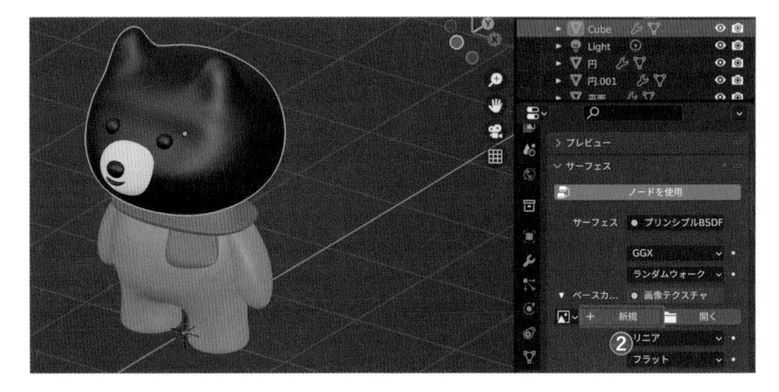

❹ ここではテクスチャ名を「face」とします。何もしないと真っ黒が選択されているので、［**カラー**］の黒い部分をクリックして❸、胴体と同じ色を設定し（B86E3C）❹、OKボタンをクリックします❺。

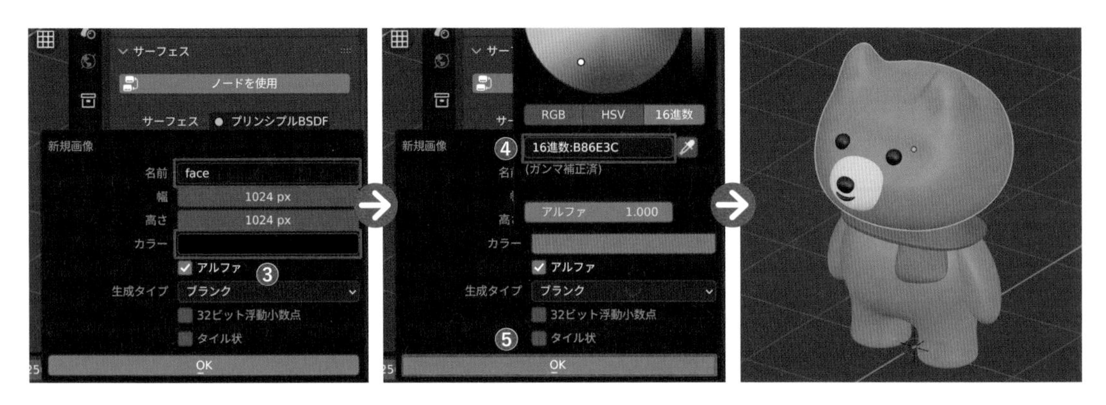

❺ ヘッダーメニューの［**テクスチャペイント**］を選択し、ペイントのワークスペースに移動しましょう❻。右側の作業スペースでブラシを用いて描いていきます。表示されている白い輪はブラシの太さです。Fキーを押してドラッグすることで大きさを調整できます。ブラシの色はパレットで変えることができます❼。ここでは白（FFFFFF）にしています。

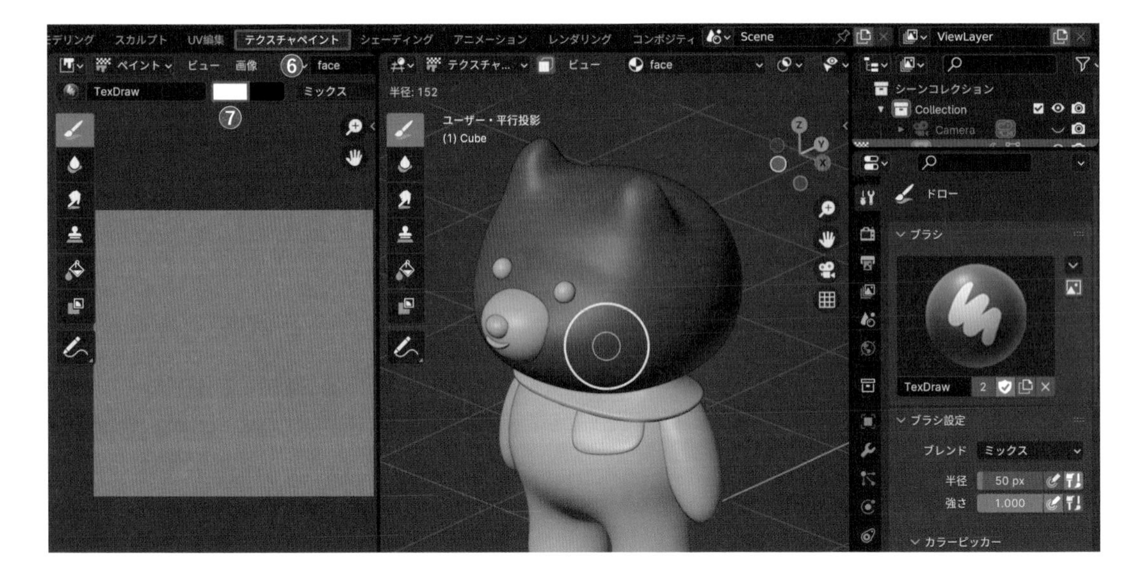

6 マウスをドラッグしながらほっぺのあたりに白い丸を描いてみましょう❽。すると同時に、左側の2次元の画像にも白いブラシで描かれたことが分かります❾。

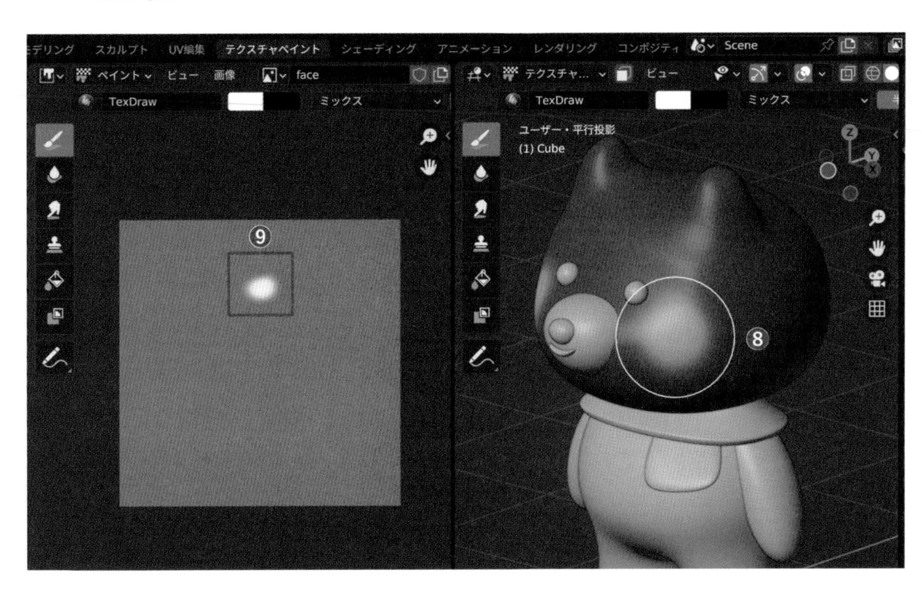

7 ［**レイアウト**］のワークスペースに戻ると❿、このように、白いブラシでペイントされていますね。これで、マテリアル設定は完了です。

8 オブジェクトを［**コレクション**］にまとめて［**アセット**］を追加したら、環境設定をしてレンダリングしてみましょう！

レンダリング P042
保存設定 P043
スタジオ設定 P063

column

キャラクターを動かしてみよう

Blenderでは、オブジェクトに骨組みを入れて、その骨を動かすことで作成したキャラクターを動かしてポージングすることができます。ここでは、8日目のクマのキャラクターに骨を入れて、10日目の部屋に配置する際、ソファに座るポーズが取れるように脚を動かしてみましょう。

動画解説 P139

キャラクターを動かす準備をしよう

骨組みを入れる前にオブジェクトの下準備をしておきましょう。

1 まず最初に、キャラクターを構成する全てのオブジェクトを新規の[**コレクション**](P043)にまとめておきます❶。

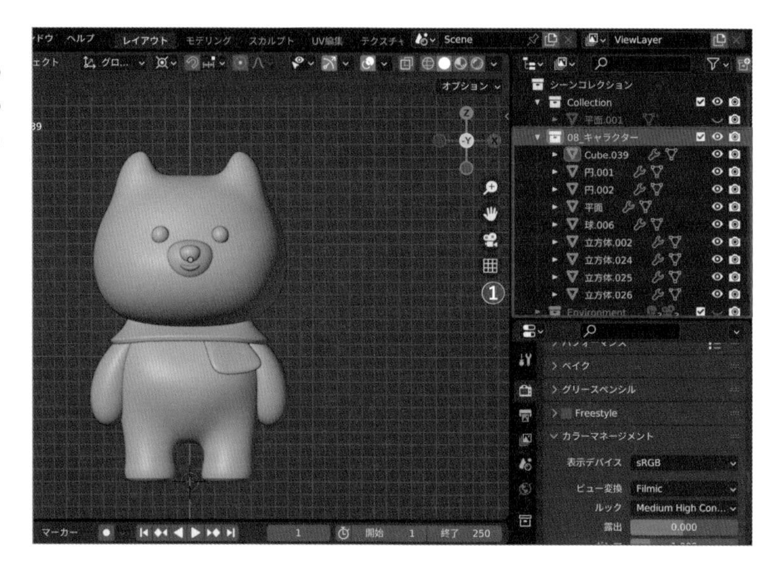

2 登録しているモディファイアーを全て適用させます。顔から身体、マフラーまで、全てのオブジェクトを順番に選択し、モディファイアーパネルの[**適用**]を選択していきます❷❸。念のため、適用後にもう一度オブジェクトを順番に選択し、モディファイアーパネルに何も表示されないことを確認しましょう。

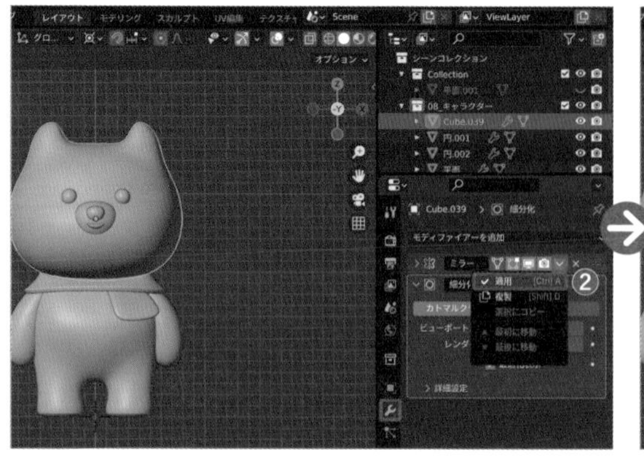

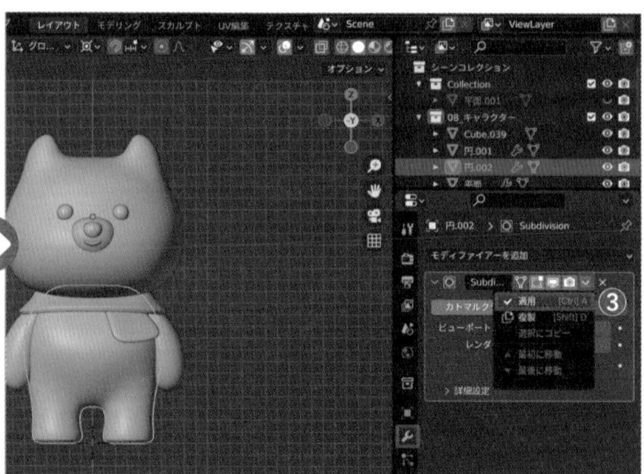

3 全てのオブジェクトを選択し、Ctrl command + J を押して1つのオブジェクトに統合します❹。

ショートカットキー

オブジェクトを統合　Ctrl command + J

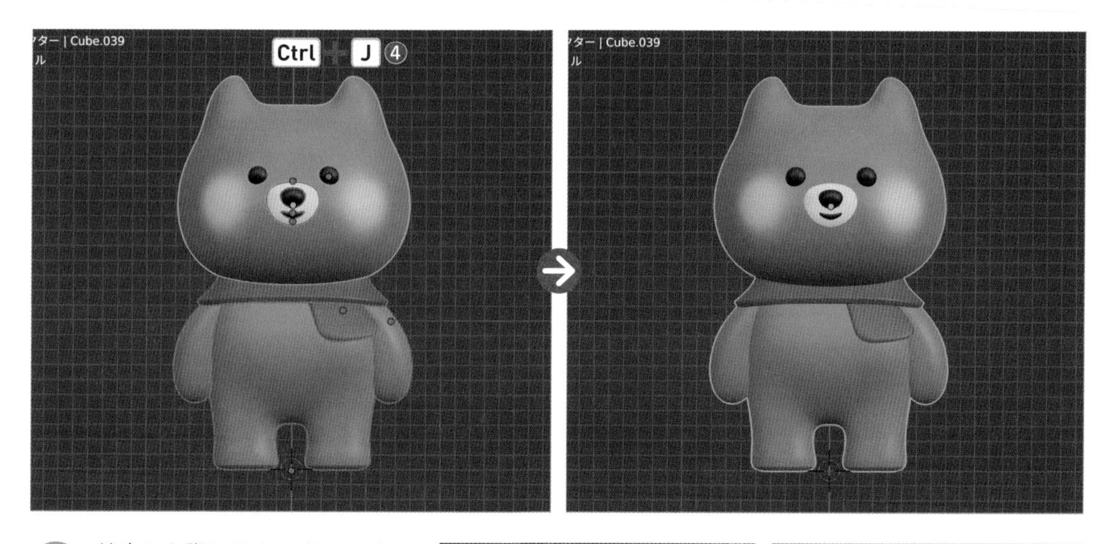

4 統合した際にテクスチャペイントが表示されない場合は、一度操作を取り消して（Ctrl command + Z）、UVマップの名前を変更してから再度統合を行いましょう。[**マテリアルプレビュー**] モードに切り替え、顔のオブジェクトを選択し、オブジェクトデータプロパティを開いて、[**UVマップ**] の名前を「UVmap」から「UVマップ」という風に、他のオブジェクトのものと揃えておきます❺。

顔のベースとなっているデフォルトの立方体の UV マップの名称は「UVmap」であるのに対し、P144以降で新たに追加したオブジェクトは「UV マップ」と命名されてしまいます。それぞれの名前が食い違っていると、統合した時にうまくテクスチャペイントが表示されないため、事前に揃えておきましょう。

アーマチュアを設定しよう

ここまでできたら、いよいよ骨組みを入れていきます。

1 モデリングを行う時の[**ソリッド**]モードに切り替え、フロントビューにします（テンキー1）。Shift + A >[**アーマチュア**]を選択して配置します❶。アーマチュアとは、Blenderにおける骨組みのことを指します。

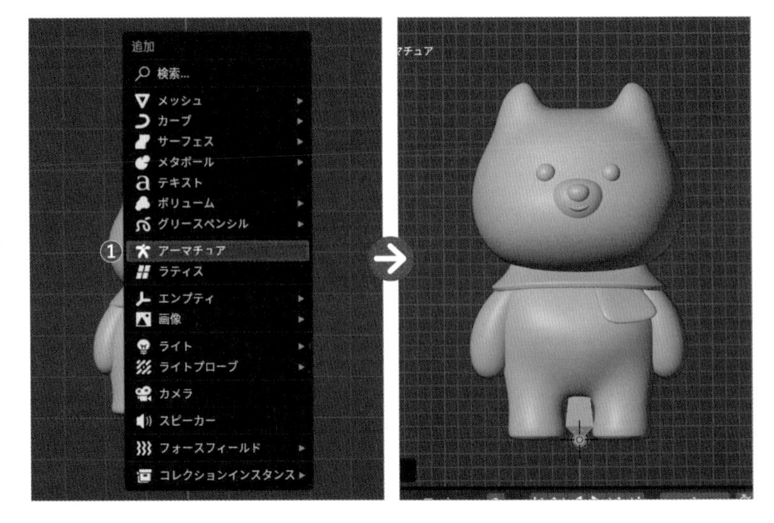

2 [**データプロパティ**]を開き、パネルの[**ビューポート表示**]の[**最前面**]にチェックを入れ、アーマチュアが前面に見えるようにしましょう❷。

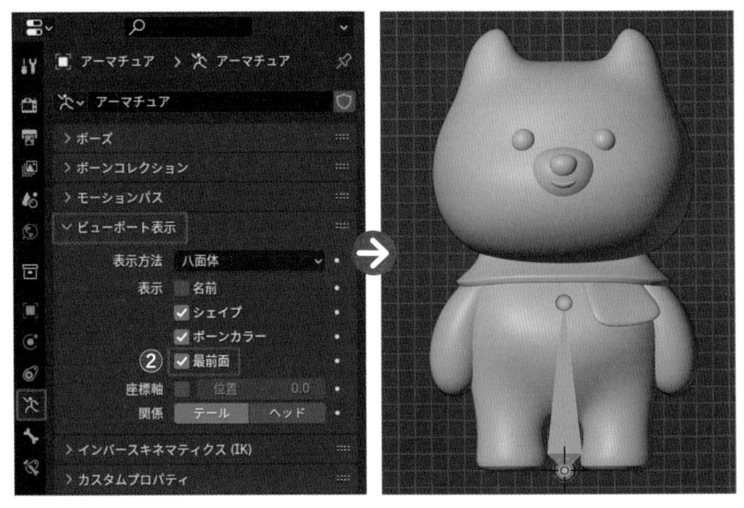

3 このアーマチュアは、背骨として活用します。G→Zキーで下端がお腹に来るように上方に移動したら❸、上端が首の付け根に来るように縮小しましょう（S）❹。

※アーマチュアが見やすいよう、キャラクターの表示色を変えています。

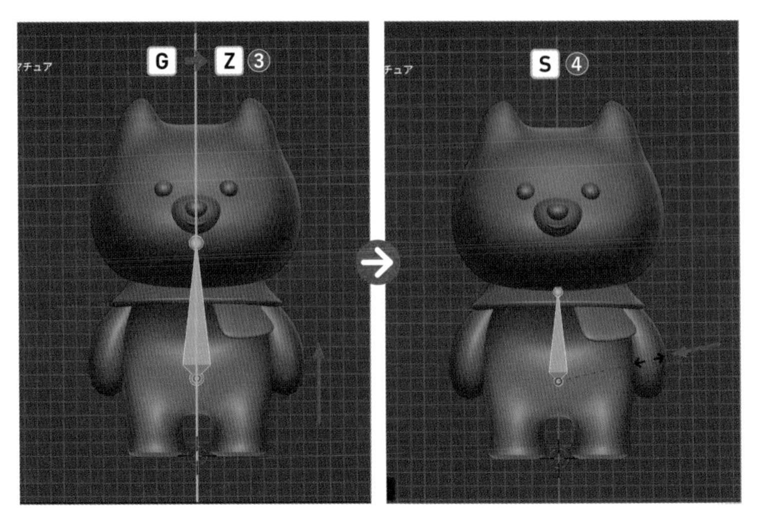

4 ［**編集モード**］に入り（Tab）、E→Zキーを押して上方に2回押し出します❺❻。1回目は首、2回目は頭部の骨です。

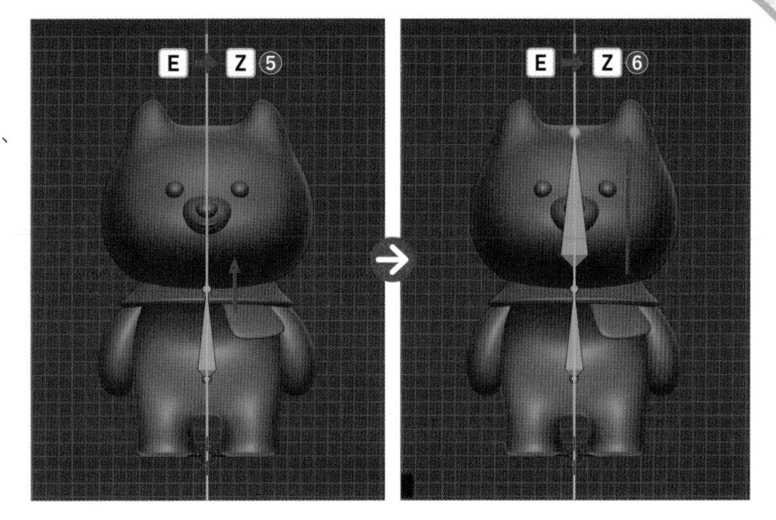

5 首の下端を選択し、Eキーで右側に3回押し出して、肩、腕の骨を作っていきます❼。

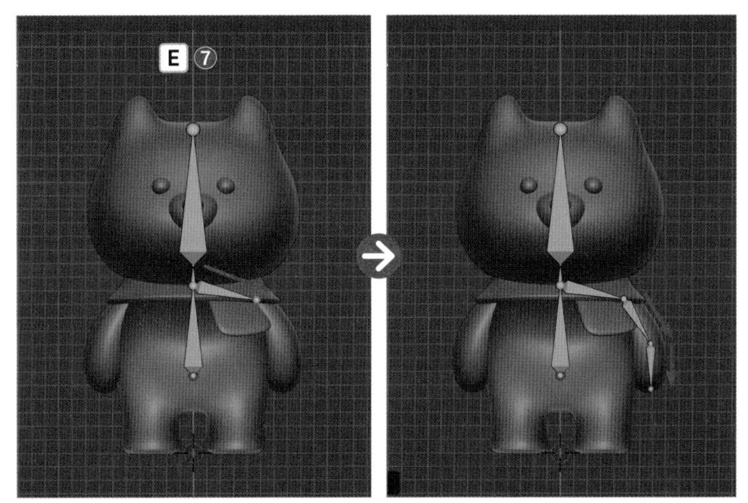

6 背骨の付け根を選択して、Eキーで右に1回、下に2回押し出して、腰、脚の骨を作っていきます❽。

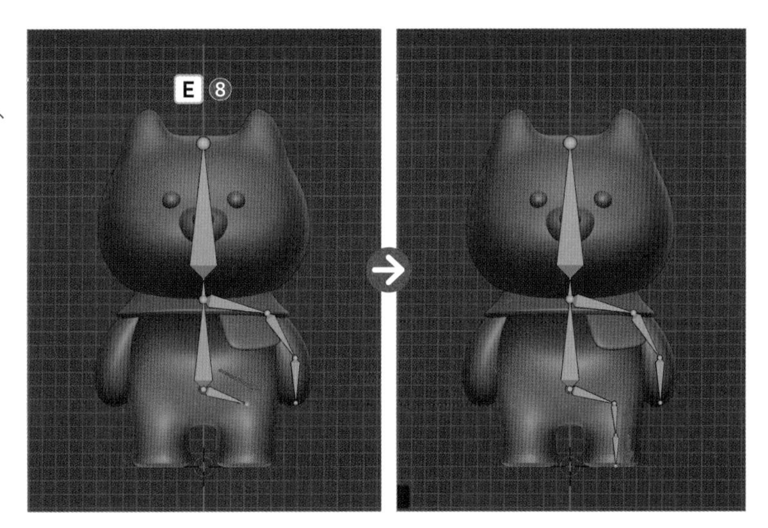

Point

アーマチュアとボーン

［**アーマチュア**］は骨組みのことで、構成するそれぞれの骨を［**ボーン**］といいます。

❼ ここで、アーマチュアを左右反転します。その前に、Aキーで全選択して、ヘッダーメニューの［**アーマチュア**］>［**名前**］>［**自動ネーム(左右)**］を選択します❾。こうすることによって、アーマチュアのボーンの腕や脚にあたるものの名前の最後に「.L」と追加されます。

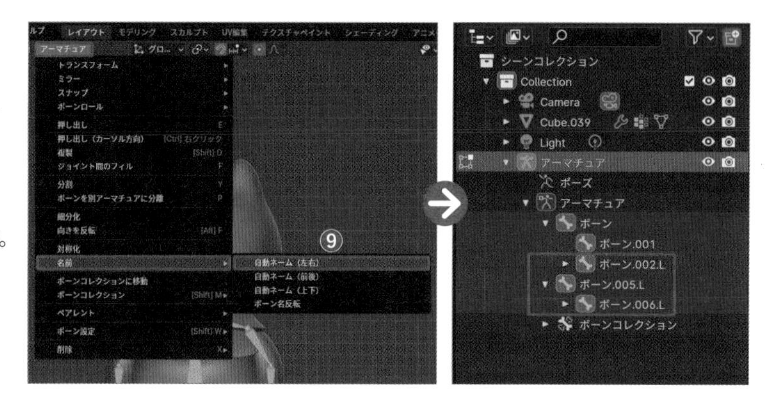

❽ この状態で、ヘッダーメニューの［**アーマチュア**］>［**対称化**］を選択すると❿、アーマチュアが左右反転されました。アウトライナーを見てみると「.R」と表示されたボーンが追加されていることが分かります。

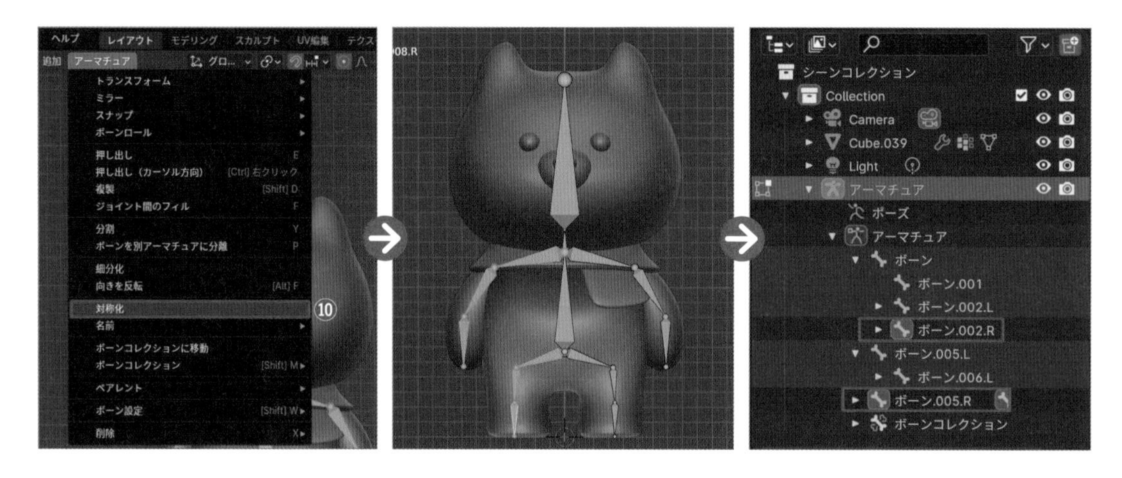

❾ これで全てのアーマチュアが作成されました。この作成したアーマチュアとクマのオブジェクトを関連付けて、アーマチュアを動かすと、クマが追従してポージングできる状態を作ります。［**オブジェクトモード**］に戻り（Tab）、クマのオブジェクト⓫→アーマチュア⓬の順に選択し、Ctrl command＋Pキーを押して［**自動のウェイトで**］を選択します⓭。これでアーマチュアとの紐付けは完了です。

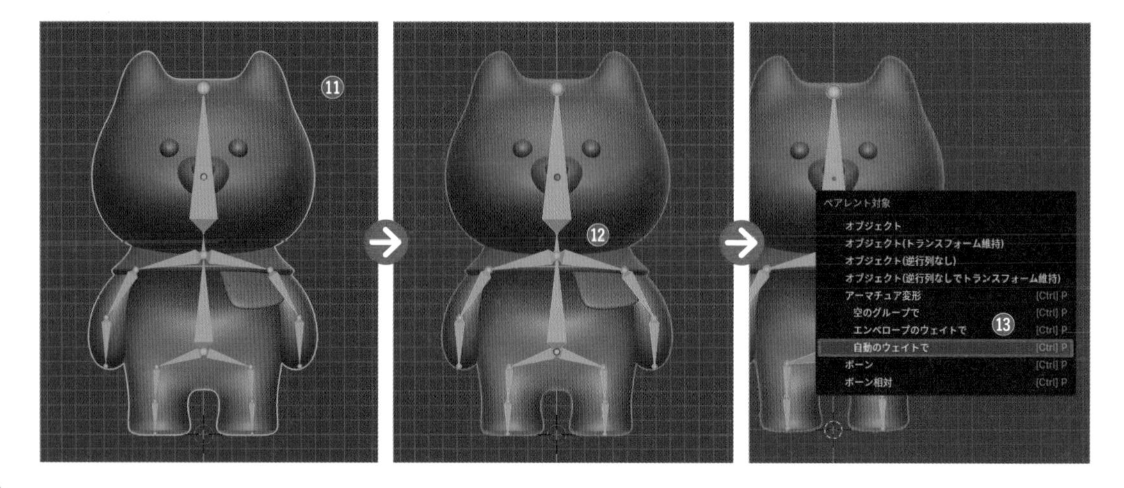

キャラクターを動かそう

実際に、クマの手と脚を動かして椅子に座る姿勢を作ってみましょう。

1. アーマチュアを選択し、ヘッダーメニューのモード変更のプルダウンから［**ポーズモード**］を選択します❶。

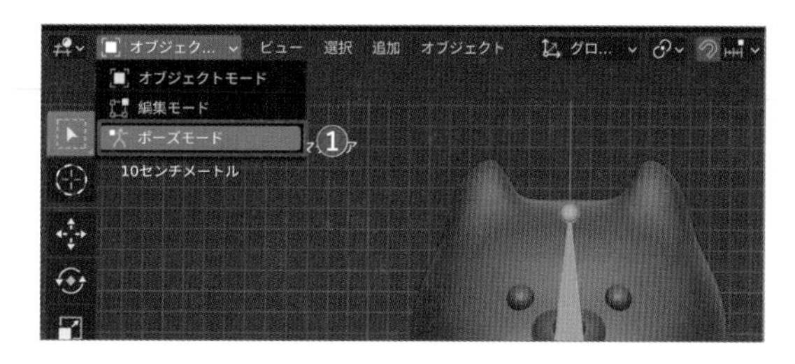

2. Shiftキーを押しながら両手のボーンの頂点を選択して、ライトビュー（テンキー3）に切り替えたらR→Xキーを押して回転させます❷。同じように、腕❸、脚❹、足❺のボーンも回転させたら完成です。回転時に［**ピボットポイント**］が［**3Dカーソル**］になっている場合は、. >［**バウンディングボックスの中心**］を選択しましょう（P129）。

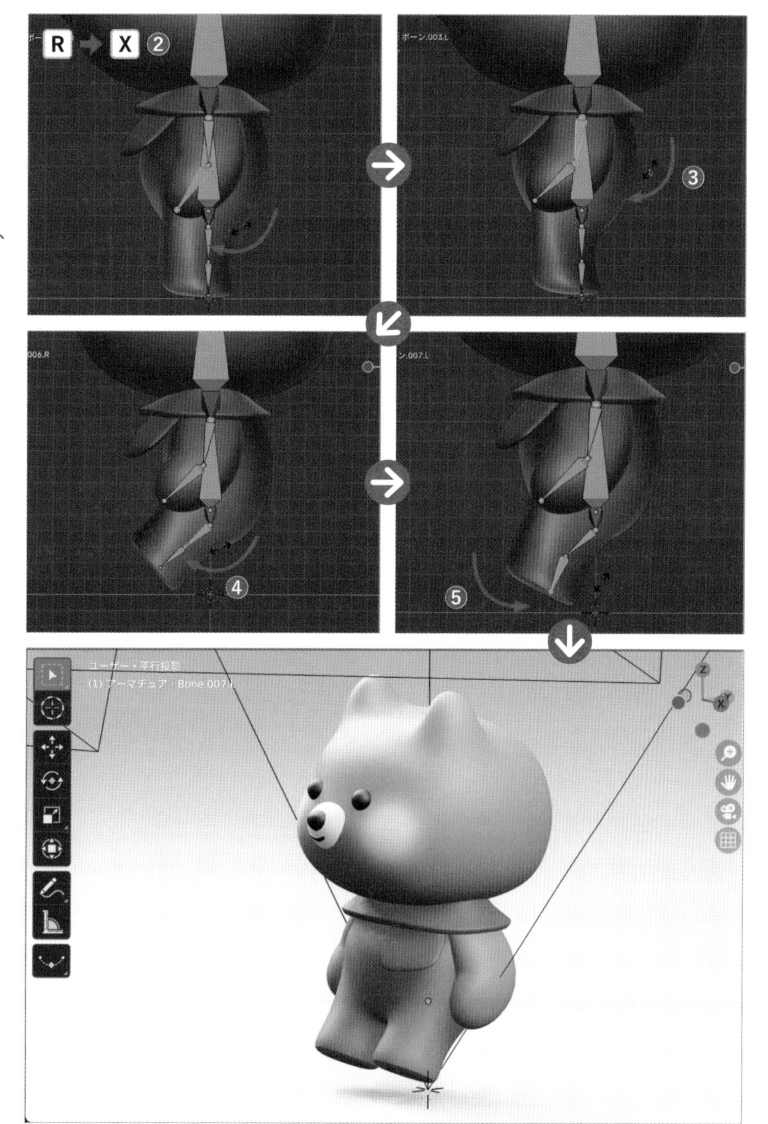

［ポーズモード］でボーンを動かす時には、基本的には回転のみで行います。これは人間と同様で、関節は基本的に回転の動作のみで動いています。

Point

ポーズを元に戻す

［**ポーズモード**］で動かしたアーマチュアを元に戻したい場合は、アーマチュアを選択してヘッダーメニューの［**ポーズ**］>［**トランスフォームをクリア**］>［**すべて**］を選択すると全てリセットされます。他にも目的に応じて［**位置**］、［**回転**］、［**スケール**］を個別に選択することができます。

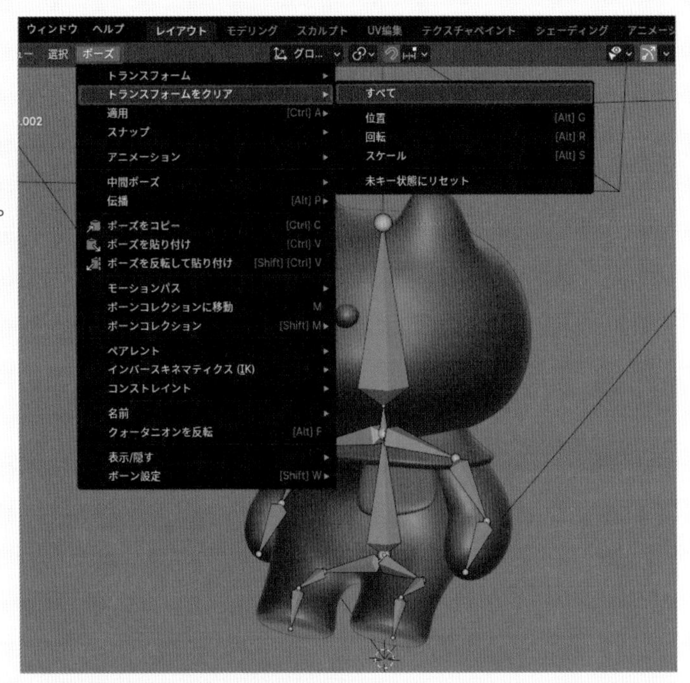

また、［**編集モード**］に入ると、全てのトランスフォームがない状態で、アーマチュア自体の編集を行うことができます。腰や首の位置・大きさなど、ポージングしながら調整することもできます。

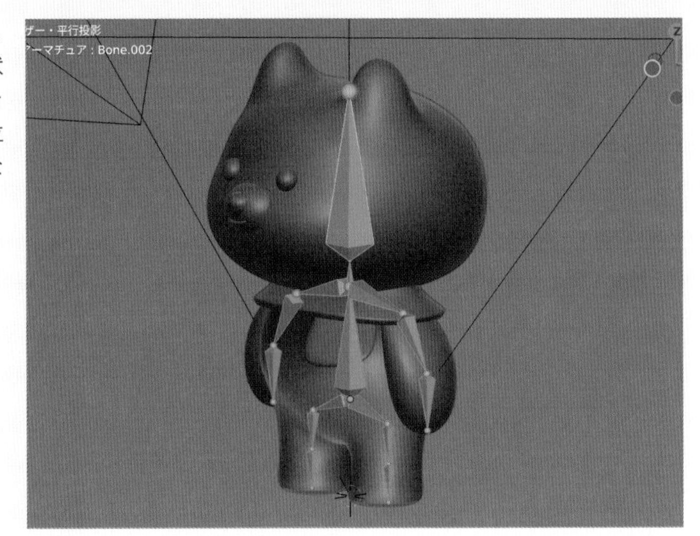

Point

トランスフォーム

［**トランスフォーム**］とは移動、回転、縮小・拡大などの変形機能のことです。オブジェクトに対して行ったこれらの操作は、元の図形を保持したまま［**トランスフォーム**］に値として記憶されています。

中級編

9

日目

レベル

https://book.impress.co.jp/closed/bld-vd/day9.html

ここで学ぶ機能 スキンモディファイアー

コンロを作ろう

これまでに登場した機能を活用して様々な形状を作りましょう。

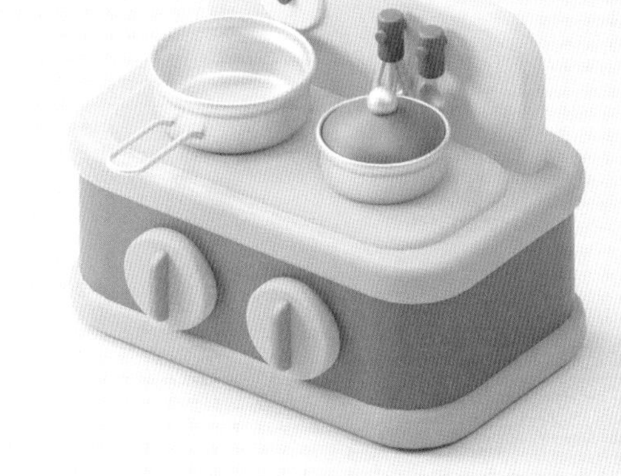

いよいよ9日目です。
土台から小物まで、
自在にモデリングを
していきましょう。

はじめに

5STEPで制作の流れを確認しよう

STEP 1 立方体でコンロの土台を作ろう

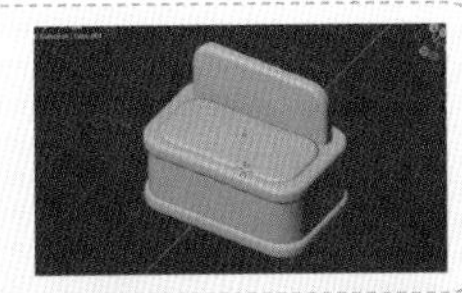

STEP 2 円柱でつまみを作ってコピーしよう

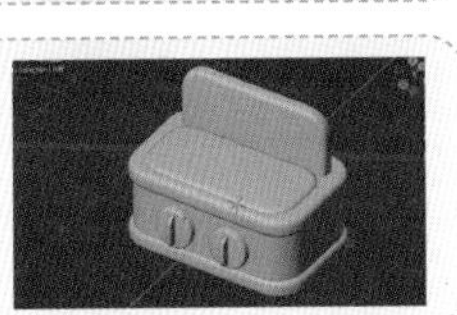

STEP 3 円柱で2種類の鍋を作ろう

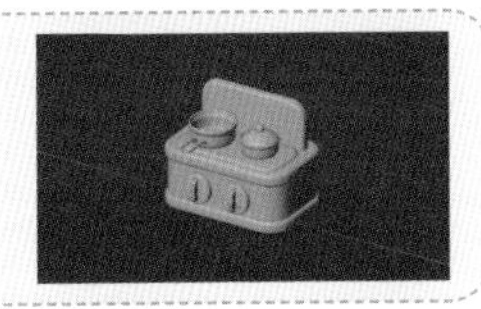

STEP 4 パーツをコピーして小物を作ろう

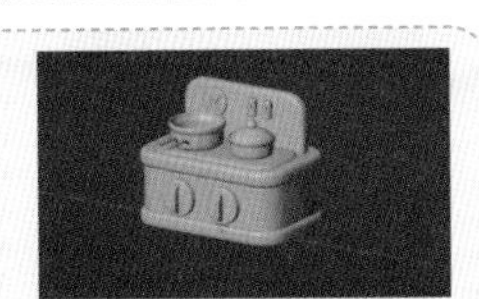

STEP 5 泡立て器とお玉を作って配置しよう

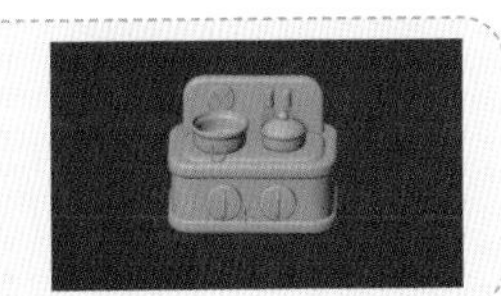

STEP 1

コンロの台座を作ろう

まず、立方体でコンロの台座を作っていきましょう。

1 ［**平行投影**］にして（テンキー 5 ）、デフォルトで表示されている立方体を選択し、［**編集モード**］（ Tab ）に入ります。 S → X キーで左右方向に拡大し❶、 S → Z キーで上下方向に縮小します❷。

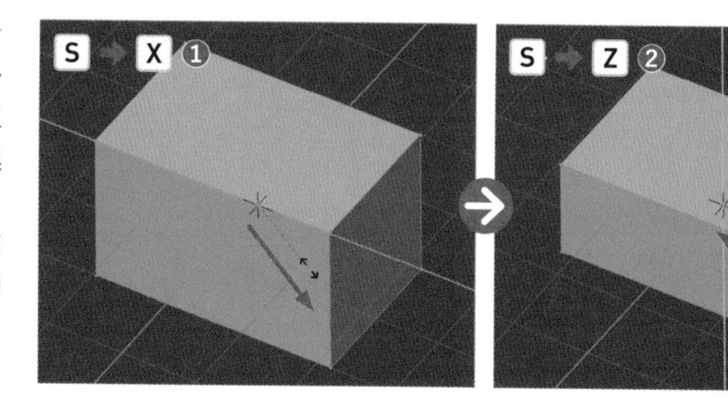

テンキー

投影モードの切り替え	5

ショートカットキー

拡大・縮小	S

2 ［**透過表示**］をオンにして（ Alt option + Z ）、［**辺選択モード**］（数字キー 2 ）で縦の4辺を選択し❸、 Ctrl command + B キーを押してベベルをした後❹、左下に現れる［**オペレーターパネル**］の［**セグメント**］数を「1」から「5」に変更しましょう❺。

ショートカットキー

辺選択モード	数字キー 2

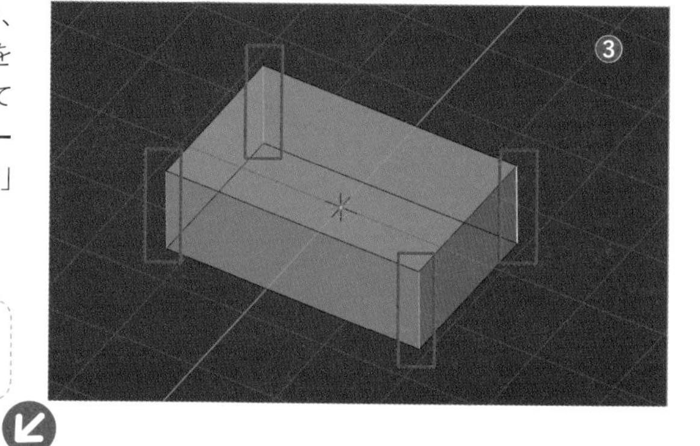

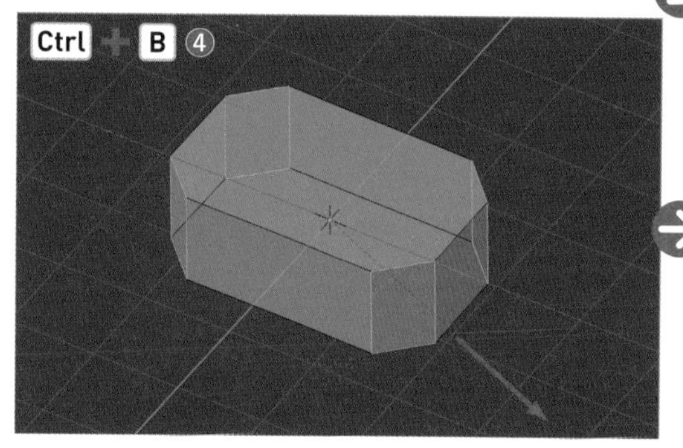

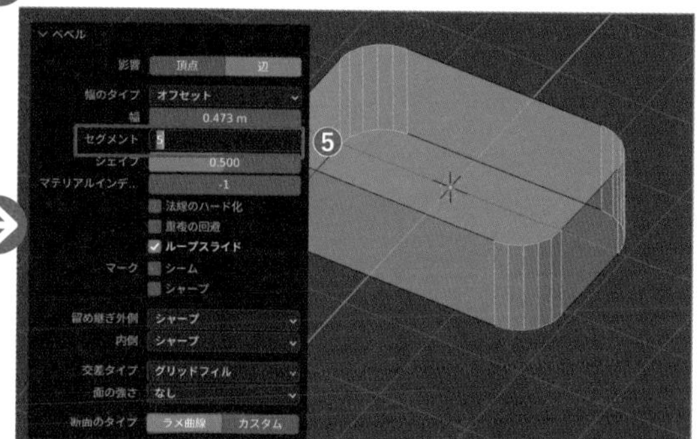

3 ［**オブジェクトモード**］に戻り（Tab）、［**透過表示**］をオフにして（Alt option＋Z）、右クリック＞［**自動スムーズを使用**］を適用して、表面をツルツルにしましょう❻。

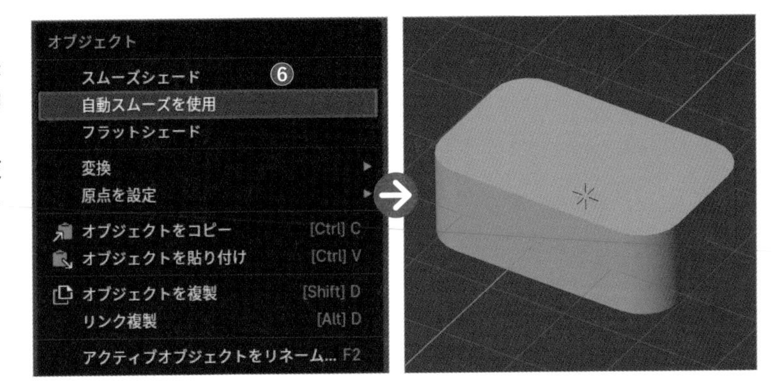

4 次に、台座の上下の板を作っていきます。Shift＋D→Zキーを押して上方に移動させながら台座をコピーします❼。

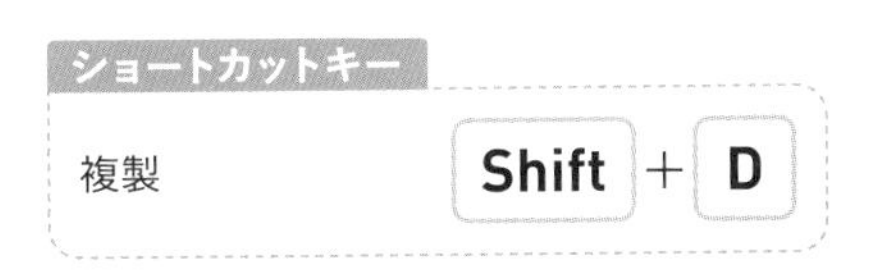

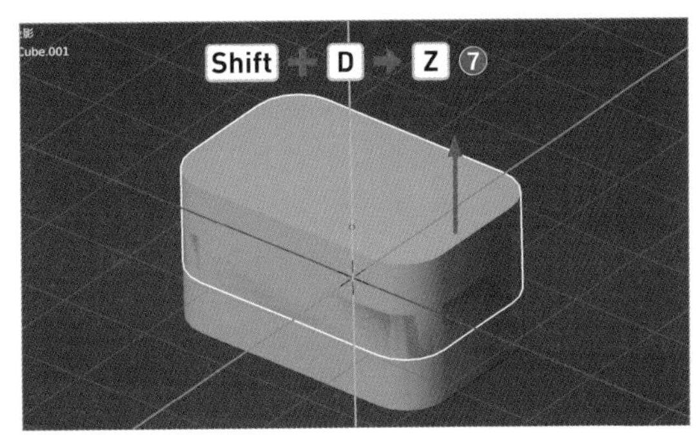

5 ［**編集モード**］に入り（Tab）、Aキーでコピーした台座を全選択したら❽、S→Zキーで上下方向に縮小します❾。

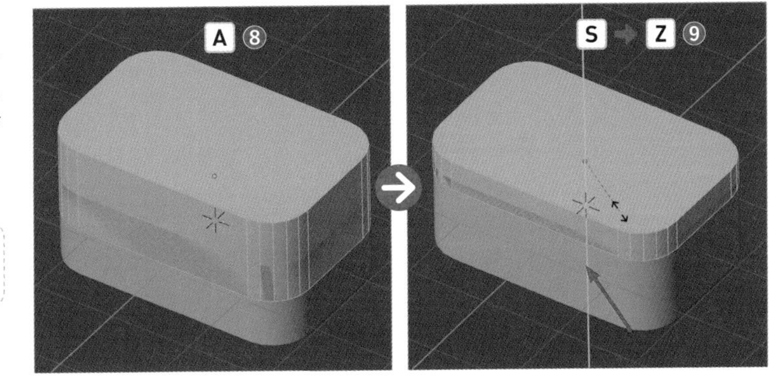

この後［ベベルモディファイアー］がうまくかかるように［編集モード］で調整します。

6 Sキーで少し土台からはみ出すくらいに拡大したら❿、［**オブジェクトモード**］に戻り（Tab）、🔧＞［**モディファイアーを追加**］＞［**生成**］＞［**ベベル**］を選択し⓫、モディファイアーパネルの［**セグメント**］の値を「5」にします⓬。

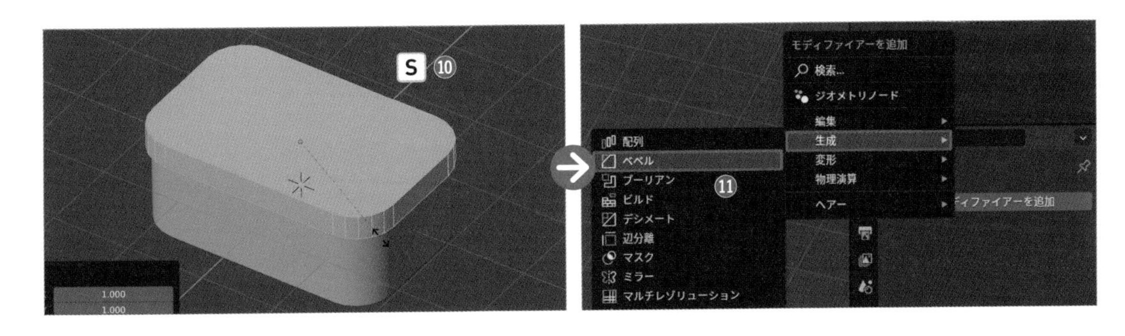

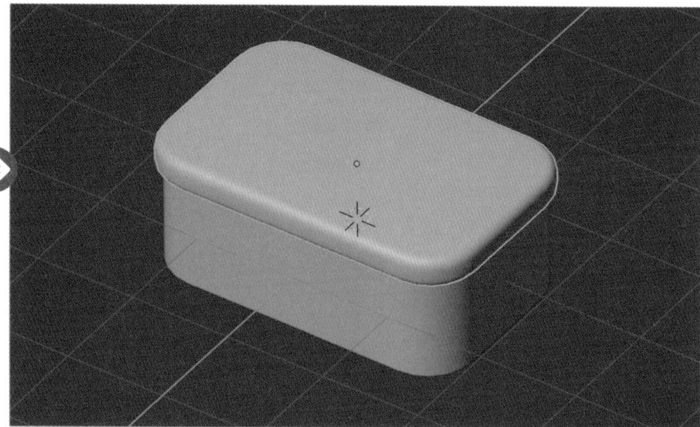

7 そのまま、Shift + D → Z キーを押して下方に移動させながらコピーします⑬。

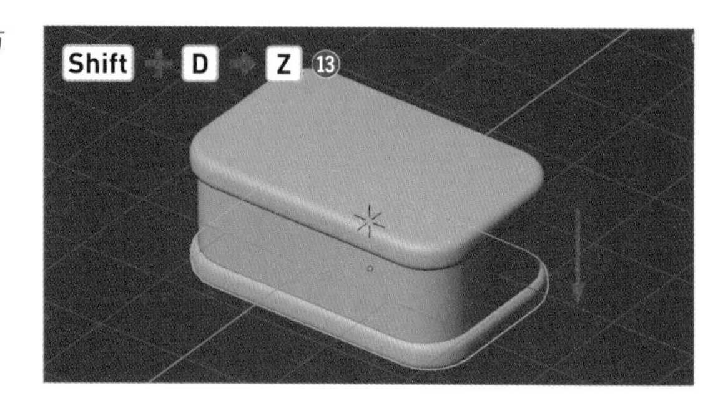

コンロの壁と造作を作ろう

板をコピーして、コンロの壁と鍋を置く部分を作りましょう。

1 台座の上の板を選択し、Shift + D → Z キーで上方に移動させながらコピーしたら❶、R → X →「90」の順に入力して確定し、X軸を中心に90度回転させます❷。

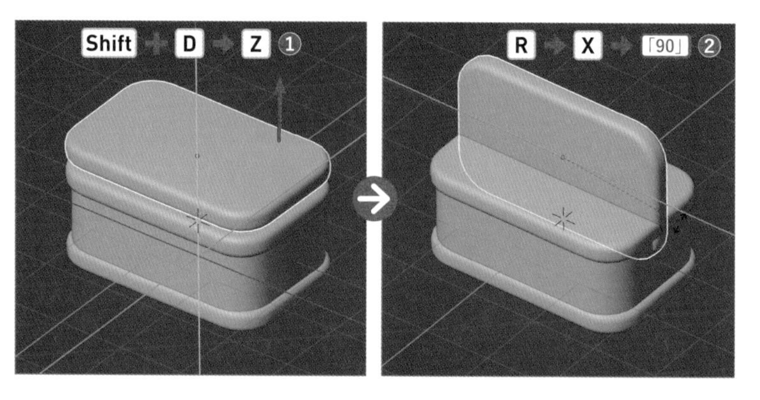

2 G → Y キーで後方に移動し❸、S キーで縮小します❹。

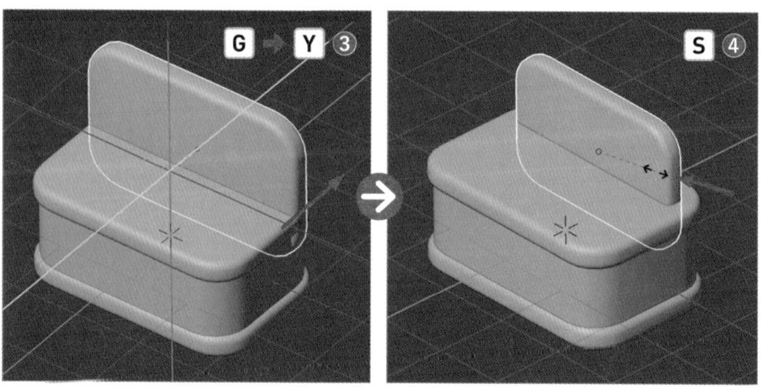

3 上の板を更にコピーして、鍋を置く部分を作ります。Shift+D→Zキーで板を上方に移動させながらコピーします❺。

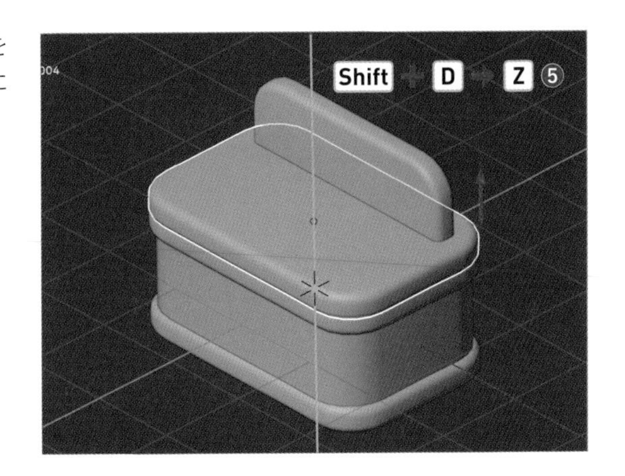

4 [**編集モード**]（Tab）に入り、壁と同じくらいの幅になるようにSキーで縮小します❻。

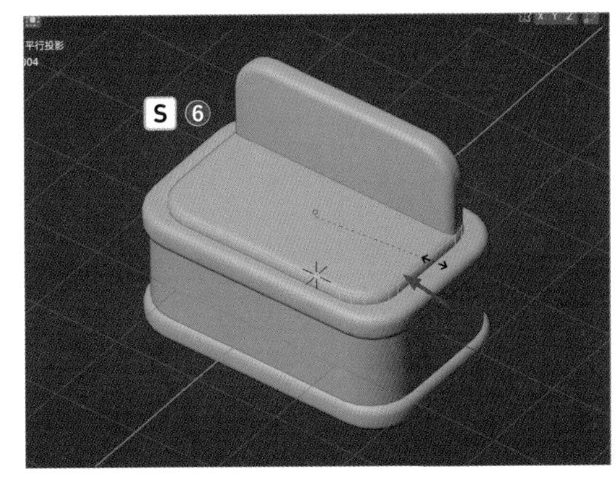

高さを調整する場合はG→Zで上下に移動させましょう。

5 [**透過表示**]をオンにして（Alt option＋Z）、[**頂点選択モード**]（数字キー1）で後方の頂点群を[**ボックス選択**]しましょう❼。

ショートカットキー

頂点選択モード 数字キー 1

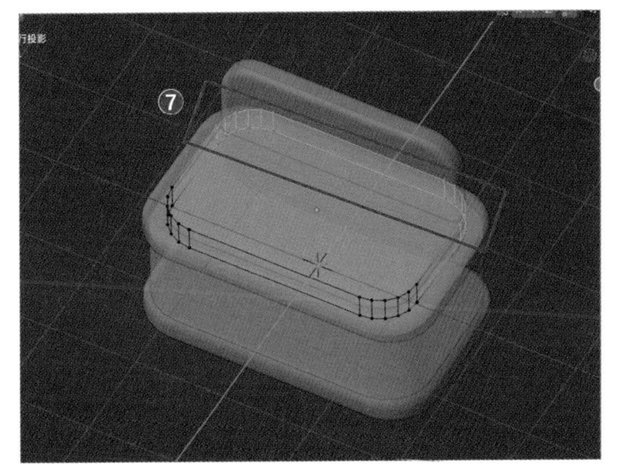

6 そのまま、壁に重ならないようにG→Yキーで前方に移動し❽、[**オブジェクトモード**]に戻ったら（Tab）、[**透過表示**]をオフにします（Alt option＋Z）❾。

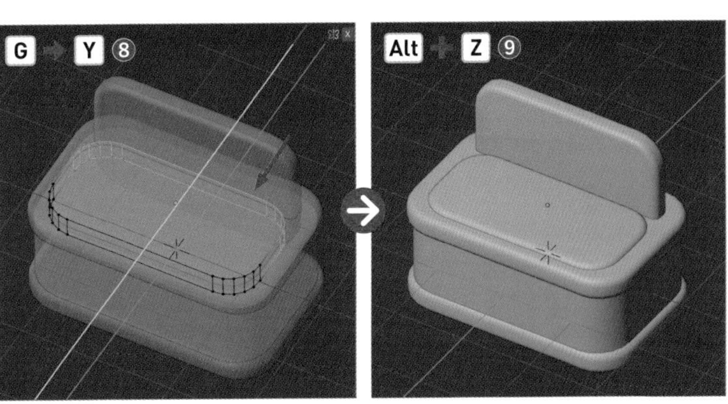

中級編 9日目 コンロを作ろう

STEP 2

コンロのつまみを作ろう

次に、円柱と壁のパーツを組み合わせてコンロのつまみを作っていきましょう。

1 Shift + A >［**メッシュ**］>［**円柱**］を選択して配置します❶。

ショートカットキー

オブジェクトの追加　Shift + A

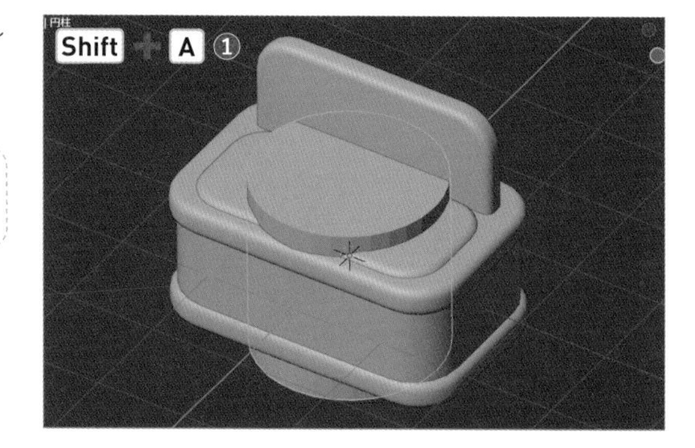

2 R → X →「90」の順に入力して確定し、X軸を中心に90度回転させます❷。

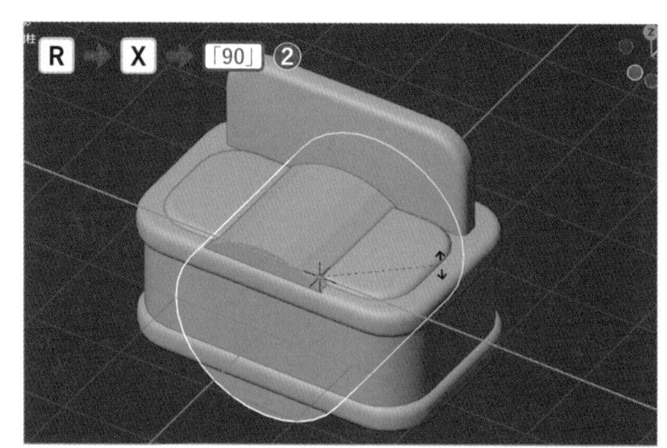

3 G → Y キーで前方に移動し❸、そのまま S キーで縮小しましょう❹。

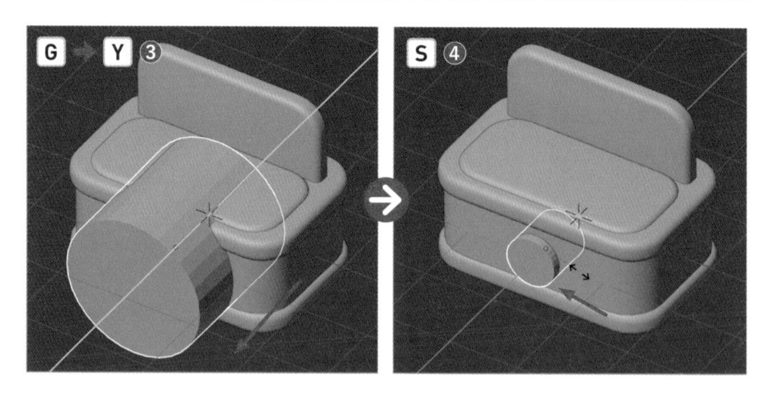

4 右クリック >［**自動スムーズを使用**］を適用しましょう❺。

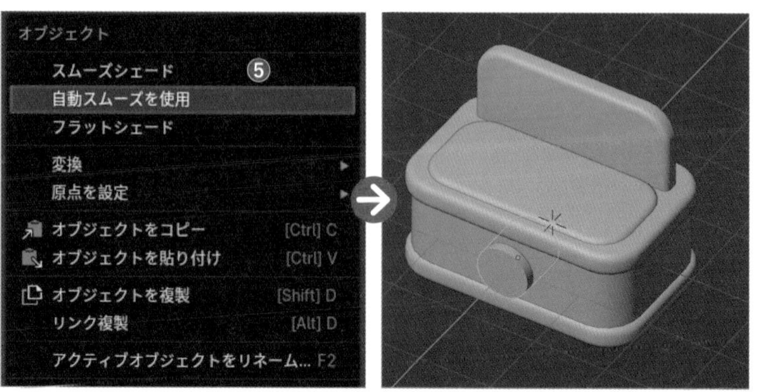

5 円柱が選択されている状態で Shift を押しながら天板を選択し❻、Ctrl command + L キーを押して、［**モディファイアーをコピー**］を選択すると❼、先ほど天板に設定したベベルモディファイアーがコピーされます。

データのリンク/転送 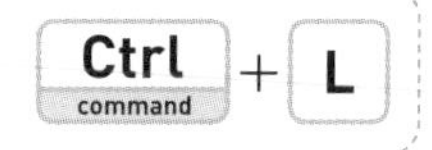

モディファイアーのコピー P083

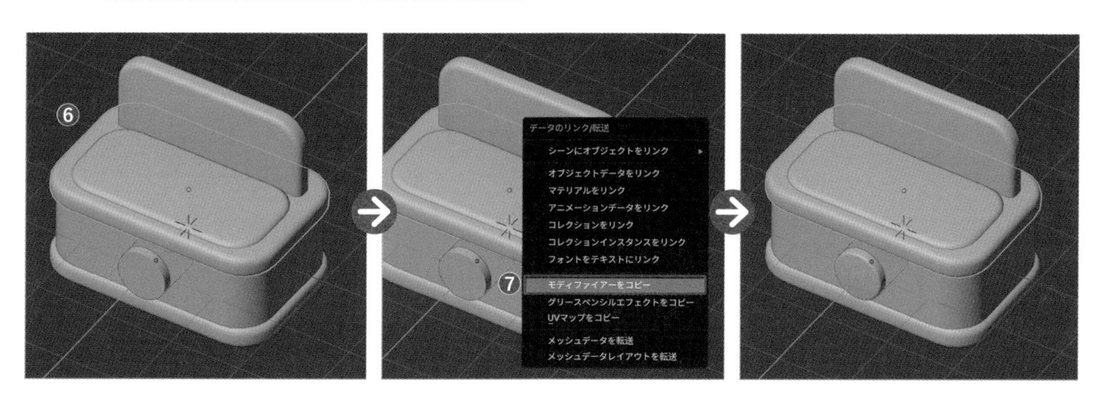

6 次に、つまみを作りましょう。壁を選択したら Shift + D → Y キーで前方に移動させながらコピーし❽、R → Z →「90」の順に入力して確定させ、Z軸を中心に90度回転させます❾。

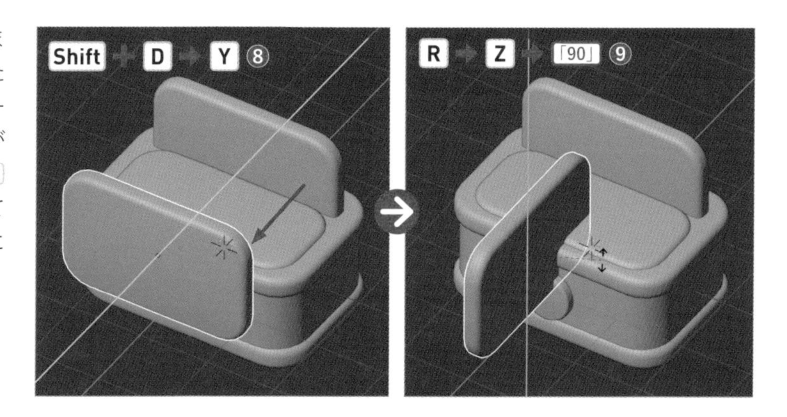

7 S キーで縮小して❿、フロントビューにしてから（テンキー 1 ）⓫、円柱の真ん中になるように G → Z キーで下方に移動します⓬。

テンキー

フロントビュー 

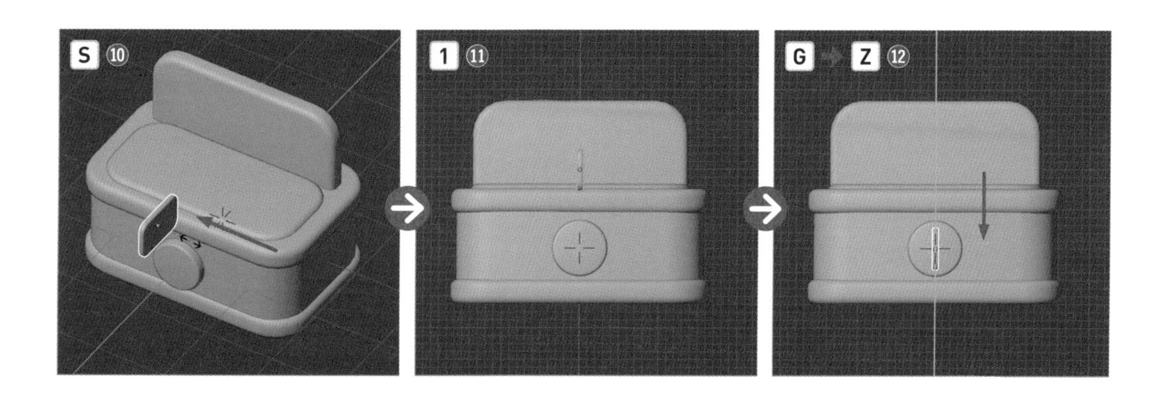

8 視点を変えたら G→Y キーで後方に移動させて、つまみが円柱から少しだけ出ているように見えるように位置を調整しましょう⑬。

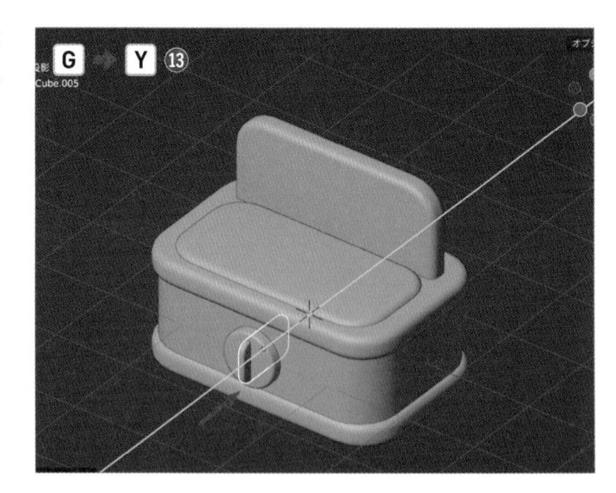

9 Shift を押しながら、つまみと円柱を選択して、G→X キーで左側に移動させます⑭

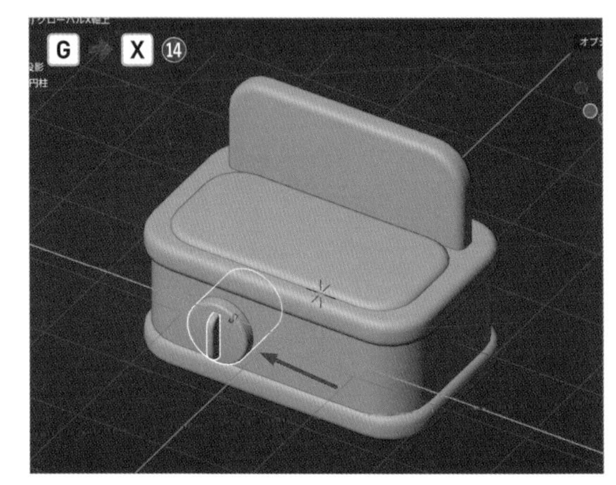

10 次に、円柱を選択して台座を中心に反転させ、右側にも配置しましょう。 > ［**モディファイアーを追加**］ > ［**生成**］ > ［**ミラー**］を選択し⑮、［**ミラーオブジェクト**］のスポイトマークで、台座のオブジェクト(図の場合は「Cube」)を選択します⑯。

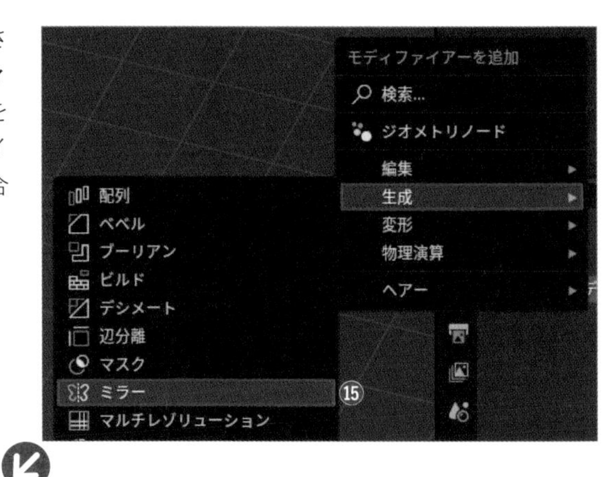

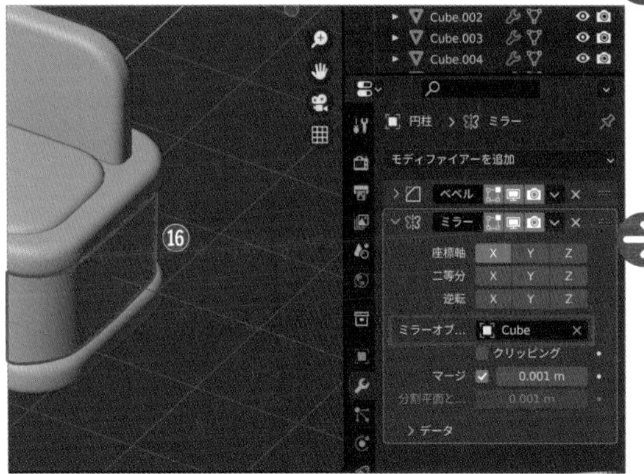

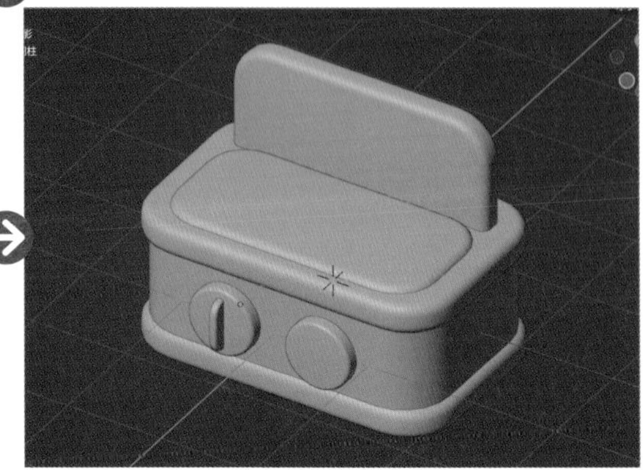

11 Shift を押しながら、左側の「つまみ」→右側の「円柱」の順に選択して、Ctrl command + L キー >［**モディファイアーをコピー**］を選択します⑰。

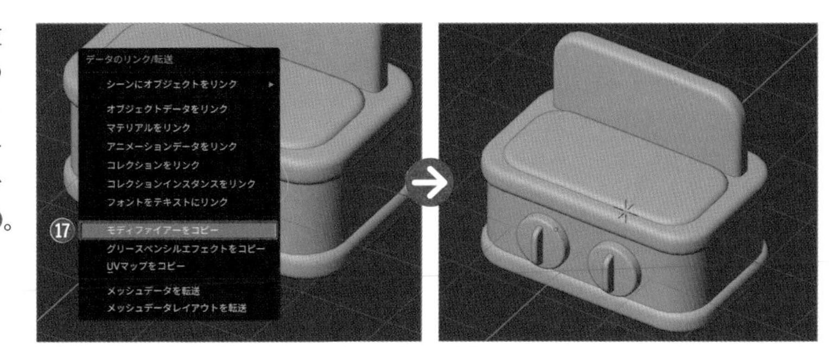

STEP 3

鍋を作ろう

円柱で鍋の形を作っていきましょう。

1 ［**オブジェクトモード**］（Tab）で、Shift + A >［**メッシュ**］>［**円柱**］を選択して配置し❶、［**編集モード**］（Tab）に入って全体を縮小（S）させ❷、台座の上に移動させたら（G → Z）、更に上下方向に縮小しましょう（S → Z）❸。

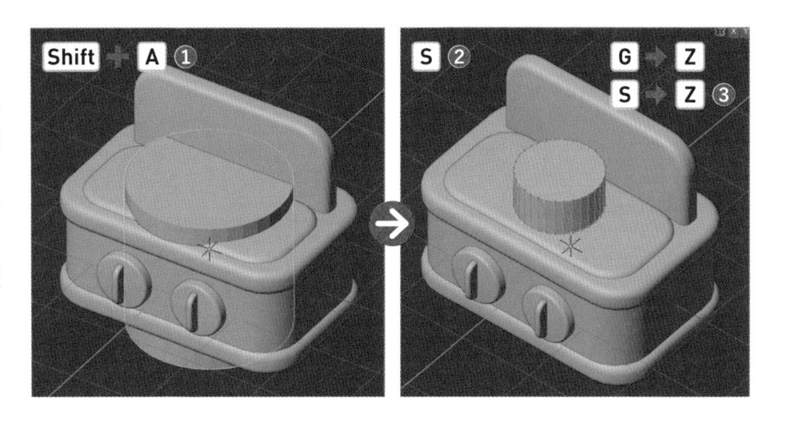

2 / キーで、円柱だけを表示させ、更にモデリングしていきましょう❹。［**面選択モード**］（数字キー 3）で上面を選択し、X >［**面**］を選択して削除します❺。

ショートカットキー

対象オブジェクトのみを表示・解除	/
面選択モード	数字キー 3
オブジェクトの削除	X

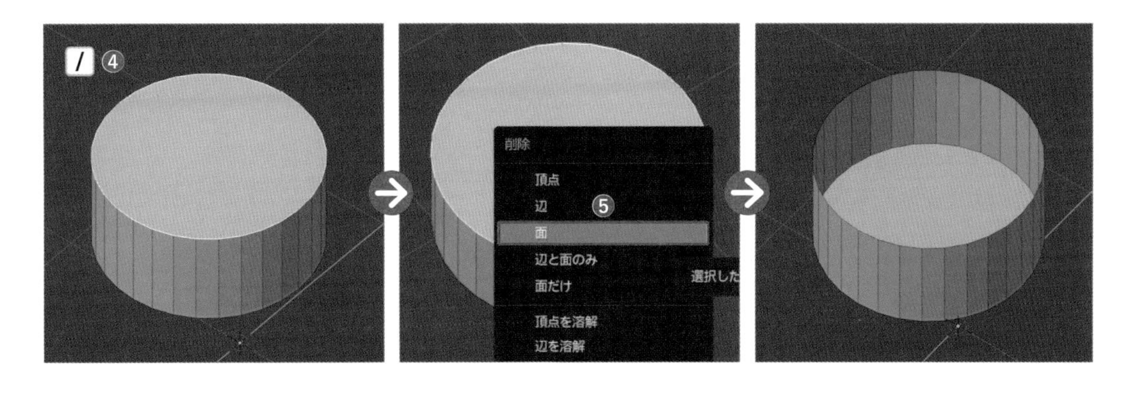

3 Ctrl command + R キーを押して、やや上方で面を輪切りにしましょう❻。

ループカット	Ctrl (command) + R

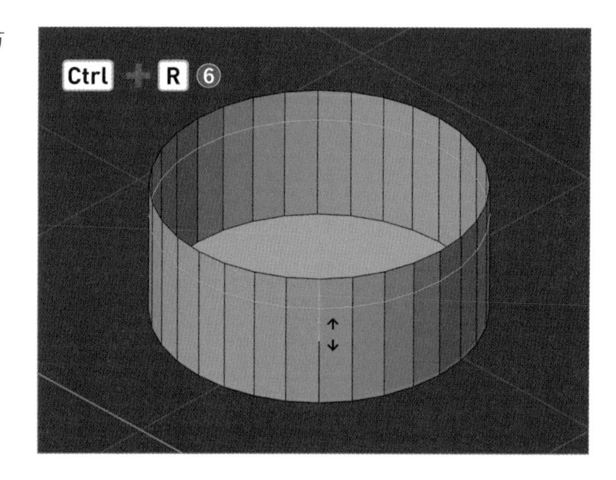

4 そのまま、Ctrl command + B キーを押してベベルし❼、左下に現れるオペレーターパネルの［**セグメント**］数を「1」に変更します❽。

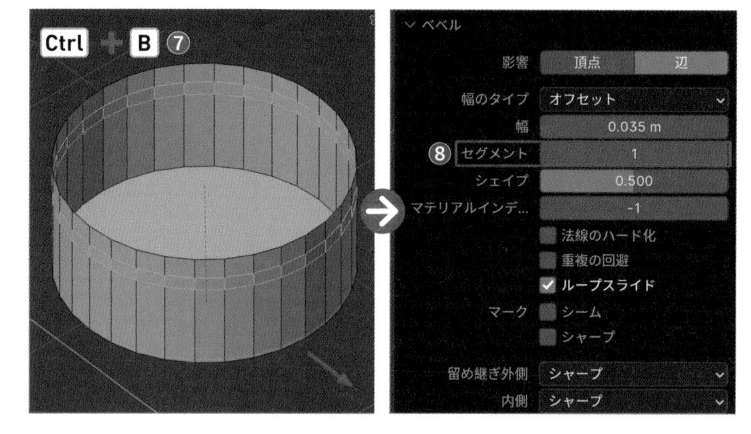

5 ［**面選択モード**］（数字キー 3 ）にし、Alt option ＋左クリックで最上部の面を［**ループ選択**］します❾。

面と面の間を狙ってクリックしてみましょう。

6 そのまま、S キーで拡大します❿。

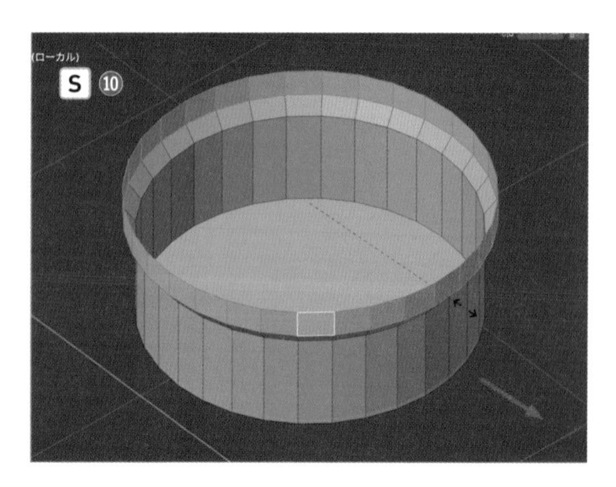

鍋に厚みと丸みをつけよう

ソリッド化モディファイアーを使って鍋に厚みや丸みをつけていきましょう。

1 ［**オブジェクトモード**］にし（Tab）、> ［**モディファイアーを追加**］ > ［**生成**］ > ［**ソリッド化**］を選択し❶、モディファイアーパネルの［**幅**］の値を「0.05m」にします❷。

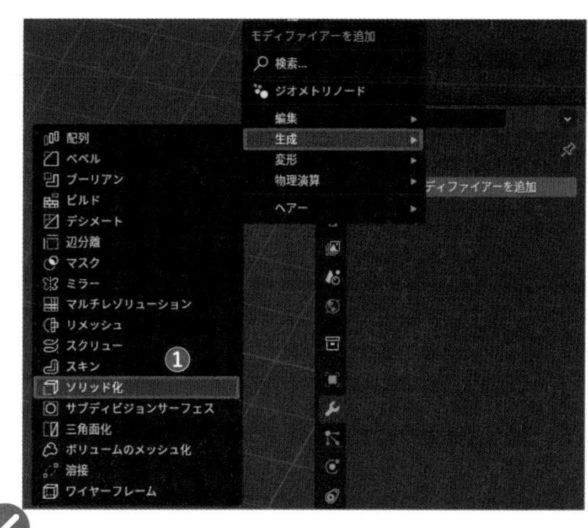

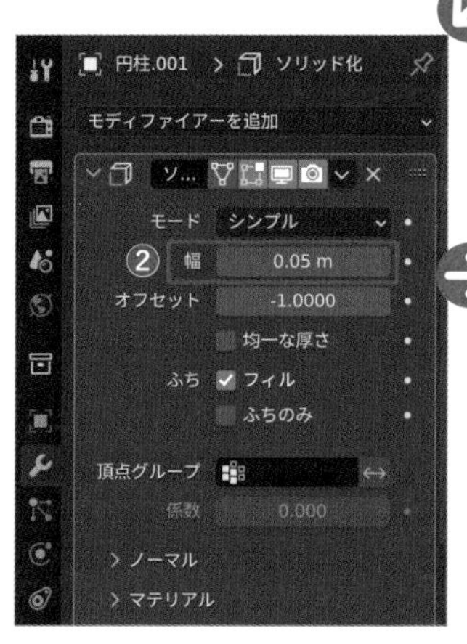

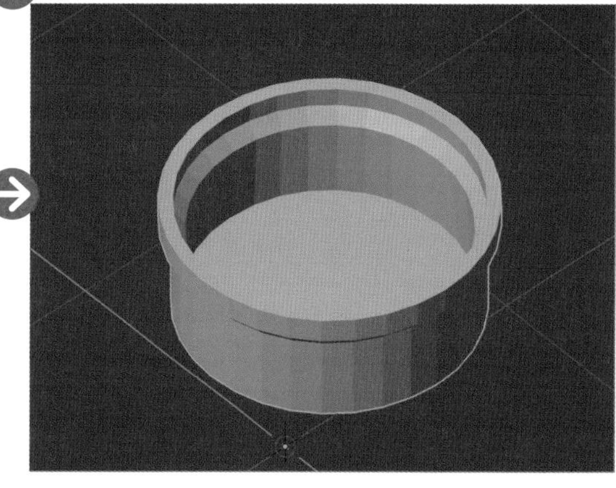

2 右クリック > ［**自動スムーズを使用**］を適用しましょう❸。

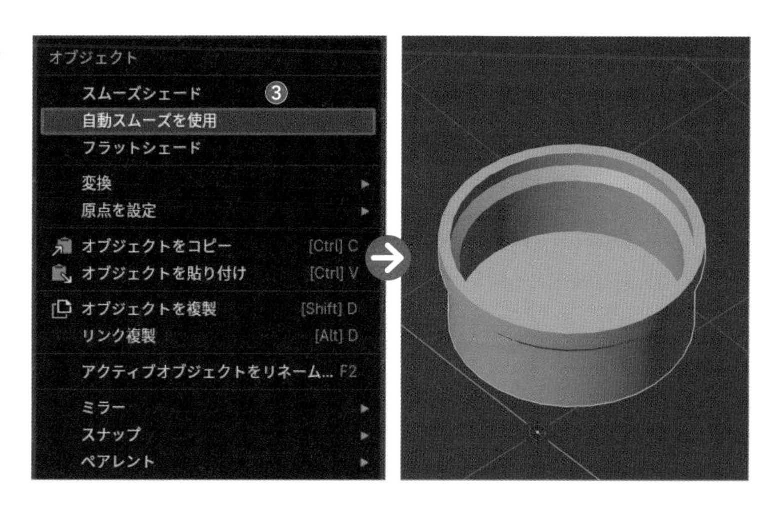

3 続けて［**モディファイアーを追加**］>［**生成**］>［**サブディビジョンサーフェス**］を選択します❹。モディファイアーパネルの［**ビューポートのレベル数**］の値を「3」❺、［**レンダー**］の値を「3」にします❻。

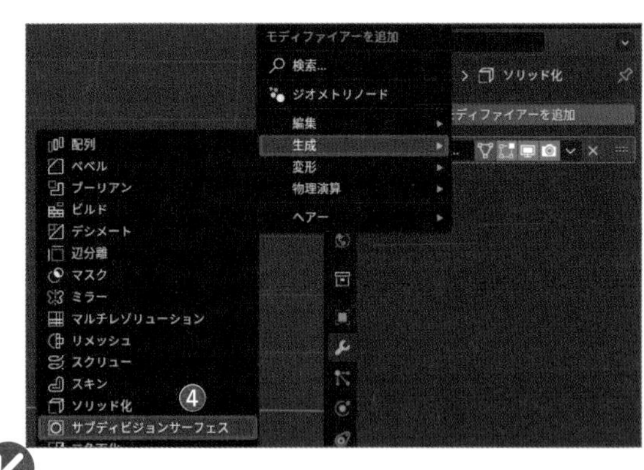

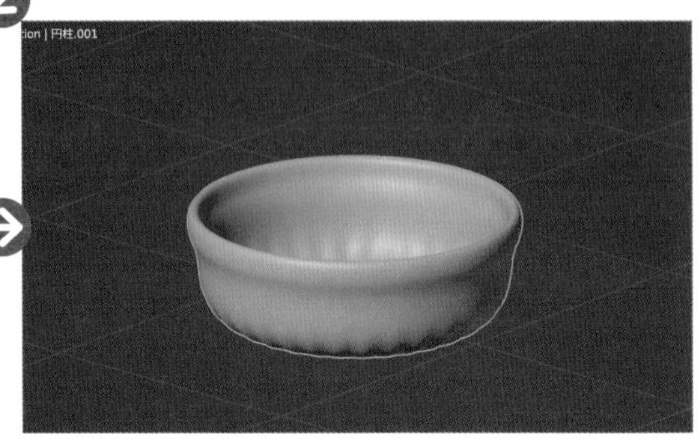

4 底面にシワが入っているので、［**編集モード**］に入り（Tab）、［**面選択モード**］（数字キー3）で底面を選択したら❼、Iキーで面を2回挿入します❽❾。

ショートカットキー

インセット 

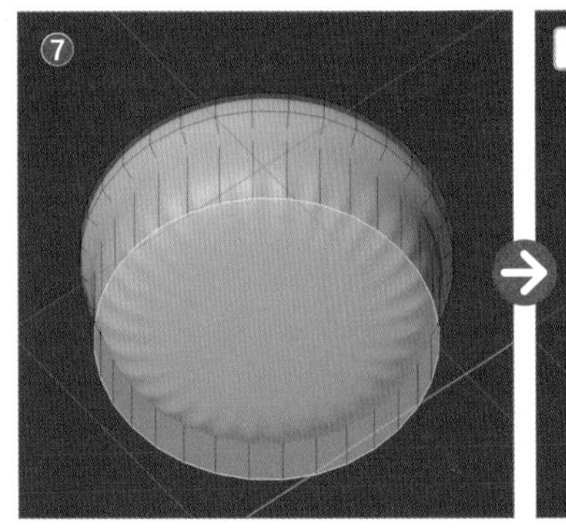

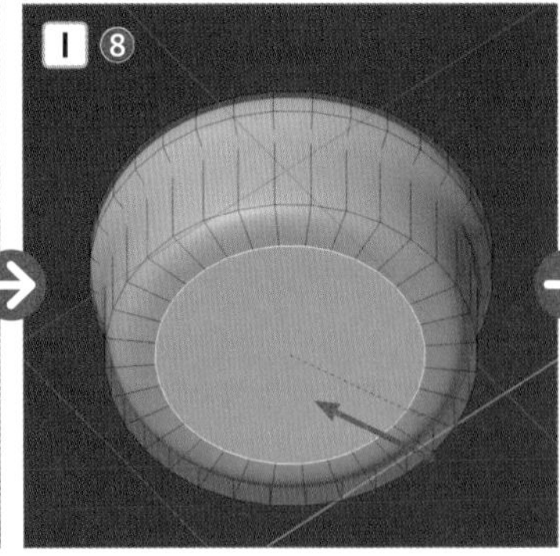

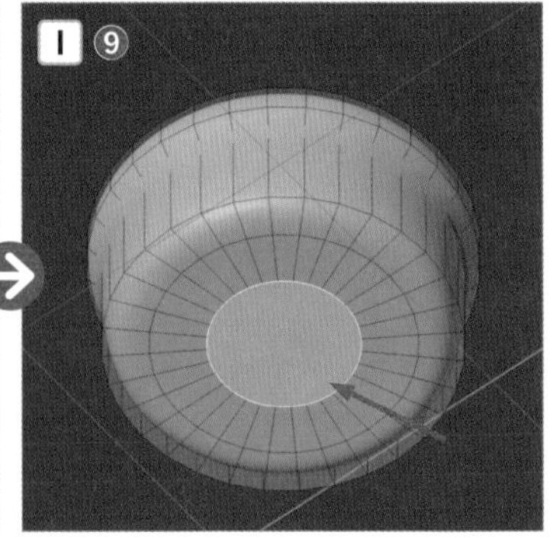

5 Ctrl command + R キーを押して窪みの下の辺りを輪切りし、角の丸みを小さくします❿。

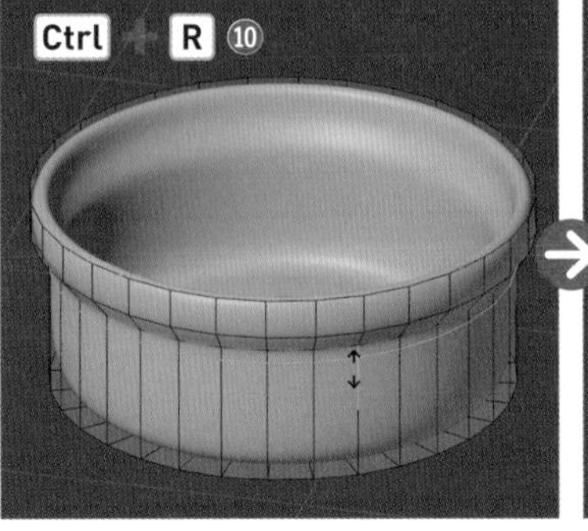

面の分割が増えるほど丸みが引き締まります。

鍋の取っ手を作ろう

平面を利用して、頂点を押し出しながら取っ手の形を作っていきましょう。

1 [**オブジェクトモード**]（Tab）で、Shift+A >[**メッシュ**]>[**平面**]を選択して配置します❶。

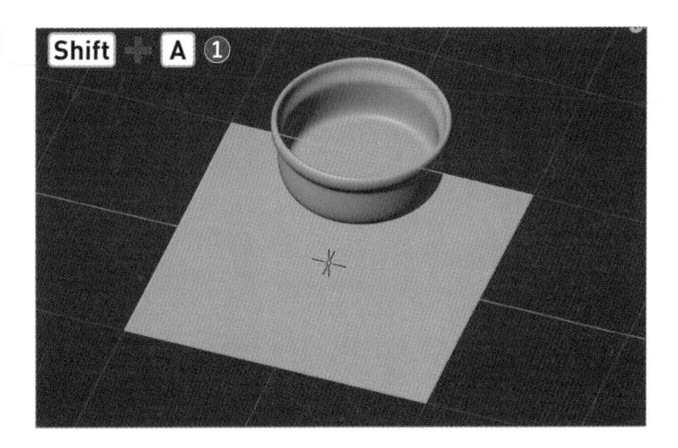

2 [**編集モード**]に入り（Tab）、Sキーで縮小し❷、S→Yキーで前後方向に拡大したら❸、[**オブジェクトモード**]に戻って（Tab）、Gキーで鍋の横（Y軸側）に移動します❹。

3 [**編集モード**]に入り（Tab）、[**面選択モード**]（数字キー3）で面を選択し、X>[**面だけ**]を選択して削除します❺。

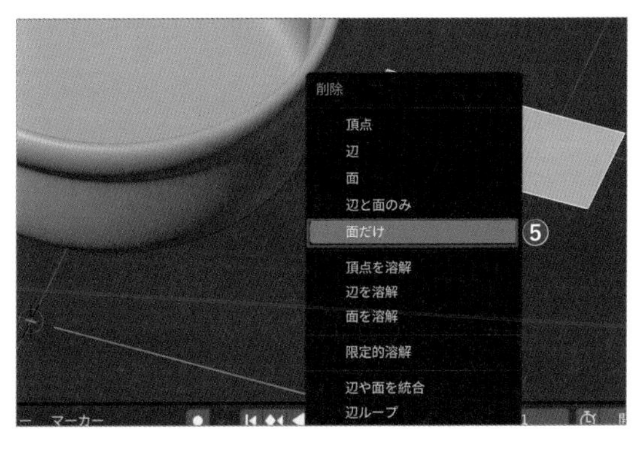

4 次に、[**辺選択モード**]（数字キー2）で鍋側の辺を選択し❻、X>[**辺**]を選択して削除します❼。

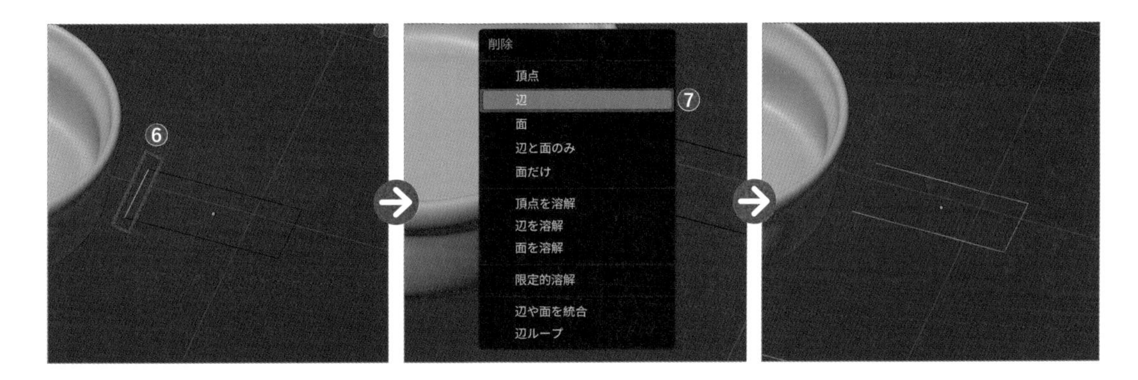

5 ［**頂点選択モード**］（数字キー 1 ）で鍋側の2つの頂点を選択し、E → Y キーで押し出したら❽、G → Z キーで下に移動させ❾、これをもう一度繰り返して鍋にくっつけます❿。

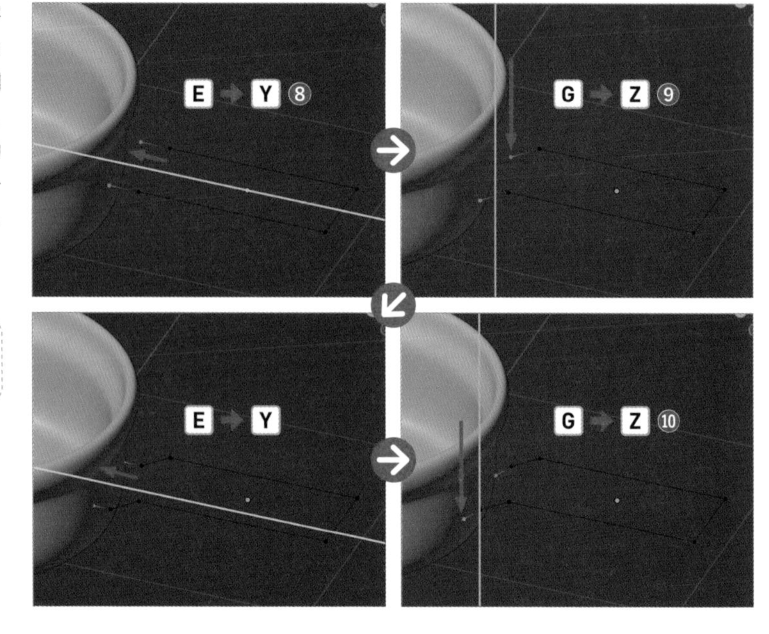

押し出し　E

6 次に反対側の端の2頂点を選択し⓫、Ctrl command + B → V キーを押して頂点のベベルをした後⓬、左下に現れる［**オペレーターパネル**］の［**セグメント**］数を「1」から「5」に変更しましょう⓭。

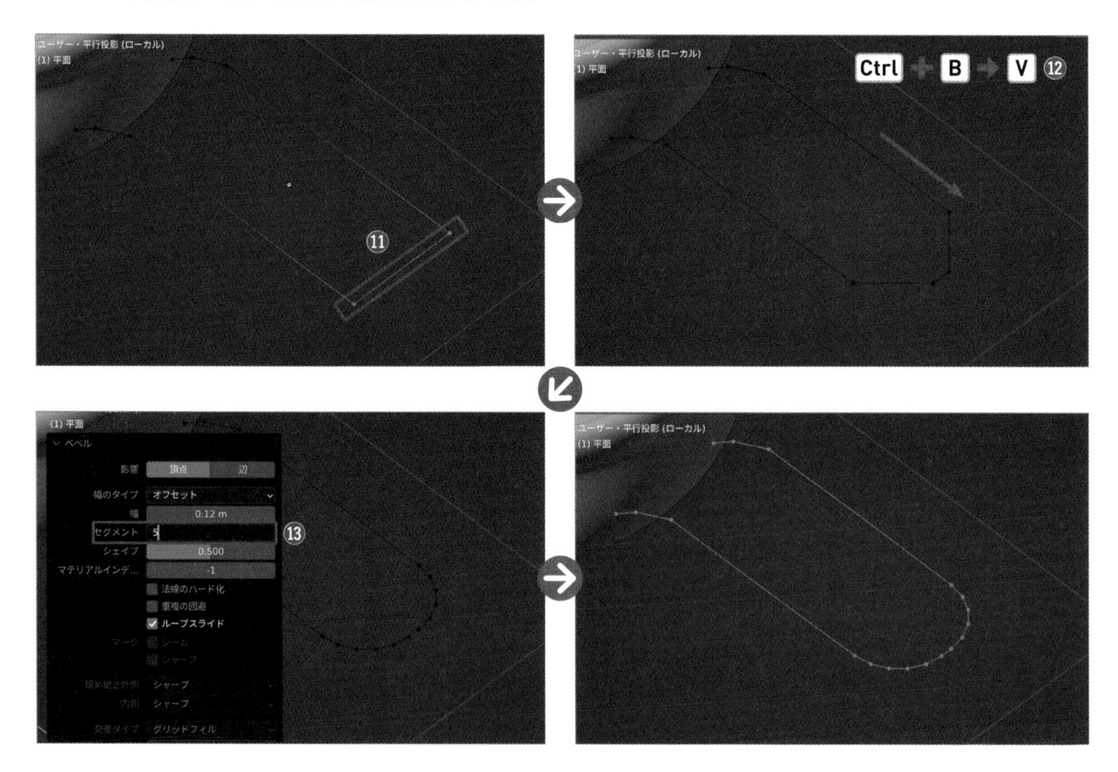

7 ［**オブジェクトモード**］に戻り（Tab）、🔧＞［**モディファイアーを追加**］＞［**生成**］＞［**スキン**］を選択します⑭。

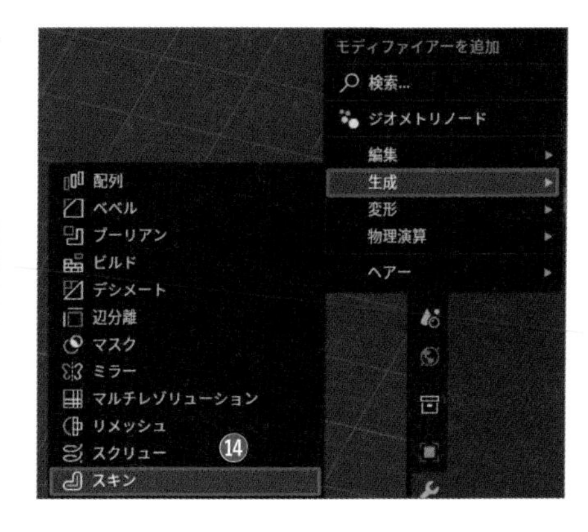

Point

スキンモディファイアー

［**スキンモディファイアー**］は頂点や辺に厚みを持たせることができる機能です。

8 ［**編集モード**］に入り（Tab）、［**透過表示**］をオンにします（Alt option＋Z）⑮。A キーを押して全選択したら、Ctrl control＋A キーを押してマウスを動かしながら太さを調整します⑯。

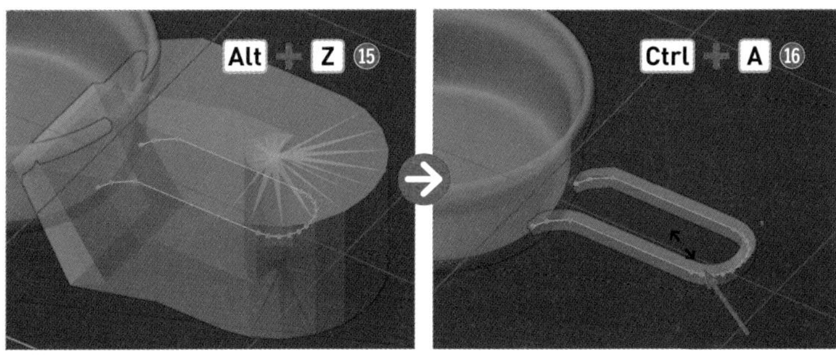

ショートカットキー

スキンの太さ調整

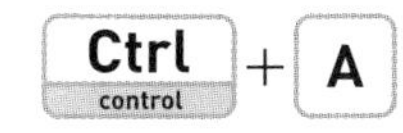

9 取っ手らしい太さになったら、［**透過表示**］をオフにします（Alt option＋Z）。［**オブジェクトモード**］に戻り（Tab）、🔧＞［**モディファイアーを追加**］＞［**生成**］＞［**サブディビジョンサーフェス**］を選択します⑰。モディファイアーパネルの［**ビューポートのレベル数**］の値を「3」⑱、［**レンダー**］の値を「3」にします⑲。右クリック＞［**自動スムーズを使用**］も適用しましょう⑳。

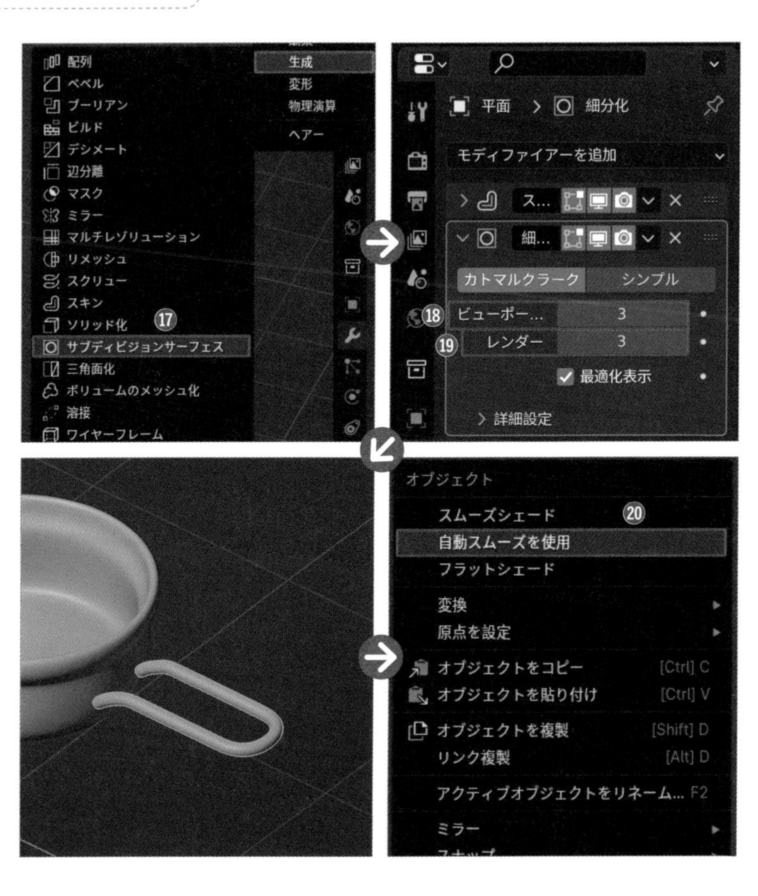

10 /キーを押して、全てのオブジェクトを表示させたら、鍋と取っ手を選択してG→Xキーで左側に移動させます㉑。

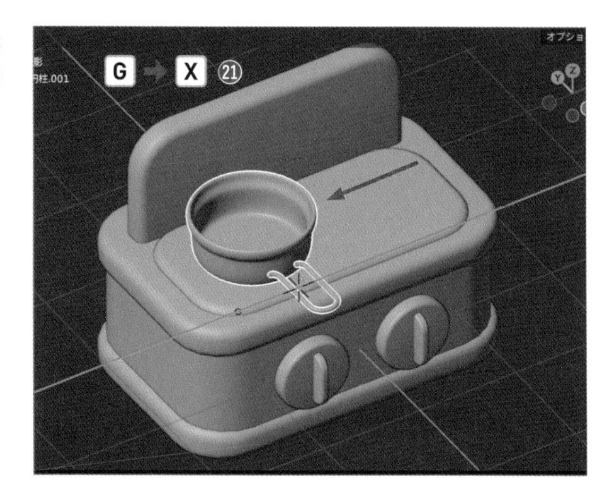

台から離れている場合はライトビュー（テンキー3）で調整しましょう。

2つ目の鍋を作ろう

先ほど作った鍋をコピーしてもう一種類の鍋を作りましょう。

1 左側に配置した鍋の部分を選択し、Shift+D→Xキーで右側に移動させながらコピーします❶。

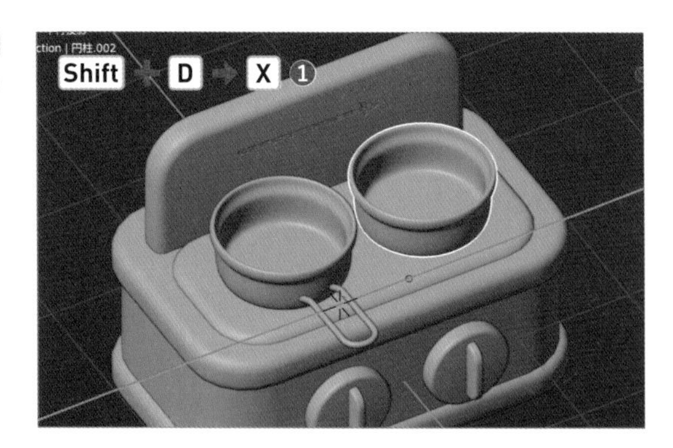

2 Sキーで縮小し、Gキーで位置を調整しましょう❷。

原点を重心に移動（P097）すると動かしやすくなります。

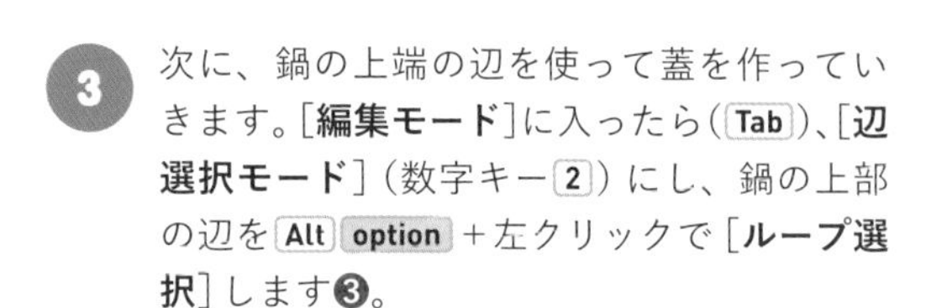

3 次に、鍋の上端の辺を使って蓋を作っていきます。[**編集モード**]に入ったら（Tab）、[**辺選択モード**]（数字キー2）にし、鍋の上部の辺をAlt option＋左クリックで[**ループ選択**]します❸。

4 Fキーを押して面を張ったら❹、そのままIキーで面を挿入します❺。

ショートカットキー

フィル F

5 そのままG→Zキーで上方に移動させたら❻、最上部の円が選択されている状態で、［**面選択モード**］にし（数字キー3）、Shiftキーを押しながら斜面を［**ループ選択**］します（Alt option＋左クリック）❼。

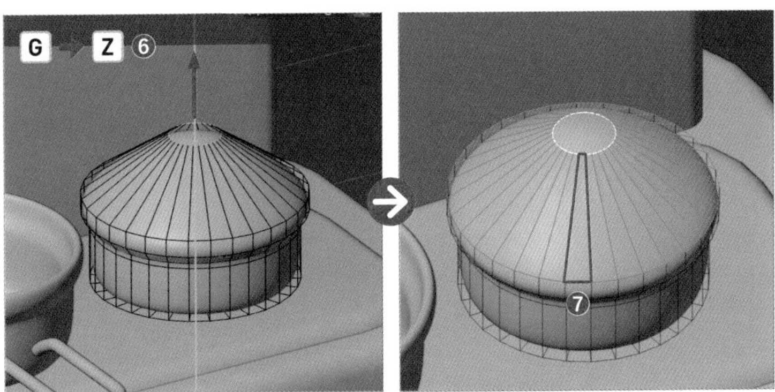

6 P＞［**選択**］を選んで分離させたら❽、［**オブジェクトモード**］（Tab）に戻って分離した蓋の部分を選択します❾。

ショートカットキー

分離 P

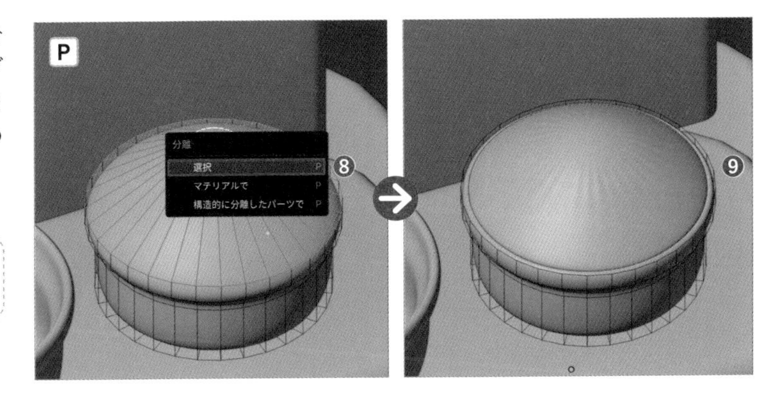

7 面にシワが発生しているので、［**編集モード**］に戻り（Tab）、Ctrl command＋Rキーを押して面を等分に輪切りにしましょう❿。

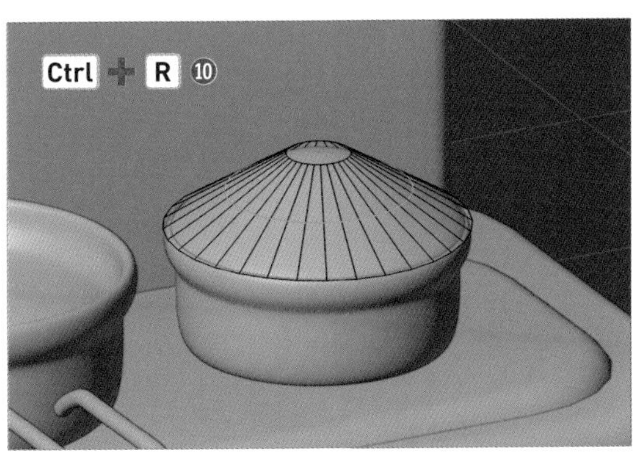

8 そのまま[S]キーで辺ループを拡大すると、丸みのある蓋の断面になります⓫。

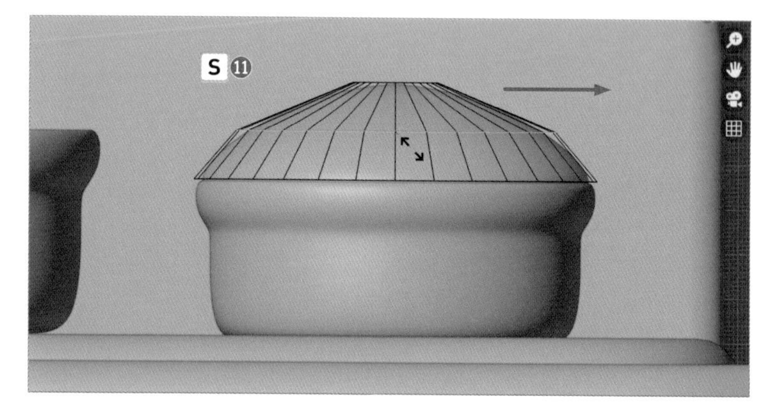

9 まだ面にシワがあるので、[I]キーで頂上の面に更に面を挿入します⓬。

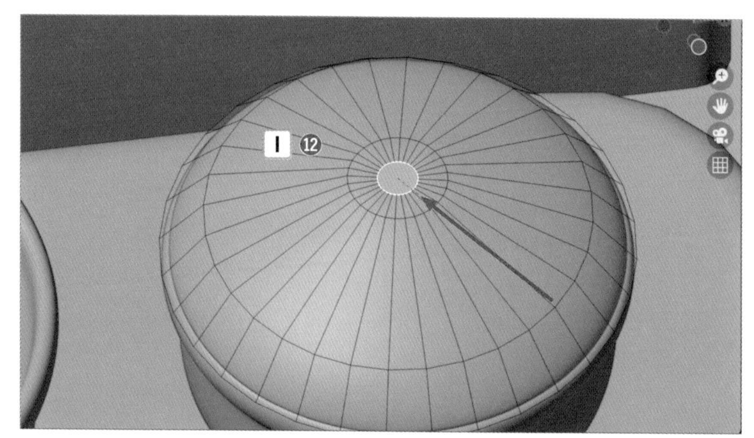

10 [A]キーで全選択したら、鍋にはまるように[S]キーでサイズを調整し⓭、[G]→[Z]キーで移動させたら、［**オブジェクトモード**］に戻り（[Tab]）、右クリック＞［**自動スムーズを使用**］を適用させます⓮。

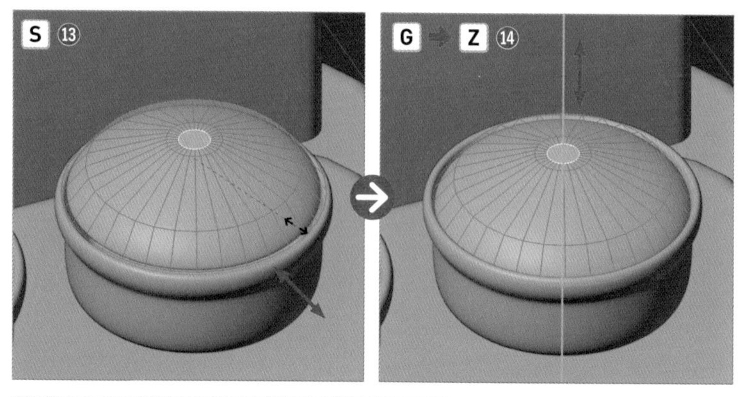

11 [Shift]+[A]＞［**メッシュ**］＞［**UV球**］を選択して追加したら、縮小（[S]）、移動させ（[G]）、蓋の取手となるように配置し⓯、右クリック＞［**自動スムーズを使用**］を適用しましょう⓰。

STEP 4

キッチンツールを作ろう

最後に、時計や調理器具などの小物を追加していきましょう。

1 まず、時計を作成します。[**オブジェクトモード**](Tab)で、コンロのつまみと円柱を選択し、Shift+D→Zキーで上方に移動させながらコピーします❶。

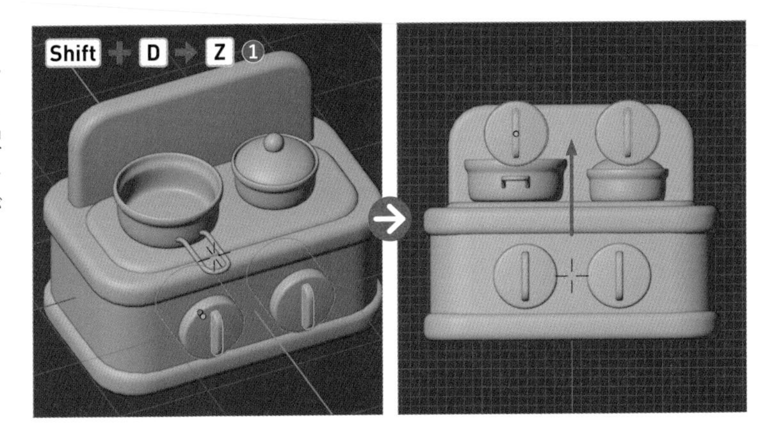

2 視点を切り替えながら壁に埋め込まれるように縮小(S)、移動(G)させます❷。

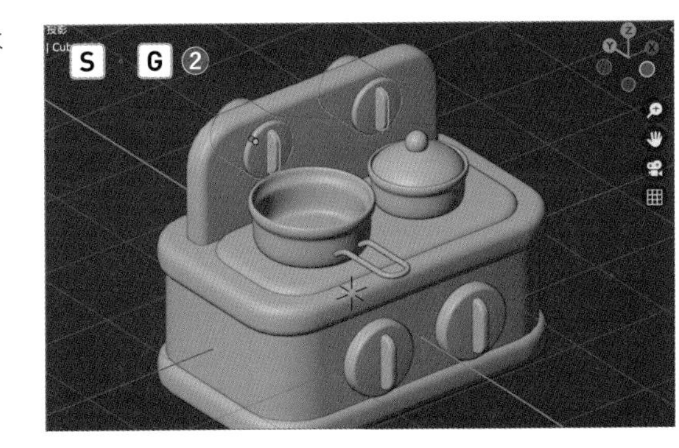

「軸のロック」を活用しながら配置してみましょう。

3 コピーした円柱とつまみそれぞれの[**ミラーモディファイアー**]を[×]ボタンで削除しましょう❸。

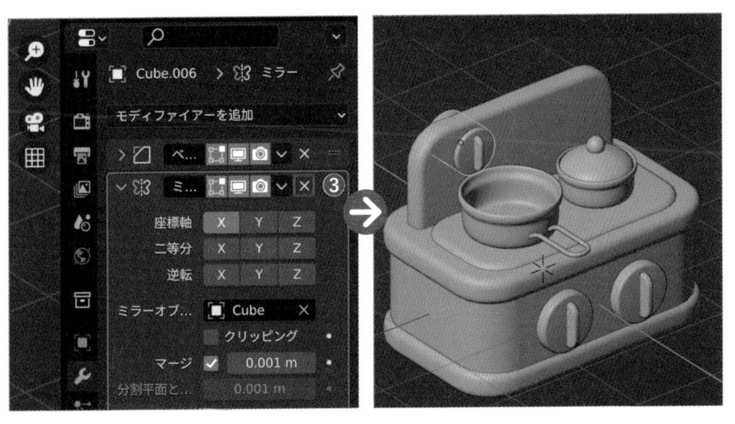

4 コピーした円柱を選択し、Shift+D→Yキーで前方に移動させながらコピーしたら❹、Sキーで縮小させて、時計の針の中心を作成します❺。

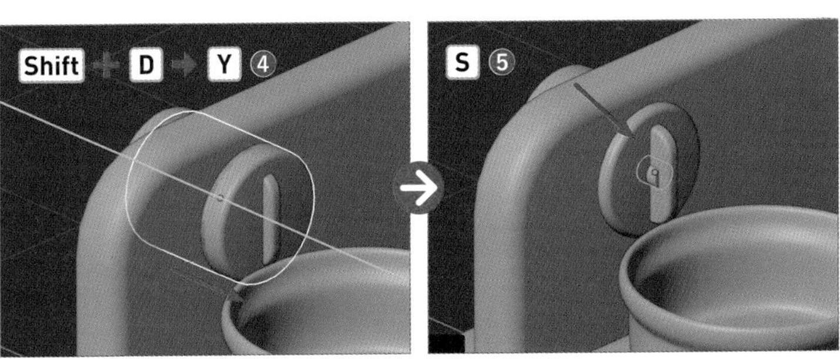

中級編 9日目 コンロを作ろう

5 次に、つまみ部分を縮小(S)、回転(R)、移動(G)させながら長針を作成し(右)❻、それをShift+Dでコピーして同じくサイズや位置を調整しながら短針(左)を作成します❼。

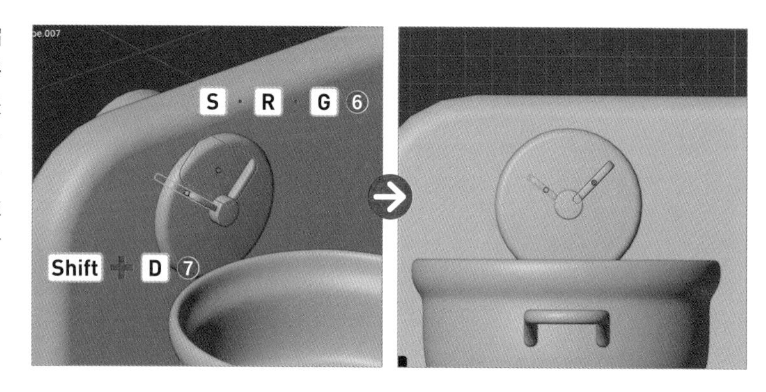

6 短針の方を太くしたい場合は、,キーを押して座標系を［**ローカル**］にして❽、S→Zキーでローカル座標系の上下方向に拡大します❾。終わったら、座標系は［**グローバル**］に戻しておきます❿。

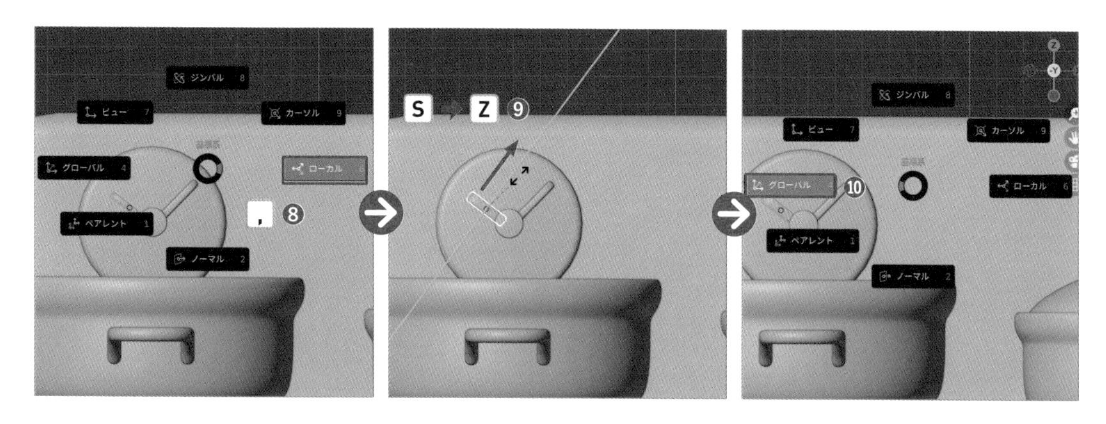

7 次に、時計の台座の円柱をShift + Dキーでコピーしたら⓫、右側に移動させて縮小し(G・S)、［**編集モード**］(Tab)でY軸方向に拡大したら(S→Y)⓬、［**オブジェクトモード**］(Tab)に戻ってX軸を中心に90度回転させます(R→X→「90」)⓭。これをコピーして横に並べ、持ち手を2本作ります(Shift + D→X)⓮。更に時計の中心もコピーして、図のように取っ手に組み合わせてみましょう(Shift + D)⓯。

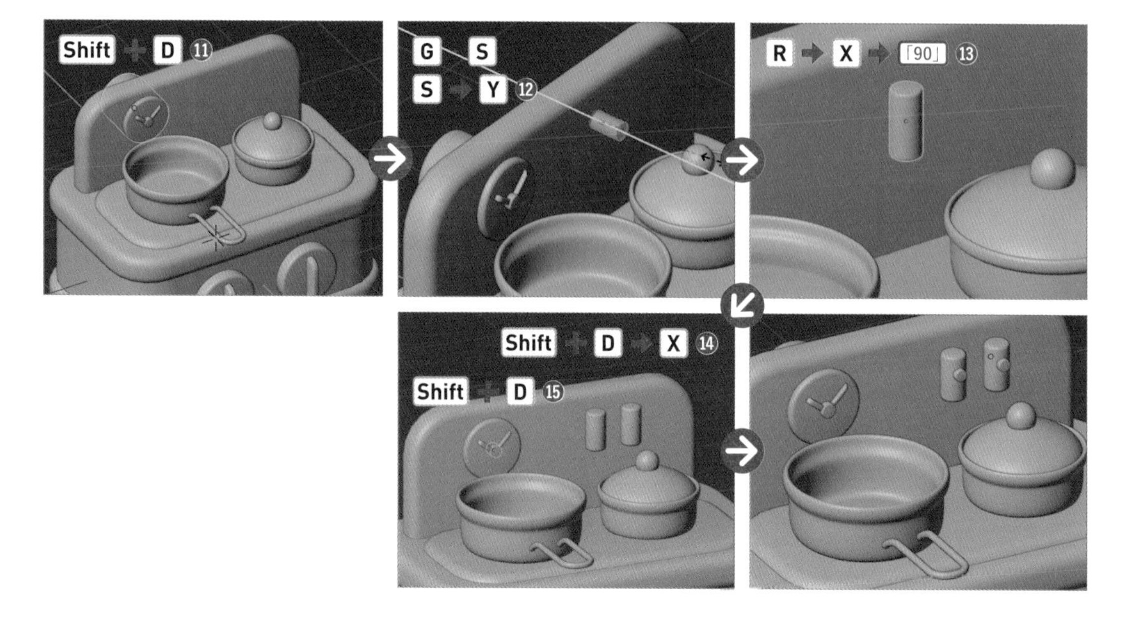

STEP 5

泡立て器を作ろう

鍋の取っ手と同じように、[**スキンモディファイアー**] を活用して泡立て器を作りましょう。

1 Shift+A > [**メッシュ**] > [**平面**] を選択して配置し、/キーで平面だけを表示させます❶。

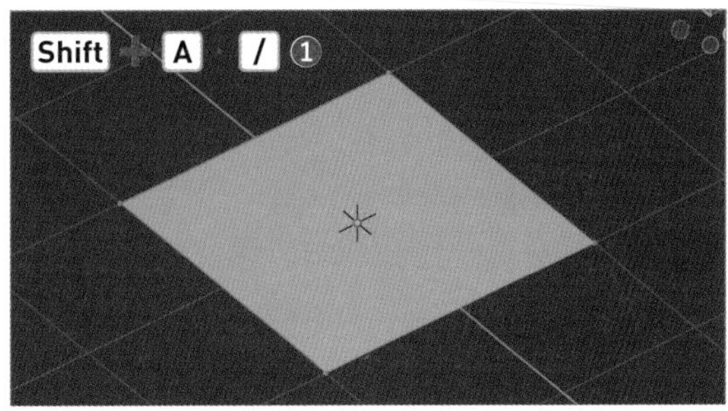

2 [**編集モード**] に入ったら（Tab）、[**面選択モード**]（数字キー3）で面を選択し、X > [**面だけ**] を選択して削除します❷。ここから鍋の取っ手と同様にモデリングしていきましょう。

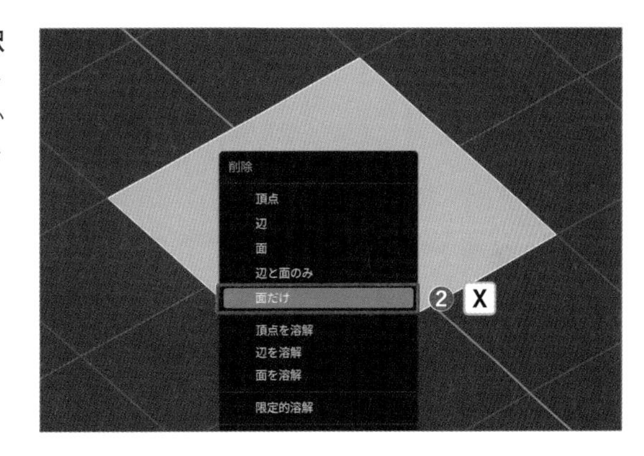

3 Aキーで全選択し、S→Xキーで長方形になるように縮小します。❸

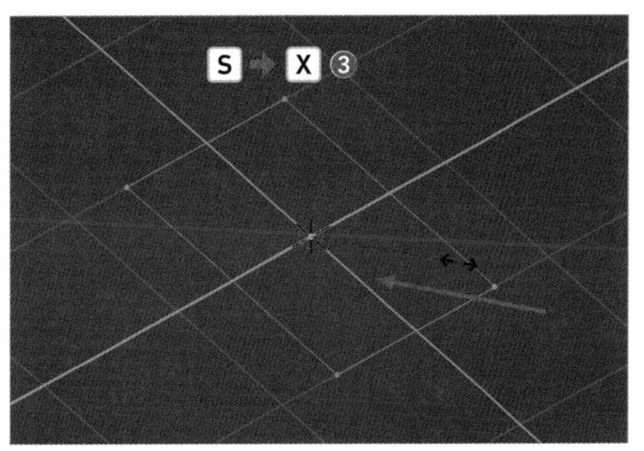

4 [**頂点選択モード**]（数字キー1）で奥側の2つの頂点を選択し、S→Xキーで点を近づけます❹。

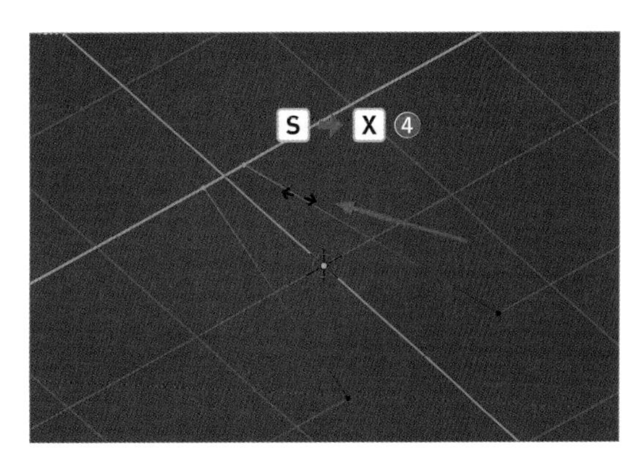

5 手前側の2つの頂点を選択し、Ctrl command +B→V でベベルします。アーチ状にならない場合は［**オペレーターパネル**］の［**セグメント**］数を「1」から「5」に変更します❺。

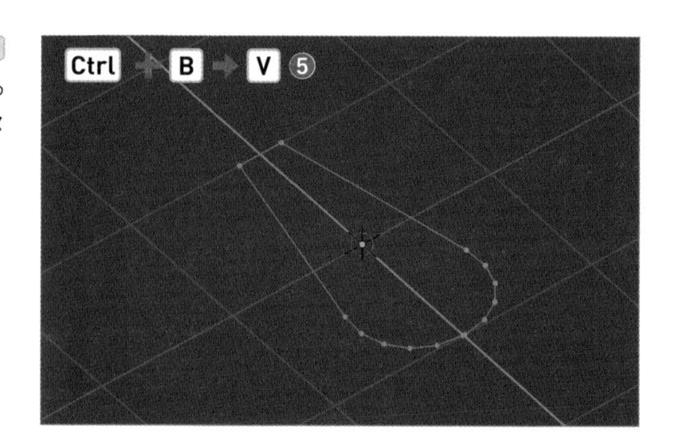

6 ［**オブジェクトモード**］に戻り（Tab）、🔧>［**モディファイアーを追加**］>［**生成**］>［**スキン**］のモディファイアーを追加します❻。

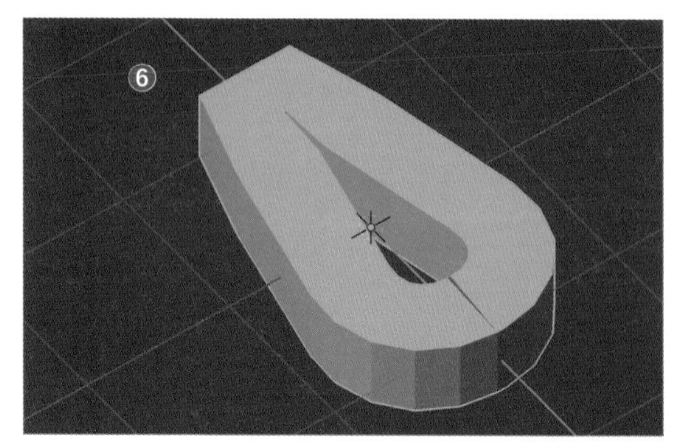

7 ［**編集モード**］に入り（Tab）、［**透過表示**］をオンにし（Alt option + Z）、全選択したら（A）、Ctrl command +A→マウスのドラッグでスキンの太さを調整します❼。

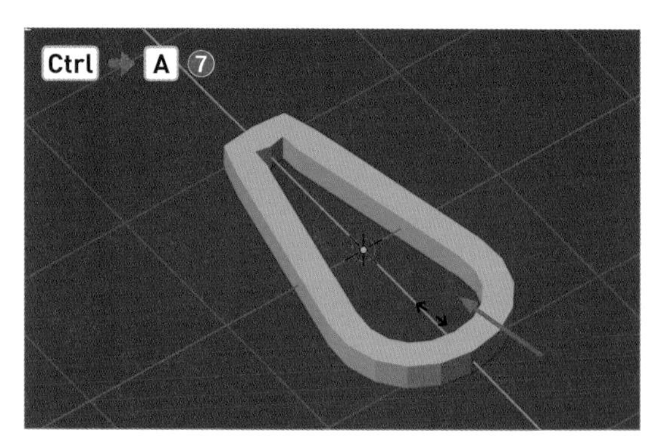

8 ［**透過表示**］をオフにし（Alt option + Z）、［**オブジェクトモード**］に戻ります（Tab）。🔧>［**モディファイアーを追加**］>［**生成**］>［**サブディビジョンサーフェス**］を選択し、モディファイアーパネルの［**ビューポートのレベル数**］の値を「3」❽、［**レンダー**］の値を「3」にします❾。右クリック>［**自動スムーズを使用**］も適用しましょう❿。

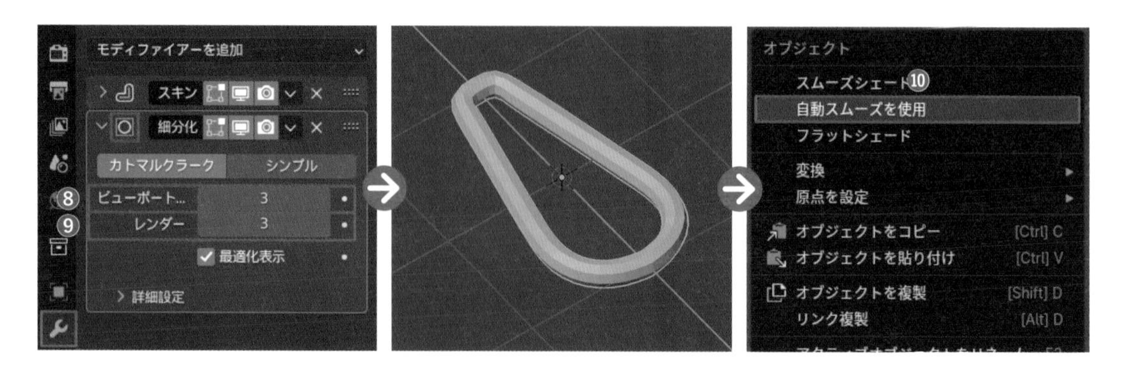

9 R→X→「90」の順に入力して確定し、X軸を中心に90度回転させます⓫。

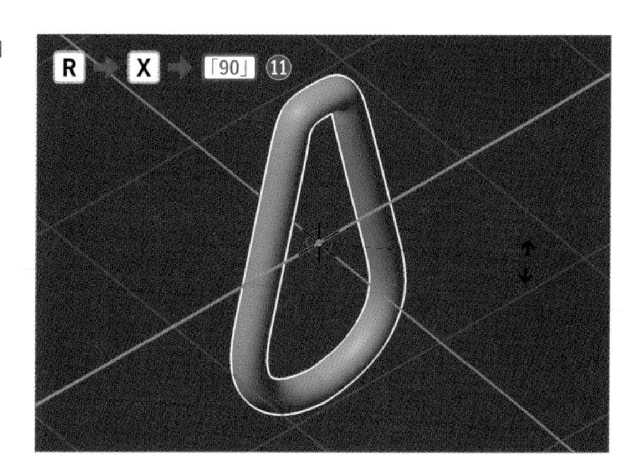

10 続けてShift+D→R→Z→「120」の順に入力して確定し、コピーしながらZ軸を中心に120度回転させて配置します⓬。

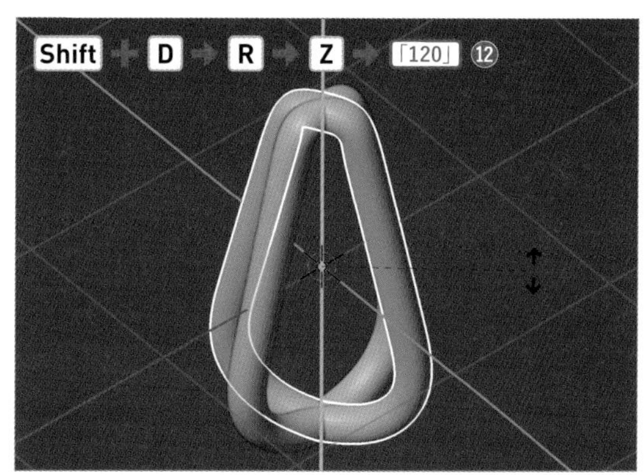

11 そのままShift+Rキーを押して直前の動作を繰り返します⓭。

ショートカットキー

操作の繰り返し　Shift + R

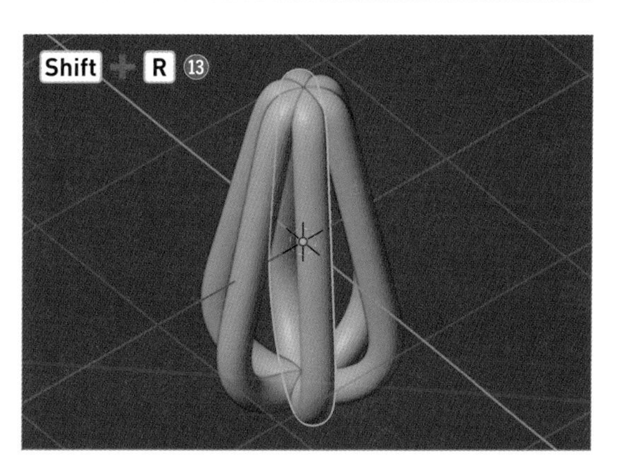

12 3つのオブジェクトを選択したら、/キーで全てのオブジェクトを表示させ、縮小（S）、移動（G）させて取っ手に組み合わせます⓮。

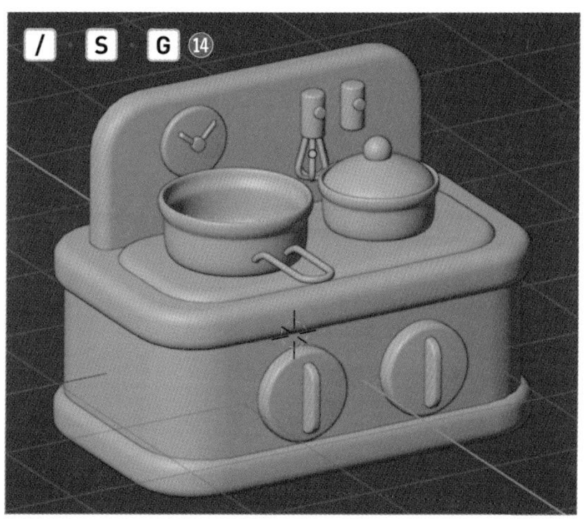

お玉を作ろう

次に、UV球でお玉を作っていきます。

1 Shift+A>［**メッシュ**］>［**UV球**］を選択して追加し、/キーでUV球だけを表示させたら、［**編集モード**］に入りましょう（Tab）。フロントビューにし（テンキー1）、［**透過表示**］をオンにしたら（Alt option+Z）、図のように上から半分とちょっとを［**ボックス選択**］し、X>［**頂点**］を選択して削除します❶。

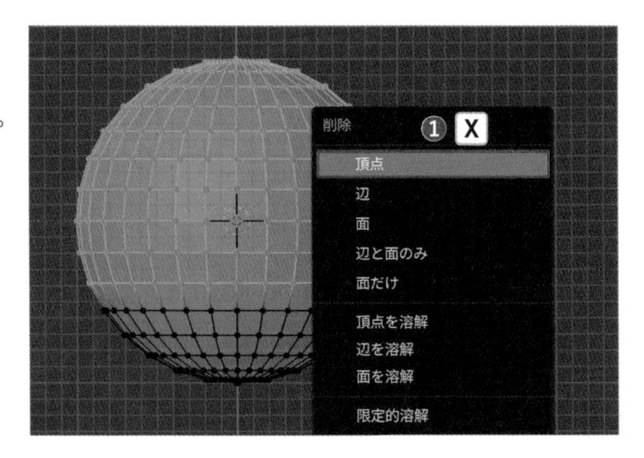

2 トップビューにして（テンキー7）、［**辺選択モード**］（数字キー2）で上方の4辺を選択し❷、E→Yキーを押して上に押し出します❸。

テンキー

トップビュー 7

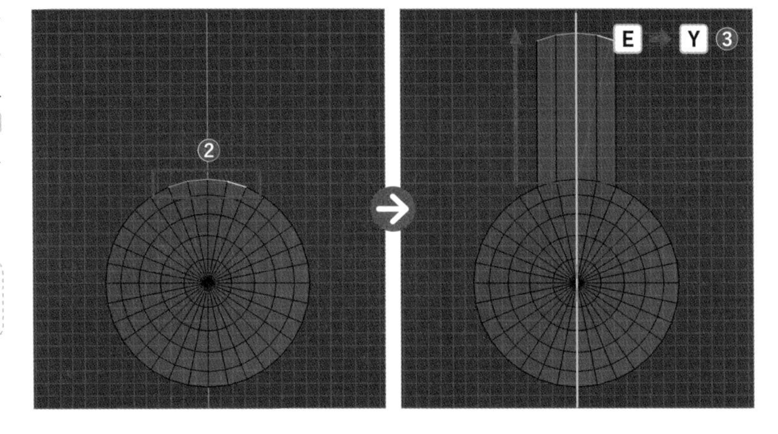

3 ［**透過表示**］をオフにし（Alt option+Z）、［**オブジェクトモード**］に戻ります（Tab）。/キーで全てのオブジェクトを表示させたら❹、R→X→「90」の順に入力してX軸を中心に90度回転させ❺、サイズや位置を調整しましょう（S・G）❻。

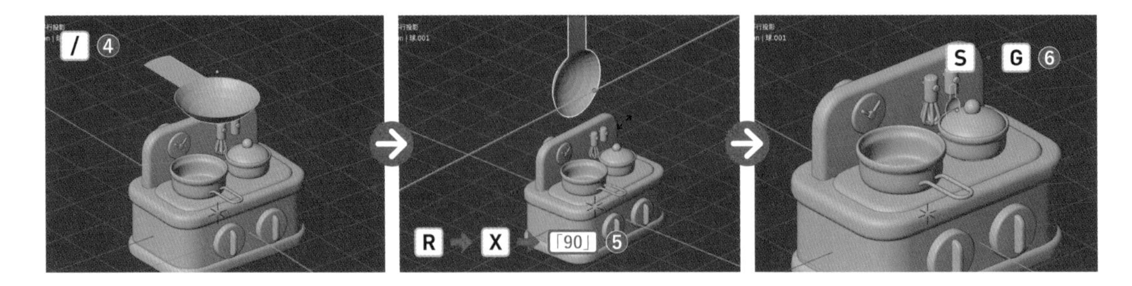

4 お玉を選択したまま、Shiftキーを押しながら鍋のオブジェクトを選択し❼、Ctrl command+L>［**モディファイアーをコピー**］を選択すると、モディファイアーがコピーされます❽。

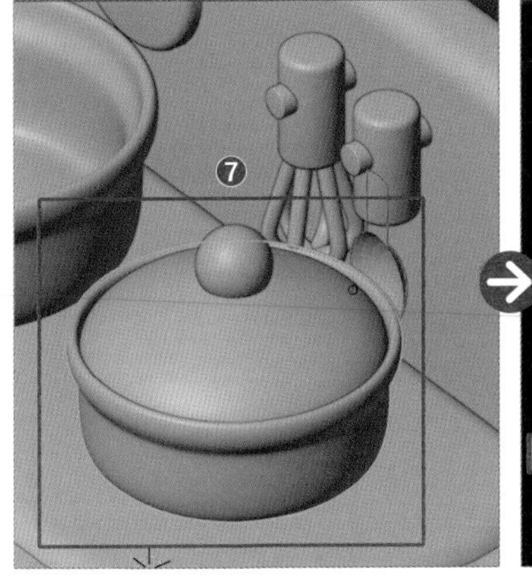

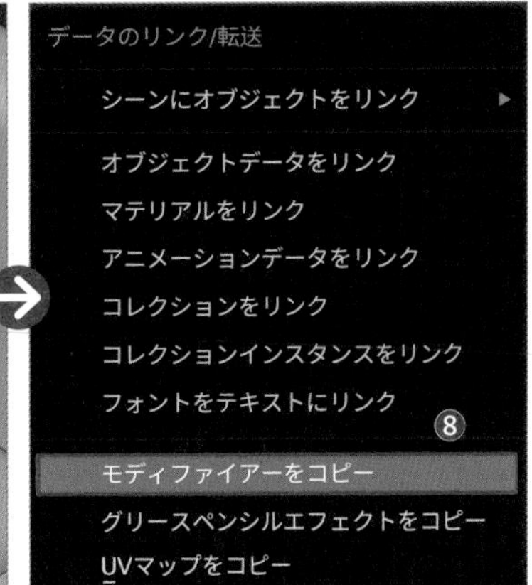

5 お玉だけを選択し、モディファイアーパネルの［**ソリッド化**］の［**幅**］の値を「0.15m」にして、より厚みをつけておきましょう❾。

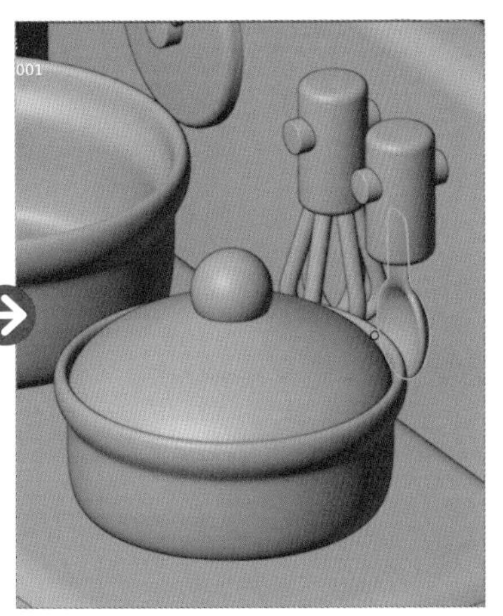

6 これでモデリングは完了です。マテリアル・環境設定をしたらレンダリングしてみましょう。作成したオブジェクトは［**コレクション**］にまとめて、［**アセット**］に追加しておきましょう。

マテリアル設定 P039
レンダリング P042
保存設定 P043
スタジオ設定 P063

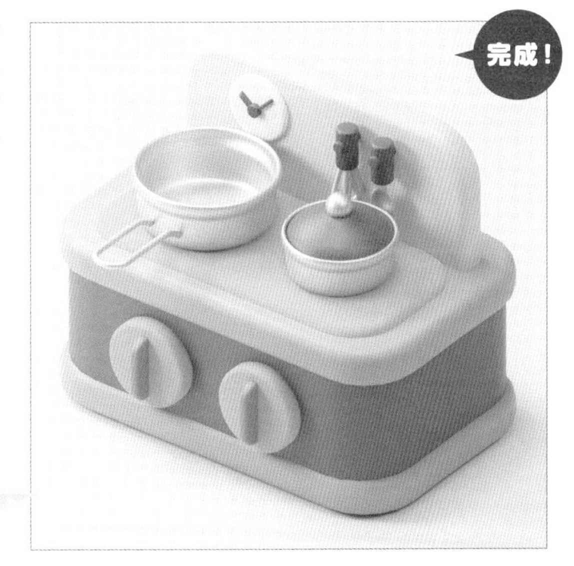

色見本

オレンジ	：B84200
薄茶（つまみ）	：B86E3C
緑	：275226
薄緑（天板）	：838E75
黄	：E79C14
薄黄（壁）	：DCD266
ベージュ（背景）	：E7D8B1
白	：E7E7E7
シルバー	：E7E7E7

（「粗さ」の値「0.4」、「メタリック」の値「1.0」）

天板は台座をコピーしているので新規のマテリアルを割り当てましょう。シルバーが反射するように「環境テクスチャ」と「EEVEE」時の設定も忘れずに行いましょう（P123）。

column

アセットブラウザーを使いこなそう

［**アセットブラウザー**］は、よく使うファイルやマテリアルをすぐに呼び出して使用できる便利な機能です。1日目（P043）で解説した手順を参考にこれまでの作品を［**アセット**］に登録し、［**3Dビューポート**］内に配置してみましょう。

アセットブラウザーの準備をしよう

［**アセットブラウザー**］を使うためには、参照したいファイルを1カ所にまとめておき、「ここに保存しているよ」という指定をBlender内で行う必要があります。

1 これまでに作成したファイルをパソコン内の1つのフォルダにまとめておきましょう。

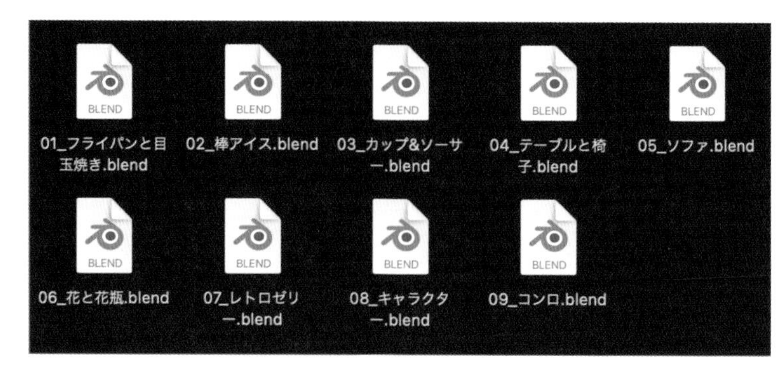

2 ［**編集**］>［**プリファレンス**］を開いて、左側のメニューの［**ファイルパス**］>［**アセットライブラリ**］枠内の［+］をクリックします❶。

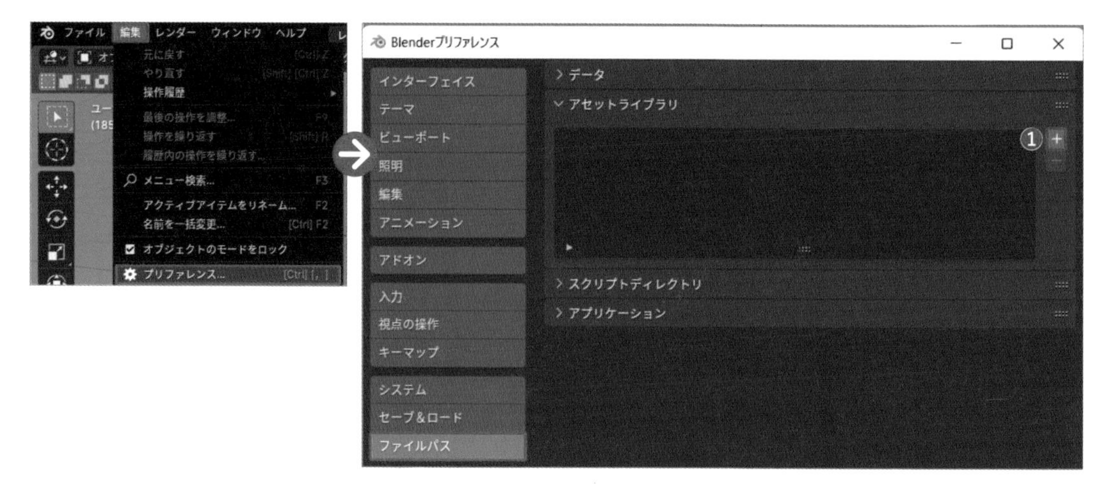

3 続いて、[**Blenderファイルビュー**] が開いたら、先ほどファイルを格納したフォルダを選択して開きます❷。[**アセットライブラリを追加**] をクリックしましょう❸。ここではフォルダ名を「Asset_Room」としています。

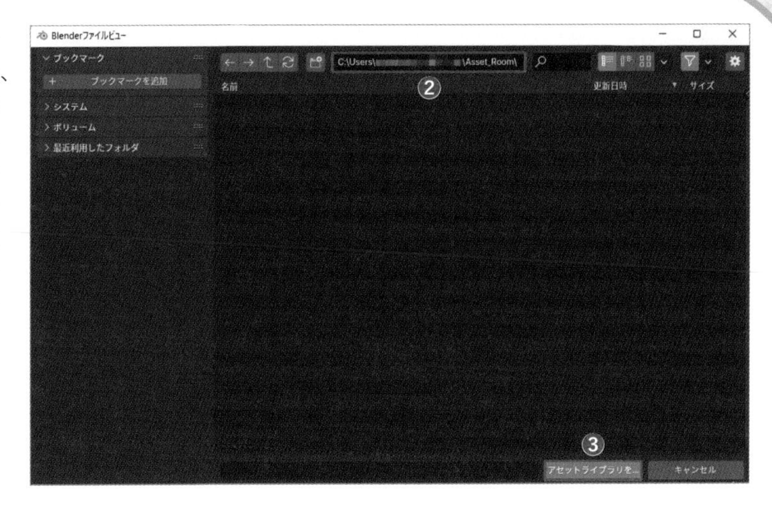

4 [**Blenderプリファレンス**] に戻ったら、[**パス**] に先ほどのフォルダパスが設定されていることが分かります。左下の三本線のメニューを開いて、デフォルトで [**プリファレンスを自動保存**] にクリックが入っていることを確認したら、このままウィンドウを閉じましょう。

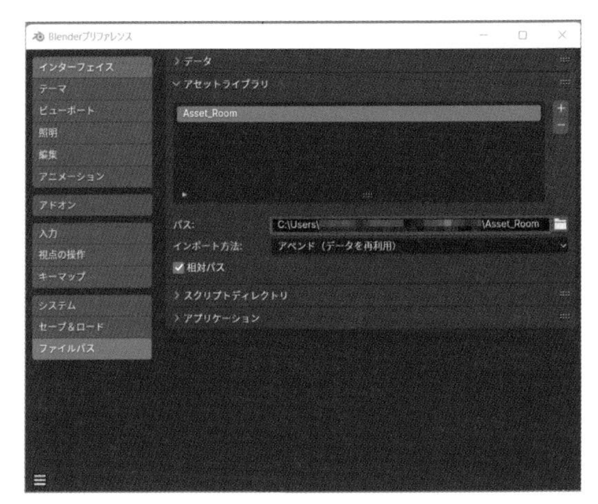

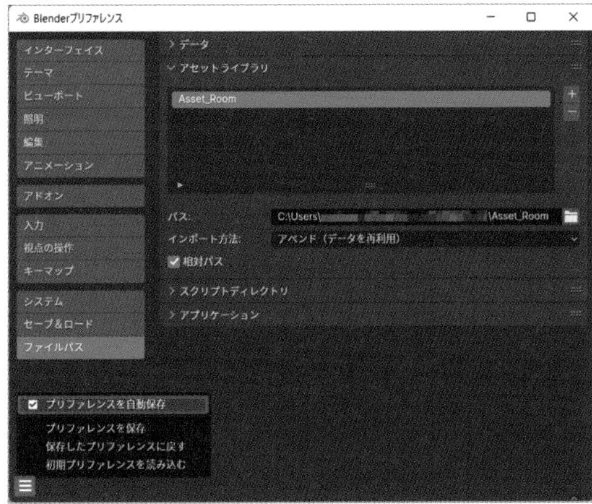

アセットを配置しよう

さて、いよいよアセットをシーンに配置していきましょう。

1 [**3Dビューポート**] 下部のエディターエリア左上にある [**エディタータイプ**] をクリックして、[**アセットブラウザー**] に変更します❶。

2 すると、[**アセットブラウザー**] が開きます。左上のプルダウン ([**全て**] または[**現在のファイル**]となっている)をクリックして、先ほどのフォルダ(ここでは [**Asset_Room**]) を選択します❷。

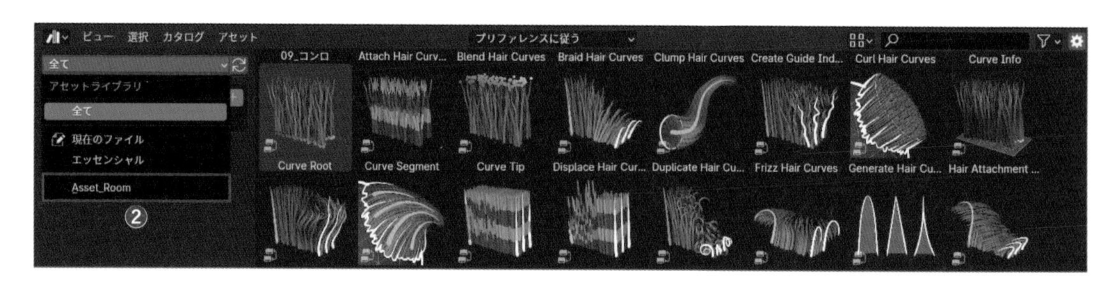

3 すると、このようにフォルダ[**アセットとしてマーク**]したコレクション(オブジェクト)が表示されます。[**Asset_Room**] に保存したはずのオブジェクトが出てこない場合は、コレクションが [**アセットとしてマーク**] されていない可能性があります。P044を参考に、オブジェクトを含むコレクションを[**アセットとしてマーク**]しましょう。

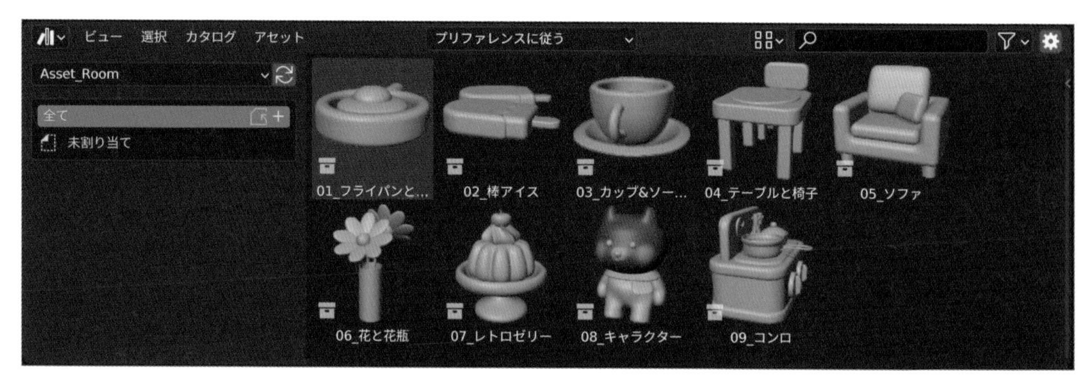

4 [**アセットブラウザー**]から配置したいファイルを選択し、[**3Dビューポート**]にドラッグ&ドロップします。配置したら大きさや向きを調整しましょう。

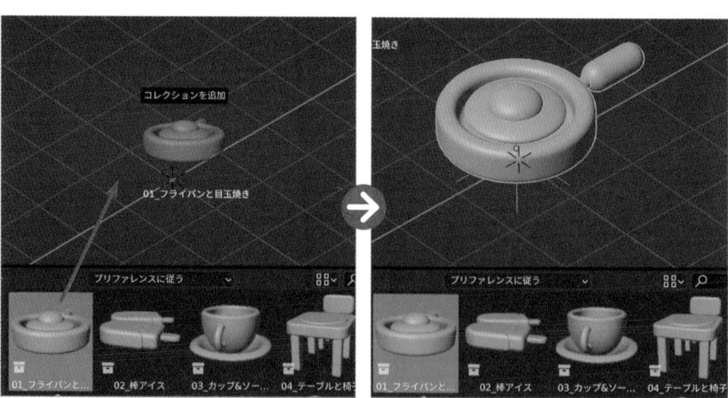

総復習編

レベルアップモデリング

総復習編

10 日目

レベル ★★★

ここで学ぶ機能 平均クリース 辺ループのブリッジ カメラの被写界深度

部屋を作ろう

床・壁・窓を作成し、これまで作成してきたものを全て配置してみましょう。

動画解説はこちら

https://book.impress.co.jp/closed/bld-vd/day10.html

10日間の集大成として、ミニチュアの部屋作りにチャレンジしていきましょう。

はじめに

5STEPで制作の流れを確認しよう

STEP 1 立方体で床と壁を作ろう

STEP 2 窓枠とカーテンを作ろう

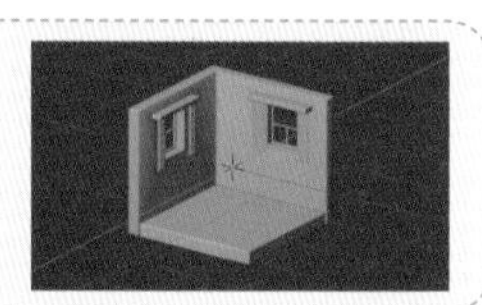

STEP 3 フローリングを作って マテリアルを設定しよう

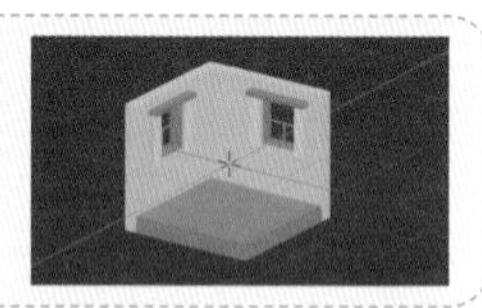

STEP 4 1日目～9日目のファイルを 読み込んで小物を作ろう

STEP 5 環境設定をしよう

STEP 1

床と壁を作ろう

立方体を利用して、部屋のベースとなる床と壁を作りましょう。

❶ [**平行投影**] にして（テンキー 5）、[**編集モード**] に入ります（Tab）。[**面選択モード**]（数字キー 3）でデフォルトで表示されている立方体の手前の2面と上面を選択したら、X > [**面**] を選択して削除します❶。

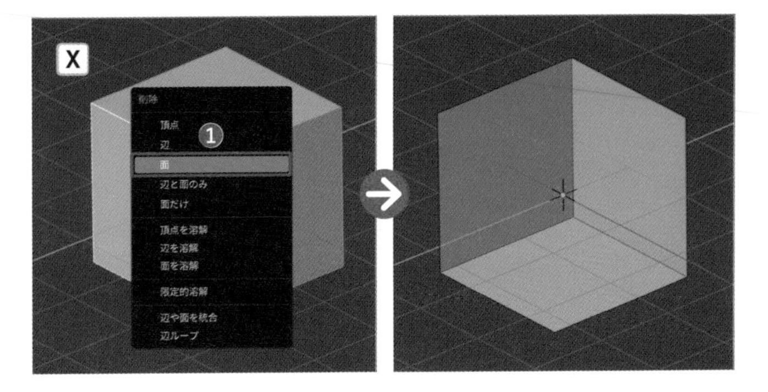

テンキー

投影モードの切り替え	5

ショートカットキー

面選択モード	数字キー 3
オブジェクトの削除	X

❷ 次に、これに厚みをつけていきます。[**オブジェクトモード**]（Tab）に入り、🔧 > [**モディファイアーを追加**] > [**生成**] > [**ソリッド化**] を選択し❷、モディファイアーパネルの [**幅**] の値を「0.2m」にして❸、[**均一な厚さ**] にチェックを入れます❹。

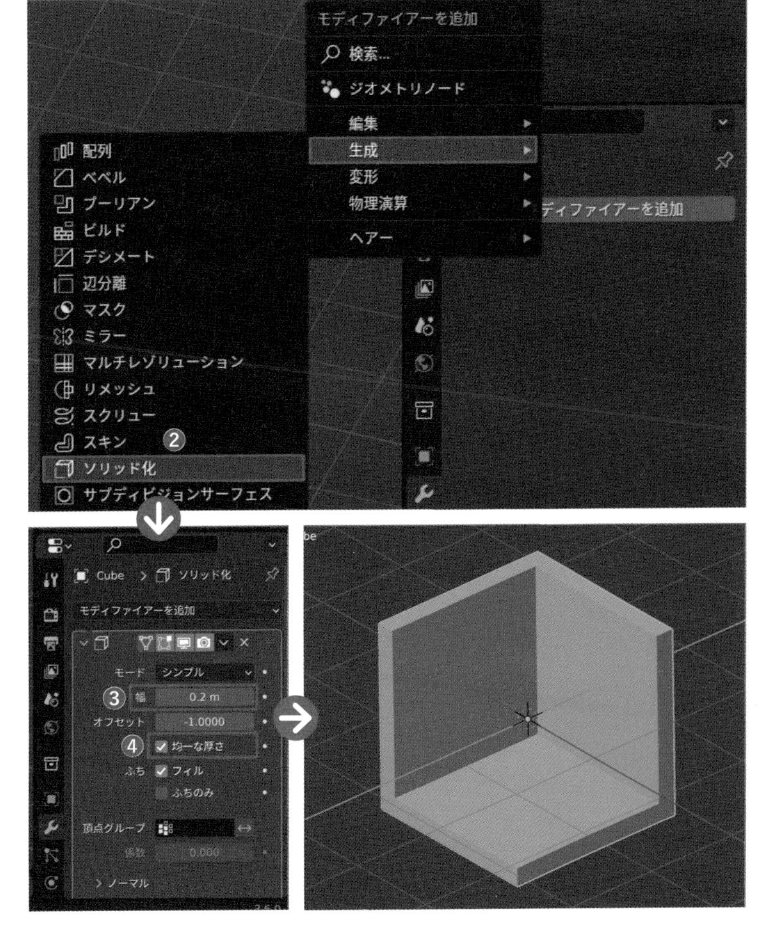

3 続けて、[**モディファイアーを追加**] > [**生成**] > [**ベベル**] を追加して❺、角に丸みをつけます。モディファイアーパネルの [**量**] の値を「0.02m」❻、[**セグメント**] の値を「5」にして❼、右クリック > [**自動スムーズを使用**] を適用します❽。

4 次に、壁と床を分離しましょう。[**編集モード**]（Tab）に入り、[**面選択モード**]（数字キー 3）で底面を選択したら、P > [**選択**] を選んで分離します❾。

※選択部分が見えやすいように紙面は [**透過表示**] にしています。

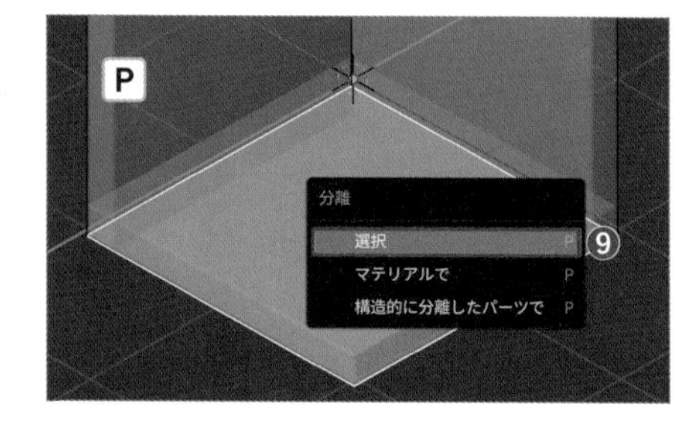

5 壁と床が下部で重なってしまっているので、壁の方の厚みの向きを逆(外側)に向かうようにしましょう。[**オブジェクトモード**]（Tab）に戻り、壁を選択したら、先ほど追加した [**ソリッド化モディファイアー**] のパネルの [**幅**] の値を「0.2m」から「-0.2m」に変更しましょう❿。

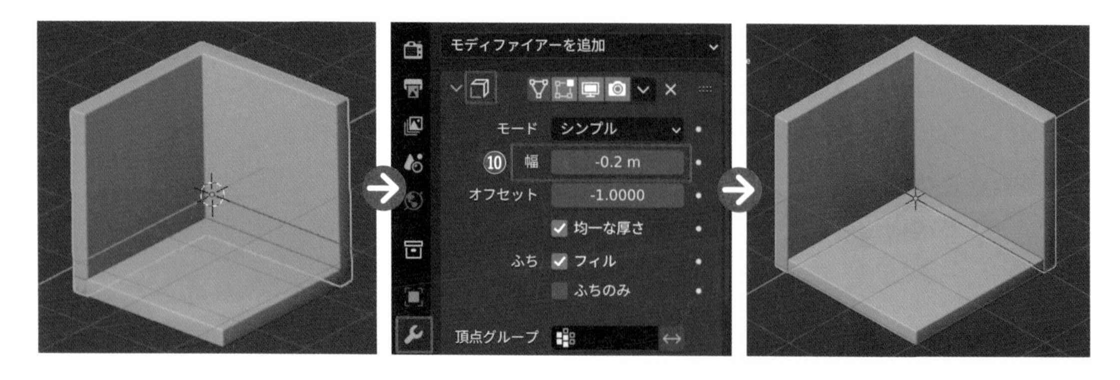

6 次に、左側の壁に窓の穴を開けていきます。[**編集モード**]に入り(Tab)、[**面選択モード**](数字キー3)で左側の壁を選択し、Iキーで面を挿入します⑪。G→Zキーで上方へ移動させたら⑫、X>[**面**]を選択して削除し、穴を開けます⑬。

ショートカットキー

インセット	I
移動	G

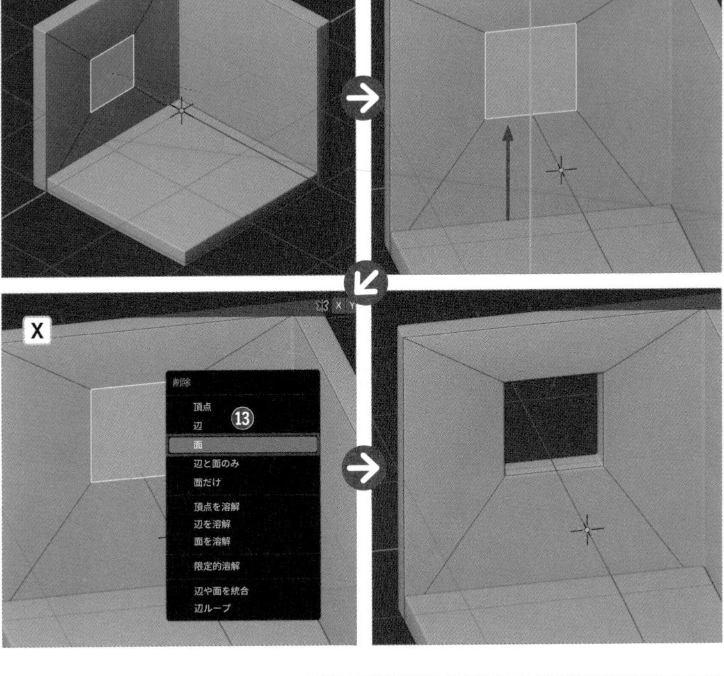

7 右側の壁も同様に穴を開けておきましょう(Iキーで面の挿入、G→Zキーで上方へ移動、Xキーで削除)⑭。

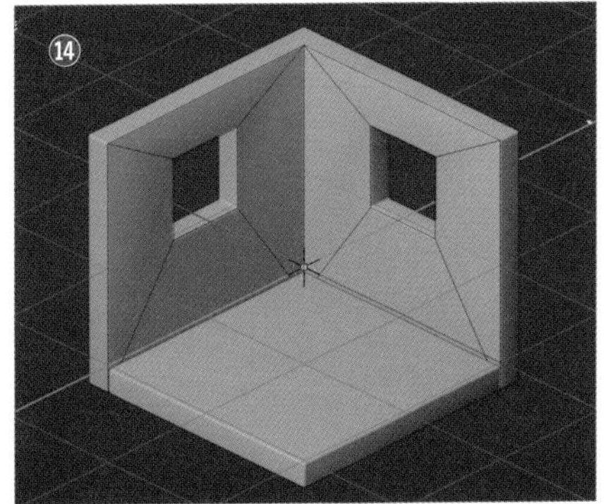

Point

窓の高さを合わせるには?

8日目(P151)でクマの脚の高さを揃える時に使った機能を活用してみましょう。[**編集モード**](Tab)の[**頂点選択モード**](数字キー1)で、左右の窓の2頂点ずつを選択し、S→Z→「0」を入力すると、窓枠の上辺と下辺の頂点の高さがそれぞれ揃い、窓の高さを揃えることができます。

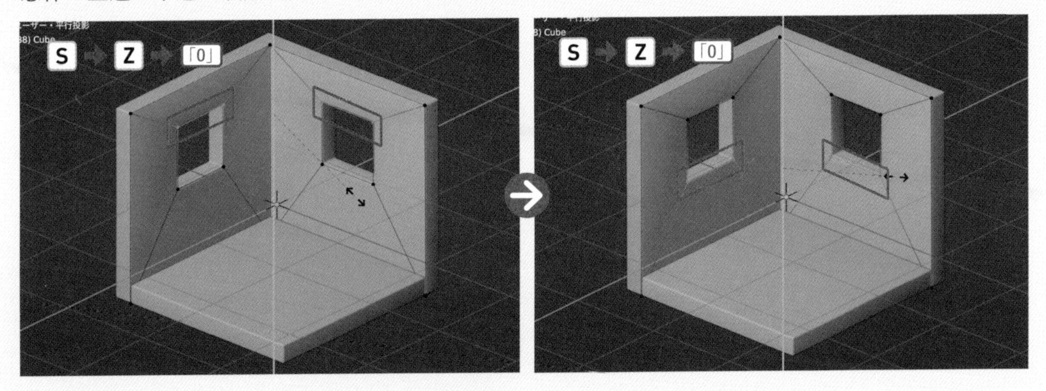

STEP 2

窓枠を作ろう

壁の穴の頂点や辺を変形させて窓枠を作っていきましょう。

1 ［**頂点選択モード**］（数字キー 1 ）で窓の4つの頂点を選択し、Shift + D キーでその場にコピーしたら❶、P ＞［**選択**］を選んで分離させます❷。

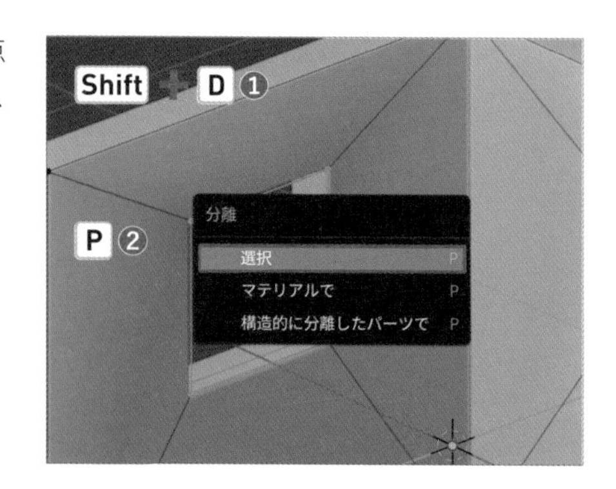

2 ［**オブジェクトモード**］（Tab ）に切り替え、分離した枠を選択したら❸、［**編集モード**］（Tab ）に入ります。A キーで全選択したら❹、E → S キーで押し出しながら縮小します❺。

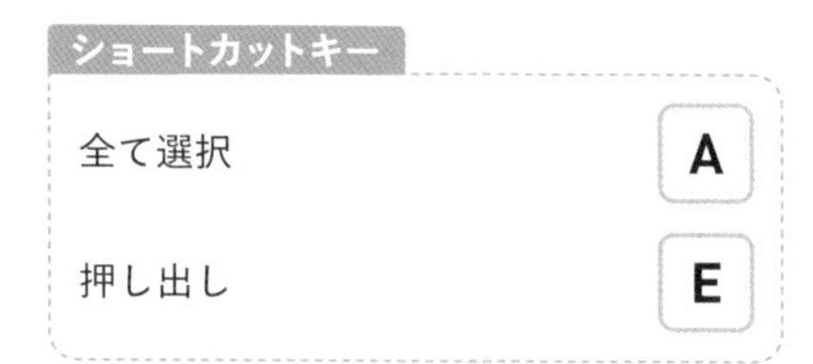

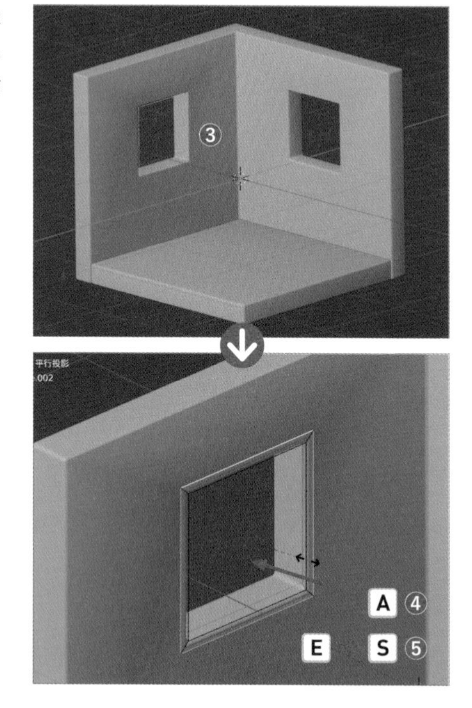

コピーして分離しただけでは辺の状態なので、内側に押し出すことによって面を作っています。

3 再び［**オブジェクトモード**］（Tab ）に戻り、分離した枠を選択したら、この後の編集のために、ヘッダーメニューの［**オブジェクト**］＞［**原点を設定**］＞［**原点を重心に移動(サーフェス)**］を適用して、原点を枠の中心に移動させます❻。

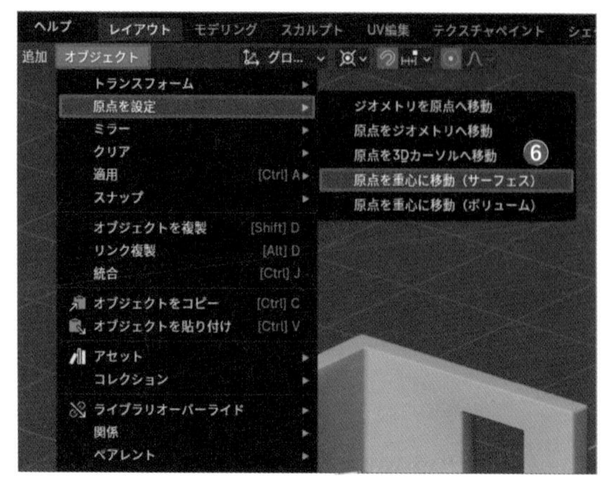

4 モディファイアーパネルの［**ベベル**］の［**量**］の値を「0.01m」に変更して、角の丸みを少しタイトにしましょう❼。

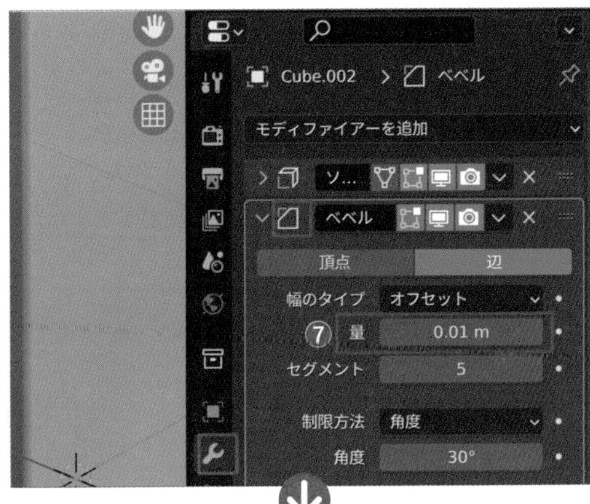

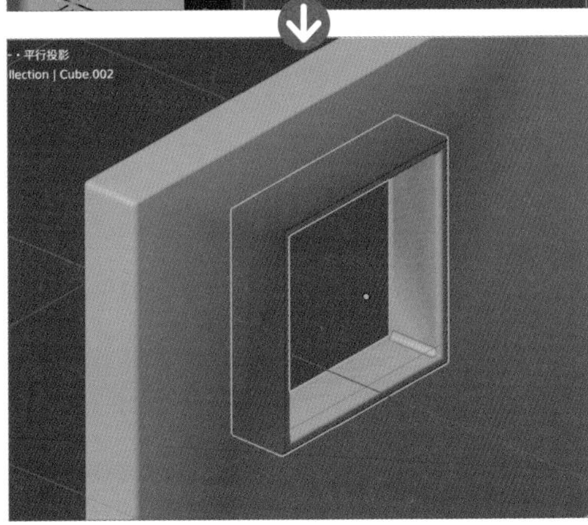

コピー・分離すると元のオブジェクトのモディファイアーも受け継がれます。

5 G→Xキーで手前に少し移動させ、壁から窓枠が出っ張っている状態にしましょう❽。

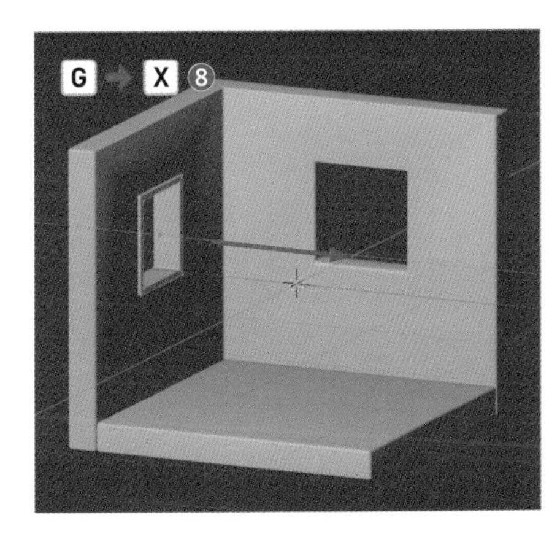

視点を切り替えながら調整してみましょう。

6 次に、窓枠の格子を作っていきます。［**オブジェクトモード**］（Tab）で窓枠をShift＋Dキーでコピーしたら、/キーでコピーした窓枠だけを表示させます❾。

ショートカットキー

対象オブジェクトのみを表示・解除 

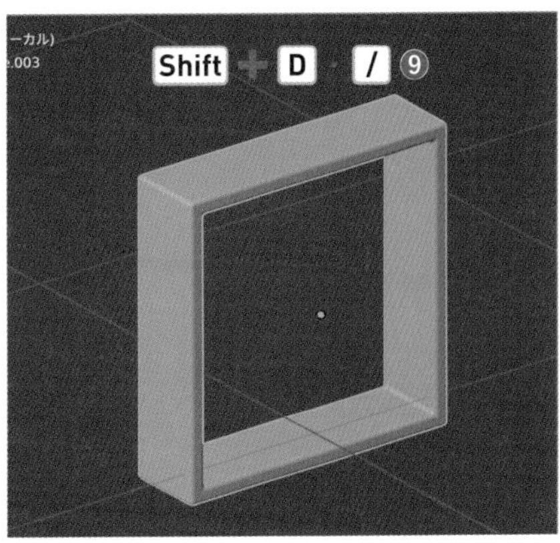

総復習編 10日目 部屋を作ろう

7 [**編集モード**]（Tab）に入り、Ctrl command＋R キーを押し、両側の窓枠の面をそれぞれ等分に輪切りにしましょう⑩⑪。

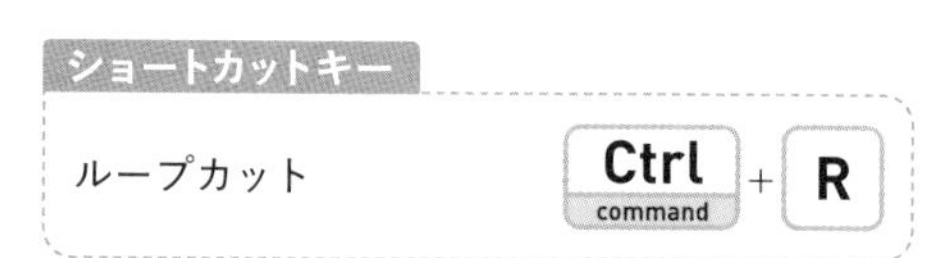

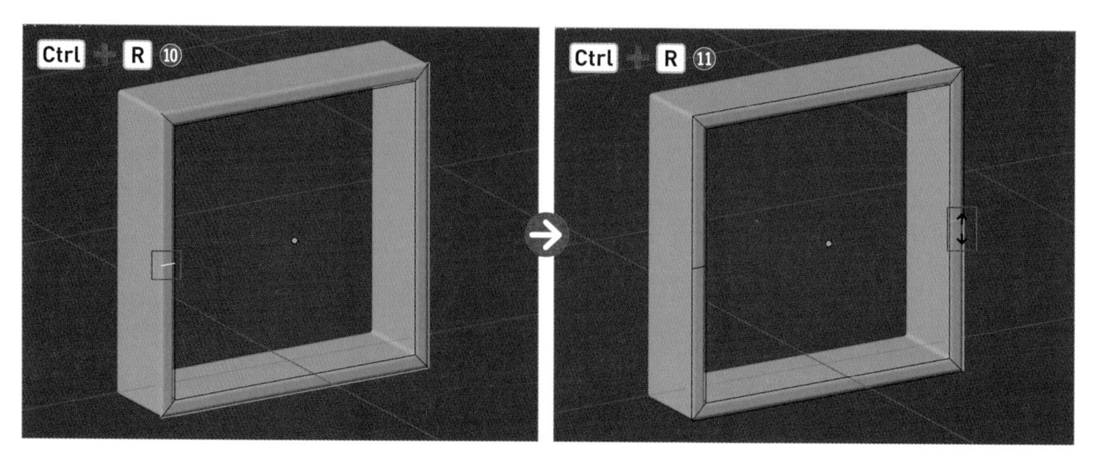

8 [**辺選択モード**]（数字キー 2 ）で挿入した2つの辺を選択し、Ctrl command＋B キーを押してベベルをします⑫。

ショートカットキー

辺選択モード

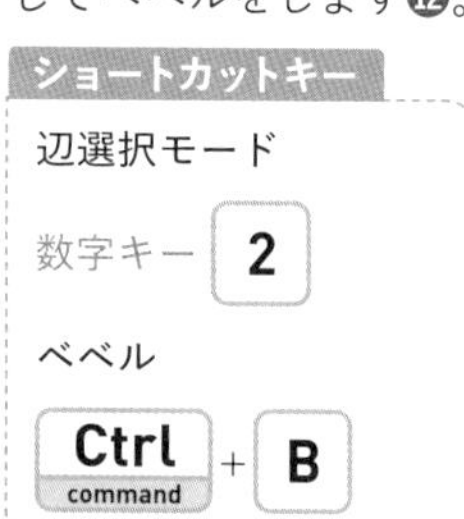

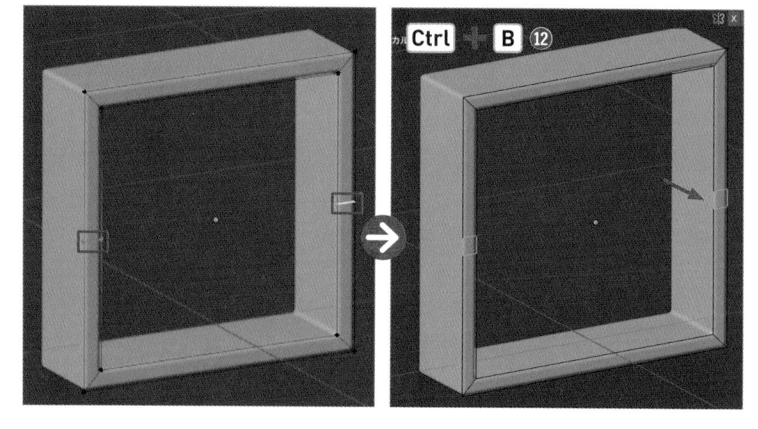

9 内側の2辺を選択し⑬、右クリック＞[**辺ループのブリッジ**]を選択して、辺同士を繋ぎます⑭。

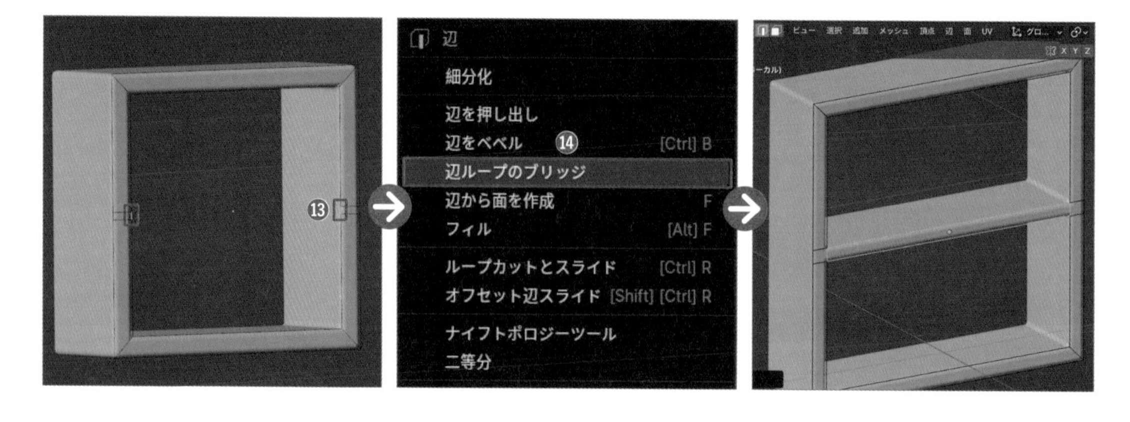

10 同様に縦の桟も作りましょう。Ctrl command+Rキーを押し、真ん中と下の窓枠の面を等分に輪切りにしたら⑮、Ctrl command+Bキーを押してベベルし⑯、内側の辺を選択して、右クリック>[**辺ループのブリッジ**]を選択して、辺同士を繋ぎます⑰。

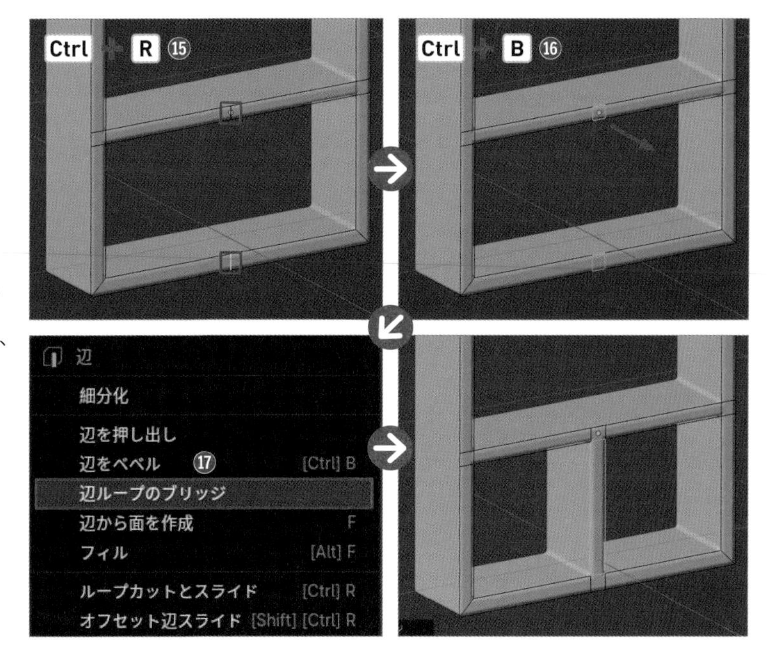

11 [**オブジェクトモード**]に戻り(Tab)、モディファイアーパネルの[**ソリッド化**]の[**幅**]の値を「-0.05m」にしたら⑱、/キーを押して再び全体を表示させます⑲。

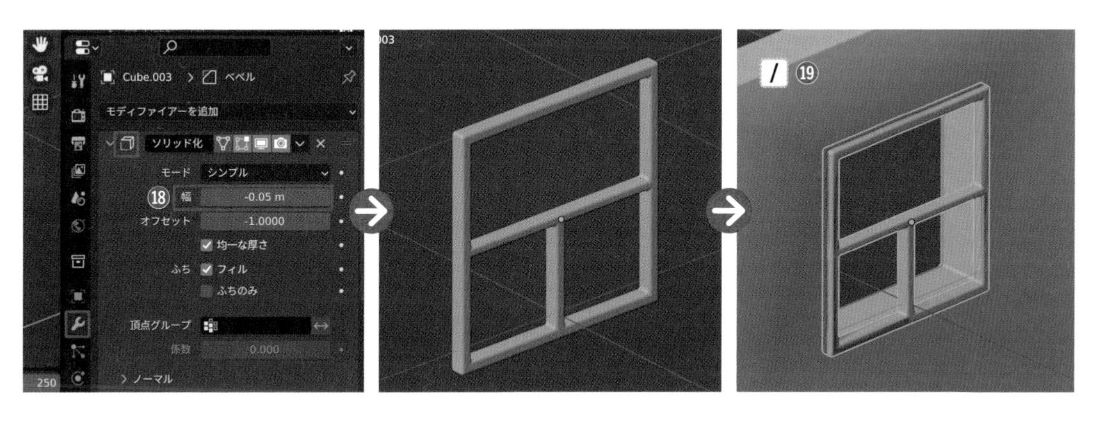

12 格子が選択された状態で[**編集モード**]に戻り(Tab)、Aキーで全選択したら、Sキーで窓枠に収まるように縮小し⑳、[**オブジェクトモード**]に戻ったら(Tab)、G→Xキーで奥へ移動させます㉑。

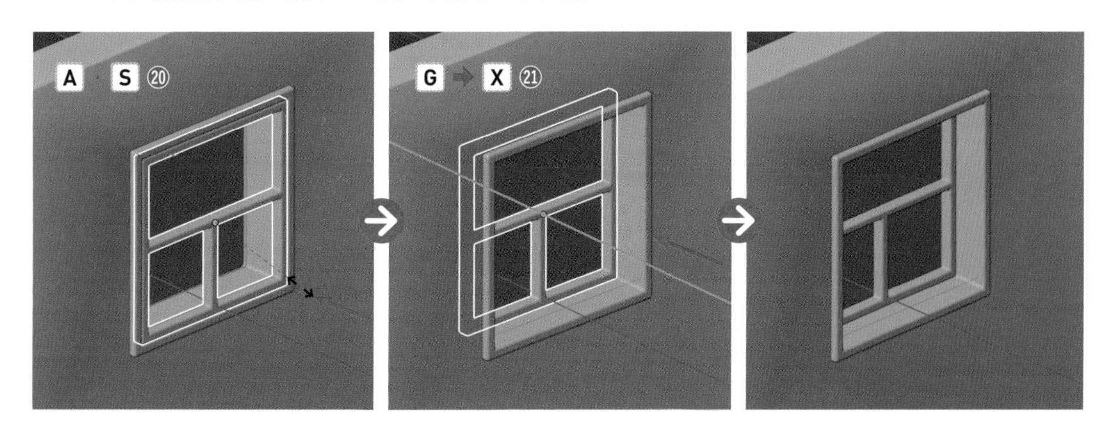

カーテンレールを作ろう

立方体でカーテンレールを作っていきましょう。

1 Shift + A >［**メッシュ**］>［**立方体**］を選択して配置し、図のように大きさ・位置を調整します（S・G）❶。

ショートカットキー

オブジェクトの追加　Shift + A

軸のロック（P033）と視点の切り替え（P021）を活用して調整してみましょう。窓枠より横長にしておくとカーテンを組み合わせやすくなります。

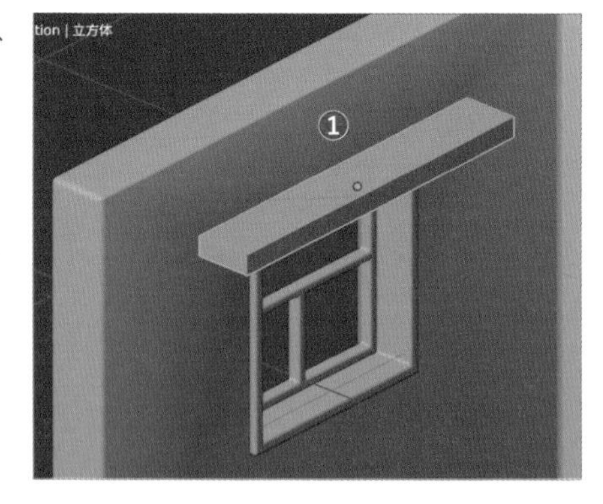

2 🔧 >［**モディファイアーを追加**］>［**生成**］>［**ベベル**］を選択します❷。すると、図のようにベベルが均一にかからないことが分かります。これは、立方体が拡大縮小の情報を持っているためです。

配列
ベベル
ブーリアン
ビルド
デシメート
辺分離
マスク

3 Nキーを押して［**トランスフォーム**］メニューを確認すると❸、［**スケール**］や［**回転**］の値が残っているのが分かります。

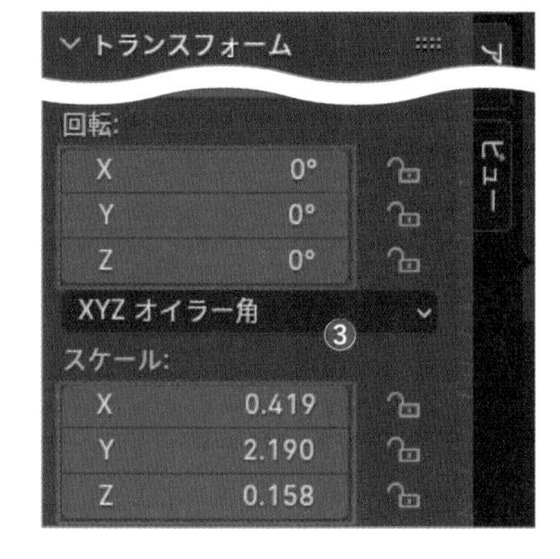

4 この情報をリセットするために、Ctrl command + A >［**全トランスフォーム**］を選択し、オブジェクトのトランスフォームを適用させましょう❹。すると、ベベルが均一にかかりました。

ショートカットキー

適用　Ctrl (command) + A

適用
位置
回転
スケール
全トランスフォーム
回転・スケール
位置をデルタ化
回転をデルタ化
スケールをデルタ化
全トランスフォームをデルタ化
トランスフォームアニメーションをデルタ(差分)に
ビジュアルトランスフォーム
表示の形状をメッシュ化
インスタンスを実体化
親の逆行列

❺ モディファイアーパネルの［**ベベル**］の［**量**］の値を「0.01m」❺、［**セグメント**］の値を「5」にします❻。その後、右クリック＞［**自動スムーズを使用**］を適用しておきましょう。

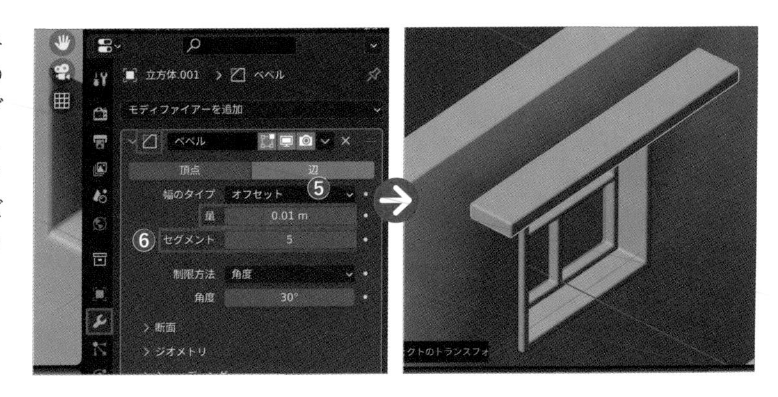

Point

オブジェクトのトランスフォームを適用

オブジェクトに対して行った変形が［**トランスフォーム**］に値として残っていると［**ベベルモディファイアー**］が均一にかからなかったり、移動や回転がうまくいかなかったりすることがあるため、必要に応じて［**トランスフォームの適用**］（リセット）を行いましょう。

トランスフォーム P168

カーテンを作ろう

次に、平面を分割して波型のカーテンを作っていきましょう。

❶ ［**オブジェクトモード**］（Tab）でShift＋A＞［**メッシュ**］＞［**平面**］を選択して配置し❶、/キーで平面だけを表示させます❷。

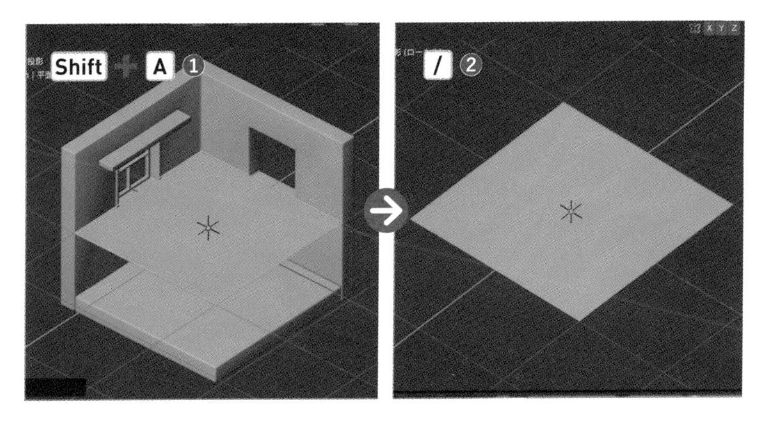

❷ ［**編集モード**］（Tab）に入り、Ctrl command＋R→「5」の順に入力してEscキーで確定させ、6等分に輪切りします❸。

ループカットで辺の数を指定 P061

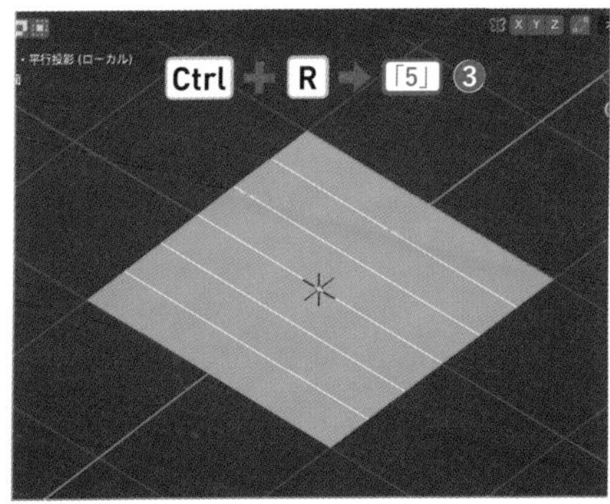

3 [**辺選択モード**](数字キー2)で、真ん中の辺の両隣の辺を選択し、G→Zキーで上方へ移動させます❹。

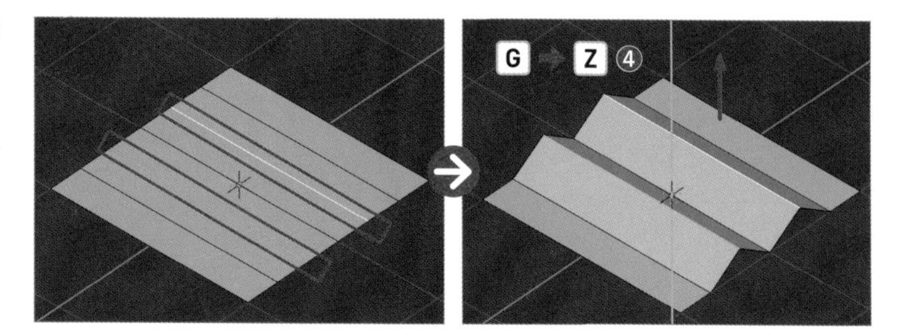

4 [**オブジェクトモード**](Tab)に戻り、🔧>[**モディファイアーを追加**]>[**生成**]>[**サブディビジョンサーフェス**]を選択し、モディファイアーパネルの[**ビューポートのレベル数**]の値を「3」❺、[**レンダー**]の値を「3」にします❻。その後、右クリック>[**自動スムーズを使用**]を適用しておきましょう。

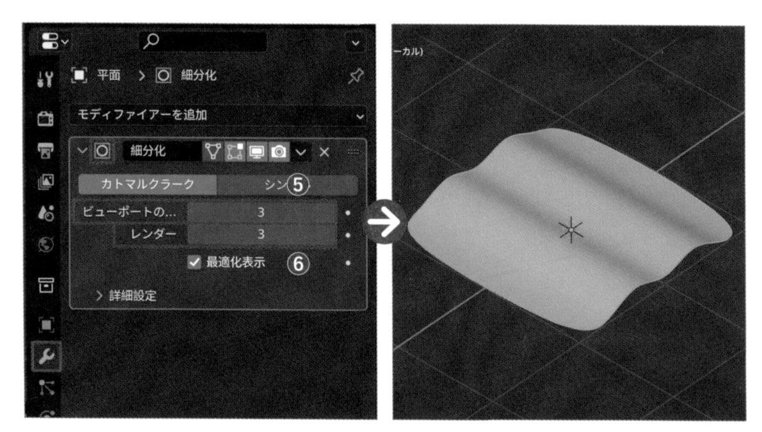

5 再び[**編集モード**](Tab)に入り、外周の辺を全て選択したら、Nキーを押して[**トランスフォーム**]メニューを開き、[**辺データ**]の[**平均クリース**]の値を「1.00」にします❼。

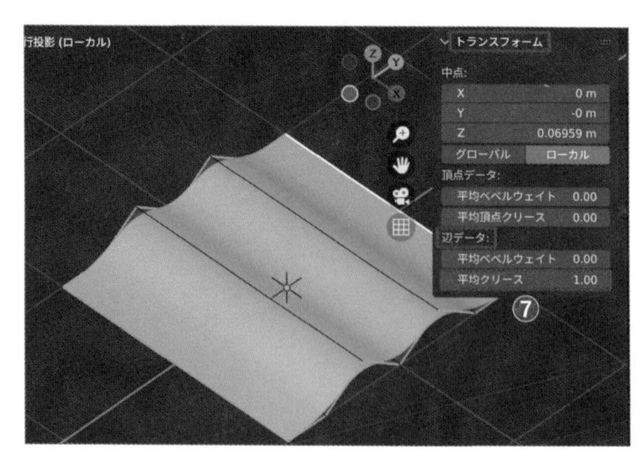

Point

平均クリース

[**平均クリース**]は、[**サブディビジョンサーフェスモディファイアー**]を適用させたオブジェクトのエッジ(角)の鋭さを表す数値です。値を「1」にするとシャープな角として表現され、「0」の場合は[**サブディビジョンサーフェスモディファイアー**]に従った丸みになります。

6 [**オブジェクトモード**](Tab)に戻り、S→Yキーで前後方向に縮小します❽。

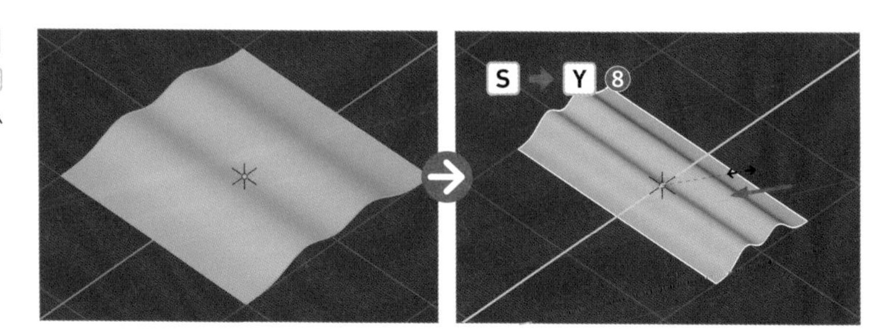

7 /キーで再び全体を表示させたら❾、R→Y→「90」の順に入力して確定し、Y軸を中心に90度回転させます❿。

ショートカットキー

回転 R

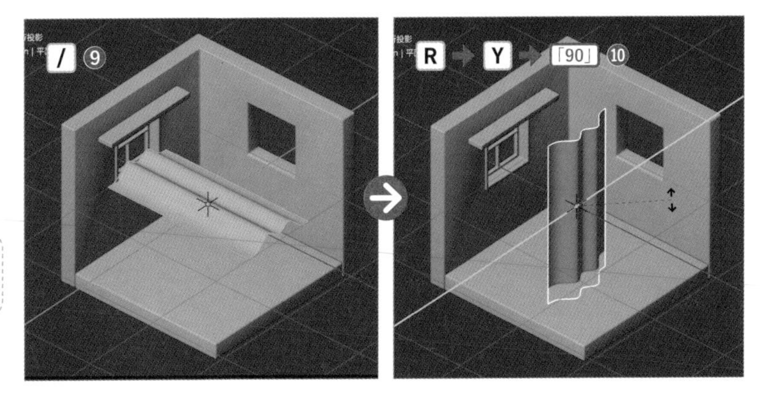

8 カーテンレールや窓に合わせて縮小し（S）、移動させて図のように配置します（G）⓫。窓枠より長くなるようにS→Zキーで上下方向に少し拡大します⓬。

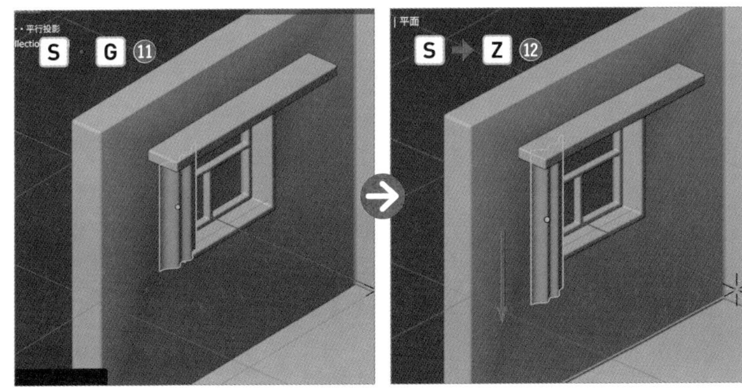

9 🔧>［**モディファイアーを追加**］>［**生成**］>［**ミラー**］を選択し⓭、モディファイアーパネルの［**ミラーオブジェクト**］のスポイトでカーテンレールを選択し⓮、［**座標軸**］の［**Y**］をオンにしましょう⓯。

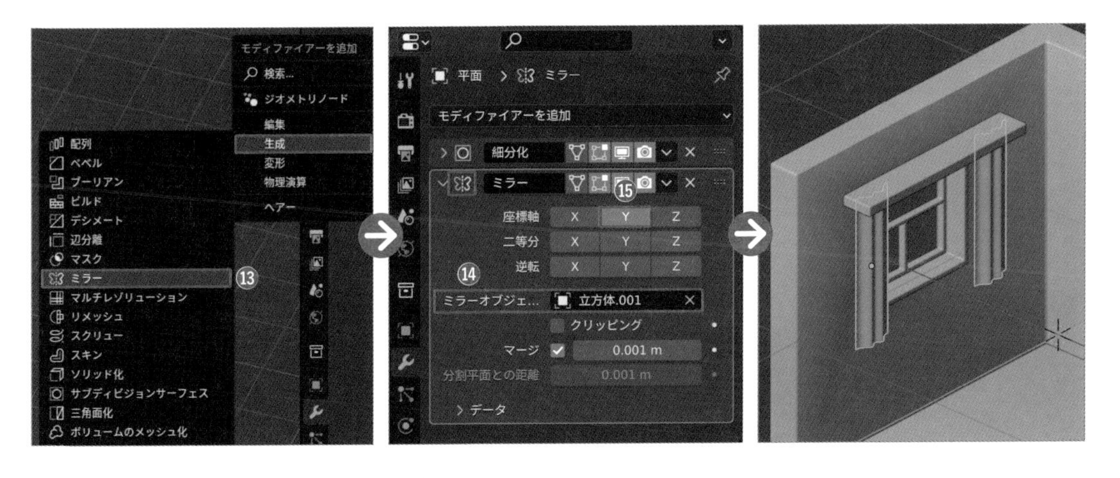

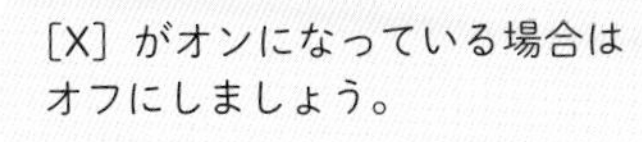
［X］がオンになっている場合はオフにしましょう。

総復習編 10日目 部屋を作ろう

10 ここまでできたら、窓枠、カーテンレール、カーテン一式を選択し、Shift+D→Xキーを押して手前に移動させながらコピーします⑯。

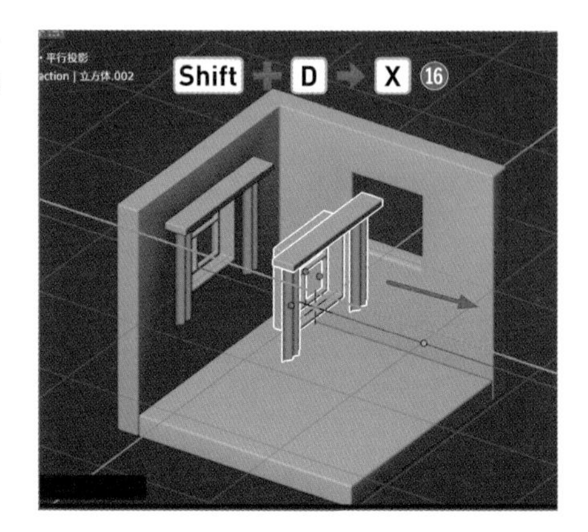

11 R→Z→「270」の順に入力して確定し、Z軸を中心に270度回転させ⑰、そのままGキーで移動させながら右側の窓穴にはめ込みます⑱。フロントビュー、ライトビューに切り替えながら調整してみましょう。

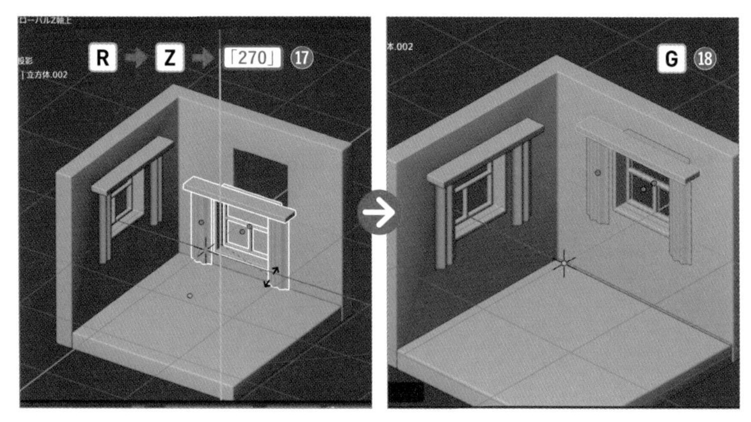

STEP 3

フローリングを作ろう

部屋の仕上げに、床を活用してフローリングを作りましょう。

1 ［**オブジェクトモード**］（Tab）で床を選択して、Shift+D→Zキーで上方に移動させながらコピーします❶。

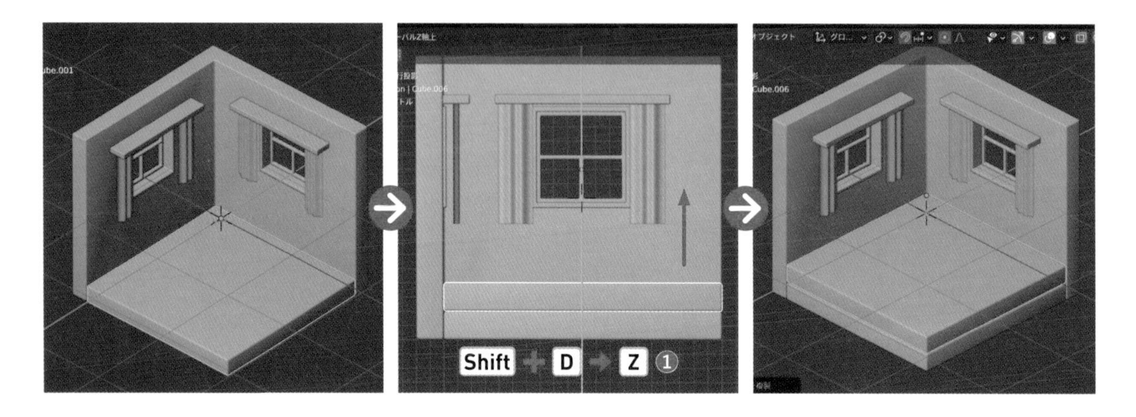

2 ［**編集モード**］（Tab）に入り、［**透過表示**］をオンにし（Alt option＋Z）、［**辺選択モード**］（数字キー 2）で右奥の辺を選択したら、G→Yキーで手前に移動させましょう❷。

透過表示の切り替え

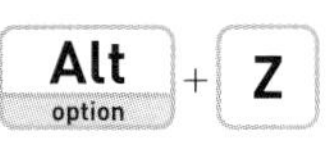

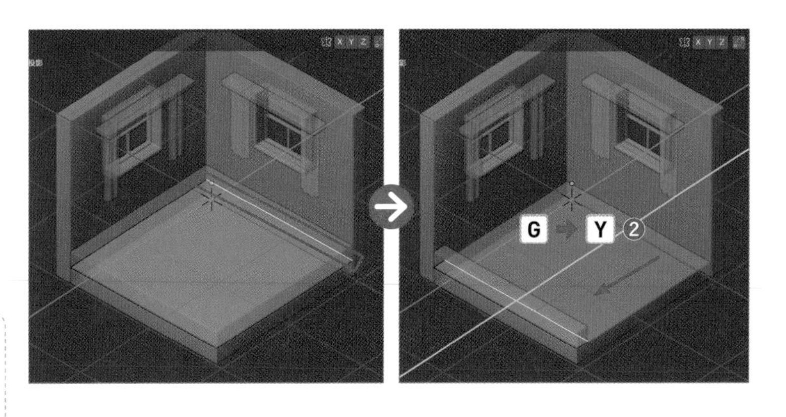

3 ［**透過表示**］をオフにし（Alt option＋Z）、［**オブジェクトモード**］（Tab）に戻ったら、［**ソリッド化モディファイアー**］のパネルで［**幅**］の値を「0.07m」にします❸。

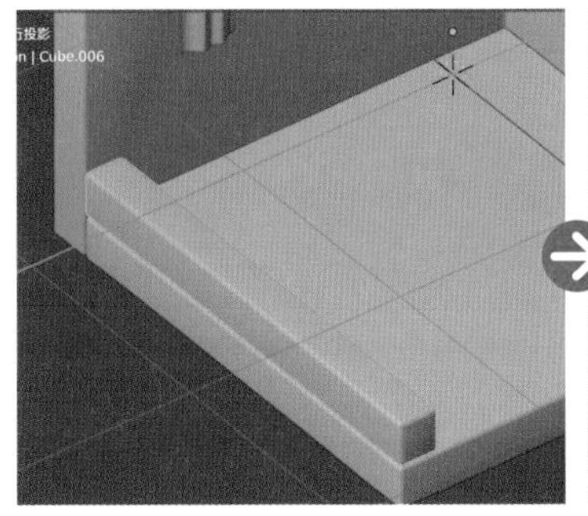

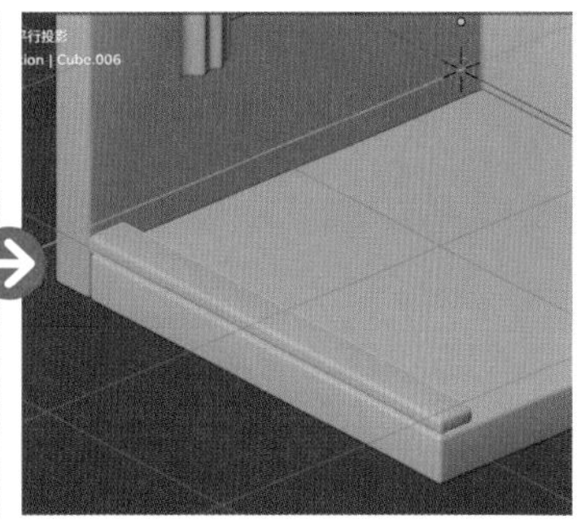

4 🔧＞［**モディファイアーを追加**］＞［**生成**］＞［**配列**］を選択し❹、パネルの［**数**］を「11」に❺、［**オフセット（倍率）**］の［**係数X**］を「0.000」❻、［**係数Y**］を「1.000」にしましょう❼。フローリングがあることで、陰影の数が増え、全体のイメージがより引き締まります。

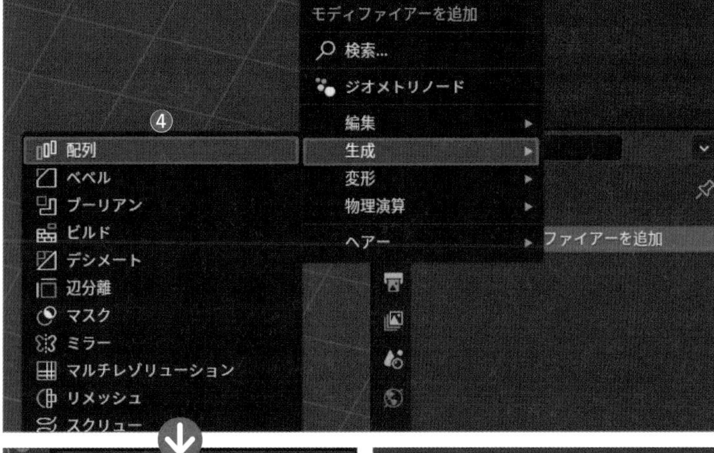

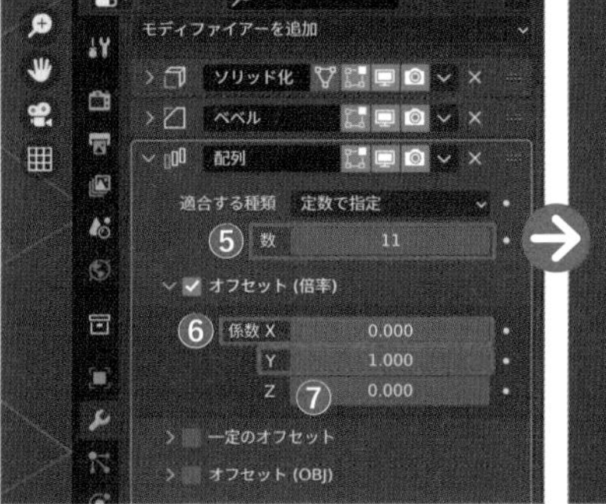

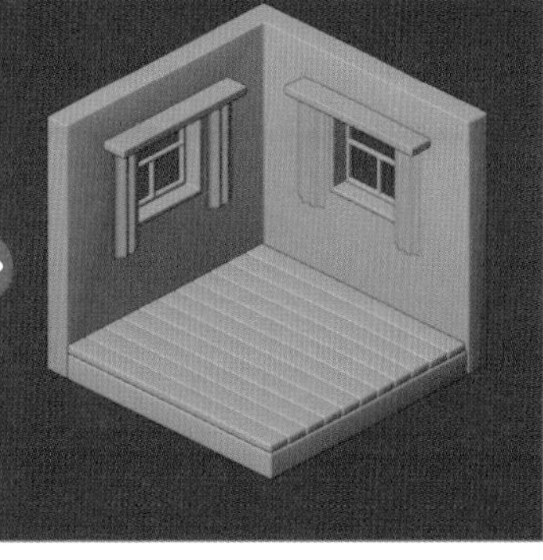

フローリングの幅に合わせて配列数は適宜調整しましょう。

5 ここで一旦、作ったオブジェクトを［**コレクション**］にまとめ、マテリアルを設定しましょう。

マテリアル設定 P039

保存設定 P043

色見本

薄茶 ●：B86E3C
ベージュ ○：E7D8B1
白 ○：E7E7E7

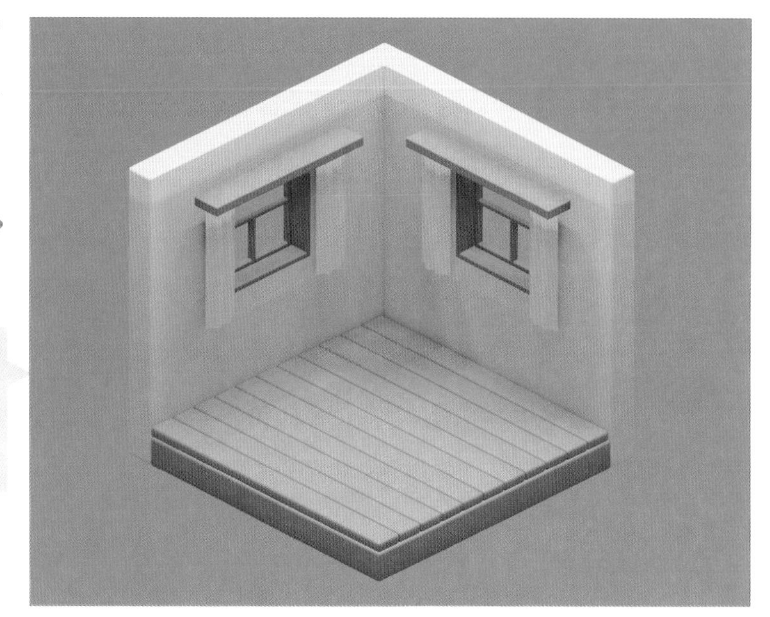

STEP 4

これまでのファイルを配置しよう

1日目から9日目まで作成してきたファイルを［**アセットブラウザー**］を活用して、配置していきましょう。大きめの家具から配置していくのが良いでしょう。

1 コラム（P194）を参考に、［**アセットブラウザー**］を開きます❶。

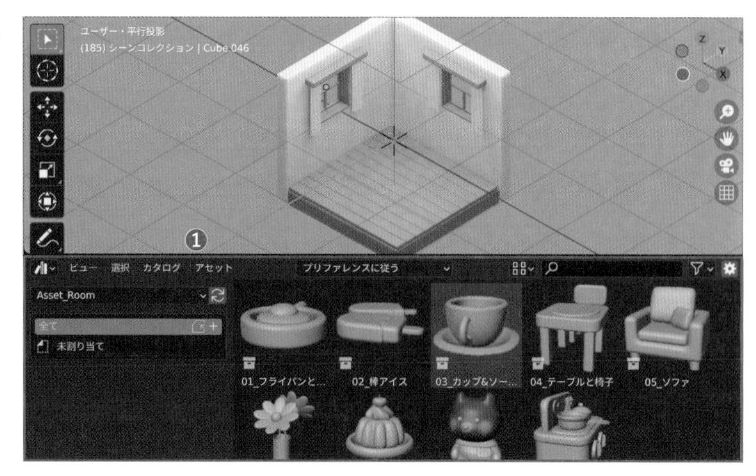

2 9日目の「コンロ」を選択し、［**3Dビューポート**］にドラッグ&ドロップします❷。

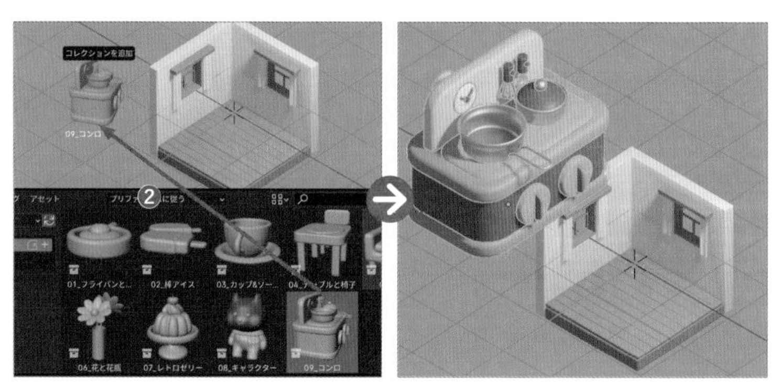

3 ライトビュー（テンキー3）やフロントビュー（テンキー1）に切り替えながら、床や壁に位置を合わせて窓の前に配置しましょう（S・G）❸。

テンキー

ライトビュー	3
フロントビュー	1

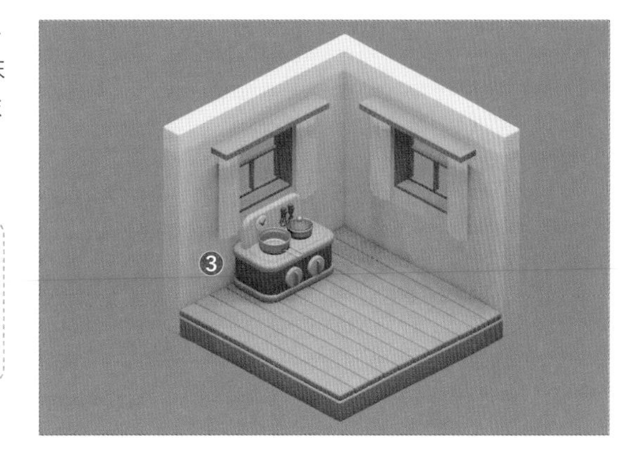

4 続けて4日目の「テーブルと椅子」も配置していきます。テーブルと椅子は分けて配置できるように設定しましょう。［**3Dビューポート**］にドラッグ＆ドロップしたら、［**アウトライナー**］にある4日目のファイルを選択し❹、Ctrl command + A >［**インスタンスを実体化**］を選択します❺。

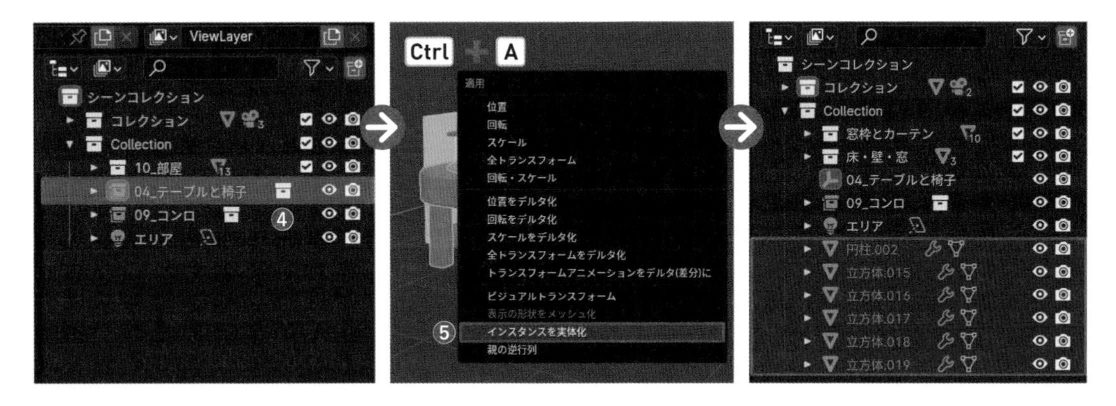

5 ファイルが展開されてオブジェクトが個別に選択できるようになったら、編集しやすいように「テーブル」と「椅子」を構成するオブジェクトをそれぞれ［コレクション］に分けておきましょう（M >［**新規コレクション**］）❻❼。

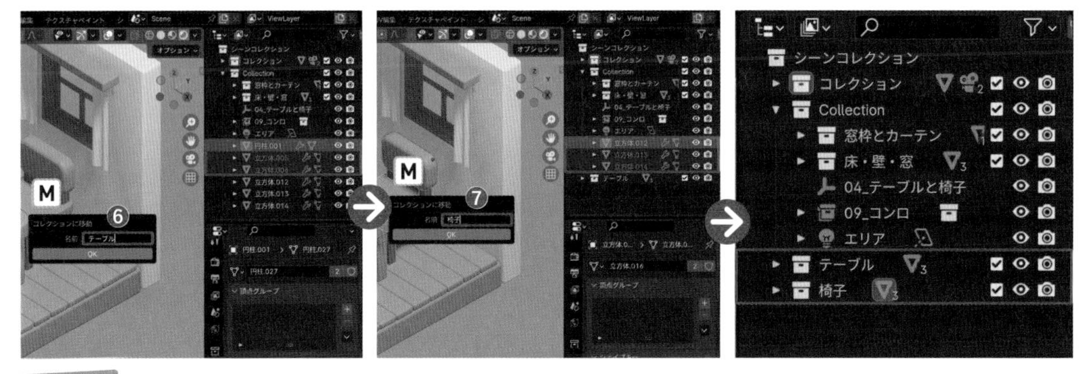

Point

インスタンスを実体化

「インスタンス」とは、実体を持たないコピーを指します。［**アセットブラウザー**］から配置したファイルのオブジェクトはロックされていて、そのままでは直接編集できないため、［**インスタンスを実体化**］することで、［**アセットライブラリ**］とは独立したオブジェクトとして扱うことができます。

6 椅子とテーブルをそれぞれ図のように配置したら、5日目の「ソファ」も配置します❽。テーブルの脚はソファの高さに合うように[**編集モード**]（Tab）で短くアレンジし（S→Z・G→Z）、天板とテーブルクロスも[**オブジェクトモード**]（Tab）で少し大きくしてみましょう（S）。

ソファのバランスを調整する方法は、5日目の動画解説の最後で紹介しています（P092）。

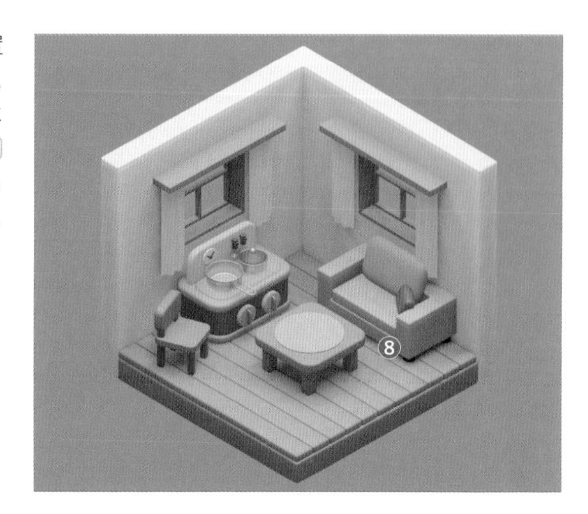

7 テーブルクロスは、Shift+Dキーでコピーしてテーブルの下に配置し、ラグとしても活用しましょう❾。

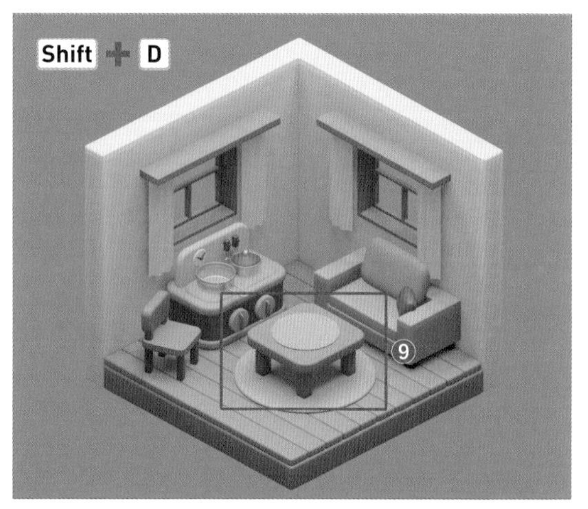

8 窓とソファの位置がずれているので、合わせてみましょう。右側の窓枠・格子・カーテンレール・カーテンを選択し、フロントビュー（テンキー1）にしたら、G→Xキーで右側に移動させます❿。

9 次に、壁を選択して[**編集モード**]（Tab）に入り、[**頂点選択モード**]（数字キー1）で窓を構成する4つの頂点を選択したら、窓枠に合うようにG→Xキーで右側に移動します⓫。

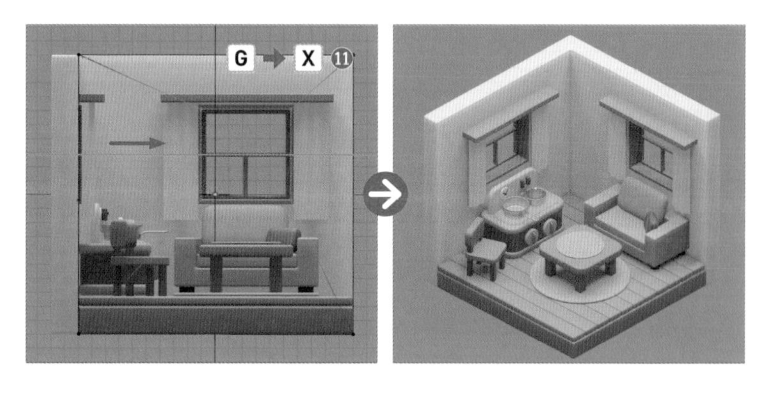

10 その他のファイルも、ドラッグ&ドロップしてどんどん読み込み、配置してみましょう⓬。

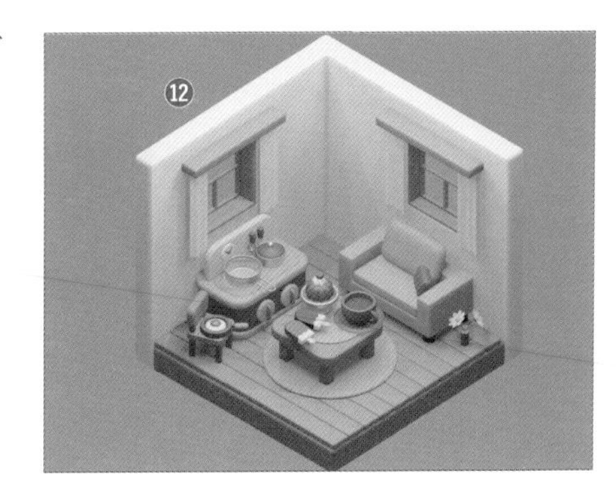

追加の小物を作ろう

仕上げのアレンジで、既に配置してあるオブジェクトを活用しながら、追加の小物を作っていきましょう。これまでに習った機能や操作も応用させてみましょう。

1 先ほどの「テーブルと椅子」と同じように、3日目の「カップ&ソーサー」と9日目の「コンロ」もそれぞれ[**インスタンスの実体化**]を適用させておきます。

2 まず2段のシェルフを作ります。[**オブジェクトモード**]に入り(Tab)、椅子の脚と座面をコピーして部屋の奥へ配置します(Shift+D・G)❶。脚を選択して[**編集モード**]に入り(Tab)、[**頂点選択モード**](数字キー1)で上部の頂点群を[**ボックス選択**]して、S→Z→「0」の順に入力して確定させ高さを揃えます❷。G→Zキーで脚を上方へ移動させたら❸、[**オブジェクトモード**]に戻り(Tab)、座面をコピーして上方へ移動させます(Shift+D→Z)❹。脚の長さと太さを調整したら(S)、シェルフの上に、花と花瓶をコピーして配置してみましょう❺。

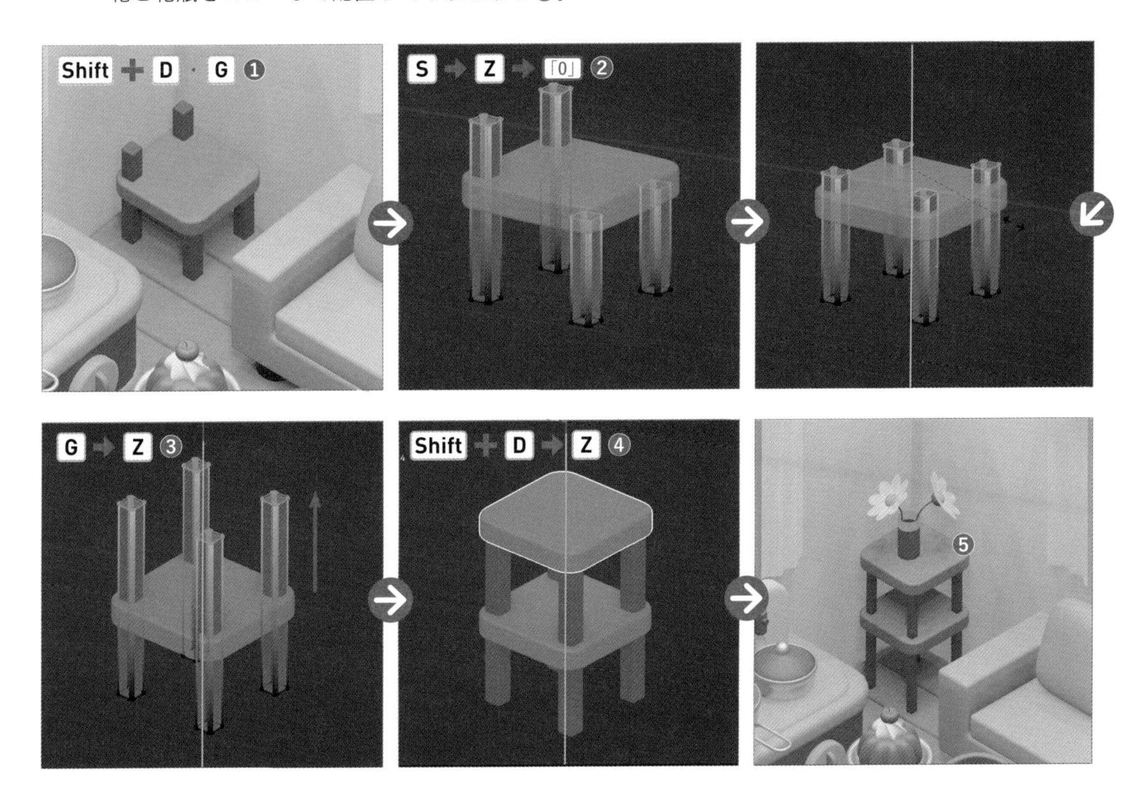

3 続いて、ソーサーをコピーして（Shift＋D）、棒アイスが載るように配置しましょう（G）❻。

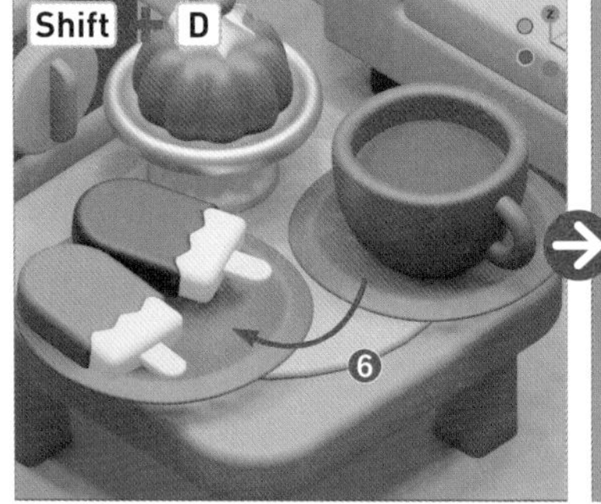

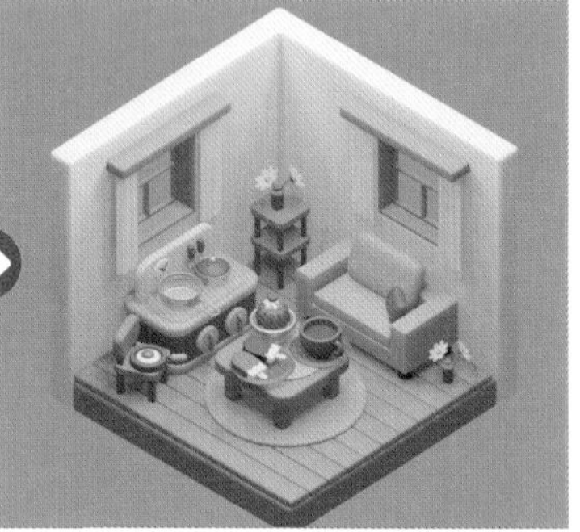

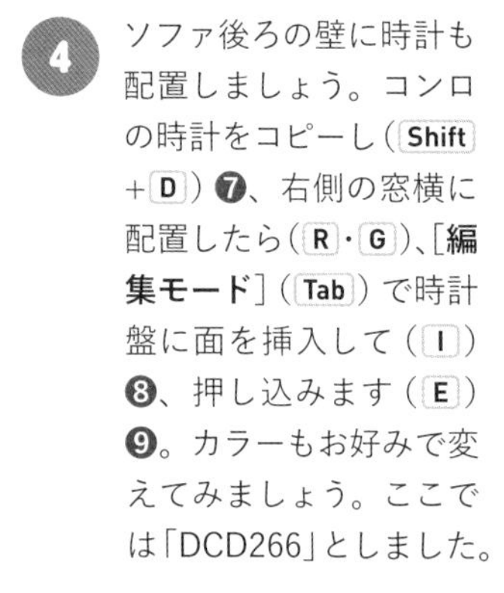
平たくしたい場合は S→Z キーで調整しましょう。

4 ソファ後ろの壁に時計も配置しましょう。コンロの時計をコピーし（Shift＋D）❼、右側の窓横に配置したら（R・G）、［編集モード］（Tab）で時計盤に面を挿入して（I）❽、押し込みます（E）❾。カラーもお好みで変えてみましょう。ここでは「DCD266」としました。

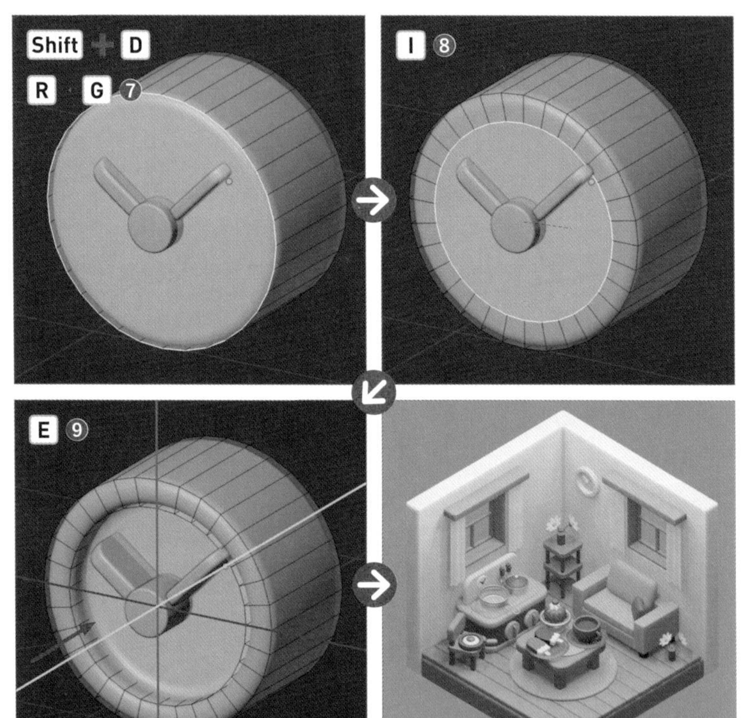

5 小物が完成したら8日目の「クマのキャラクター」も配置しましょう。コラム（P162）を参考に姿勢を変えたら、ソファに座らせてみましょう❿。

座る態勢を作ってから［アセットブラウザー］に登録しておくとスムーズです。登録したアセットを上書きする場合は、右クリック＞［アセットをクリア］で一度解除し、再度［アセットとしてマーク］を適用させましょう。

STEP 5

環境を作ろう

最後に、P045を参考に背景とカメラを設置して、環境設定を行いましょう。

1 ［**オブジェクトモード**］（Tab）で Shift+A >［**メッシュ**］>［**平面**］を選択して配置し、位置とサイズを調整します。マテリアルの［**ベースカラー**］は「2F302F」で、［**粗さ**］の値を「0」にすることで、部屋のオブジェクトが少し反射しているような演出ができます❶。

本書では［カラーマネジメント］の［ビュー変換］は［Filmic］にしています（P041）。

2 更に、環境の色を明るくすることで、より明るい印象になります。［**ワールドプロパティ**］を開き、［**サーフェス**］>［**カラー**］の［**16進数**］の値を「8D8D8D」とします❷。

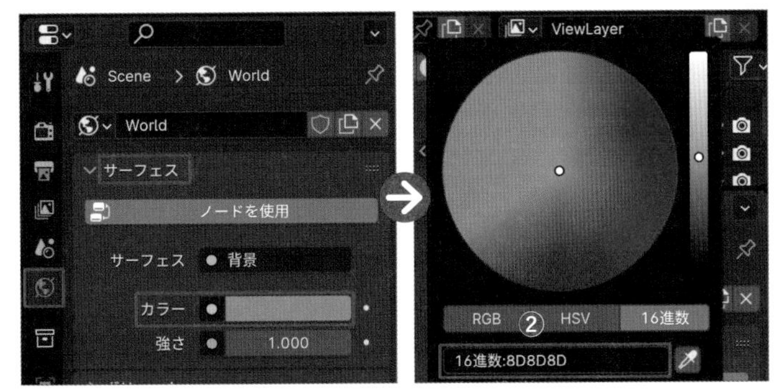

3 ライティングは［**エリアライト**］を上部に1つ大きく配置し❸、［**サンライト**］を左側から光が差し込むように配置しましょう❹。更に2つの窓とテーブルの上部あたりに［**ポイントライト**］を3つ配置して❺、完成です！　図を参考に明るさを調整したらレンダリングしてみましょう。

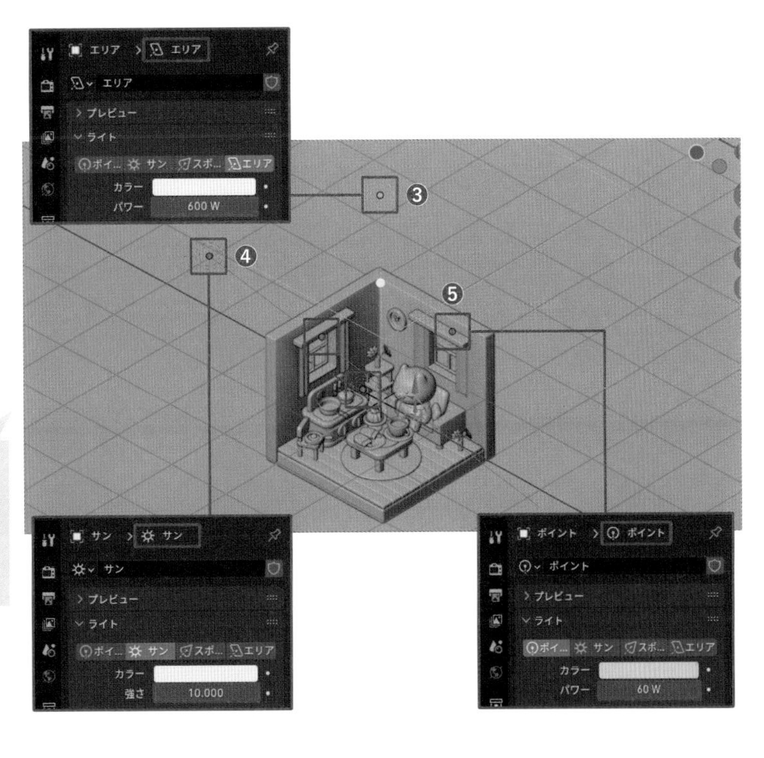

色見本	
エリアライト	○：FFEAE5
サンライト	○：FFEEC2
ポイントライト	○：FFC873

レンダリング P042

保存設定 P043

Point

カメラの被写界深度設定

カメラを［**アウトライナー**］で選択し、プロパティパネルを開きます。［**被写界深度**］にチェックを入れて、焦点となるオブジェクトを選択すると、レンダリングをした際に、焦点を中心として周囲がボケるような、一眼レフで撮った写真のような効果が得られます。

クマの目を焦点オブジェクトとして、被写界深度が2.8、Cyclesレンダリングの場合

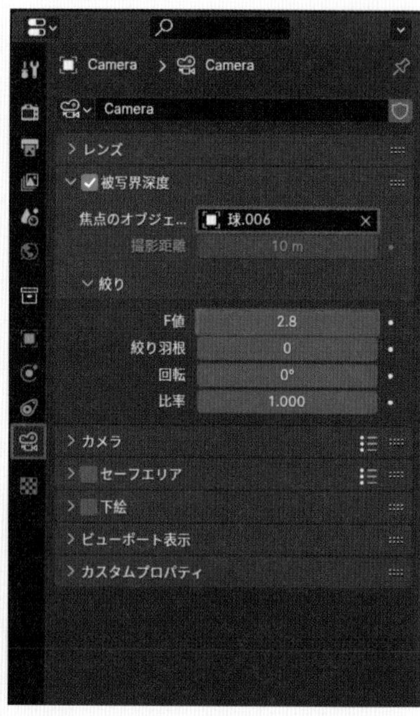

クマの目を焦点オブジェクトとして、被写界深度が1.5、Cyclesレンダリングの場合

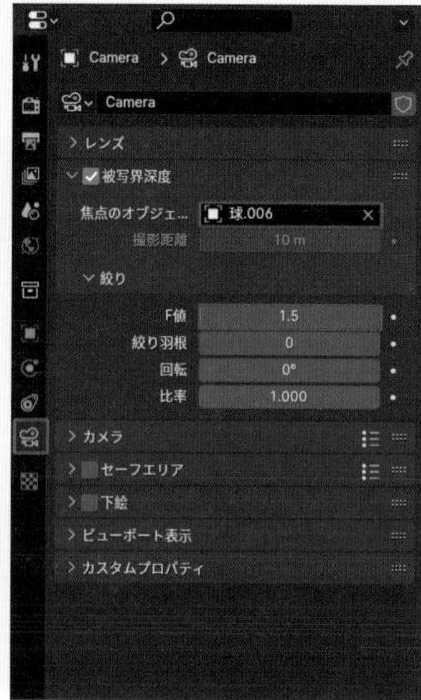

INDEX

INDEX

は

ま

ら

わ

ショートカットキー一覧

基本操作

機能	ショートカットキー	メニュー／ボタン
新規ファイルを開く	Ctrl command ＋N	［ファイル］＞［新規］
保存	Ctrl command ＋S	［ファイル］＞［保存］
Blenderの終了	Ctrl command ＋Q	［ファイル］＞［終了］
操作の取り消し	Ctrl command ＋Z	［編集］＞［元に戻す］
操作のやり直し	Shift ＋ Ctrl command ＋Z	［編集］＞［やり直し］
レンダリング	F12	［レンダー］＞［画像をレンダリング］
サイドバーの表示	N	
ツールバーの表示	T	

画面操作・切り替え

機能	ショートカットキー	メニュー／ボタン
オブジェクトモード/編集モード	Tab	オブジェク...
透過表示モード	Alt option ＋Z	
プロポーショナル編集モード	O（アルファベット）	

メニュー表示

機能	ショートカットキー	メニュー／ボタン
押し出しメニュー	Alt option ＋E	［メッシュ］＞［押し出し］
ピボットポイントメニュー	.（ピリオド）	
座標系メニュー	,（カンマ）	グロー...
データのリンク/転送メニュー	Ctrl command ＋L	［オブジェクト］＞［データのリンク/転送］
オブジェクトメニュー	右クリック	［オブジェクト］

ショートカットキー一覧

視点操作

機能	ショートカットキー	メニュー／ボタン
フロント（前）ビュー	テンキー 1	-Y
バック（後）ビュー	Ctrl command ＋テンキー 1	Y
ライト（右）ビュー	テンキー 3	X
レフト（左）ビュー	Ctrl command ＋テンキー 3	-X
トップ（上）ビュー	テンキー 7	Z
ボトム（下）ビュー	Ctrl command ＋テンキー 7	-Z
カメラビュー	テンキー 0	
透視投影/平行投影	テンキー 5	
ズームイン	+	
ズームアウト	-	
対象オブジェクトのみを表示	/（スラッシュ）	［ビュー］＞［ローカルビュー］

基本操作

機能	ショートカットキー	メニュー／ボタン
全選択	A	［選択］＞［すべて］
頂点選択	数字キー 1	
辺選択	数字キー 2	
面選択	数字キー 3	
ループ選択	Alt option ＋左クリック	［選択］＞［ループ選択］
ボックス選択	B	［選択］＞［ボックス選択］

オブジェクトの編集

機能	ショートカットキー	メニュー／ボタン
オブジェクトの追加	Shift + A	[追加]
オブジェクトの削除	X or Delete	[オブジェクト] > [削除] / [メッシュ] > [削除]
移動	G	ツールバー
回転	R	ツールバー
拡大・縮小（スケール）	S	ツールバー
押し出し	E	ツールバー
インセット（面差し込み）	I	ツールバー
ベベル（面取り）	Ctrl command + B	ツールバー
頂点のベベル	Ctrl command + B → V	[頂点] > [頂点をベベル]
ループカット（輪切り）	Ctrl command + R	ツールバー
複製（コピー）	Shift + D	[オブジェクト] > [オブジェクトを複製] / [メッシュ] > [複製]
フィル（面張り・頂点を繋ぐ）	F	[面] > [フィル]
適用	Ctrl command + A	[オブジェクト] > [適用]
マージ	M	[メッシュ] > [マージ]
分離	P	[メッシュ] > [分離]

著者　M design

カタチの専門家・デザイナー。2001年よりデザイン活動開始。本業としては、2005年から大手自動車会社に外装デザイナーとして15年所属した後、2019年より、ブランディング・アートディレクション・3DCG・UIUXを中心に多数手がけてきた。YouTubeチャンネルではBlenderの初心者向け解説動画を100本以上公開中。著書に『作って学ぶ！　Blender入門』（SBクリエイティブ）がある。

YouTube：@Mdesign_blender
X：@Mdesign_blender

STAFF

装丁・本文デザイン　齋藤州一（sososo graphics）
編集協力／ DTP　リブロワークス
編　　集　小野寺淑美
編 集 長　山内悠之

ミニチュア作りで楽しくはじめる
10日でBlender 4入門

2024 年 1 月21 日　初版第 1 刷発行
2024 年10月 21 日　初版第 4 刷発行

著　者　M design
発行人　高橋隆志
発行所　株式会社インプレス
〒 101-0051
東京都千代田区神田神保町一丁目 105 番地
ホームページ　https://book.impress.co.jp/

印刷所　シナノ書籍印刷株式会社

ISBN978-4-295-01839-1 C3055
Printed in Japan

■商品に関する問い合わせ先
このたびは弊社商品をご購入いただきありがとうございます。本書の内容などに関するお問い合わせは、下記の URL または QR コードにある問い合わせフォームからお送りください。

https://book.impress.co.jp/info/

上記フォームがご利用頂けない場合の
メールでの問い合わせ先

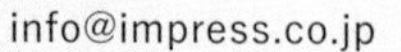

※お問い合わせの際は、書名、ISBN、お名前、お電話番号、メールアドレスに加えて、「該当するページ」と「具体的なご質問内容」「お使いの動作環境」を必ずご明記ください。なお、本書の範囲を超えるご質問にはお答えできないのでご了承ください。

●電話や FAX でのご質問には対応しておりません。また、封書でのお問い合わせは回答までに日数をいただく場合があります。あらかじめご了承ください。
●インプレスブックスの本書情報ページ（https://book.impress.co.jp/books/1122101166）では、本書のサポート情報や正誤表・訂正情報などを提供しています。あわせてご確認ください。
●本書の奥付に記載されている初版発行日から 3 年が経過した場合、もしくは本書で紹介している製品やサービスについて提供会社によるサポートが終了した場合はご質問にお答えできない場合があります。

■落丁・乱丁本などの問い合わせ先
FAX　03-6837-5023
service@impress.co.jp
※古書店で購入されたものについてはお取り替えできません。